Mitteilungen der deutschen Materialprüfungsanstalten

Sonderheft XVI:

Aus dem **Kaiser Wilhelm-Institut für Metallforschung** und dem **Staatlichen Materialprüfungsamt** zu Berlin-Dahlem

Spanlose Formung der Metalle

Von

G. Sachs

unter Mitwirkung von

W. Eisbein, W. Kuntze

und **W. Linicus**

Mit 235 Abbildungen

Springer-Verlag Berlin Heidelberg GmbH

ISBN 978-3-642-98275-0 ISBN 978-3-642-99086-1 (eBook)
DOI 10.1007/978-3-642-99086-1

Softcover reprint of the hardcover 1st edition 1931

Vorwort.

In dem vorliegenden Heft sind drei Forschungsarbeiten des Kaiser-Wilhelm-Institutes für Metallforschung zusammengestellt, die sich mit spanloser Formung beschäftigen, und zwar mit Tiefziehen, Drahtziehen und Stangenpressen. Eine vierte Arbeit über Eindruckvorgänge, die gemeinschaftlich mit dem Staatlichen Materialprüfungsamt zu Berlin-Dahlem ausgeführt wurde, befaßt sich zwar vorwiegend mit Härteprüfung, gilt aber in ihren Auswirkungen auch für das Gesenkpressen, Stanzen, Prägen usw. Damit sind hier, mit Ausnahme des Walzens, das von den Vorgängen der spanlosen Formung bisher am eingehendsten untersucht ist, die wichtigsten Formungen behandelt.

Das Ziel jeder Einzelarbeit war es, durch Versuche und theoretische Überlegungen für einige einfache und praktisch wichtige Fälle möglichst weitgehend die grundsätzlichen Zusammenhänge aufzudecken, und zwar in erster Linie im Hinblick auf den Kraft- bzw. Arbeitsbedarf und die dadurch bestimmte natürliche Grenze eines einzelnen Arbeitsganges. Hierbei ist nicht nur das Verhalten des Werkstoffes ins Auge gefaßt, sondern auch der Einfluß des Werkzeugs berücksichtigt. Die entwickelten Grundgesetze dürften auch auf verwickeltere Arbeiten anwendbar sein, wenn auch ihre Auswirkung im einzelnen nur durch weitere, umfangreiche Versuchsarbeit zu klären sein wird.

Die hier behandelten Fragen gehören zu dem bisher am meisten vernachlässigten Teil der mechanischen Technologie der Metalle. Dabei sind gerade diese Gebiete insofern besonders reizvoll, als sie, wie der Inhalt des Bandes zeigen wird, heute vielfach schon eine weitgehende geschlossene Behandlung zulassen. Die Entwicklung in der Zukunft wird daher wohl dahin gehen, daß sich eine besondere theoretische Technologie oder, wie sie Ludwik nennt, eine technologische Mechanik, von der mechanischen Technologie als ein großes und praktisch äußerst wichtiges Arbeitsgebiet abtrennen wird.

Aus diesem Grunde ist den Forschungsarbeiten eine Einführung vorangestellt, in welcher der Versuch unternommen ist, die grundsätzlichen Zusammenhänge der Formungsvorgänge herauszuschälen. Die Notwendigkeit hierzu ergab sich daraus, daß in den Einzelarbeiten die Grundbegriffe der Technologie und Metallkunde vorausgesetzt werden mußten, um die Geschlossenheit ihres Inhalts zu wahren. Erleichtert wurde diese Arbeit durch den erst im Laufe der Versuche zutage getretenen Umstand, daß die vier Untersuchungen im wesentlichen nach einheitlichen Richtlinien aufgebaut werden konnten. Dadurch wurde auch der Gedanke nahegelegt, die Arbeiten zu dem vorliegenden Heft zusammenzufassen.

Frankfurt a. M., Dezember 1930.

G. Sachs.

Inhalt.

Zur Einführung in die Technologie der spanlosen Formung.

Die Überführung eines Metallkörpers in eine gewünschte Endgestalt bildet die Aufgabe aller Arbeitsvorgänge, die wir unter dem Namen Mechanische Technologie zusammenfassen. Entsprechend den verschiedenen grundsätzlichen Möglichkeiten, diese Aufgabe zu lösen, teilt man die Technologie in eine Anzahl von Teilgebieten ein, und zwar im wesentlichen in Formen und Gießen, spanlose Formung, spanabhebende Bearbeitung und Zusammenfügungsarbeiten.

Unter dem Begriff spanlose Formung verstehen wir alle jene Arbeitsvorgänge, bei denen die Gestaltsänderung auf der Grundlage der Bildsamkeit oder Plastizität der metallischen Werkstoffe erfolgt. Die wichtigsten Formungsvorgänge sind das Stauchen (Schmieden und freies Pressen), das Walzen, das Stangenpressen (Strangpressen), das Stangen- und Rohrziehen, das Tiefziehen (Blechziehen), das Gesenkpressen und Prägen sowie die Biegearbeiten. Außerdem gibt es noch eine Anzahl von Formungen geringerer Bedeutung wie z. B. das Rohrwalzen, deren Eingliederung nicht ganz sicher ist. Man muß dabei grundsätzlich beachten, daß ein praktischer Arbeitsvorgang aus verschiedenen Einzelvorgängen zusammengesetzt sein kann. Hierbei ist nicht an eine äußere Kombination gedacht, die offen auf der Hand liegt, wie zum Beispiel an das gleichzeitige Stanzen und Ziehen, sondern an Vorgänge, die sich, wie zum Beispiel das gewöhnliche Tiefziehen, bei einer genaueren Untersuchung als eine Überlagerung von reinem Tiefziehen und Rohrziehen herausstellen. Schließlich ist es noch unklar, wo solche Vorgänge, wie das Lochen, Stanzen, Abscheren usw., unterzubringen sind, bei denen die plastische Verformung bis zur Materialtrennung geführt wird. Es wird wohl zweckmäßig sein, sie als besondere Gruppe, etwa unter dem Namen Scherarbeiten, zusammenzufassen, und als Übergänge von der spanlosen Formung zu der spanabhebenden Bearbeitung anzusehen.

Die wissenschaftliche Technologie hat letzten Endes die Aufgabe, die Grundlagen dafür zu schaffen, wie ein bestimmter Endkörper aus einem bestimmten Stoff auf dem wirtschaftlichsten Wege herzustellen ist. Hierbei darf man sich jedoch nicht ausschließlich auf die Wirtschaftlichkeit des Arbeitsvorganges beschränken, deren Hauptposten Personal- und Zeitaufwand, Anlagekosten und Energieverbrauch, Maschinen- und Werkzeugverschleiß, sowie Materialabfall (durch Werkzeuggestaltung und Ausschuß) sind. Eine vielleicht ebenso große wirtschaftliche Bedeutung kommt heute anerkanntermaßen der Qualität des Erzeugnisses zu, die in erster Linie von der Wahl und Ausbildung des Werkzeugs, den Eigenschaften des Ausgangsmaterials, sowie den Arbeitsbedingungen (Temperatur, Geschwindigkeit usw.) abhängig ist. Es ist von vornherein nicht zu erwarten, daß der wirtschaftlichste Arbeitsgang auch zu dem besten Erzeugnis führt. Und die Untersuchung des Drahtziehens zum Beispiel zeigt in der Tat, daß die erste Forderung eine andere Werkzeuggestaltung bedingt als die zweite. Der Betriebsführer muß sich daher stets klar darüber sein, welches Gewicht jeder dieser beiden Forderungen zukommt.

Eine exakte Beurteilung der Wirtschaftlichkeit setzt somit eine genaue Kenntnis aller technologischen Vorgänge voraus. Von diesem Zustand sind wir jedoch noch weit entfernt. Bisher wird die Technologie in weitesten Kreisen als eine rein beschreibende Wissenschaft aufgefaßt, die sich in erster Linie mit den Maschinen und Vorrichtungen befaßt. In neuester Zeit hat sich jedoch die Kenntnis der Werkstoffe soweit vertieft, daß von dieser Seite aus die Technologie auf exakter physikalischer Grundlage neu aufgebaut wird. Die allgemeine Technologie kann somit in eine praktische Technologie und eine theoretische Technologie gegliedert werden. Die theoretische Technologie hat sich heute in erster Linie mit dem Verhalten des Werkstoffes, sowie dem Wechselspiel zwischen Werkzeug und Werkstoff zu beschäftigen. Auch für den Bau von Maschinen gibt es schon vereinzelte Hinweise, welche grundsätzlichen Erwägungen dabei vom technologisch-stofflichen Gesichtspunkt aus einzubringen sind.

Wir können nunmehr darangehen, als Einleitung zu den im vorliegenden Band zusammengefaßten Arbeiten, die allgemeinen Gesichtspunkte für die spanlose Formung zu behandeln. Wie weit die Betrachtungen auch für andere technologische Vorgänge gelten, muß dahingestellt bleiben.

1. Anforderungen an das Werkzeug.

Unsere Kenntnis der Werkzeugfragen ist bisher noch sehr gering. Wir sind daher hier nur in der Lage, in ganz rohen Umrissen eine systematische Übersicht über die wichtigsten Gesichtspunkte zu geben, welche bei der Konstruktion eines Werkzeugs zu berücksichtigen sind. Und zwar wird sich der Technologe über die grundsätzlichen Anforderungen klar werden müssen, die er an das Material und die Gestaltung der Werkzeuge zu stellen hat, sowie darüber, welchen Einfluß die Eigenschaften des zu verarbeitenden Stoffes darauf ausüben.

Von einem Werkzeugmaterial sind in erster Linie folgende Eigenschaften zu fordern:

Festigkeit gegenüber Sprengkräften, Stößen usw.,
Standhaltigkeit (großer Abnutzungswiderstand),
Sondereigenschaften wie Wärmebeständigkeit usw., und
Geringer Reibungswiderstand.

Von diesen Eigenschaften bedürfen die ersten drei keiner besonderen Erörterung. Sie treten am Werkzeug unmittelbar hervor, und es besteht daher keine Gefahr, daß sie unbeachtet bleiben. Eine ausführlichere Behandlung dieser Fragen liegt auch nicht im Sinne der vorliegenden Ausführungen.

Unklar ist dagegen die Bedeutung einer geringen Reibung als Stoffeigenschaft. Auf jeden Fall hängt ihre Größe stark von der Oberflächenbeschaffenheit der arbeitenden Werkzeugteile ab. Es ist bekannt, daß allgemein eine gute Politur von Vorteil ist. Ferner wird eine geringe Reibung leicht mit einer hohen Standhaltigkeit identifiziert, obwohl bisher kein Beweis für einen Zusammenhang dieser beiden Eigenschaften bekannt ist. Hier spielt außerdem die Frage des Schmiermittels eine große Rolle. Das Schmiermittel ändert die Reibung, schützt aber vor allem das Werkzeug vor starker Abnutzung, dadurch, daß es sich als dünne Schicht zwischenschaltet. Diese Fähigkeit beruht nach neueren Untersuchungen auf chemischen Kräften zwischen dem Material des Werkstoffs bzw. Werkzeugs und dem Schmiermittel, und nicht, wie früher angenommen wurde, auf der Zähigkeit des Schmiermittels. Jedoch ist die Erkenntnis des Schmiervorgangs bisher noch wenig fortgeschritten. Schließlich kommt noch hinzu, daß die Eigenschaft einer geringen Reibung sich nicht am Werkzeug selber, sondern erst am Verhalten des Werkstoffes und in der Energiebilanz des Vorgangs auswirkt. Und es ist in einem solchen Falle sehr viel schwieriger, von der Wirkung auf die Ursache zu schließen, als bei einem mehr auf der Hand liegenden Effekt wie der Werkzeugabnutzung.

Die Werkzeuggestaltung hat besonders folgende Gesichtspunkte zu beachten:

Festigkeit des Werkzeugs,
Standhaltigkeit des Werkzeugs,
Kraft- und Arbeitsbedarf,
Zahl der Arbeitsgänge und
Eigenschaften des Erzeugnisses.

In bezug auf die Festigkeit des Werkzeugs ist die Tatsache wichtig, daß die Gestaltung der arbeitenden Oberflächenteile ausschlaggebend ist für den gesamten Beanspruchungszustand, während die äußere Dimensionierung die Gesamtfestigkeit des Werkzeugs gegen Bruch bestimmt. Die Bruchbeanspruchung kann stark von der inneren Gestaltung des Werkzeugs abhängig sein. So ergeben sich bei einer Ziehdüse um so geringere Sprengkräfte, je steiler sie ist. Die Standhaltigkeit verlangt von der Gestaltung, daß örtliche, mit großen Reibungskräften verbundene Druckkräfte zu vermeiden sind, besonders an Kanten und anderen ausgezeichneten Stellen. Bemerkt sei hierzu, daß die Wahl der Arbeitsstufe hierfür von starker und nicht leicht zu übersehender Bedeutung ist; zum Beispiel wirkt sich ein großer Zug beim Drahtziehen unter Umständen günstig aus, weil dann die Druckkräfte am Düsenauslauf sehr gering werden können.

Die Forderungen nach einem geringen Kraft- und Arbeitsbedarf und einer geringen Zahl von Arbeitsstufen hängen, soweit es zur Zeit übersehbar ist, eng zusammen. Die jeweils in dieser Hinsicht anzustrebende Gestaltung läßt sich nur auf Grund eingehender Versuche ermitteln.

Ganz unabhängig davon ist die Forderung nach den günstigsten Eigenschaften des Erzeugnisses in irgendeiner Hinsicht. Hierfür gilt anscheinend das Grundgesetz, daß der Materialfluß gleichmäßiger ausfällt, wenn die Umformung auf einem möglichst großen Wege vor sich geht. Und die meisten Eigenschaften fallen besser aus, wenn der Materialfluß gleichmäßiger ist.

Die Wahl des Werkzeugmaterials und seine Gestaltung haben sich naturgemäß in starkem Maße nach dem zu verarbeitenden Werkstoff zu richten. Ein Material, das sich für die Verarbeitung eines Werkstoffs eignet, kann bei einem anderen ganz versagen. In mehr oder weniger starkem Maße wirken sich dabei alle Eigenschaften des Werkstoffes aus, insbesondere:

Verformungswiderstand (Härte, Festigkeit) und
Verfestigungsfähigkeit.

Die Bedeutung des Verformungswiderstandes ist in einem Punkte klar. Je härter ein Werkstoff bei der Arbeitstemperatur ist, desto größer ist die Beanspruchung des Werkzeuges auf Bruch.

Auch für die Abnutzung des Werkzeugs pflegt man in erster Linie die Härte des Werkstoffes verantwortlich zu machen. Ein solcher Zusammenhang ist aber keineswegs sicher. Auf jeden Fall kommt es nicht nur auf die Anfangshärte des Werkstoffes, sondern in stärkerem Maße auf seine Endhärte, also auf seine Verfestigungsfähigkeit, an. Und es scheint, als ob auch ein Stoff mit großem Formänderungsvermögen das Werkzeug stark abnutzt, so daß also Formänderungsvermögen und Verformungswiderstand im gleichen Sinne wirken. Wir sagen in einem solchen Falle auch, daß die Zähigkeit des Stoffes von Einfluß ist. Jedoch ist es dabei heute noch keineswegs klar, ob das, was wir Abnutzung nennen, ein einheitlicher physikalischer Vorgang ist. In welcher Weise sich dabei im Werkzeugmaterial Verformungs- und Trennungserscheinungen überlagern, ist bisher noch ganz verborgen.

Ferner hat auch die Verfestigungsfähigkeit des Werkstoffes einen Einfluß auf die Gestaltung des Werkzeugs. Dieser Zusammenhang läßt sich jedoch nur durch genauere Untersuchung jedes einzelnen Formungsvorgangs aufdecken. Es mag hier der Hinweis genügen, daß die bekannten Unterschiede in den üblichen Neigungswinkeln von Ziehdüsen zum Teil ihren Grund in der verschiedenen Verfestigungsfähigkeit der Werkstoffe haben. Hierfür ist auch noch die Größe der Reibung zwischen Werkstoff und Werkzeug von Bedeutung, die wir auch als Materialeigenschaft ansprechen müssen.

2. Kaltverformung und Warmverformung.

Von den Eigenschaften des Werkstoffes kommt dem Verformungswiderstand oder Fließwiderstand die größte Bedeutung zu. Wie weit die Werkzeugfragen von ihm abhängen, ist schon erörtert worden. Der Kraft- und Arbeitsbedarf bei der Formung dient zum größten Teil zur Überwindung des Fließwiderstandes.

Der Fließwiderstand eines Werkstoffes ist von den verschiedensten Faktoren abhängig. In erster Linie interessieren dabei die Abhängigkeiten vom allgemeinen Spannungszustande und von den Verformungswegen und Verformungsgeschwindigkeiten.

Die Festlegung des Fließwiderstandes durch einen Wert, welcher von den übrigen Größen des Spannungszustandes unabhängig ist, bildet den Inhalt der sogenannten „Fließbedingung“. Eine genauere Erörterung dieser Frage in ihrem ganzen Umfange erübrigt sich hier. Es genügt die Tatsache, daß es nach neueren Untersuchungen hauptsächlich auf die größte Schubspannung ankommt. Danach tritt in jedem Körperelement eines festen Körpers Fließen ein, wenn darin ein bestimmter Wert der größten Schubspannung erreicht wird. Nach der einfachsten und in vielen Fällen ausreichenden Vorstellung wird diese Schubspannung als unabhängig von den übrigen Größen des Spannungszustandes, also als konstant angesetzt. Dieser Schubspannungshypothese steht die andere, durch Versuche besser gestützte Anschauung gegenüber, daß die größte Schubspannung, je nach den übrigen Größen des Spannungszustandes, um 12 bis 15% veränderlich sein kann. Und zwar erfordert das Fließen der Metalle bei verwickelteren Spannungszuständen, wie zum Beispiel Torsion, oder bei Rohren, die gleichzeitig unter Längszug und unter Innendruck stehen, stets größere Schubspannungen als bei gewöhnlichem Zug oder Druck. Beide Anschauungen über die Bedingungen für das Fließen sind danach in ihrem Inhalt wenig unterschieden und führen daher nur zu verhältnismäßig geringen Unterschieden, in vielen Fällen sogar zu einem gleichartigen Endergebnis.

Die Abhängigkeit des Fließwiderstandes von den Verformungswegen und Verformungsgeschwindigkeiten kann je nach der Formungstemperatur ganz verschieden sein. Wir unterscheiden danach Kaltverformungen und Warmverformungen. Diese Namengebung ist jedoch etwas mißverständlich. Es handelt sich grundsätzlich nicht darum, daß die Formung wirklich bei hohen Temperaturen bzw. bei Raumtemperatur vorgenommen wird, sondern darum, daß die Formungstemperatur verhältnismäßig hoch oder niedrig zum Schmelzpunkt der betreffenden Metalle liegt. So befinden sich die niedrigschmelzenden Metalle Zinn und Blei auch bei Raumtemperatur im Temperaturgebiete der Warmverformung.

Bei der Kaltverformung gehen die bekannten Eigenschaftsänderungen des Werkstoffes vor sich: Der Stoff wird mit dem Betrage der Kaltverformung in zunehmendem Maße härter und spröder. Diese Verfestigung besteht also darin, daß der Fließwiderstand des Stoffes ansteigt bis zu der durch seinen Trennwiderstand bzw. sein Formänderungsvermögen gegebenen Grenze. Maßgebend für den Betrag der Verfestigung ist nach Ludwik die Gestaltsänderung, und zwar für jedes Körperteilchen unabhängig von seiner Umgebung. Dagegen ist der Spannungszustand ganz einflußlos. Bei einem bestimmten Werkstoff läßt sich danach eine allgemeine „Fließkurve“ durch einen Zug- oder Druckversuch festlegen, indem die auf den jeweils vorhandenen Querschnitt bezogene „wahre“ Spannung über der Dehnung beim Zugversuch oder der Stauchung beim Druckversuch aufgetragen wird. Beide Kurven sind dabei identisch, wenn an Stelle der Dehnung beim Zugversuch die Querschnittsverminderung gesetzt wird und diese der Stauchung gleichwertig angesehen wird, sowie etwaige Störungen des Zug- oder Druckversuchs beseitigt sind. Bei anderen Verformungsarten kommt es dann nur auf die größte Verformung an, beim Walzen beispielsweise auf die Längung in der Walzrichtung oder die Stauchung senkrecht zur Blechebene (unter der Annahme, daß die Breite unverändert bleibt), welche der Dehnung oder der Stauchung in bezug auf die Verfestigung gleichwertig sind. Da wir uns mit dieser Frage noch bei den einzelnen Formungsvorgängen näher befassen, wollen wir uns hier mit diesen kurzen Hinweisen begnügen.

Die Verformungsgeschwindigkeit hat für die Kaltverformung keine große Bedeutung. Der Fließwiderstand hängt von ihr nur in so geringem Maße ab, daß es in der Regel möglich ist, die Fließkurve unter Geschwindigkeitsverhältnissen aufzunehmen, welche gegenüber denen beim Formungsvorgang keine Veränderungen des Fließwiderstandes bewirken. Die Unterschiede bei sehr langsamer Verformung gegenüber sehr schneller bewegen sich im übrigen bei den meisten Werkstoffen im Gebiet der Kaltverformung unter 20%. Vielfach wird jedoch die Ansicht vertreten, daß die Geschwindigkeit von sehr großem Einfluß ist. Sie stützt sich wahrscheinlich auf gewisse Erscheinungen in der Materialprüfung, wie zum Beispiel auf das Verhalten von Stahl bei der Kerbschlagprobe. In der Regel läßt sie sich jedoch nicht einwandfrei begründen. Man darf hierbei nicht vergessen, daß die Geschwindigkeitsverhältnisse der Formungsmaschinen durch das Auftreten von Massenkräften (Beschleunigung und Verzögerung) die Kräfteverhältnisse des Formungsvorganges stark beeinflussen können.

Die Verfestigung ist weiterhin von der Verformungstemperatur in erheblichem Maße abhängig. Sie tritt um so schneller ein, je niedriger die Temperatur ist. Im Winter und Sommer müssen also unter Umständen die Betriebsbedingungen etwas verschieden angesetzt werden.

Bei einem bestimmten Stoff gibt es nun eine obere Grenztemperatur, bis zu der die Verfestigung praktisch erhalten bleibt, das heißt, daß während der Zeitdauer der Formung und Abkühlung ein Rückgang der Verfestigung, eine Entfestigung nicht erfolgt.

Mit einer gewissen oberflächlichen Entfestigung wird man jedoch gerade bei sehr großen Arbeitsgeschwindigkeiten rechnen müssen. Die in Wärme umgesetzte Verformungs- und Reibungsarbeit kann, falls sie nicht abgeleitet wird, eine Temperaturerhöhung von einigen Hundert Graden und damit örtliche Entfestigung hervorrufen.

Mit zunehmender Temperatur geht dann eine immer schneller werdende Entfestigung vor sich. Von dieser Eigenschaft wird zunächst Gebrauch gemacht, um einem bis nahe an die Grenze des Formänderungsvermögens verfestigten Stoff annähernd wieder die ursprünglichen Eigenschaften zu verleihen und ihn zu erneuter Kaltverformung zu befähigen. Nur wenige Werkstoffe besitzen ein so hohes Formänderungsvermögen, daß unter Umständen solche, die Wirtschaftlichkeit stark beeinflussende Zwischenglühungen unterbleiben können.

Die Überlagerung von Verfestigung und Entfestigung bildet jedoch den eigentlichen Inhalt der Warmverformung. Die übliche und grundsätzliche Kennzeichnung der Warmverformung als Gegensatz zur Kaltverformung, dadurch, daß der niedrige Verformungswiderstand des Ausgangskörpers — Guß, Preßstück usw. — erhalten bleibt, ist praktisch meist nicht erfüllt. Streng genommen bleibt selbst bei den höchsten Temperaturen die Härte nicht erhalten, sondern es wird nur die stets eintretende Verfestigung immer wieder rückgängig gemacht. Nur durch dieses dauernde Wechselspiel kommt das Hauptmerkmal der Warmverformung, das unbegrenzte Formänderungsvermögen des Werkstoffes zustande. Dieses verwickelte Zusammenwirken von Verfestigung und Entfestigung bringt es mit sich, daß bisher eine Einigkeit über die Definition der Warmverformung nicht besteht.

Der Fließwiderstand im Gebiet der Warmverformung ist maßgebend von der Formungsgeschwindigkeit abhängig. Es muß daher einmal der Verlauf der Verformungsgeschwindigkeiten in den einzelnen Körperteilchen bekannt sein. Die maßgebende Größe dabei ist die „effektive Fließgeschwindigkeit", das ist wieder die größte Abmessungsänderung, die hier in der Zeiteinheit zu nehmen und auf die augenblickliche Größe der Abmessung zu beziehen ist. Bei der Besprechung des Stangenpressens wird auf diese Aufgabe noch näher einzugehen sein. Die Abhängigkeit der Fließspannung von der Versuchsgeschwindigkeit muß dann versuchsmäßig bestimmt werden. In der Regel wächst der Geschwindigkeitseinfluß mit zunehmender Temperatur.

Ferner ist es danach klar, daß bei der Warmverformung in anderen Beziehungen Eigenschaftsänderungen eintreten können. Neben der rein technologischen Aufgabe, ein Werkstück bestimmter Gestalt zu erzeugen, beabsichtigt die Warmverformung häufig noch eine Verbesserung der Eigenschaften von Gußstücken durch Verdichtung und Kornverfeinerung. Vielfach tritt aber auch im Gefüge der umgekehrte und unerwünschte Effekt einer starken Kornvergröberung ein. Der Körper wird dadurch weich, und bei der Weiterverarbeitung oder im Gebrauch wird die Oberfläche rauh und leicht rissig. Die Bedingungen hierfür sind bisher bei keinem Werkstoffe genau faßbar. Temperatur und Geschwindigkeit der Formung sowie Reinheitsgrad des Werkstoffes wirken in einer Weise zusammen, die vorläufig ganz undurchsichtig ist.

Das Zwischengebiet zwischen wirklicher Warmverformung und Kaltverformung ist nicht zu übersehen. Hier bleibt eine gewisse Verfestigung zurück, da die Formungsgeschwindigkeit dann so groß ist, daß die Entfestigung nur unvollkommen vor sich geht und danach der Werkstoff abkühlt. Je nach der Abkühlungsgeschwindigkeit kann aber der Endeffekt sehr verschieden ausfallen.

3. Grenzen der Formung.

Die Gestaltsänderung eines Körpers durch einen Formungsvorgang ist an gewisse Grenzen gebunden. Grundsätzlich muß dabei scharf unterschieden werden, ob das Formänderungsvermögen des Werkstoffes erschöpft ist, oder ob es sich um eine durch die Besonderheiten des betreffenden Formungsvorganges gezogene Grenze handelt.

Das Formänderungsvermögen eines Stoffes ist, wie schon erwähnt, eine Eigenschaft, die hauptsächlich bei der Kaltverformung auftritt. Sie gibt die Grenze an, bis zu der die Gestaltsänderung eines Körperteilchens möglich ist, ohne daß Materialtrennungen, also Riß- oder Brucherscheinungen auftreten. Es ist dabei zunächst ganz gleichgültig, ob es sich um einen einzigen geschlossenen Formungsvorgang, eine „Formungsstufe" handelt, oder ob die Formung aus einer Anzahl aufeinanderfolgender Stufen besteht. Die Natur des Formungsvorganges und seine besondere Durchführung sind nur insofern von Einfluß, als das Formänderungsvermögen vom Spannungszustand stark abhängig ist. So wird besonders durch Zugspannungen jeder Art das Formänderungsvermögen stark herabgesetzt; und Zugspannungen sind daher tunlichst zu vermeiden. Darüber hinaus ist bisher über den Einfluß des Spannungszustandes nichts Sicheres bekannt. Grundsätzlich läßt sich wieder nur sagen, daß jedes Körperteilchen für sich zu betrachten ist. Ein örtliches Zerreißen tritt also unabhängig vom ganzen Beanspruchszustand auf, wenn örtlich die Bedingungen dafür eintreten. In der Regel wird aber dadurch das ganze Werkstück unbrauchbar. Diese Tatsache zeigt uns schon besonders deutlich, wie wichtig die Kenntnis der Spannungen und Verformungen während des Formungsvorganges ist.

Ferner ist die Tatsache zu beachten, daß der Materialfluß innerhalb eines Werkzeugs im allgemeinen ungleichmäßiger ist, als man nach der äußeren Geometrie des Vorgangs erwartet. Dies bedeutet aber, daß das Formänderungsvermögen an einzelnen Stellen des Werkstücks unter Umständen frühzeitig erschöpft sein kann. Wichtig ist dabei, daß die Gestaltung des Werkzeugs hierauf von starkem Einfluß sein kann.

Bei der Warmverformung spielt das Formänderungsvermögen eines Stoffes oft dadurch eine bedeutende Rolle, daß es in gewissen kritischen Temperaturbereichen so gering ist, daß Aufreißen eintritt. Die Bedingungen hierfür sind bisher kaum bekannt. Bei Temperaturen in der Nähe ihres Schmelzpunktes sind die meisten Werkstoffe empfindlich, weil ihre Verunreinigungen in den Kristallgrenzen angereichert sind und an diesen Stellen der Schmelzpunkt herabgesetzt ist. Ferner ist es schwierig, eine höhere Temperatur konstant zu halten, und es kann daher zu einer Verfestigung und wegen der meist großen Gestaltsänderungen bei der Warmverformung leicht zum Aufreißen kommen.

Im Gegensatz zum Formänderungsvermögen wollen wir unter Umformungsfähigkeit eines bestimmten Stoffes bei einem bestimmten Formungsvorgang diejenige Grenze verstehen, bis zu der die Gestaltsänderung durch eine einzige Formungsstufe vorgenommen werden kann. Zunächst überraschend ist es, daß die Umformungsfähigkeit sich von den eigentlichen Werkstoffeigenschaften nur in geringem Maße und in übersichtlicher Weise abhängig erweist. Dabei gilt allerdings als Minimalforderung, daß das Formänderungsvermögen des Werkstoffes hoch genug ist, daß er eine der Umformungsfähigkeit gleiche Formungsstufe ohne Trennungserscheinungen zu überstehen in der Lage ist. Dagegen wird die Umformungsfähigkeit von der Gestaltung des Werkzeugs erheblich beeinflußt. Sie kann daher mehr als eine dem betreffenden Formungsvorgang als dem Werkstoff eigentümliche Eigenschaft angesprochen werden. In der Praxis interessieren allerdings unter Umständen die geringen Verschiedenheiten der verschiedenen Werkstoffe. Am bekanntesten ist der Begriff der Ziehfähigkeit, und zwar besonders für das Tiefziehen, den wir stets in dem soeben auseinandergesetzten Sinne verstehen wollen. Der Sinn dieses Begriffes ist der, daß eine darüber hinausgehende Gestaltsänderung unmöglich ist, weil die hierzu erforderlichen Kräfte nicht vom Werkstoff übertragen werden können, und zwar an den auf Zerreißen beanspruchten Stellen, wo er die Kraft zu den fließenden Stellen übertragen soll. Beim Walzen könnte man sinngemäß den Grenzwert des Greifwinkels als Walzfähigkeit einführen. Ob sich jedoch ein solcher Begriff als zweckmäßig und lebensfähig erweist, wird erst die zukünftige Entwicklung lehren.

Bei anderen Formungsvorgängen gibt es solche Grenzen nicht. Es ist dann die Leistungsfähigkeit der Anlage oder die Festigkeit der Werkzeuge, welche die Größe der Formungsstufe nicht ins Unbegrenzte wachsen lassen.

4. Richtlinien für die Anlage von Versuchen.

Die Kenntnis der im vorhergehenden geschilderten Zusammenhänge ist auch für das Gebiet der spanlosen Formung bisher noch sehr lückenhaft. In der Praxis liegen zwar umfangreiche und wertvolle Erfahrungen vor. Aber solange die grundlegenden Gesetzmäßigkeiten nicht einwandfrei bekannt und festgelegt sind, bleibt die Technologie eine Handwerkskunst, die sich nur von Person zu Person überträgt und somit für die breitere Öffentlichkeit vielfach unzugänglich ist. Eine Abstellung dieses Zustandes ist nur dadurch möglich, daß zunächst durch planmäßig angelegte Versuche im Betriebe und Laboratorium die wichtigsten Zusammenhänge aufgedeckt werden.

Die Durchführung systematischer Versuche ist im wesentlichen dadurch vorgeschrieben, daß gemäß den vorangegangenen Ausführungen der Einfluß einer großen Zahl von Faktoren geklärt sein muß. Es sind dies:

Werkzeug { Material, Gestaltung, Oberflächenbeschaffenheit, Schmiermittel,
Werkstoff { Ausgangseigenschaften, Vorreckung,
Stufengröße und Stufenanordnung,
Arbeitsbedingungen { Geschwindigkeit, Temperatur usw.

Natürlich ist es ausgeschlossen, alle diese Einflüsse in absehbarer Zeit restlos zu klären. Man ist daher gezwungen, eine Anzahl von Faktoren von vornherein außer acht zu lassen, in der häufig zutreffenden Annahme, daß ihr Einfluß auf das Ergebnis geringfügig ist. Man darf aber nicht außer acht lassen, daß oft scheinbar unwesentliche Faktoren von ausschlaggebender Bedeutung für die Wirtschaftlichkeit sein können. Zu beachten sind auch etwaige Veränderungen in den Versuchsbedingungen mit der Zeit, insbesondere infolge des Einlaufens und des Verschleißes des Werkzeuge.

Die Beobachtungen haben sich dann grundsätzlich auf folgende Punkte zu erstrecken:

Kraft- und Arbeitsbedarf,
Geometrie der Fließvorgänge,
Veränderung der Werkstoffeigenschaften.

Zur Messung des Kraft- und Arbeitsbedarfes sind in der Regel besondere Einrichtungen erforderlich. Eine eingehende Beschäftigung mit dieser Frage führt in der Regel zu der Aufgabe, die verschiedenen Anteile festzustellen:

Verformungsanteil,
Reibungsanteil,
Getriebeanteil.

Auf den Getriebeanteil wollen wir hier nicht näher eingehen. Die Trennung der beiden ersten Anteile ist dagegen für das Verständnis der Formungsvorgänge von großer Bedeutung. Eine eindeutige Feststellung der Reibungswerte ist in der Regel nur in Versuchen möglich, deren Bedingungen sehr von dem ins Auge gefaßten Formungsvorgang abweichen. Durch geeignete Sonderversuche ist es aber, wie die folgenden Arbeiten zeigen werden, möglich, den Reibungsanteil einigermaßen zuverlässig zu erfassen. Vielfach erweist es sich dabei jedoch als notwendig, theoretische Vorstellungen vom Fließvorgang heranzuziehen.

Über den Fließvorgang können wir auf verschiedenen Wegen Aufschlüsse gewinnen, die sich gegenseitig ergänzen. Geometrische Untersuchungen mit Hilfe von eingebrachten Netzwerken sind besser als solche mit Hilfe verschiedener Materialschichten oder eingebrachten Bolzen, Schrauben usw., die den Fließvorgang beeinflussen. Beliebt sind auch Modellversuche mit Wachs, Plastilin usw. Die makroskopische und mikroskopische Gefügebeobachtung gibt Aufschluß über die Vorgänge in kleinen Bereichen. Diese können durch Härtemessungen, die Bestimmung von Reckspannungen und anderes mehr ergänzt werden, welche Rückschlüsse auf die Fließgeometrie gestatten. Schließlich führt die Röntgenuntersuchung als das neueste Hilfsmittel zu Aussagen über die Orientierung und den Zustand der einzelnen Kristalle, aus denen ebenfalls auf Einzelheiten des Fließverlaufs geschlossen werden kann.

Über die Veränderung der Stoffeigenschaften geben jedoch solche metallographische und röntgenographische Untersuchungen oft keinen eindeutigen Aufschluß. Die Untersuchung der mechanischen und anderer physikalischer Eigenschaften hat sich besonders darauf zu erstrecken, wie weit die Eigenschaftsänderungen mit einer geforderten Gestaltsänderung notwendig verknüpft sind und in welchen Grenzen durch die Wahl des Werkzeuges und der Arbeitsbedingungen willkürlich beeinflußt werden können. Dies führt zu dem Vergleich der Eigenschaftsänderungen bei verschiedenen Formungsvorgängen miteinander und mit denen bei einfacheren Verformungsvorgängen, wie dem Zug- und Druckversuch. Hier liegen auch noch wichtige Möglichkeiten für die Praxis zur Erhöhung der Wirtschaftlichkeit, die bisher kaum erkannt sind. Die Größe von Reckspannungen zum Beispiel ist, wie bei der Besprechung des Drahtziehens eingehend gezeigt werden wird, nicht eindeutig mit dem Formungsvorgang verknüpft, sondern hauptsächlich von der Werkstoffgestaltung und der Größe der Formungsstufe abhängig.

5. Theorie der Formungsvorgänge.

Ein vollständiger Überblick über einen Wissenszweig kann rein versuchsmäßig niemals erreicht werden, mögen die Versuche noch so gut durchdacht und noch so sorgfältig durchgeführt sein. Die Bedeutung der verschiedenen Faktoren, also ihre Trennung in wichtige und unwichtige, die inneren Zusammenhänge, die möglichen Grenzen der Formung u. a. m. lassen sich nur unter Heranziehung theoretischer Vorstellungen übersehen. Von solchen Vorstellungen haben wir schon in den vorangegangenen Ausführungen Gebrauch gemacht, um das Fließen der Werkstoffe in möglichst einfacher Weise beschreiben zu können; und in der Tat bilden diese Annahmen die wichtigste Grundlage einer Theorie der Formungsvorgänge. Auf solchen Unterlagen aufbauend sollte nun eine brauchbare Theorie der Formungsvorgänge in der Lage sein, auf rechnerischem Wege Ergebnisse abzuleiten, welche sich mit der Erfahrung soweit decken, daß in Einzelfällen auf die versuchsmäßige Feststellung von Zusammenhängen verzichtet werden kann, und zwar sowohl hinsichtlich der Kräfte als auch der Fließerscheinungen.

Eine allgemeine Mechanik der Fließvorgänge, die diesen Anspruch befriedigt, gibt es bisher noch nicht. Einige Versuche, eine strenge Theorie aufzustellen, interessieren bisher vorwiegend vom mathematischen Standpunkt. Ihnen kommt jedoch das Verdienst zu, die Arbeit auf diesem Gebiete stark angeregt zu haben. Anderseits haben sich verhältnismäßig einfache und willkürliche Vorstellungen bis zu einem gewissen Grade bewährt. Es ist dabei überraschend, daß teilweise sehr verschiedenartige Annahmen zu recht ähnlichen Endergebnissen führen. So kann man zum Beispiel den für den Walzvorgang verwendeten Werkstoff als eine zähe Flüssigkeit oder als einen ideal-plastischen (das heißt nicht verfestigungsfähigen) festen Körper idealisieren, und gelangt in beiden Fällen zu einer gleichartigen Zunahme des Arbeitsbedarfs mit dem Walzendurchmesser. Danach kommt es also weniger auf die besonderen Annahmen als überhaupt auf eine rechnerisch verfolgbare Vorstellung über einen Formungsvorgang an, wobei natürlich die wichtigsten Grundlagen mit gewisser Annäherung richtig erkannt sein müssen.

Auf jeden Fall haben wir zunächst zu berücksichtigen, daß die äußeren Kräfte zwei grundsätzlich verschiedene Arbeitsanteile zu leisten haben, einmal zur Überwindung der äußeren Reibungswiderstände zwischen Werkstoff und Werkzeug, und das andere Mal zur Überwindung des Verformungswiderstandes des Werkstoffes oder der sogenannten inneren Reibung.

Die äußere Reibung ist eine Größe, die wir bis zu einem gewissen Grade willkürlich beeinflussen können, wobei das Bestreben naturgemäß dahin geht, die Reibung zu vermindern. Denn abgesehen von dem erhöhten Kraftbedarf äußert sich eine hohe Reibung auch in anderen, nicht ohne weiteres übersehbaren Beziehungen ungünstig auf die Wirtschaftlichkeit. Entweder sind die Beanspruchungen erhöht, und damit auch der Maschinen- und Werkzeugverbrauch, oder die Formungsstufen müssen kleiner gehalten werden, was zu einem größeren Aufwand an Anlagen, Personal und Zeit führt. Die Beanspruchung wird auch auf jeden Fall ungleichmäßiger, die Verarbeitung dadurch erschwert, die Oberflächenbeschaffenheit des Erzeugnisses verschlechtert, der Ausschuß erhöht und der Bedarf an Zwischenglühungen vermehrt.

Zur Feststellung der Kräfte und Spannungen bei der reibungsfreien Formung läßt sich ein theoretischer Ansatz leicht aufstellen. Wie im folgenden noch gezeigt werden wird, ergibt sich dann unabhängig von der Natur des Formungsvorgangs eine logarithmische Beziehung zwischen dem Kraft- oder Arbeitsbedarf und der Größe der Verformung.

Wir gehen dabei zunächst davon aus, daß das Fließen beim Formungsvorgang in der denkbar gleichmäßigsten Weise vor sich geht, also beim Drahtziehen etwa so, wie bei einem Zugversuch. Ist dies nicht der Fall, sondern ist der Materialfluß beim Formungsvorgang ungleichmäßiger, so muß der Kraftbedarf in Wirklichkeit in einem der Ungleichmäßigkeit entsprechenden Maße höher als nach der Theorie ausfallen. Über den Grad der Ungleichmäßigkeit können wir uns dadurch Aufschluß verschaffen, daß wir den Materialfluß messend verfolgen. Über den Einfluß auf den Kraftbedarf geben unter Umständen die Eigenschaftsänderungen des Werkstoffes einen zahlenmäßigen Anhalt. Wir werden diese Frage beim Drahtziehen eingehend behandeln.

Mit Berücksichtigung der Reibung wird ein theoretischer Ansatz erheblich schwieriger. Je nach den zugrunde gelegten Annahmen und den bisher stets erforderlichen Vernachlässigungen erhält man mehr oder weniger genaue Formeln, über deren Gültigkeit nur der Vergleich mit dem Versuch Aufschluß geben kann. Wir können nur allgemein sagen, daß die theoretischen Vorstellungen sich bisher als um so unvollkommener herausgestellt haben, je stärker die Reibung beim Formungsvorgang ins Gewicht fällt.

Es kann schließlich noch nach der Geometrie der Verformung gefragt sein. Diese Frage ist grundsätzlich lösbar, wenn der Spannungszustand bekannt ist. Zwischen den Hauptspannungen und den jeweiligen Fließgeschwindigkeiten besteht ein einfacher Zusammenhang; und aus den Fließgeschwindigkeiten können durch Integration die Verformungen bestimmt werden. Beim Tiefziehen wird ein Beispiel hierfür gebracht werden.

Untersuchungen über Tiefziehen.

Einleitung.

Das Ziel der vorliegenden Arbeit ist es, durch Laboratoriumsversuche und theoretische Betrachtungen die wichtigsten stofflichen und mechanischen Zusammenhänge des Tiefziehens einer Klärung näherzubringen. Die Gesetze der Fließvorgänge in Metallen sind heute so weit erkannt, daß es grundsätzlich möglich sein muß, durch Versuch und Rechnung die inneren Zusammenhänge bei einem Vorgang der spanlosen Formung zu erkennen und den Kraft- und Arbeitsbedarf in Abhängigkeit von den verschiedenen Faktoren näherungsweise zu übersehen. Zudem ist das Tiefziehen, wie in der Arbeit gezeigt wird, von allen Formungsvorgängen vielleicht derjenige, bei dem sich das verwickelte Zusammenwirken der wichtigsten Faktoren am weitgehendsten verfolgen läßt. Dies gilt wenigstens für die einfachste Form des Tiefziehens, die Umformung einer kreisrunden Scheibe in einen zylindrischen Hohlkörper im „Anschlag". Auf die Untersuchung dieses Vorganges beschränkt sich auch im wesentlichen die vorliegende Untersuchung.

Der oft vorgebrachte Einwand, daß Laboratoriumsversuche wegen der unvermeidlichen Abweichungen von den Betriebsbedingungen nur von geringem Wert für die Praxis sind, ist nicht stichhaltig. Es muß natürlich angestrebt werden, den praktischen Arbeitsverhältnissen soweit nahezukommen, wie es mit der wissenschaftlichen Forderung nach klaren Versuchsbedingungen verträglich ist. Die restlichen Unterschiede, besonders die in der Regel unvermeidlichen hinsichtlich der Geschwindigkeit, können die hauptsächlichen Zusammenhänge nur ausnahmsweise wesentlich beeinflussen. Der sorgfältig geleitete Laboratoriumsversuch stellt in jedem Falle die einfachste und durchsichtigste Form eines Formungsvorganges dar. Zudem ist die Aufdeckung von Zusammenhängen unter Betriebsverhältnissen wegen der größeren Streuung der schon an sich schwierigeren Versuche ungleich zeitraubender und kostspieliger als durch Laboratoriumsversuche unter vereinfachten, aber streng angebbaren Bedingungen.

Über das Tiefziehen von zylindrischen Körpern im Anschlag liegt schon eine Anzahl von Untersuchungen vor.

Nach den Pionierarbeiten von Musiol[1] und Walter Sellin[2], sowie einer kleineren Arbeit von Blume[3], haben sich neuerdings Sommer[4] und Siebel[5] mit den grundsätzlichen Gesetzmäßigkeiten des Tiefziehvorgangs befaßt. Ihre Arbeiten enthalten besonders Versuche zu einer rechnerischen Erfassung des Kraftbedarfes. Sommer geht darauf aus, die verschiedenen Teilvorgänge beim Tiefziehen versuchsmäßig und rechnerisch zu erfassen; und Siebel entwickelt einen Ansatz für den Kraftbedarf auf Grund der neueren Vorstellungen über die Fließvorgänge. Beide Untersuchungen sind jedoch in verschiedenen Punkten ergänzungsbedürftig. Sommer hat — wohl wegen experimenteller Mängel — nur verhältnismäßig kleine Zuschnitte ziehen können. Seine Vorstellungen von den Fließgesetzen und den Reibungsverhältnissen sind nicht stichhaltig. Siebel hat die Halterkraft nicht gemessen, wodurch ihm ein wesentliches Glied für den Kraftbedarf fehlt. Er begnügt sich daher mit einer Berechnung des reibungsfreien Ziehens unter Zugrundelegung des näherungsweise gültigen Schubspannungsgesetzes als Fließgesetz. Ferner findet sich noch ein nicht durchgeführter Versuch zu einem rechnerischen Ansatz in einer Untersuchung von Eksergian[6].

In einer Anzahl weiterer Arbeiten, besonders der neueren Zeit, sind verschiedene wichtige Zusammenhänge des Tiefziehvorganges verfolgt worden. Mit der Wirkung der Halterkraft auf die Formänderungen befaßt sich die Untersuchung von F. Fischer[7]. Dabei ist von einem neuen pneumatischen Faltenhalter Gebrauch gemacht, der die Halterkraft praktisch konstant zu halten gestattet[8, 9]. Der Einfluß der Abrundungen

---

[1] K. Musiol: Das Ziehen auf Ziehpressen in Theorie und Praxis. Dingler Bd. 315, S. 428—433, 442—447. 1900; Die Kalibrierung der Ziehpreßwerkzeuge. Stahleisen Bd. 27, S. 477 bis 482, 513—520, 551—558. 1907; Rechnerische und zeichnerische Methode der Zuschnittsermittlung in der Ziehpreßtechnik. Leipzig 1908.

[2] Walter Sellin: Die Berechnung von Ziehwerkzeugen. Maschinenbau Bd. 3, S. 229—235. 1923/24; Einfache rechnerische Ermittlung des Zuschnitts in der Ziehtechnik bei Berücksichtigung der Blechdehnung. Maschinenbau Bd. 3, S. 482—484. 1923/24; Die Ziehtechnik in der Blechbearbeitung. Berlin 1926.

[3] J. Blume: Ermittelung der Ziehfähigkeit von Tiefstanzblechen. Metallbörse Bd. 12, S. 1945—1946. 1922.

[4] M. Sommer: Versuche über das Ziehen von Hohlkörpern. Forschungsarbeit V. d. I. Heft 286. 1926; Maschinenbau Bd. 4, S. 1171—1178. 1925.

[5] E. Siebel: Das bildsame Verhalten der Metalle beim Ziehen. Stahleisen Bd. 47, S. 1340—1341. 1927; E. Siebel und A. Pomp: Über den Kraftverlauf beim Tiefziehen und bei der Tiefungsprüfung. Mitt. Eisenforsch. Bd. 11, S. 139—153. 1929.

[6] C. L. Eksergian: The plastic behaviour of metal in drawing. Metal Ind. Bd. 30, S. 405—408, 433—436, 459—462, 483—484. 1927; vgl. Stahleisen Bd. 47, S. 1340—1341. 1927.

[7] F. Fischer: Über Oberflächendehnung, Faltenbildung und -verhinderung beim Hohlgefäßziehen. Diss., Stuttgart 1927.

[8] Schlesinger: Ziehgesenke mit Luftpufferung. Werkst.-Techn. Bd. 19, S. 831. 1925.

[9] O. Kühner: Neuzeitliche Druckluftziehanlagen. Werkst.-Techn. Bd. 23, S. 556—560. 1929; Verwendung von Druckluft-Faltenhaltern bei Verarbeitung von Nichteisenmetallen. Z. Metallkunde Bd. 22, S. 190—193. 1930.

ist Gegenstand der Untersuchungen von Draeger[10] und Willi Sellin[11]. Die im Anschlag erreichbaren Grenzwerte der Zuschnittsgröße für verschiedene Werkstoffe bei gegebenem Stempeldurchmesser ermittelt G. R. Fischer[12]. Er macht den Vorschlag, solche Versuche mit einem Normalgerät als Prüfverfahren auf „Ziehfähigkeit" einzuführen. Von Schmidt[13] wird dieser Vorschlag durch Einführung der Kraftmessung weiter ausgebaut; und an mehreren Stellen[14, 15] sind Prüfgeräte für die Durchführung ähnlicher Versuche entwickelt worden.

Die Aufgabe der vorliegenden Arbeit soll es nun sein, über die Bedeutung der verschiedenen Faktoren für den Tiefziehvorgang einen möglichst weitgehenden Aufschluß zu gewinnen und seine Grenzen für verschiedene Werkstoffe aufzudecken.

Dazu ist es zunächst notwendig, den Begriff „Tiefziehen" zu definieren und zu unterteilen. Als „reines Tiefziehen" sei ein Vorgang verstanden, bei dem die Kraftübertragung vom Ziehstempel ausschließlich über den Boden des Hohlkörpers erfolgt. In den Wandungen des sich ausbildenden Hohlkörpers herrschen infolgedessen nur Zugspannungen in Richtung der Mantellinien. Diese stellen die für die Umformung des Werkstoffes unter dem Faltenhalter unmittelbar wirksamen Kräfte dar. Das reine Tiefziehen setzt voraus, daß der Ziehspalt so groß ist, daß er das Blech in jedem Augenblick des Tiefziehvorganges ohne seitlichen Druck durchlaufen läßt. Andernfalls wird je nach der Spaltgröße früher oder später die Blechstärke verringert. Die dazu erforderliche Kraft wird durch Reibung zwischen Stempeloberfläche und Innenwandung des Zylinders übertragen. Die Mechanik des Vorganges ändert sich damit grundlegend; sie geht in die des Rohrziehens über. In der Praxis wird der Ziehspalt meistens so gering gewählt, daß der Vorgang ganz oder teilweise ein solches „Tiefziehen mit Blechschwächung" wird.

Als erste Frage ergibt sich somit, unter welchen Bedingungen reines Tiefziehen bzw. Tiefziehen mit Blechschwächung erfolgt und welchen Einfluß dieser Übergang auf die Gestaltung der Betriebsbedingungen hat.

Im experimentellen Teil ist daher zunächst der Einfluß der Spaltgröße untersucht worden. Der Vorgang des reinen Tiefziehens ist dann bei verschiedenen Faltenhalterdrucken, Blechstärken und Werkstoffen verfolgt worden. Durch Versuche an Zuschnitten verschiedener Größe ist schließlich die Grenze des Tiefziehens, die „Ziehfähigkeit", festgestellt worden.

[10] H. Draeger: Einfluß der Abrundung beim Ziehen von Hohlkörpern. Ber. Betriebswiss. Arb. Bd. 2, S. 1—19. 1929.

[11] Willi Sellin: Über den Einfluß der Rundung von Ziehring und Ziehstempel an Werkzeugen zum Ziehen von Blechhohlkörpern auf die Ziehtiefe im Anschlag. Ber. Betriebswiss. Arb. Bd. 3, S. 18—35. 1930.

[12] Prüfverfahren zur Wertung von Ziehblechen. AEG-Mitt. 1927, S. 419—420; G. R. Fischer: AEG-Tiefziehverfahren. AEG-Mitt. 1929, S. 483—486.

[13] M. Schmidt: Die Prüfung von Tiefziehblech. Arch. Eisenhüttenwes. Bd. 3, S. 213—222. 1929.

[14] P. W. Döhmer: Der Tiefziehprüfer Bauart Wazau. Maschinenbau Bd. 8, S. 772—773. 1929.

[15] Der Erichsen-Tiefungsprüfer wird z. Z. ebenfalls nach dieser Richtung ausgebaut.

Der theoretische Teil bringt einen Ansatz zur Berechnung des Kraftverlaufs und der Ziehfähigkeit, sowie Betrachtungen über die Formänderungen des Bleches beim Tiefziehen.

A. Versuche.

1. Versuchseinrichtung und Werkstoffe.

Für die Versuche stellte die AEG in entgegenkommender Weise ihr zu Prüfzwecken entwickeltes Gerät[12] zur Verfügung. Es besteht aus einem Ziehstempel von 50 mm Durchmesser mit einer Abrundung von 6 mm Radius, polierten Ziehringen verschiedener Durchmesser mit einer für alle Blechstärken einheitlich gewählten Abrundung von 6 mm, einem Faltenhalter, sowie verschiedenen Hilfsteilen, welche in der schematischen Skizze Abb. 1 ersichtlich sind.

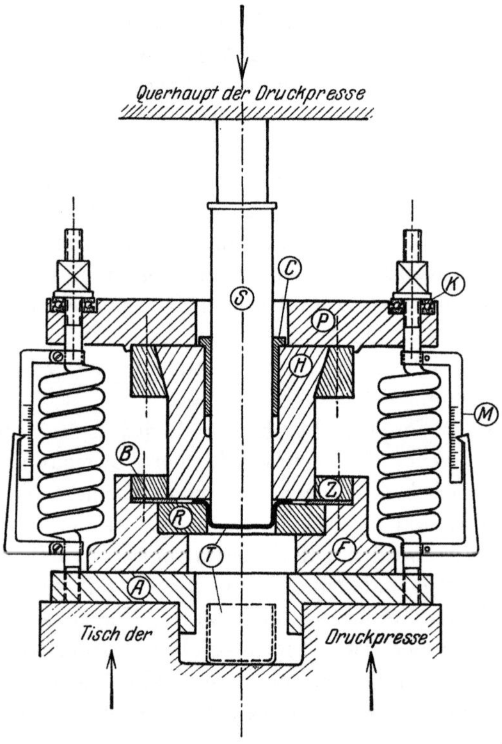

Abb. 1. Schematische Zeichnung der Einrichtung für Tiefziehversuche. (Maßstab 1:2,5).

S = Stempel, P = Spannplatte, C = Führungsbuchse, H = Faltenhalter, Z = Zentrierung, B = Beilagering, R = Ziehring, F = Frosch, A = Auswerfer, T = Topf, K = Kugellager, M = Anzeiger für Federkräfte.

Da die Oberfläche des Faltenhebers nicht poliert, sondern nur geschliffen war, wurde ein entsprechender dünner Ring mit polierter Oberfläche hergestellt und bei den Versuchen zwischen Faltenhalter und Zuschnitt eingelegt.

Die Ziehkräfte wurden mittels einer hydraulischen Presse (Pohlmeyer-Maschine für 100 t Höchstlast) gemessen, in welche das Ziehgerät entsprechend Abb. 1 eingebaut wurde. Abb. 2 zeigt die Einrichtung während eines Versuches.

Zur Einstellung verschiedener Haltekräfte dienten zwei Sätze zu je vier Schraubenfedern. Mit diesen wurde, wie aus Abb. 1 hervorgeht, der Faltenhalter mit einer passend eingestellten Kraft auf den Zuschnitt gepreßt. Die schwächeren Federn konnten bis zu je 250 kg, also insgesamt bis 1000 kg, die stärkeren bis insgesamt

4000 kg belastet werden. Die Federn waren so berechnet, daß sie möglichst große Wege hergaben, 1 mm Weg machte beim schwächeren Satz 20 kg, beim starken 100 kg aus. Die Haltekräfte änderten sich daher praktisch während der Versuche nicht. Die Genauigkeit in der Einstellung der Haltekraft wird auf etwa $\pm$ 15 kg beim schwachen Satz und $\pm$ 50 kg beim starken geschätzt. Da die Halterkraft nur zu einem Bruchteil in den Kraftbedarf des Tiefziehens eingeht, erscheint diese an sich geringe Genauigkeit für den vorliegenden Zweck ausreichend. Eine Ringmeßdose, die zunächst für die Einstellung und Messung von Halterkräften benutzt wurde, erwies sich als nicht genügend genau und empfindlich. Die Verwendung von Federn war dagegen bequem und zuverlässig.

Abb. 2. Einrichtung für Tiefziehversuche.

Die Einstellung und Aufrechterhaltung bestimmter Halterkräfte wird auch in der Praxis als vorteilhaft angesehen. Hierzu werden neuerdings pneumatische Faltenhalter empfohlen[7, 8]. Es erscheint aber auch durchaus möglich, diesen Zweck mit Federdruckapparaten zu erreichen. Die Federn müssen dazu geeicht und mit einer Meßvorrichtung versehen sein, welche die Kräfte aus den Zusammendrückungen abzulesen gestattet. Eine praktisch gleichbleibende Halterkraft ist ferner dann gewährleistet, wenn die Auflagerplatte der Feder in einen bestimmten, gleichbleibenden Abstand zur Ziehringfläche eingestellt werden kann.

Bei den Versuchen wurden die Kraft-Tiefungskurven punktweise aufgenommen. Mit Hilfe eines einfachen Rollenapparates wurden die Wege des Stempels aufs vierfache vergrößert und jeder Millimeter Stempelweg durch einen elektrischen Kontakt angezeigt. Jede 1 oder 2 mm wurde die Lastanzeige der Maschine abgelesen. Ein Versuch dauerte rund 2 min; der Stempel bewegte sich dabei mit einer Geschwindigkeit von rund 0,5 mm/s. Es wurden jedesmal zwei bis fünf Parallelversuche durchgeführt und zu einer Mittelkurve vereinigt.

Abb. 3 zeigt einige gleichartige Versuche und gibt ein Bild von ihrer mittleren Übereinstimmung, die auf etwa $\pm$ 2% geschätzt werden kann. Die Form dieser Ziehkurve ist bei allen Stoffen sehr ähnlich (vgl. Abb. 10 bis 19). Der Beginn der Kurve hängt in erster Linie von den Abrundungsverhältnissen des Werkzeuges ab. Je größer die Abrundungsradien, desto flacher steigt die Kurve zunächst an. Allen Kurven gemeinsam ist ferner ein, je nach dem Stoff, kleinerer oder größerer Schwanz in den Kurven. Er hat, wie besondere Versuche gezeigt haben, nichts mit dem eigentlichen Ziehvorgang zu tun. Er gibt vielmehr den Widerstand des fertigen Hohlkörpers beim Durchpressen durch den Ziehring an, der hier etwa 10 mm hoch war.

Untersucht wurden 0,5 und 1,5 mm starke Bleche von Aluminium, Kupfer, Tombak (Ms 85), zwei Messingsorten (Ms 72 und Ms 63) und Bronze (WBz 6). Um

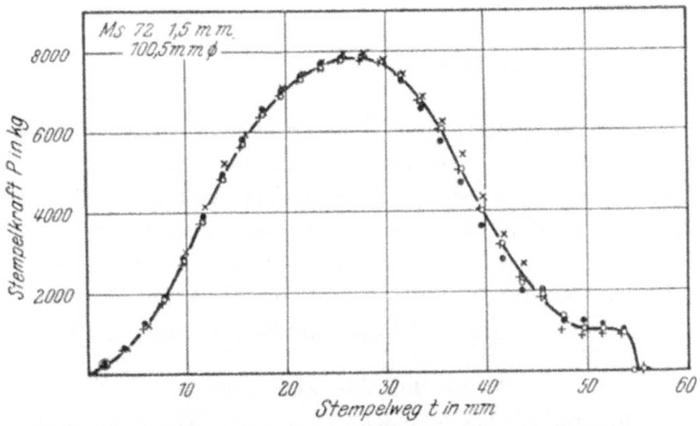

Abb. 3. Ziehkurven für 4 Parallelversuche an Messing.

möglichst hohe Gleichmäßigkeit des Materials zu gewährleisten, wurden aus den angelieferten Blechen Zuschnitte von 100,5 bis 107,5 mm Durchmesser ausgestanzt, sowie weiterhin benötigte Zuschnitte von 80, 90, 111 und 115 mm Durchmesser und Zerreißstäbe in hartem Zustande herausgearbeitet und bei geeigneten Temperaturen im Salpeterbade geglüht. Zusammensetzung, Festigkeitseigenschaften usw. der Bleche gibt Tafel 1 an. Kupfer und Bronze waren nach dem Glühen stark verzundert, während die Messinge ziemlich blank blieben. Alle Kupferlegierungen wurden in Salpetersäure abgebeizt; jedoch blieben Kupfer und Bronze noch örtlich verzundert und waren auch stark aufgerauht.

Außerdem wurden noch Versuche an zwei Sorten Flußeisen durchgeführt. Das zur Verfügung stehende Material hatte jedoch eine verzunderte Oberfläche, und die Versuche streuten so stark, daß die gesuchten Gesetzmäßigkeiten nicht erkennbar waren. Auf die Versuche mit Flußeisen wird daher nur gelegentlich Bezug genommen.

Als Schmiermittel wurden Talg für Aluminium und Flußeisen und Rüböl für die übrigen Stoffe verwendet.

Als Probestab für die Zerreißversuche wurde der alte DVM.-Stab mit 15 mm Breite und 100 mm Meßlänge gewählt.

Tafel 1. **Zusammenstellung der untersuchten Werkstoffe.**

Werkstoff	Bezeichnung	Chemische Zusammensetzung	Glühtemperatur (1/2 Std.) °C	Blechstärke s mm	Festigkeitseigenschaften: Zugversuch: Streckgrenze* σ_S kg/mm²	Festigkeitseigenschaften: Zugversuch: Festigkeit σ_B kg/mm²	Festigkeitseigenschaften: Dehnung auf: Gesamtlänge δ %	Festigkeitseigenschaften: Dehnung auf: 10 d δ_{10} %	Tiefungsversuch Tiefung mm	Schmiermittel	Hersteller
Aluminium	Al	99,5% Al; 0,25% Si; 0,22% Fe	350	0,5	3,3	8,4	37	48	9,7	Talg	Vereinigte Aluminium-Werke
				1,5		8,6	41	47	11,5		
Elektrolytkupfer	Cu	—	500	0,5	4,0	21,9	50	57	11,9	Rüböl	Wieland-Werke
		—		1,5		22,2	51	56	12,9		
Mittelrottombak	Ms 85	84,8% Cu; 15,2% Zn; 0,03% Fe	500	1,5	14,0	32,2	46	51	—	Rüböl	Wieland-Werke
Gelbtombak	Ms 72	72,7% Cu; 27,3% Zn; 0,01% Pb; 0,01% Fe	500	0,5	14,6	37,1	60	69	12,8	Rüböl	Wieland-Werke
		72,4% Cu; 27,5% Zn; 0,01% Pb; 0,01% Fe		1,5		37,3	71	74	14,2		
Druckmessing	Ms 63	63,4% Cu; 36,3% Zn; 0,37% Pb; 0,01% Fe	500	0,5	9,9	32,2	49	58	12,9	Rüböl	Wieland-Werke
		62,7% Cu; 36,9% Zn; 0,37% Pb; 0,01% Fe		1,5		31,9	47	53	12,9		
Phosphorbronze	WBz 6	93,0% Cu; 7,1% Sn	500	1,5	14,6	38,3	74	80	14,1	Rüböl	Berg-Heckmann-Selve

* 0,5% Gesamtverformung.

Für die theoretischen Überlegungen wurden noch die Fließkurven der Stoffe (vgl. Abb. 32) benötigt. Bis zu den den Höchstlasten entsprechenden Verformungen ergaben sich die Fließkurven aus den Zugversuchen, bei welchen die Dehnungen nach bestimmten Lasten festgestellt wurden. Weiterhin wurden geglühte Blechproben um 40, 50 und 60% herabgewalzt und ihre Festigkeiten bestimmt.

2. Einfluß des Ziehspaltes.

Um die in der Einleitung berührte Frage nach der Begriffsbestimmung des Tiefziehens zu klären, wurden zunächst einige Versuche mit Ziehringen verschiedenen Durchmessers gemäß Tafel 2 durchgeführt. Zur Verwendung gelangten Zuschnitte von 100,5 mm Durchmesser von 1,5 mm starkem Aluminiumblech. In Abb. 4 sind die Ziehkurven zusammengestellt.

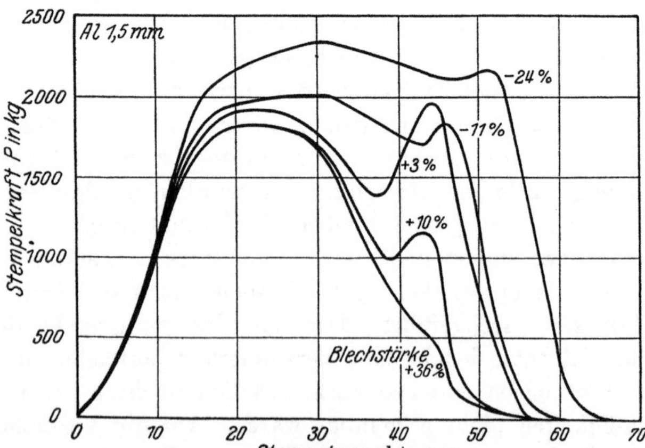

Abb. 4. Einfluß des Ziehspaltes auf die Ziehkurve von Aluminium. Zuschnitt 100,5 mm Dmr. – Stempel 50 mm Dmr. – Ziehring 54,12 mm Dmr.

Ein annähernd reines Tiefziehen sprechen wir danach nur dem Versuch zu, bei dem der Ziehspalt 37% größer ist als die Blechstärke. Die Ziehkurve bei einem solchen Versuch steigt zunächst langsam, dann steil an, geht durch ein Maximum und fällt wieder ziemlich steil ab. Eine schwache Ausbeulung kurz vor dem Ende des Vorganges weist jedoch darauf hin, daß auch hier noch ein anderer Vorgang hineinspielt. Bei noch größeren Ziehringen ist auch diese Unregelmäßigkeit vermieden, wie es die Versuche an den dünnen Blechen (vgl. Abb. 11 usw.) zeigen. Ebenso fehlt sie bei kleineren Zuschnitten der dicken Bleche (vgl. Abb. 12 usw.). Für die größeren Zuschnitte der dickeren Bleche stand jedoch ein genügend großer Ziehring nicht zur Verfügung.

Praktisch kommen auch größere Ziehringe kaum zur Verwendung, weil dann wegen der ungenügenden Führung des Hohlkörpers die Neigung zur Faltenbildung und Zipfelbildung stark ansteigt.

Die Ausbeulung in der Ziehkurve tritt in weit stärkerem Maße bei Ziehversuchen mit einem 10% und besonders 3% die Blechstärke übersteigenden Ziehspalt auf. Sie führt dort zu einem zweiten Maximum in der Ziehkurve. Diese Tatsache beweist schon, daß es sich hierbei um das Herabdrücken der Wandstärke im Ziehspalt handelt. Die Ziehkurve für den + 10%-Ziehspalt verläuft im ersten Teil bis zum beginnenden Anstieg noch ganz wie die Kurve des reinen Tiefziehens, weicht aber dann allmählich zu größeren Werten ab. Bei der Ziehkurve für den + 3%-Ziehspalt ist auch der Anstieg steiler; also schon vor der Erreichung des Höchstwertes vergrößert sich die Stempelkraft um einen gewissen Betrag infolge der — zunächst geringen — zusätzlichen Fließbewegungen im Ziehspalt. Bei dieser Kurve liegt übrigens das zweite Maximum auffallend hoch. In den Einzelversuchen streuten diese Kurventeile auch sehr stark. Es scheint danach, daß bei dieser Größe des Ziehspaltes besonders leicht Störungen durch Unsauberkeit des Werkzeuges usw. eintreten können.

Bei einem Ziehspalt von + 5% liegt also etwa die Grenze, wo der Höchstwert der Ziehkraft (Kraftbedarf)

Tafel 2. Einfluß des Ziehspaltes.

Werkstoff: Aluminium 1,5 mm; Zuschnitt: 100,5 mm ∅; Halterkraft: 400 kg; Schmiermittel: Talg; Ziehstempel: 50 mm ∅.

Ziehspalt		Zahl der Versuche	Höchstwert der Kraft		Unterschied des 1. Höchstwertes gegenüber großem Ziehspalt	Arbeit		Bemerkungen	Höhe des Hohlkörpers	Oberfläche des Hohlkörpers*	
	Abweichung von Blechstärke		1.	2.			Unterschied gegen großen Spalt				Unterschied gegen großen Spalt
mm	%		kg	kg	%	kgcm	%		mm	mm²	%
2,06	+36	4	1840	—	} — {	26,3	—		35,3	81,5	—
1,65	+10	4	1810	1160		29,3	+12		37,0	84,3	+ 3,4
1,55	+ 3	4	1890	1905	+ 3,5	36,2	+38	Starke Streuung	38,4	86,5	+ 6,1
1,35	—11	2	2010	1830	+10	39,8	+52		42,0	92,4	+13,4
1,14	—24	3	2350	2150	+29	52,4	99,5		48,5	102,9	+26,2
1,02	—33	1	(2190)					Gerissen im Ziehspalt			

* Auf mittlere Faser bezogen.

allein durch den Vorgang des reinen Tiefziehens bestimmt ist (vgl. Abb. 5). Bemerkenswert ist es, daß dieser Wert auch ungefähr die untere Grenze ist, welche in der Praxis für das Ziehen noch als günstig angesehen wird.

Bei noch geringerem Ziehspalt steigt dann die Ziehkurve hoch hinauf, und das zweite Maximum wird wieder weniger ausgeprägt. Der Höchstwert liegt jetzt wesentlich über der Festigkeit des Hohlkörpers am Boden,

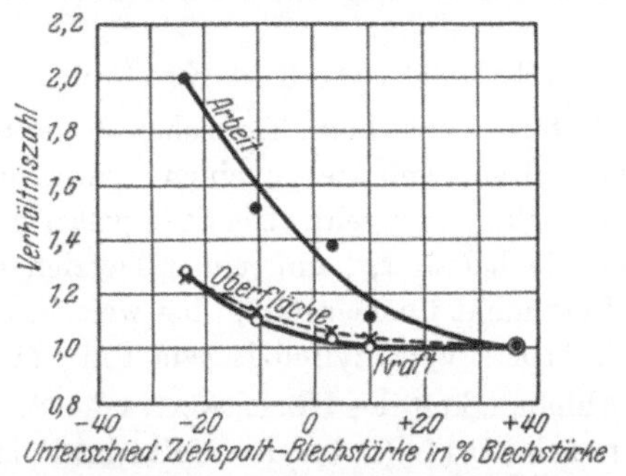

Abb. 5. Arbeit und Höchstwert der Ziehstempelkraft sowie Oberfläche des Hohlkörpers (bezogen auf Werte mit großem Spalt), für Aluminiumblech 1,5 mm, Zuschnitt 100,5 mm, Halterkraft 400 kg.

welche dem reinen Tiefziehen seine Grenze setzt. Dies erklärt sich daraus, daß eine zusätzliche Kraftübertragung durch Reibung zwischen Ziehstempel und Blech erfolgt. Die genaueren Kräfteverhältnisse bei diesem Vorgang sind jedoch schwierig zu übersehen. Dies zeigt z. B. die Beobachtung, daß das Abreißen des Hohlkörpers dann nicht am Boden, sondern im Ziehspalt erfolgen kann. Diese Tatsache beweist anschaulich, daß bei engem Spalt das Verhalten des Stoffes ein ganz anderes ist, als man es sich beim Vorgang des Tiefziehens vorstellt. Es würde über den Rahmen der Untersuchung hinausgehen, auch das Tiefziehen mit Blechschwächung eingehender zu behandeln.

In Tafel 2 sind außer den Höchstwerten der Stempelkraft auch noch die aufgewendeten Arbeiten angegeben, die sich aus dem Flächeninhalt der Kurven in Abb. 4 ohne weiteres ergeben. Da die Werte bei anderen Stoffen nicht viel anders liegen dürften als bei Aluminium, ist Tafel 2 durch die Verhältniswerte zu den Werten bei reinem Ziehen vervollständigt. Abb. 5, in der die Verhältniswerte aufgetragen sind, gibt somit einen allgemeinen Anhalt dafür, wie sich der Kraft- und Arbeitsbedarf bei Änderung des Ziehspaltes verschiebt.

Abb. 6 zeigt die mit verschiedenem Ziehspalt gezogenen Hohlkörper. Das Herabdrücken der Wandstärke im engen Ziehspalt hat eine entsprechende Vergrößerung der Höhe bzw. der Oberfläche zur Folge. Da die Oberflächengröße Interesse für die Praxis hat, sind in Tafel 3 noch die Höhe und die Oberfläche der Hohlkörper angegeben. In Abb. 5 ist auch das Verhältnis der Oberflächengröße zu der mit weitestem Spalt gezogenen eingezeichnet.

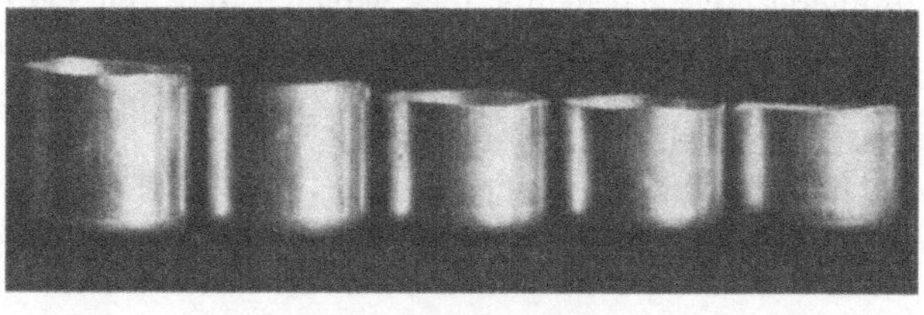

Abb. 6. Mit verschiedenem Ziehspalt gezogene Aluminiumnäpfchen (etwa 3/10 nat. Größe).

Da nun die vorliegende Arbeit sich im wesentlichen mit dem Vorgang des reinen Tiefziehens beschäftigen soll, ergibt sich aus den Versuchen, daß hierzu ein Ziehspalt gewählt werden muß, der die Blechstärke um rund 40% übersteigt. Wir werden sehen, daß dieser Wert sich aus den Fließgesetzen ableiten läßt. Zu den folgenden Versuchen über den Einfluß der Halterkraft usw. sind daher durchweg Ziehringe gewählt worden, welche dem Blech etwa 40% Spiel lassen.

Wenn in der Praxis der Ziehspalt in der Regel erheblich kleiner gehalten wird[10], so dürfte dies, wie bei den folgenden Versuchen beobachtet werden konnte, seinen Grund darin haben, daß dann die Oberfläche glatter und die Unebenheit der Ränder (Zipfelbildung) geringer ausfällt. Es sind Vorteile, welche für die Praxis erheblich ins Gewicht fallen. Wie aus den vorhergehenden Ausführungen zu ersehen ist, unterscheiden sich die Versuche mit dem von uns gewählten Ziehspalt von + 40% von solchen bis zu + 5% herab nur darin, daß mit abnehmendem Ziehspalt ein zusätzlicher Kraftbedarf zum Schluß des Ziehvorgangs hinzukommt. Die Bedingungen der folgenden Versuche weichen also nur in einem unwesentlichen Punkte von denen im Betriebe ab, so daß die aufgedeckten Gesetzmäßigkeiten unmittelbare Geltung für die Praxis haben dürften.

3. Einfluß des Faltenhalterdruckes.

a) Faltenbildung.

Wird der Faltenhalter beim Ziehen nicht oder mit ungenügender Kraft angepreßt, so bilden sich Falten. Ist die Faltenbildung sehr stark, so bleibt der Zuschnitt gegen Ende des Vorgangs im Ziehspalt stecken, und der Boden reißt ab.

Eine vollständige Unterdrückung der Faltenbildung ist, wie allgemein bekannt, nur bei stärkerem Blech erreichbar und notwendig. Bei dünnerem Blech werden schwächere Falten im Ziehspalt ohne weiteres geglättet.

Die Feststellung der „günstigen" Halterkraft, welche gerade ausreicht, um ein einwandfreies Ziehen zu ermöglichen, begegnet Schwierigkeiten, da ein eindeutiges Kriterium zu ihrer Bestimmung fehlt. In der Regel begnügt man sich damit, die Oberfläche des fertigen Hohlkörpers daraufhin zu beurteilen, ob Faltenbildung stattgefunden hat oder nicht. Natürlich ist ein solches Verfahren willkürlich und führt, je nach den Anforderungen an die Oberflächenbeschaffenheit des Hohlkörpers, zu verschiedenen Ergebnissen.

Auch hier konnte nicht anders vorgegangen werden, als daß diejenige Halterkraft als günstig angesehen wurde, bei welcher die Hohlkörper nur noch andeutungsweise eine Faltenbildung erkennen ließen (vgl. Tafel 3). Beim dünneren Blech bedeutet dies lediglich, daß die Falten im Ziehspalt wieder geglättet worden sind; beim stärkeren Blech scheint die Faltenbildung dann tatsächlich unterdrückt zu sein.

Bei allen Stoffen erwies sich die günstige Halterkraft für die beiden untersuchten Blechdicken von 0,5 und 1,5 mm als ungefähr gleich groß. In Tafel 3 sind die beobachteten Werte zusammengestellt.

Tafel 3. Halterkräfte und Halterdrucke für verschiedene Werkstoffe.

Werkstoff	Halterkraft H (Zuschnitt 100,5 mm ⌀) kg	Halterdruck $\sim H/60$ kg/cm²	$\frac{\sigma_S + \sigma_B}{200}$ kg/cm²
Al	400	7	6
Cu	800	13	13
Ms 85	1000	17	23
Ms 72	1200	20	26
Ms 63	1000	17	21
WBz 6	1500	25	26,5
Fe (Flußeisen)	2000	33	($\sim$ 30 ?)

Diese Werte sind als Ergebnis unserer gesamten Versuche anzusehen und beziehen sich auf Zuschnitte von 100,5 mm Durchmesser. Bei den Versuchen selber sind die etwas abweichenden, in Tafel 3 angegebenen Halterkräfte verwendet worden, über deren Zweckmäßigkeit erst nach Beendigung der einzelnen Versuchsreihen ein Urteil gefällt werden konnte. Wieweit diese Halterkräfte auch für andere Blechstärken gelten, bedarf noch der Untersuchung. Einige Bemerkungen über die Faltenbildung bei verschiedenen Halterkräften enthält Tafel 4.

Als Halterdruck ist noch die auf die Einheit der umgeformten Fläche bezogene Halterkraft berechnet und in Tafel 3 mit angegeben. Diese Werte können als Anhalt für die Bestimmung der Halterkraft bei anderen Zuschnittsabmessungen dienen. Als umgeformte Fläche ist dabei der ganze Ring zwischen Außenrand und Stempel angenommen, obwohl vom Beginn der Abrundung ab der Faltenhalter nicht mehr auf dem Zuschnitt aufsitzt. Es ist jedoch kaum anzunehmen, daß die Halterkraft in starkem Maße von der Ziehringabrundung abhängt. Die umgeformte Fläche bietet daher eine ausreichende Grundlage zur näherungsweisen Bestimmung der Halterkraft für jede Zuschnittsgröße.

Was die Größe der günstigen Halterkräfte für die verschiedenen Werkstoffe anbetrifft, so erkennt man aus Tafel 3, daß sie im großen und ganzen den Festigkeiten parallel gehen. Jedoch weisen Aluminium und Eisen mit ihren verhältnismäßig hohen Streckgrenzen auch auffallend hohe günstige Halterkräfte auf. Als rohen Anhaltswert für den Halterdruck kann man dementsprechend, wie Tafel 3 noch zeigt, etwa $^1/_{200}$ der Summe aus Streckgrenze und Festigkeit nehmen. Ob diese Regel allgemeine Gültigkeit hat und theoretisch begründbar ist, läßt sich ohne eine genaue Untersuchung nicht übersehen. Die Grundlagen hierfür sind von Geckeler[16] schon ausgearbeitet worden; es war jedoch im Rahmen dieser Arbeit nicht möglich, hierauf weiter einzugehen.

b) Halterkraft und Kraftbedarf.

Die Halterkraft ist beim Tiefziehen deshalb möglichst gering zu halten, weil sie zu einem gewissen Bruchteil in die Stempelkraft eingeht. Die Stempelkraft kann aber, wie allgemein bekannt, beim reinen Tiefziehen einen gewissen Wert nicht überschreiten, bei welchem der Boden des Hohlkörpers vom zylindrischen Teil abreißt.

Die Abhängigkeit des Höchstwertes der Stempelkraft, des „Kraftbedarfs", von der Halterkraft ist hier eingehend verfolgt worden, weil der Bruchteil, mit dem die Halterkraft in die Stempelkraft eingeht, von der Größe der Reibung zwischen Blech und Werkzeug bestimmt ist. Die Berechnung des Reibungsbeiwertes, welcher z. B. die Wirksamkeit eines Schmiermittels kennzeichnet, ist hieraus allerdings ohne genauere Vorstellungen über den Vorgang des Tiefziehens nicht möglich und ist deshalb erst im zweiten Teil der Arbeit durchgeführt.

Für die Praxis wird es ausreichend sein, die Reibungsverhältnisse an Hand dieses von der Halterkraft H herrührenden Anteils P_h der Stempelkraft zu beurteilen:

$$P_h = \beta \cdot H .$$

Der Reibungsfaktor β ist dann ein Maß für die Reibung. Vorweggenommen sei jedoch, daß β nicht unabhängig von der Größe des Zuschnitts (im Verhältnis zum Ziehstempel) ist.

Abb. 7 zeigt zunächst einige Ziehkurven von Aluminium 1,5 mm stark bei verschiedenen Halterkräften, Abb. 8 einige gleichartige Kurven für Messing (Ms 72). Die Kurven verlaufen in geringem Maße um so höher,

[16] J. W. Geckeler, Plastisches Knicken der Wandung von Hohlzylindern und einige andere Faltungserscheinungen an Schalen und Blechen. Z. angew. Math. Mech. Bd. 8, S. 341—352. 1928.

Tafel 4. Einfluß der Halterkraft auf den Kraftbedarf beim Tiefziehen.
Zuschnitt: 100,5 mm ∅; Stempel: 50 mm ∅; Ziehring für 0,5 mm Blech 51,46 mm ∅; für 1,5 mm Blech 54,12 mm ∅.

Werkstoff	Blechstärke s	Kraftbedarf P_{max} in kg bei Halterkraft H in kg										
	mm	H = 240	400	500	600	800	1000	1200	2000	2500	3000	4000
Al	0,5	630*	670		710	720***						
	1,5	1780*	1825**		1860	1860		1910				
Cu	0,5	1505*		—**		1640	1690					
	1,5			4620		4850	4980		5150	5190		
Ms 85	1,5			6530*			6560		6765		6835	6930
Ms 72	1,5			7565*			7635**		7925			8225
Ms 63	1,5			6125*			6175		6470			6775
WBz 6	1,5			—[1]			7870**		8260		8490	8630

* Starke Falten. ** Schwache Falten. *** 1 Probe von 4 gerissen.

je größer die angewandte Halterkraft ist. Überschreitet diese eine gewisse Höhe, so erreicht die Kurve im ansteigenden Ast die Festigkeit des Werkstoffes am Übergang vom Boden zum zylindrischen Teil, und der Hohl-

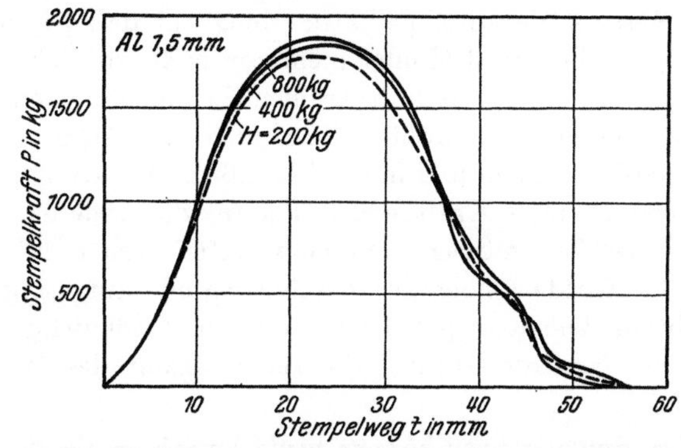

Abb. 7. Ziehkurven von Aluminium bei verschiedenen Halterkräften (H), Zuschnitt 100,5 mm Dmr. – Stempel 50 mm Dmr. – Ziehring 54,12 mm Dmr.

körper reißt hier ab (s. w. u.). Bei der für Messing sehr niedrigen Halterkraft von 500 kg bewirkt außerdem die starke Faltenbildung einen zweiten Höchstwert in der Ziehkurve. Erfordert das dabei eintretende Wegdrücken der Falten sehr große Kräfte, so reißt dann wieder bei Erreichung der Festigkeit der Boden ab.

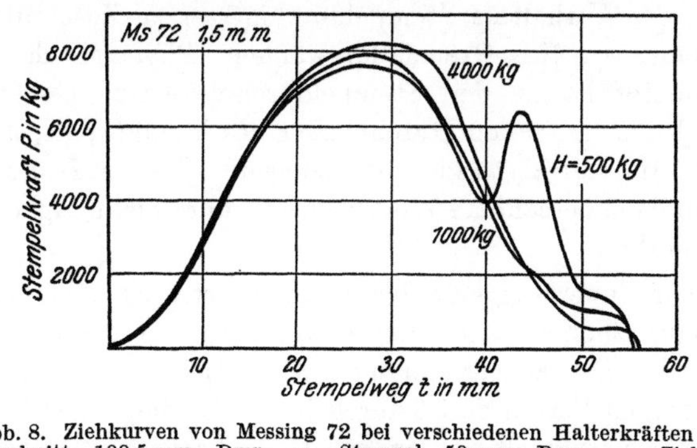

Abb. 8. Ziehkurven von Messing 72 bei verschiedenen Halterkräften (H). Zuschnitt 100,5 mm Dmr. – Stempel 50 mm Dmr. – Ziehring 54,12 mm Dmr.

Die Abhängigkeit des Kraftbedarfs von der Größe der Halterkraft ist dann für die verschiedenen Stoffe aus Tafel 4 ersichtlich. Die Werte für die 1,5 mm-Bleche sind in Abb. 9 und 10 aufgetragen. Die Neigung der Ausgleichsgeraden ergibt für die verschiedenen Werkstoffe Werte von β zwischen 0,12 und 0,24:

	Al	Cu	Ms 85	Ms 72	Ms 63	WBz 6
β =	0,15	0,25	0,12	0,20	0,18	0,24

Die Reibung ist also am größten bei Kupfer und Bronze, am kleinsten bei Ms 85.

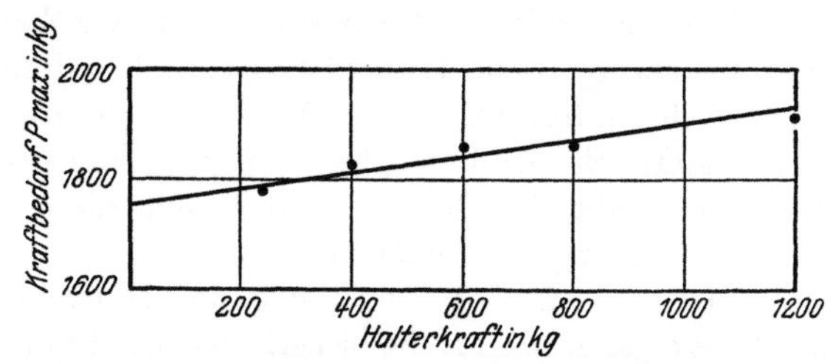

Abb. 9. Einfluß der Halterkraft auf den Kraftbedarf von Aluminium (1,5 mm).

c) Beeinflussung des Halterkraftanteils.

Der Kraftbedarf beim Tiefziehen ist also in um so stärkerem Maße von der Halterkraft abhängig, je größer dieser Wert β ist. Der Anteil der Halterkraft am Kraftbedarf kann danach nur entweder durch Verringerung der Halterkraft selber, oder durch Verringerung des Wertes β, also der Reibung, herabgedrückt werden.

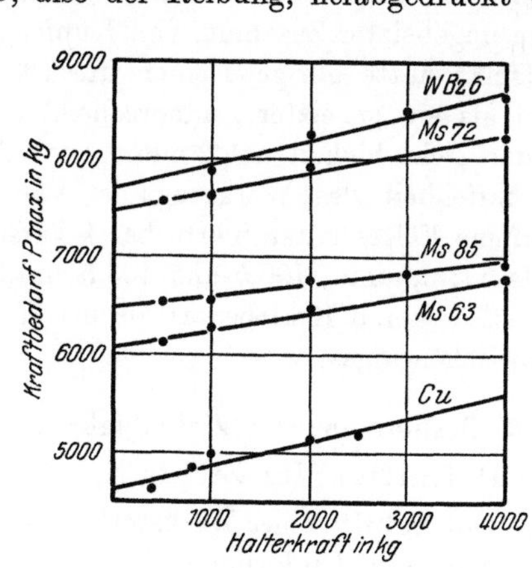

Abb. 10. Einfluß der Halterkraft auf den Kraftbedarf von Kupfer und Kupferlegierungen (1,5 mm).

Die als günstig angesehene Halterkraft ist, wie besprochen, bis zu einem gewissen Grade willkürlich. Welchen Einfluß dies hat, sei an einem Beispiel veranschaulicht. Bronze (WBz 6) ließ sich schon bei einer Halterkraft von 1000 kg einigermaßen gut ziehen. Um die bisweilen beobachtete Faltenbildung zu vermeiden, wurde jedoch 2000 kg gewählt. Dies bewirkt nach Abb. 10 eine Erhöhung des Kraftbedarfs um etwa $0{,}24 \cdot (2000-1000) = 240$ kg. Nach den im nächsten Abschnitt mitgeteilten Messungen (Abb. 22) entspricht dies einer Vergrößerung des Zuschnitts um rund 1 mm. Wenn dieser Betrag auch innerhalb der Fehlergrenzen liegt, so ist er immerhin groß genug, um zu zeigen, wie wichtig eine genaue Berücksichtigung des Faltenhalterdruckes ist. Wenn anderseits in der Praxis infolge der mangelnden Kontrollmöglichkeit oft wesentlich höhere Halterkräfte auftreten, so kann dies schon die Ausnutzung des Werkstoffes in merklichem Maße beeinträchtigen.

Fragen wir uns nun weiterhin nach der Bedeutung der „günstigen" Halterkraft, so stellt sie zweifellos den größten Wert der Halterkräfte dar, welche im Verlaufe einer Ziehoperation erforderlich wären, die Faltenbildung jeweils zu unterdrücken. Denn von vornherein muß natürlich angenommen werden, daß sich diese Halterkräfte mit fortschreitendem Einziehen des Bleches verändern. Für das Gelingen oder Nichtgelingen des Ziehens ist nun, wie im folgenden gezeigt wird, der Höchstwert der Stempelkraft ausschlaggebend. Es wird also vor allem darauf ankommen, die Halterkraft in dem Augenblick, wo dieser Höchstwert erreicht wird, möglichst niedrig zu halten. Vorher und nachher hat die Halterkraft nicht diese wesentliche Bedeutung. Es entsteht also die Forderung nach einer systematischen Anpassung der Halterkraft an den Ziehvorgang, welcher die bisherigen Vorrichtungen zur Erzeugung der Halterkräfte nicht gerecht werden. Dies kann auch erst geschehen, wenn die Kräfte und Verformungen beim Ziehvorgang in allen Einzelheiten bekannt sind. Versuche in dieser Richtung sind in Angriff genommen.

Die Reibung, gekennzeichnet durch den Wert β, ist offensichtlich nicht zufällig bei den Stoffen Kupfer und Bronze am höchsten. Es entspricht dies vielmehr der schon erwähnten Tatsache, daß Kupfer und Bronze nach dem Glühen eine besonders schlechte Oberfläche aufwiesen. Ein ungebeizter Zuschnitt von Kupfer (0,5 mm; 100,5 mm Dmr.) hatte übrigens einen um 7% höheren Kraftbedarf als ein gebeizter, entsprechend einer Verringerung der Ziehfähigkeit um 2 mm. Auch die Oberflächenbeschaffenheit des Werkzeugs ist von Einfluß. Der geschliffene Faltenhalter führte bei 4 Versuchen an Messing (Ms 63; 0,5 mm; 100,5 und 103,5 mm Dmr.) zu einem um 3% höheren Kraftbedarf als bei Einlage des polierten Zwischenringes.

4. Bestimmung der Ziehfähigkeit.

a) Definition der Ziehfähigkeit.

Unter „Ziehfähigkeit" eines Werkstoffes versteht man neuerdings lediglich die Umformung, die er in einem Zuge verträgt, ohne abzureißen. Mit dem Formänderungsvermögen steht die Ziehfähigkeit in der Regel in keinem Zusammenhange, da die meisten für Tiefziehzwecke verwandten Werkstoffe eine Umformung bis zur Ausnutzung der Ziehfähigkeit mehrfach vertragen, ehe sie durch Erschöpfung des Formänderungsvermögens brüchig und rissig werden. Bei spröden Werkstoffen allerdings kann die Ziehfähigkeit durch das Formänderungsvermögen bestimmt sein. Die Verhältnisse liegen ganz ähnlich wie beim Zugversuch, wo die Grenze der Tragfähigkeit und Dehnbarkeit nicht durch das Formänderungsvermögen gegeben ist, sondern sich aus der Mechanik des Zugversuches heraus ergibt. Nur bei spröden Stoffen gibt die Dehnung gleichzeitig das Formänderungsvermögen des Werkstoffes an[17].

Zur Bestimmung der Ziehfähigkeit geht man nach G. R. Fischer[12] so vor, daß man mit einem Einheitsgerät Zuschnitte verschiedener Größe zu ziehen versucht. Man erhält also auf diese Weise unmittelbar die Grenze. Jedoch ist nicht ganz klar, welche Zuschnittsgröße als Kennwert zu nehmen ist. Es wird sich empfehlen, den Mittelwert zwischen dem größten Zuschnitt, der sich einwandfrei ziehen läßt, und demjenigen, der gerade reißt, zu nehmen. Im Falle, daß von mehreren Proben einer Zuschnittsgröße die Hälfte reißt, wäre diese gleich der Ziehfähigkeit zu setzen; reißt ein kleinerer oder größerer Bruchteil, so wäre die Ziehfähigkeit etwas größer oder kleiner anzusetzen.

Nach Schmidt[13] kann die Ziehfähigkeit auch durch Versuche in einer Prüfmaschine in guter Übereinstimmung mit Versuchen in der Ziehpresse bestimmt werden. Die Messung der Stempelkraft ermöglicht dabei ferner, aus Versuchen an drei oder mehreren nicht zu dicht zusammenliegenden Zuschnittsgrößen die Ziehfähigkeit zu extrapolieren. Die größten Zuschnitte müssen so groß sein, daß sie reißen und in der Zerreißlast den Grenzwert des erreichbaren Kraftbedarfs liefern, die anderen Zuschnittsgrößen müssen sich einwandfrei ziehen lassen. Der Kraftbedarf über der Zuschnittsgröße aufgetragen, ergibt in dem extrapolierten Wert der Zuschnittsgröße für den Grenzkraftbedarf die Ziehfähigkeit des Werkstoffes.

Im großen ganzen können beide Verfahren als gleichwertig angesprochen werden. Die Ziehfähigkeit wird natürlich um so genauer, je mehr Versuche zugrunde gelegt werden. Eine gewisse Willkür bleibt immer zurück, sowohl in dem einen Falle, wenn der Wert durch Einschließen in Grenzen ermittelt werden soll, als auch im anderen Falle einer Extrapolation.

Als Maß der Ziehfähigkeit wird man, um von den zufälligen Abmessungen des Werkzeuges unabhängig zu sein, das Verhältnis Stempeldurchmesser zu Zuschnittsdurchmesser (im Grenzfalle) wählen. Physikalisch begründeter ist es, den Stempeldurchmesser zu ersetzen durch den mittleren Durchmesser des Hohlkörpers, also etwa die Blechstärke zuzuschlagen. Der auf dieser Grundlage berechnete Wert sei als „wahre Ziehfähigkeit" eingeführt.

Zur Zuverlässigkeit dieses Kennwertes ist aber noch grundsätzlich zu sagen, daß er vor allem von der Gestaltung des Werkzeuges abhängen wird. Bei der Ausbildung der obigen Verfahren ist durch Probieren diejenige Werkzeugform ermittelt worden, welche die höchsten Werte der Ziehfähigkeit liefert. Eine starke Abhängigkeit von der Werkzeugform würde aber die Bedeutung der Ziehfähigkeit als Kennziffer sehr beeinträchtigen. Aus unseren Versuchen über den Einfluß des Ziehspaltes folgt schon, daß man dem Ziehring z. B. für eine bestimmte Blech-

---

[17] Vgl. G. Sachs: Zur Analyse des Zerreißversuchs. Ber. Werkstoffausschuß V. D. E. Nr. 58 1925; Werkstoffprüfung und Werkstoffeigenschaften Z. V. d. I. Bd. 70, S. 1167—1169. 1926.

stärke einen Mindestdurchmesser geben muß, um den Kraftbedarf möglichst niedrig zu halten.

Ferner ist es allgemein bekannt, daß die Abrundungsverhältnisse von großer Bedeutung sind. Bei kleinen Abrundungsradien ist die Ziehfähigkeit geringer als bei großen[11]. Eine systematische Verfolgung dieses Einflusses war nicht möglich, da keine Werkzeuge dafür zur Verfügung standen. Für einen Stichversuch wurde jedoch ein Ziehstempel mit 2 mm Abrundungsradius hergestellt. Einige Versuche zeigten, daß der Kraftbedarf damit um etwa 5% erhöht, die Zerreißkraft dagegen um etwa 3% herabgesetzt wird. Die Steigerung des Kraftbedarfs dürfte wohl darauf beruhen, daß zum schärferen Biegen eine erhöhte Stempelkraft erforderlich ist. Die Verminderung der Zerreißkraft dürfte sich anderseits zwanglos auf die Wirkung der seitlichen Druckkräfte in der Abrundung zurückführen lassen. Die Wirkung einer scharfen Abrundung läßt sich etwa mit der Wirkung von Keilen bei einem Zugversuch vergleichen, wenn diese durch zu kurzes Fassen starke seitliche Zusatzkräfte ausüben und die Festigkeit des Probestabes dadurch herabsetzen. Im übrigen muß auf diesen Punkt noch im theoretischen Teil (Abschn. B, 4a) eingegangen werden.

In Übereinstimmung mit der Erfahrung zeigt sich also eine ungünstige Wirkung scharfer Abrundungen. Ein zu großer Abrundungsradius beim Ziehring begünstigt anderseits die Faltenbildung, da der Zuschnitt frühzeitig und in größerer Entfernung vom versteifenden Hohlkörper unter dem Faltenhalter weggezogen wird. Ein zu großer Abrundungsradius beim Ziehstempel kann ebenfalls ungünstig wirken, nämlich dann, wenn das Blech im Ziehspalt bei Erreichung der Höchstlast noch nicht ganz an der Stempelwand anliegt, sondern einen gewissen Winkel mit der Stempelachse bildet. Bei großem Abrundungsradius wird in diesem Falle der auf Zerreißen beanspruchte Querschnitt erheblich kleiner als der Querschnitt des zylindrischen Teils, welcher im günstigsten Falle eines glatten Anliegens die Zugkraft vom Stempel auf den sich umformenden Teil des Zuschnittes überträgt. Und zwar ist, wie leicht einzusehen ist, dieser Winkel um so größer, je geringer die Tiefe ist, die ein Hohlkörper in dem Augenblick hat, wo die Zerreißkraft erreicht wird. Da diese Tiefe in erster Linie von der Dehnung des Werkstoffes abhängt (s. weiter unten), soll also besonders bei Stoffen mit geringer Dehnung die Stempelabrundung nicht zu groß gewählt werden. Es bedarf allerdings noch einer genaueren Untersuchung, wie die Verhältnisse im Einzelfall liegen. Stichversuche an ungeglühtem Aluminiumblech (1,5 mm) ergaben z. B. für einen anstandslos gezogenen Zuschnitt von 100,5 mm Dmr. einen Kraftbedarf von 2800 kg, bei einem Zuschnitt von 107,5 mm Dmr. dagegen eine Zerreißlast von 2300 kg. In einem solchen Falle kann also auch die Feststellung der Ziehfähigkeit nach dem Extrapolationsverfahren versagen. Abgesehen von hartem Aluminium erwies sich jedoch bei der vorliegenden Untersuchung der wirkliche Zerreißquerschnitt höchstens um einige Prozent geringer als der Querschnitt des Hohlkörpers, so daß also der günstigste Fall praktisch vorliegt.

Einige Messungen der Tiefe zerrissener Hohlkörper bringt Tafel 5. Diese Tiefe hängt, wie erwähnt, bis zu

Tafel 5. Tiefe gerissener Hohlkörper.

Werkstoff	Blechstärke s mm	Zuschnittsdurchmesser $2R_{a0}$ mm	Halterkraft H kg	Tiefe beim Reißen t_b mm	Anzahl der Versuche	Bemerkungen
Al	0,5	100,5	800	25,6	1	
		103,5	400	21,3	3	
	1,5	105,5	400	25,5	2	
		107,5	400	21,0	2	
Al hart	1,5	107,5	800	11,9	1	ungeglüht
Cu	0,5	107,5	800	31,4	2	
	1,5	107,5	800	31,0	2	
Ms 85	1,5	107,5	4000	27,8	1	
		111	1000	26,1	3	
		115	1000	23,2	3	
Ms 72	0,5	107,5	4000	26,3	2	
		111	1000	28,8	1	
		115	1000	26,8	3	
	1,5	107,5	4000	32,4	2	
		111	1000	37,3	1	
		115	1000	32,2	3	
Ms 63	0,5	111	1000	35,4	1	
		115	1000	29,0	3	
	1,5	107,5	4000	36,7	1	
		111	1000	31,8	3	
		115	1000	27,7	3	
WBz 6	1,5	111	2000	39,0	2	
		115	2000	32,9	3	

einem gewissen Grade von der Dehnung des Stoffes ab. Vergleichen wir Zuschnitte, die gerade die Ziehfähigkeit überschritten haben, so reißen sie etwa in der Gegend der höchsten Stempelkraft (vgl. Abb. 10 bis 20). Diese liegt aber im großen ganzen bei um so größeren Tiefungen, je größer die Dehnung des Stoffes ist. Zieht man anderseits sehr große Zuschnitte, so hängt die Tiefe beim Zerreißen von 2 Faktoren ab: 1. von der Steilheit der Ziehkurve, die ihrerseits, wie noch gezeigt wird, von der Streckgrenze des Stoffes beeinflußt ist und 2. von dem Unterschied der Zuschnittsgröße gegenüber dem Grenzwert. Wäre nur das letztere der Fall, so würden schon die Tiefungen gleichgroßer reißender Zuschnitte einen Anhalt für die Ziehfähigkeit des Werkstoffes geben. Wieweit dieser Zusammenhang jedoch durch das Hineinspielen der Dehnung oder der Streckgrenze beeinträchtigt wird, bedarf einer besonderen Untersuchung.

Man könnte nun der Ansicht sein, daß die Zerreißkraft beim Tiefziehen aus der Zugfestigkeit des Werkstoffes berechnet werden kann. Dabei muß natürlich die Zugfestigkeit zunächst einen Mittelwert über alle Richtungen im Blech darstellen, wie es der Beanspruchung beim Tiefziehen entspricht. In Wirklichkeit ist sie aber unter Umständen stark von der Richtung abhängig[18, 19].

[18] W. Köster: Beobachtungen an Kupfer zum gesetzmäßigen Gefügeaufbau nach der Rekristallisation. Z. Metallkunde Bd. 18, S. 112—116. 1926.

[19] Frhr. v. Göler u. G. Sachs: Walz- und Rekristallisationstextur regulär-flächenzentrierter Metalle. Z. Physik Bd. 41, S. 873—888, 889—906. 1927; Bd. 56, S. 477—484, S. 485—494, S. 495—502. 1929; O. Bauer, Frhr. v. Göler u. G. Sachs: Untersuchungen an Kupfer und Messing. Z. Metallkunde Bd. 20, S. 202—208. 1928.

Vorversuche zeigten hier, daß die Festigkeiten längs und quer sowie unter 45° zur Walzrichtung höchstens um 3 bis 4% verschieden waren. Wir haben uns daher mit genaueren Versuchen an Probestäben, die in der Walzrichtung entnommen waren, begnügt. Wie Tafel 6 zeigt, sind aber die wirklichen Zerreißfestigkeiten für alle Stoffe mit Ausnahme von Aluminium erheblich größer als die

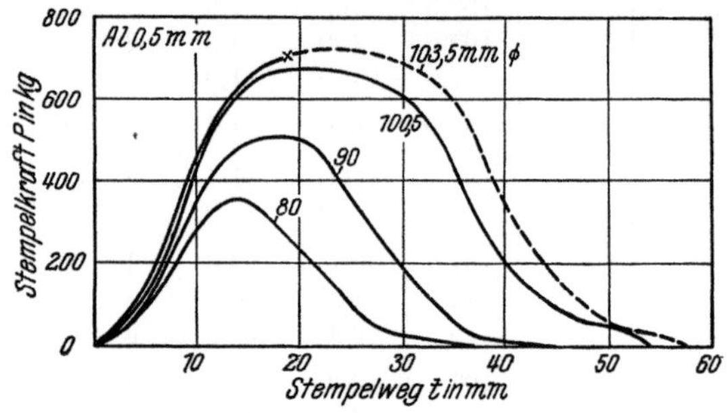

Abb. 11. Ziehkurven von Aluminiumzuschnitten verschiedener Größe, 0,5 mm stark. Stempel 50 mm Dmr. – Ziehring 51,46 mm Dmr. – Halterkraft 400 kg.

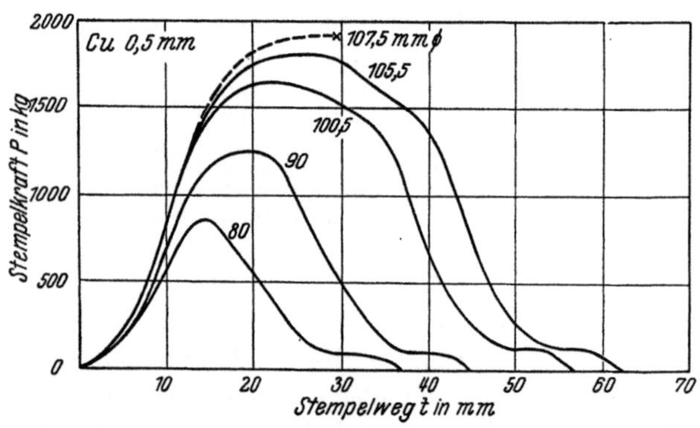

Abb. 13. Ziehkurven von Kupferzuschnitten verschiedener Größe, 0,5 mm stark. Stempel 50 mm Dmr. – Ziehring 51,46 mm Dmr. – Halterkraft 800 kg.

aus den Zugfestigkeiten errechneten. Und zwar ist dies bei den dünnen Blechen in wesentlich stärkerem Maße der Fall als bei dicken; die Unterschiede betragen i. M. + 9 bzw. + 2%. Bei den Werkstoffen, von denen dünne und dicke Bleche untersucht sind, ist die Zerreißfestigkeit der dünnen Bleche um 10% höher als die der dicken. Die Ursache für diese Unterschiede ergibt sich, wie noch im theoretischen Teil (Abschn. B, 4a) zu zeigen sein wird, aus den Besonderheiten der Beanspruchung in dem auf Zerreißen beanspruchten Ring des Hohlkörpers. Das Herausfallen von Aluminium ist jedoch nicht erklärbar. Auch der große Unterschied bei Bronze ist etwas auffällig; doch darf nicht außer acht gelassen werden, daß die Genauigkeit der Zahlenangaben kaum mehr als etwa ± 3% betragen wird.

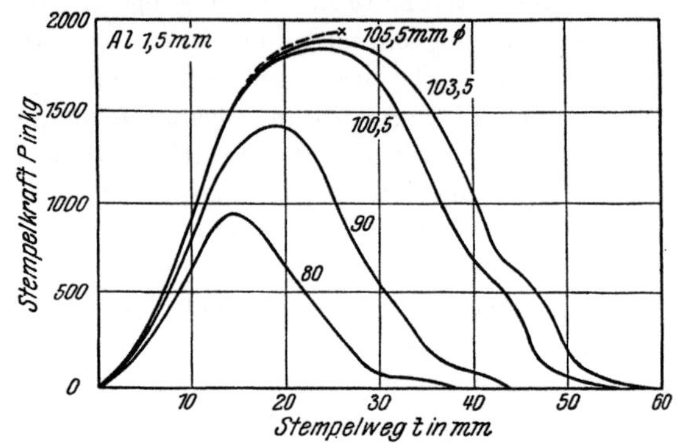

Abb. 12. Ziehkurven von Aluminiumzuschnitten verschiedener Größe, 1,5 mm stark. Stempel 50 mm Dmr. – Ziehring 54,12 mm Dmr. – Halterkraft 400 kg.

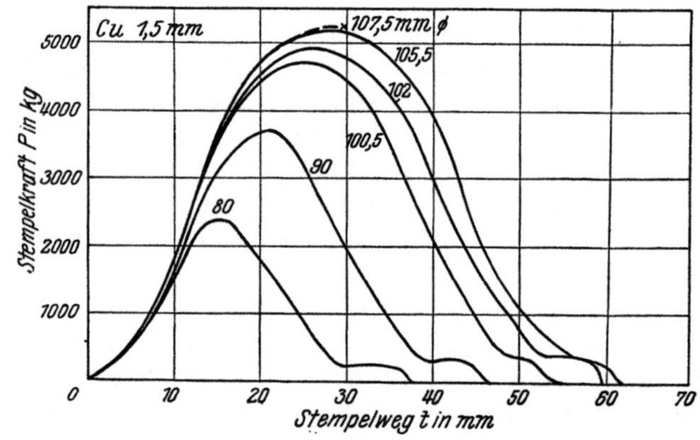

Abb. 14. Ziehkurven von Kupferzuschnitten verschiedener Größe, 1,5 mm stark. Stempel 50 mm Dmr. – Ziehring 51,46 mm Dmr. – Halterkraft 800 kg.

b) Ziehfähigkeit verschiedener Werkstoffe.

Von den untersuchten Werkstoffen wurden mit den als günstig angesehenen Halterkräften Zuschnitte von 80, 90, 100,5, 102 und 103,5 mm sowie — soweit möglich — von 105, 107,5, 111 und 115 mm gezogen. Die 1,5 mm-Bleche sind von sämtlichen Werkstoffen untersucht, 0,5 mm-Bleche von Aluminium, Kupfer und Messing (Ms 72 und Ms 63).

Eine Auswahl der Ziehkurven bringen Abb. 11 bis 20. Das Zeichen × gibt an, wenn ein oder mehrere Hohl-

Tafel 6. Wirkliche und berechnete Zerreißfestigkeiten beim Tiefziehen.

Werkstoff	0,5 mm Stärke					1,5 mm Stärke					Unterschied dünnes gegen dickes Blech
	Zugfestigkeit σ_B	Blechstärke* s	Zerreißlast P_B			Zugfestigkeit σ_B	Blechstärke* s	Zerreißlast P_B			
			berechnet	gemessen	Unterschied			berechnet	gemessen	Unterschied	
	kg/mm²	mm	kg/mm²	kg/mm²	%	kg/mm²	mm	kg/mm²	kg/mm²	%	%
Al	8,4	0,51	680	710	+ 4	8,6	1,51	2100	1940	— 8	+12
Cu	21,9	0,49	1700	1920	+13	22,2	1,50	5400	5460	+ 1	+12
Ms 85	—	—	—	—	—	32,2	1,5	7780	7930	+ 2	—
Ms 72	37,1	0,5	2940	3270	+11	37,3	1,5	9050	9450	+ 4	+ 7
Ms 63	32,2	0,5	2550	2740	+ 9	31,9	1,5	7750	7920	+ 2	+ 7
WBz 6	—	—	—	—	—	38,3	1,5	9300	10200	+10	—
				Mittelwert: + 9					Mittelwert: +2		Mittelwert: +10

* Bei ungleichmäßiger Blechstärke ist auf 0,50 bzw. 1,50 mm umgerechnet.

körper abgerissen sind (vgl. Tafel 7). Die Kurven für die kleinen Zuschnitte sehen bei allen Stoffen gleichartig

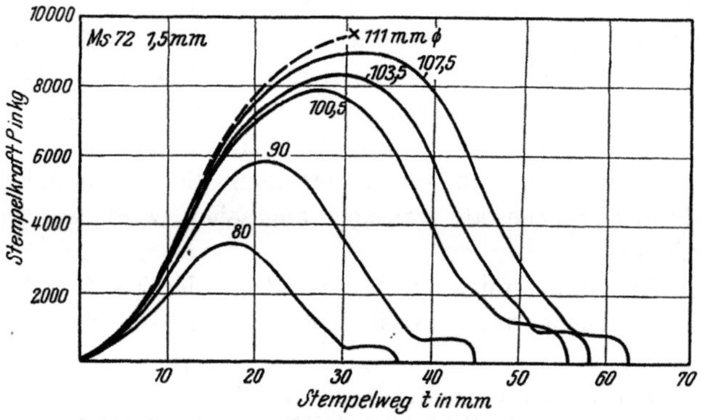

Abb. 15. Ziehkurven von Messingzuschnitten verschiedener Größe, 0,5 mm stark. Stempel 50 mm Dmr. — Ziehring 51,46 mm Dmr. — Halterkraft 1000 kg.

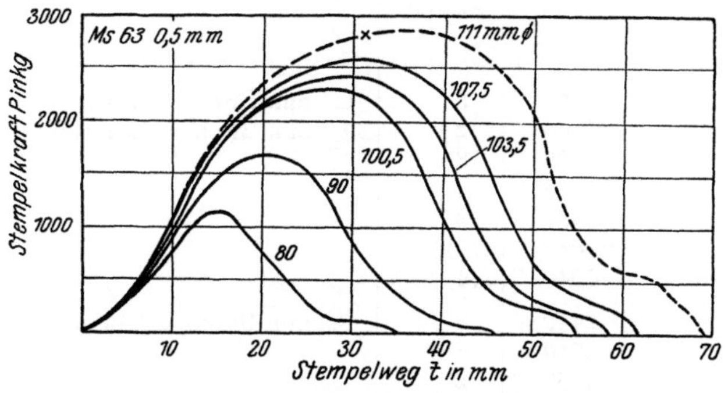

Abb. 17. Ziehkurven von Messingzuschnitten verschiedener Größe, 0,5 mm stark. Stempel 50 mm Dmr. — Ziehring 51,46 mm Dmr. — Halterkraft 1000 kg.

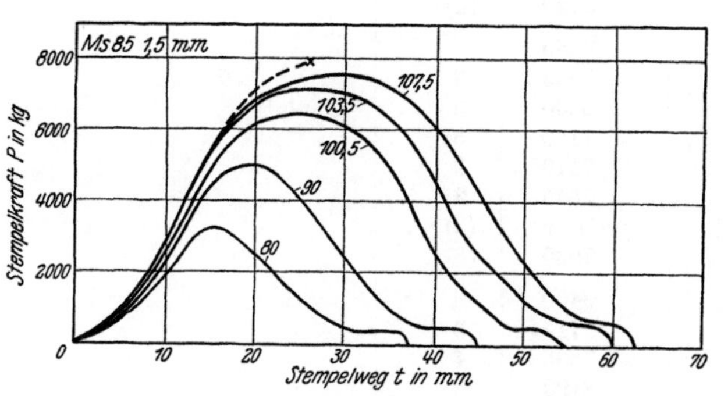

Abb. 19. Ziehkurven von Tombakzuschnitten verschiedener Größe, 1,5 mm stark. Stempel 50 mm Dmr. — Ziehring 54,12 mm Dmr. — Halterkraft 1000 kg.

aus. Je größer der Zuschnitt, in desto stärkerem Maße machen sich jedoch die Besonderheiten der einzelnen Stoffe bemerkbar. Zum besseren Vergleich sind in Abb. 21 die Ziehkurven der 100,5 mm-Zuschnitte von 1,5 mm Stärke zusammengestellt, wobei auch die Kurve von Eisen mit eingetragen ist. Man erkennt gewisse Zusammenhänge mit den Fließkurven der Stoffe (vgl. Abb. 32). Der schnellere Anstieg bei Eisen gegenüber Ms 72 und WBz 6 entspricht der höheren Streckgrenze. Der Höchstwert der Kurven wird nach um so größeren Stempelwegen erreicht, je größer die Dehnung des Werkstoffes ist (vgl. Tafel 1). In ähnlicher Weise unterscheidet sich Ms 80 von Ms 63.

Der Kraftbedarf und die Zerreißlast sind für die verschiedenen Werkstoffe in Tafel 7 zusammengestellt. Daraus ergeben sich zunächst die unmittelbaren Ziehfähigkeiten entsprechend Tafel 8. In Abb. 22 und 23 ist dann der Kraftbedarf über der Zuschnittsgröße auf-

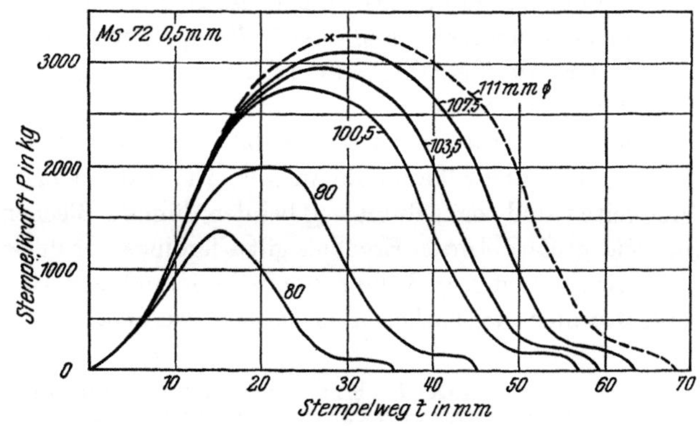

Abb. 16. Ziehkurven von Messingzuschnitten verschiedener Größe, 1,5 mm stark. Stempel 50 mm Dmr. — Ziehring 54,12 mm Dmr. — Halterkraft 1000 kg.

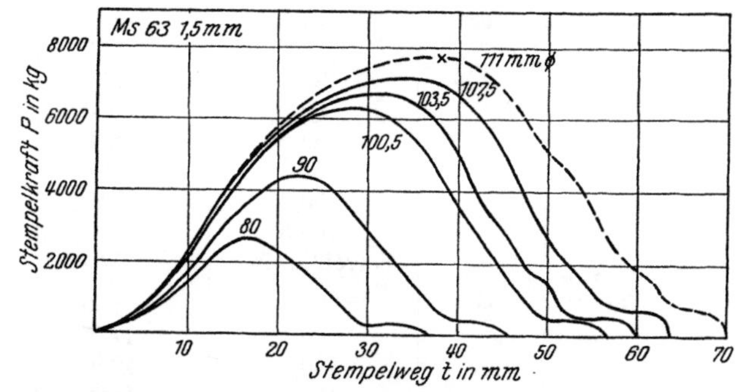

Abb. 18. Ziehkurven von Messingzuschnitten verschiedener Größe, 1,5 mm stark. Stempel 50 mm Dmr. — Ziehring 54,12 mm Dmr. — Halterkraft 1000 kg.

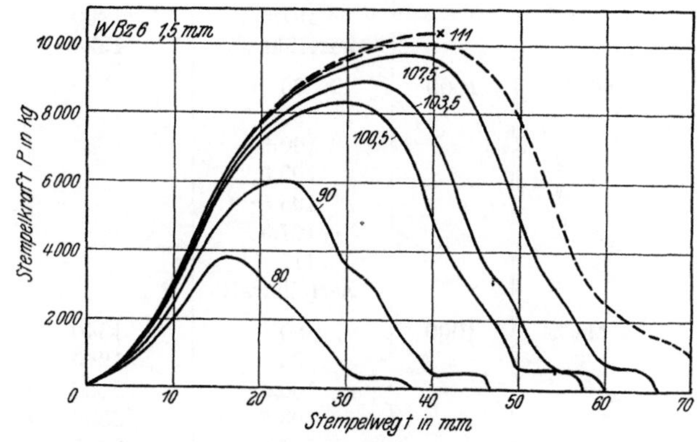

Abb. 20. Ziehkurven von Bronzezuschnitten verschiedener Größe, 1,5 mm stark. Stempel 50 mm Dmr. — Ziehring 54,12 mm Dmr. — Halterkraft 2000 kg.

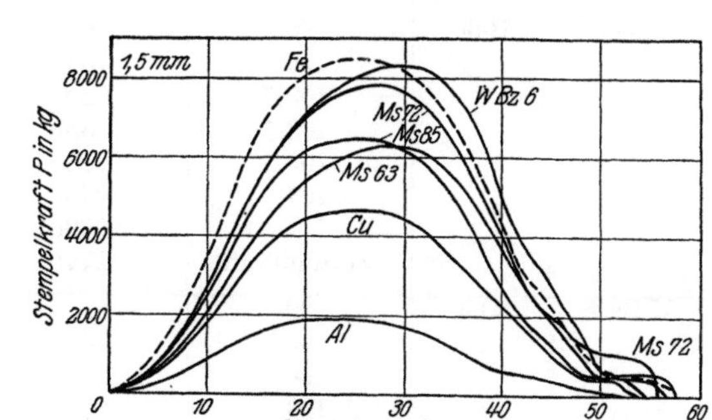

Abb. 21. Ziehkurven verschiedener Werkstoffe. Zuschnitte 100,5 mm Dmr. 1.5 mm stark.

getragen und auf die Zerreißlasten extrapoliert. Die so bestimmten Ziehfähigkeiten sind ebenfalls in Tafel 8 eingetragen. Beide Verfahren führen innerhalb der

Fehlergrenze (rd. ± 1 mm) zum gleichen Ergebnis, und es ist daher der Mittelwert gebildet. Ferner sind noch in Tafel 8 die Ziehfähigkeit als Verhältniszahl zwischen dem Zuschnittsdurchmesser und dem Stempeldurchmesser sowie die wahre Ziehfähigkeit (Verhältniszahl Zuschnitt: Hohlkörper) angegeben.

Von der Blechstärke ist die Ziehfähigkeit eines Werkstoffes nach Tafel 8 kaum abhängig[13]. Die wahren Ziehfähigkeiten sind sogar durchweg bei den dünnen Blechen (bis 3%) größer. Dieses Ergebnis gilt allerdings nur unter der Voraussetzung, daß die als günstig gefundenen Halterkräfte nicht wesentlich überschritten werden. In der Praxis wird man jedoch vielfach bewußt oder unbewußt größere Halterkräfte verwenden, z. B. um die Faltenbildung ganz sicher zu unterdrücken; und dadurch wird, wie aus den Ergebnissen dieser Arbeit zwangsläufig folgt, die Ziehfähigkeit gegenüber den hier festgestellten Werten herabgedrückt werden, und zwar bei dünnen Blechen wesentlich mehr als bei dicken. Daraus erklärt sich wohl die Tatsache, daß im allgemeinen die Ziehfähigkeit dünner Bleche als geringer angesehen wird wie die dicker.

Die Reihenfolge der Werkstoffe in der Ziehfähigkeit ist die gleiche wie bei G. R. Fischer[12], der die Werte mit

Tafel 7. Kraftbedarf beim Ziehen von Zuschnitten verschiedener Größe.

Werkstoff	Halterkraft H kg	Zuschnittsdurchmesser $2R_a$ mm	0,5 mm Blech* Kraftbedarf P_{max} kg	0,5 mm Blech* Anzahl**	1,5 mm Blech* Kraftbedarf P_{max} kg	1,5 mm Blech* Anzahl**	Bemerkungen
Al	400	80	360	3	940	3	0,5 mm Blech = 0,51 mm
		90	505	3	1440	2	1,5 mm Blech = 1,51 mm
		100,5	670	4	1825	8	
		102	700	2	1850	4	
		103,5	(>710)	2 (1)	1885	3	
		105,5	—		gerissen	(2)	
		Zerreißkraft	710	(3)	1940	(4)	
Cu	800	80	850	3	2410	3	0,5 mm Blech = 0,49 mm
		90	1235	3	3710	3	
		100,5	1640	2	4850	2	
		102	1680	3	4950	3	
		103,5	1800	3	5130	3	
		105,5	1820	3	5280	3	
		107,5	(>1900)	3 (2)	(>5400)	5 (4)	
		Zerreißkraft	1920	(2)	5420	(4)	
Ms 85	1000	80	—		3250	3	
		90	—		5055	3	
		100,5	—		6560	3	
		103,5	—		7150	3	
		105,5	—		7410	2	
		107,5	—		7545	3	
		111	—		gerissen	(3)	
		Zerreißkraft	—		7930	(6)	
Ms 72	1000	80	1340	3	3400	3	
		90	1955	3	5715	3	
		100,5	2680	3	7635	4	
		103,5	2830	3	8190	5	
		107,5	3075	3	8930	3	
		111	(>3270)	3 (1)	gerissen	(3)	
		Zerreißkraft	3270	(6)	9450	(8)	
Ms 63	1000	80	1095	3	2630	3	Einige Proben wegen Materialfehler ausgeschlossen
		90	1645	3	4445	3	
		100,5	2200	3	6290	5	
		103,5	2355	3	6750	3	
		105,5	2455	4	6930	5	
		107,5	2490	4	7240	3	
		111	(>2790)	2 (1)	(>7920)	3 (1)	
		Zerreißkraft	2770	(4)	7920	(5)	
WBz 6	2000	80	—		3800	3	
		90	—		6030	3	
		100,2	—		8260	3	
		103,5	—		8840	3	
		105,5	—		9100	3	
		107,5	—		9580	2	
		111	—		(>10170)	3 (2)	
		Zerreißkraft	—		10200	(5)	

* Die Werte des Kraftbedarfs sind, soweit nicht anders angegeben, auf 0,50 bzw. 1,50 mm Stärke umgerechnet.
** In Klammern: gerissen.

Tafel 8. Ziehfähigkeit der verschiedenen Werkstoffe.

Stempel: 50 mm Durchmesser; Abrundungen 6 mm Radius; Ziehring für 0,5 mm Blech: 51,46 mm; Ziehring für 1,5 mm Blech: 54,12 mm.

Werkstoff	Halterkraft H	Blechstärke s	Ziehfähigkeit: Zuschnittsgröße: Unmittelbar	Ziehfähigkeit: Zuschnittsgröße: durch Extrapolation	Ziehfähigkeit: Zuschnittsgröße: Mittelwert	Ziehfähigkeit: Verhältniszahl: Zuschnitt : Stempel	Ziehfähigkeit: Verhältniszahl: Zuschnitt : Hohlkörper	Schmiermittel
	kg	mm	mm	mm	mm			
Al	400	0,5	103,5	103,5	103,5	2,07	2,05	Talg
		1,5	104,5	105,5	105	2,10	2,04	,,
Cu	800	0,5	107	108	107,5	2,15	2,13	Rüböl
		1,5	107	106,5	107	2,14	2,08	,,
Ms 85	1000	1,5	109	110	109,5	2,19	2,13	,,
Ms 72	1000	0,5	111,5	111	111	2,22	2,20	,,
		1,5	109	110,5	110	2,20	2,14	,,
Ms 63	1000	0,5	111	111,5	111	2,22	2,20	,,
		1,5	110,5	111	111	2,22	2,16	,,
WBz 6	2000	1,5	111,5	111	111	2,22	2,20	,,
Flußeis.	2000	1,5			(∼102)	(∼2,04)		Talg

demselben Gerät in der Ziehpresse bestimmt hat. Die hier gefundenen Werte liegen jedoch i. M. etwas höher, etwa um 2 mm = 0,04. Die Ursache hierfür wird in der besseren Einstellungsmöglichkeit der Halterkraft bei unseren Versuchen liegen.

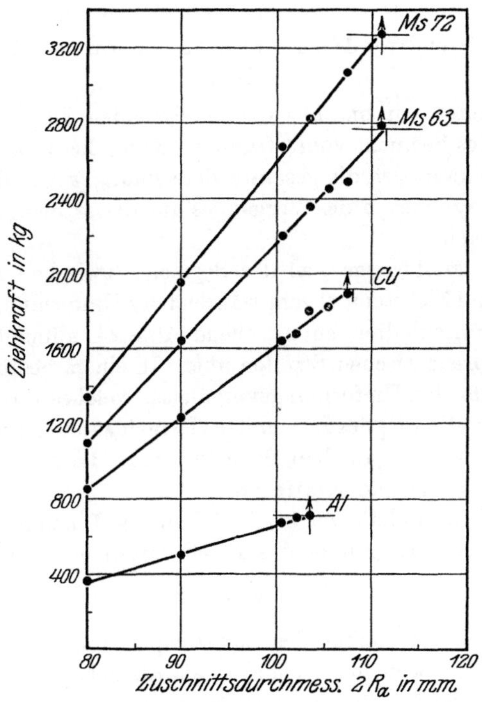

Abb. 22. Abhängigkeit der Ziehkraft vom Zuschnittsdurchmesser. 0,5 mm Blech. — Stempel 50 mm Dmr. — Ziehring 51,46 mm Dmr.

Mit anderen Werkstoffeigenschaften, etwa der Dehnung und Tiefung, die ihrerseits parallel gehen (vgl. Tafel 1), ist nur insofern ein Zusammenhang vorhanden, als die beiden Werkstoffe Aluminium und Eisen mit geringer Dehnung auch geringe Ziehfähigkeiten aufweisen. Aber die großen Unterschiede in den Dehnungen haben keineswegs entsprechende Unterschiede in den Ziehfähigkeiten zur Folge. Und selbst ungeglühtes Aluminium hat noch eine Ziehfähigkeit über 2,0, also nur 10% geringer als die besten Messinge. Innerhalb der Kupferlegierungen ist ein Einfluß der Dehnung überhaupt nicht erkennbar. Die höchste Ziehfähigkeit hat Ms 63, trotz seiner verhältnismäßig geringen Dehnung. Dies hängt vermutlich mit seiner niedrigen Streckgrenze zusammen (vgl. Tafel 1). Auf diese Zusammenhänge wird im theoretischen Teil noch näher einzugehen sein.

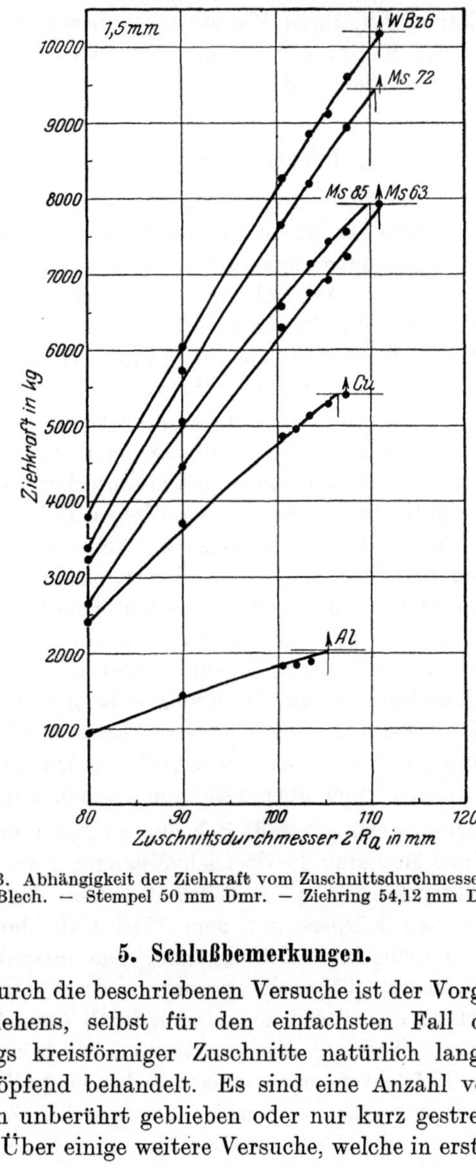

Abb. 23. Abhängigkeit der Ziehkraft vom Zuschnittsdurchmesser. 1,5 mm Blech. — Stempel 50 mm Dmr. — Ziehring 54,12 mm Dmr.

5. Schlußbemerkungen.

Durch die beschriebenen Versuche ist der Vorgang des Tiefziehens, selbst für den einfachsten Fall des Anschlags kreisförmiger Zuschnitte natürlich lange nicht erschöpfend behandelt. Es sind eine Anzahl von Teilfragen unberührt geblieben oder nur kurz gestreift worden. Über einige weitere Versuche, welche in erster Linie dazu angestellt wurden, um die Gültigkeit theoretischer Überlegungen nachzuprüfen, wird im anschließenden zweiten Teil der Untersuchung berichtet werden. Es handelt sich dabei besonders um die Feststellung der Formänderungen, welche der Zuschnitt beim Tiefziehen erleidet.

Nichtsdestoweniger dürften die durchgeführten Versuche schon zeigen, wie es möglich ist, auf dem Wege des Versuchs über den Einfluß der einzelnen Faktoren Aufschluß zu gewinnen. Grundsätzlich ist zu beachten, daß jede Änderung der Betriebsbedingungen von Einfluß ist, und daß gerade beim Tiefziehen scheinbar unwichtige Faktoren von bedeutender Wirkung sein können.

Aber das Zusammenwirken der verschiedenen Faktoren bleibt rätselhaft, wenn es nicht gelingt, einen inneren Einblick in die Mechanik des Vorganges zu gewinnen. Erst dessen eingehende Analyse eröffnet die Aussicht, die Wirkung mancher Faktoren von vornherein zu übersehen und dadurch umfangreiche Versuchsarbeit zu sparen. Jede theoretische Vorstellung ist auch schon deshalb wichtig, weil sie es erst ermöglicht, einen wirklichen systematischen Versuchsplan aufzustellen. Es ist eine allgemeine Schwäche aller unvollkommen entwickelten Wissenszweige, daß viele dahingehende Untersuchungen in kurzer Zeit ihren Hauptwert verlieren, weil die maßgebenden Faktoren unvollkommen erkannt und berücksichtigt worden sind.

B. Theoretischer Teil.

Die Gesetzmäßigkeiten des Tiefziehvorganges sind, wie im folgenden gezeigt werden soll, teilweise einer theoretischen Behandlung zugänglich. Die Spannungen und Verformungen in dem sich unterm Faltenhalter wegbewegenden Teil des Zuschnitts können anscheinend mit guter Genauigkeit erfaßt werden. Auch die Reibungsverhältnisse lassen sich durch Versuch und Rechnung weitgehend klarstellen. Dagegen entzieht sich das Verhalten des Zuschnitts während der Biegung um die Ziehkante und um den Ziehstempel sowie hinterher im Ziehspalt vorläufig noch einer einwandfreien Behandlung. Die Berechnung des vollständigen Kräftespiels zwischen Werkzeug und Werkstoff sowie dessen endgültige Gestaltsänderung ist dadurch nur näherungsweise unter Vernachlässigung gewisser Glieder möglich. Anderseits läßt sich aber als Prüfstein für die Gültigkeit der rechnerischen Überlegungen die Forderung aufstellen, daß die unter diesen Vernachlässigungen errechneten Kräfte und Verformungen hinter den tatsächlichen zurückbleiben müssen, niemals aber über diese hinausgehen dürfen.

Die Untersuchung befaßt sich nun zunächst mit der allgemeinen Mechanik des Tiefziehvorganges, welche den Spannungszustand in allen Teilen des dem Tiefziehen unterworfenen Körpers mit dem Werkstoffwiderstand und der Reibung in Beziehung setzt. Die entwickelten Gleichungen ermöglichen die angenäherte Berechnung des Kraftverlaufs beim Tiefziehen aus den durch Zugversuche feststellbaren Werkstoffeigenschaften und dem bekannten oder aus Tiefziehversuchen zu erschließenden Reibungsbeiwert. Zuvor müssen noch die geometrischen Zusammenhänge im Werkzeug geklärt sein. Die Berechnung des Kraftbedarfs für verschieden große Zuschnitte führt zur Ermittlung der Ziehfähigkeit. Diese läßt sich zwar nicht in ihrer Größe richtig erfassen; dagegen ergeben sich in ihre Abhängigkeit von den Werkstoffeigenschaften gewisse Einblicke. Schließlich können noch die Verformungen des Zuschnitts beim Ziehen mit örtlich recht guter Übereinstimmung mit dem Versuch berechnet werden.

1. Mechanik des Tiefziehvorganges.

Die Spannungsverhältnisse beim Tiefziehen lassen sich in verhältnismäßig einfacher Weise berechnen, wenn die Ziehringfläche als eben und mit unendlich scharfer Abrundung an der Ziehkante angenommen wird. Der Ansatz zerfällt dann in zwei Teile, von denen der erste die Spannungsverhältnisse während der Umformung unter dem Faltenhalter und der zweite Teil die Verknüpfung dieser Spannungen mit den vom Ziehstempel aufzubringenden Kräften behandelt.

Das Ergebnis der Durchrechnung zeigt, daß diese Teilung gerade für den praktisch wichtigen Fall verhältnismäßig großer Krümmungsradien an der Ziehkante zu brauchbaren Ergebnissen führt, obwohl in Wirklichkeit dann an der Ziehkante eine Überlagerung der beiden Teilvorgänge stattfindet. Dagegen entzieht sich der Fall einer wirklich scharfen Ziehkante dadurch einer vollständigen rechnerischen Entwickelung, daß dann große Biegungskräfte und starke örtliche Drücke auftreten müssen, deren Wirkungen sich nicht übersehen lassen. Überhaupt liegt der schwächste Punkt der folgenden Entwickelungen wohl darin, daß der Biegungsvorgang vernachlässigt werden muß.

An sich läßt sich auch ein Ansatz aufstellen, welcher die Zweiteilung vermeidet. Er wird aber dann, wie noch gezeigt wird, verhältnismäßig verwickelt und eignet sich daher nicht gut für eine praktische Durchrechnung. Die Hauptschwäche der Rechnung liegt außerdem, wie gesagt, nicht in diesem Punkt. Es erscheint daher ausreichend, zunächst die Mechanik für den Umformungsvorgang auf der ebenen Ziehringfläche zu entwickeln, und danach den Zusammenhang zwischen diesen Spannungen und den vom Ziehstempel aufzubringenden Kräften zu behandeln.

a) Umformung des Zuschnitts unter dem Faltenhalter.

Denken wir uns aus dem kreisrunden Zuschnitt ein schmales Segment vom Öffnungswinkel γ herausgeschnitten, so kann sich die gesamte Berechnung wegen der Rotationssymmetrie des Vorganges auf dieses Segment beschränken.

Der keilförmige Teil des Segments zwischen Außenrand und Ziehstempel geht während der Umformung unter dem Faltenhalter entsprechend Abb. 24 allmählich in einen prismatischen Streifen über. In einem bestimmten Stadium des Umformungsvorganges, welches durch den Außenradius R_a des Zuschnittes festgelegt ist, greifen nun gemäß Abb. 25 an dem Segment eines Bleches von der Stärke s folgende Kräfte an:

1. Eine radiale Zugkraft ΔZ an der Innenkante, die sich gleichförmig über das Blech verteilen möge:

$$\Delta Z = \sigma_i \cdot R_i \cdot \gamma \cdot s,$$

worin R_i der Radius des Ziehstempels bzw. der Innenradius des Segments ist und σ_i als Einziehspannung eingeführt sei.

2. Der Anteil ΔH der Faltenhalterkraft H senkrecht zur Blechebene, der am Außenrand angreifend angenommen werden kann:

$$\Delta H = \frac{\gamma}{2\pi} \cdot H .$$

Die Annahme, daß die Halterkraft am Außenrand des Zuschnitts angreift, ist für die folgenden Rechnungen von wesentlicher Bedeutung. Daß dies in der Tat der Fall ist, erkennt man besonders gut bei Betrachtung eines unvollständig gezogenen Hohlkörpers. Die Oberfläche des noch nicht durchgezogenen Randes ist oben unverändert bis auf einen schmalen Streifen ganz außen, der radiale Ziehriefen aufweist. Nur auf diesem Streifen hat offen-

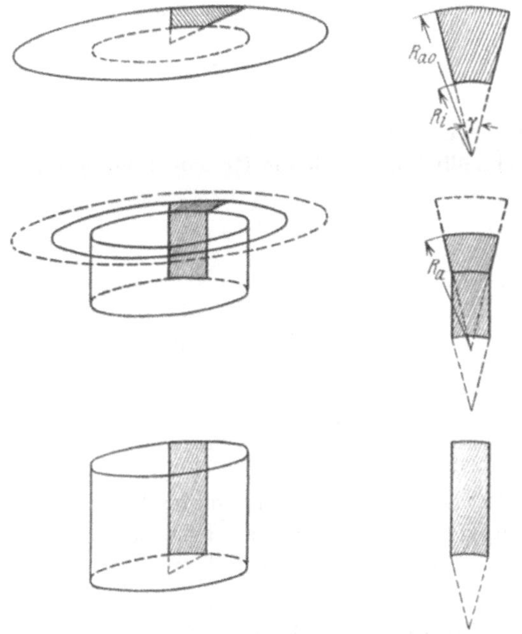

Abb. 24. Umformung des Zuschnitts beim Tiefziehen.

sichtlich der Faltenhalter aufgesessen. Der Streifen ist dementsprechend um so breiter, je größer die Halterkraft war. Das Aufsitzen des Faltenhalters auf dem Zuschnittsrande ergibt sich daraus, daß der Zuschnitt hier stärker wird. Wir werden in Abschn. B, 5a sehen, daß dies aus den Fließgesetzen zwangsläufig abgeleitet werden kann.

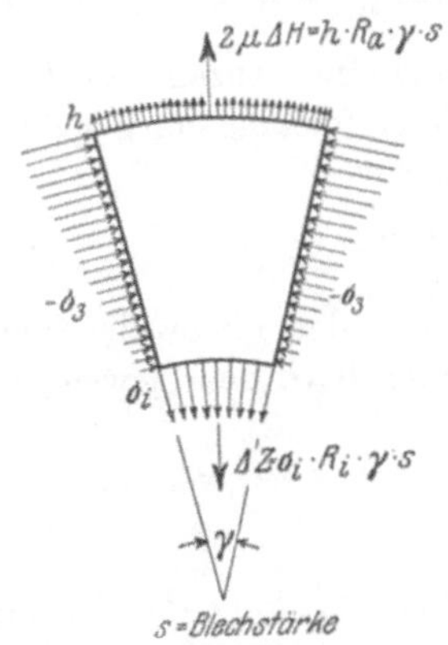

Abb. 25. Beanspruchung des Zuschnitts beim Tiefziehen.

3. Radiale Reibungskräfte infolge der Faltenhalterkraft zwischen Zuschnitt und Faltenhalter sowie Zuschnitt und Ziehring, angreifend am Außenrand. Diese sind — unter der Annahme eines beiderseitig gleichen Reibungsbeiwertes μ:

$$2\mu \Delta H = 2\mu \frac{\gamma}{2\pi} \cdot H$$

$$= h \cdot R_a \cdot \gamma \cdot s,$$

wobei:

$$h = \frac{\mu \cdot H}{\pi \cdot R_a \cdot s} \tag{1}$$

als Reibungsspannung eingeführt sei*.

* Im allgemeinen Fall einer schrägen Ziehfläche, wie sie z. B. beim Weiterschlag vorliegt, gilt für den auf ein Segment entfallenden Anteil $\Delta H'$ des Normaldruckes entsprechend Abb. 26:

$$\Delta H' = \frac{\Delta H}{\cos\alpha + \mu \sin\alpha} = \frac{\gamma}{2\pi} \cdot \frac{H}{\cos\alpha + \mu \sin\alpha}.$$

Und die Reibungsspannung wird:

$$h' = \frac{\mu H}{\pi R_a s (\cos\alpha + \mu \sin\alpha)}. \tag{1'}$$

4. Tangentiale Druckspannungen $-\sigma_3$, welche den Zusammenhang mit den angrenzenden Blechteilen ersetzen. (Das negative Vorzeichen ergibt sich daraus, daß Zugspannungen als positiv eingeführt werden.)

Abb. 26. Halterkraft bei schrägem Faltenhalter.

Die Berechnung des Spannungszustandes an jeder Stelle ist nun leicht unter der Annahme möglich, daß das Blech seine Stärke während des Ziehens nicht ändert. Dies ist zwar in Wirklichkeit keineswegs der Fall, wie noch eingehend behandelt werden wird. Die Dickenänderungen lassen sich jedoch nicht von vornherein im Rechengang berücksichtigen, sondern können nur als Korrektur später angebracht werden.

Nach Abb. 27 ergibt sich dann aus dem Gleichgewicht in radialer Richtung der an einem Volumenelement des Sektors angreifenden Kräfte:

$$0 = \sigma_1 \cdot f + d(\sigma_1 \cdot f) - \sigma_1 \cdot f - 2\sigma_3 \cdot dR \cdot \frac{\gamma}{2} \cdot s, \tag{2}$$

worin $f = R \cdot \gamma \cdot s$ der Querschnitt des Bleches im Abstand R ist. Durch einfache Umformung erhalten wir dann:

$$\left.\begin{aligned} \frac{d(\sigma_1 \cdot R)}{dR} &= \sigma_3^*, \\ \text{bzw.} \qquad \frac{d\sigma_1 \cdot \varrho}{d\varrho} &= \sigma_3, \end{aligned}\right\} \tag{3}$$

wenn als dimensionslose Unabhängige $\varrho = \frac{R}{R_{0a}}$ eingeführt wird und R_{0a} der ursprüngliche Außenradius (des Zuschnitts) ist.

Die Lösung dieser Gleichung kann nun unter zwei Annahmen erfolgen, welche das Fließen der Metalle regeln[20, 21, 22]:

1. Die Schubspannungshypothese setzt voraus, daß die größte Schubspannung τ unabhängig von σ_1 und σ_3 ist, und gleich dem Fließwiderstand $\sigma_n/2$ unter reiner Zug- oder Druckbeanspruchung gesetzt werden kann[7]:

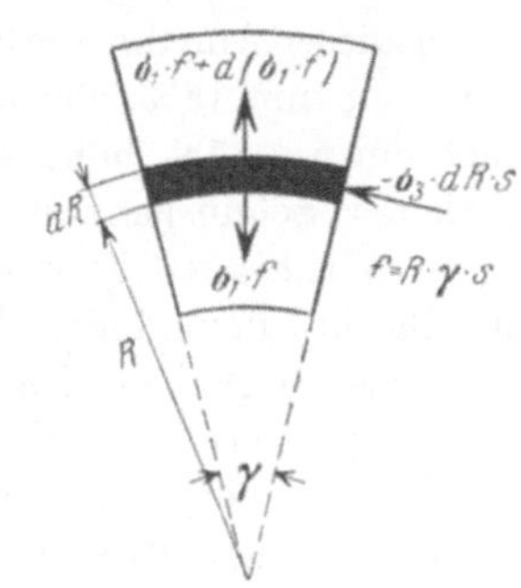

Abb. 27. Beanspruchung eines Körperelements beim Tiefziehen.

$$2\tau = \sigma_1 - \sigma_3 = \sigma_n. \tag{4}$$

* Dies ist die Grundgleichung für den ebenen rotationssymmetrischen Spannungszustand, die der Übersichtlichkeit halber für den vorliegenden Fall abgeleitet ist. Auch die weiteren Betrachtungen gelten übrigens sinngemäß für andere Beanspruchungszustände, z. B. den dickwandigen Zylinder unter Innen- und Außendruck.

[20] W. Lode: Der Einfluß der mittleren Hauptspannung auf das Fließen der Metalle. Forsch.-Arb. V. d. I. 1928, H. 303; Versuche über den Einfluß der mittleren Hauptspannung auf das Fließen der Metalle Eisen, Kupfer und Nickel. Z. Phys. Bd. 36, S. 913—936. 1926.

[21] M. Roš u. A. Eichinger: Versuche zur Klärung der Frage der Bruchgefahr. Zürich 1926 und 1928.

[22] G. Sachs: Zur Ableitung einer Fließbedingung. Z. V. d. I. Bd. 72, S. 734—736. 1928.

2. In Wirklichkeit hat es sich aber bei Versuchen gezeigt, daß die zum Fließen erforderliche Schubspannung bis zu 12%[22] größer sein kann, je nachdem wie die dritte, zu σ_1 und σ_3, also auch zur Blechoberfläche senkrechte (normale) Hauptspannung σ_2 zu den beiden andern liegt. Diesem Befund wird annähernd die sog. Gestaltänderungshypothese gerecht, welche sich in der Form schreiben läßt:

$$\sigma_1^2 + \sigma_2^2 + \sigma_3^2 - \sigma_1\sigma_2 - \sigma_2\sigma_3 - \sigma_3\sigma_1 = \sigma_n^2 . \qquad (5)$$

Eine quadratische Funktion der drei Hauptspannungen soll also stets gleich dem Quadrat der Normalspannungen beim Zug- oder Druckversuch sein. Diese Bedingung kann auf den vorliegenden Fall angewendet werden, wenn angenommen wird, daß die Dicke des Bleches unverändert bleibt, die Formänderung $d\varepsilon_2$ in normaler Richtung, also in jedem Augenblick $= 0$ ist. Aus der Bedingung der Erhaltung des Volumens bei plastischer Verformung:

$$d\varepsilon_1 + d\varepsilon_2 + d\varepsilon_3 = 0 \qquad (6)$$

folgt dann:

$$d\varepsilon_1 = - d\varepsilon_3 , \qquad (7)$$

worin $d\varepsilon_1$ die jeweilige radiale Formänderung und $d\varepsilon_3$ die tangentiale ist. Es gilt dann noch nach Lode[20] zwischen den Spannungen und Formänderungen die Beziehung:

$$\frac{\sigma_1 - \sigma_2}{d\varepsilon_1 - d\varepsilon_2} = \frac{\sigma_2 - \sigma_3}{d\varepsilon_2 - d\varepsilon_3} , \qquad (8)$$

die unter Benutzung von Gleichung (7) übergeht in:

$$\sigma_2 = \frac{\sigma_1 + \sigma_3}{2} . \qquad (9)$$

Und damit nimmt die Gestaltsänderungshypothese (5) für den vorliegenden Fall die Form an:

$$\sigma_1 - \sigma_3 = 1{,}15\,\sigma_n . \qquad (10)$$

Unter dieser Annahme wäre also ganz allgemein an jeder Stelle ein um 15% höherer Fließwiderstand und damit auch ein um 15% höherer Arbeitsbedarf vorhanden als nach der Schubspannungshypothese (2).

In Wirklichkeit ist nun die Annahme, daß die Stärke des Bleches unverändert bleibt, nicht erfüllt. Vielmehr wird das Blech beim Tiefziehen am oberen Rande des Hohlkörpers erheblich dicker und am Übergang zum Boden wird es meist etwas schwächer[4, 7]. Wir werden noch sehen, daß diese Tatsachen aus der resultierenden Spannungsverteilung ableitbar sind. In diesem Zusammenhange wichtig ist nun, daß Gleichung (10) dann ungültig ist und $\sigma_1 - \sigma_3$ in den Grenzen:

$$\sigma_n < \sigma_1 - \sigma_3 < 1{,}15\,\sigma_n \qquad (11)$$

veränderlich wird. Nach eingehenden Versuchen[22] ist die Beziehung noch etwas anders:

$$\sigma_n < \sigma_1 - \sigma_3 < 1{,}12\,\sigma_n . \qquad (11\,a)$$

Eine genaue Berücksichtigung dieser Veränderlichkeit ist nur durch allmähliche Näherung möglich. Man muß aber den wirklichen Verhältnissen nahekommen mit dem Ansatz:

$$\sigma_1 - \sigma_3 \cong 1{,}10\,\sigma_n^* . \qquad (11\,b)$$

* Beim Ziehen liegen die Werte von $\sigma_1 - \sigma_3$ im Durchschnitt mehr an der oberen als an der unteren Grenze. Das Mittel aller möglichen Werte ergibt sich nach der Gestaltänderungshypothese ebenfalls zu 1,10.

Mit dieser Annahme wird die Grundgleichung (3) lösbar. Es wird:

$$d\sigma_1 = -(\sigma_1 - \sigma_3) \cdot \frac{d\varrho}{\varrho}$$
$$= -1{,}10 \cdot \sigma_n \cdot \frac{d\varrho}{\varrho}$$

und:

$$\sigma_1 = -1{,}10 \int \sigma_n \cdot \frac{d\varrho}{\varrho} . \qquad (12)$$

Die zunächst gesuchte Einziehspannung σ_i ergibt sich schließlich mit Hilfe der Grenzbedingung für $\varrho = \varrho_a$:

$$\sigma_a = h = 1{,}10 \int_{\varrho_a}^{\varrho} \sigma_n \cdot \frac{d\varrho}{\varrho}$$

zu:

$$\sigma_i = 1{,}10 \int_{\varrho_i}^{\varrho} \sigma_n \cdot \frac{d\varrho}{\varrho} ,$$

$$\boldsymbol{\sigma_i = 1{,}10 \int_{\varrho_i}^{\varrho_a} \sigma_n \cdot \frac{d\varrho}{\varrho} + h .} \qquad (13)$$

Hätte nun der Werkstoff während einer Phase des Ziehvorganges an allen Stellen den gleichen Fließwiderstand σ_n', d. h. die gleiche Verfestigung:

$$\sigma_n' = \text{konst.},$$

so ist das Integral in Gleichung (13) lösbar:

$$\boldsymbol{\sigma_i = 1{,}10 \cdot \sigma_n' \cdot \ln \frac{\varrho_a}{\varrho_i} + h ,} \qquad (14)$$

bzw.:

$$\boldsymbol{\sigma_i = 2{,}53 \cdot \sigma_n' \cdot \log \frac{\varrho_a}{\varrho_i} + h .} \qquad (14\,a)$$

Die praktische Durchrechnung einer Anzahl von Beispielen hat gezeigt, daß diese Vereinfachung einen Fehler von höchstens 3% ergibt, wenn:

$$\sigma_n' = \frac{\sigma_{ni} + \sigma_{na}}{2} \qquad (15)$$

gesetzt wird, worin σ_{ni} bzw. σ_{na} der Fließwiderstand des Stoffes an der Ziehringkante bzw. dem jeweiligen Zuschnittsrande ist.

Zur Abkürzung möge noch geschrieben werden:

$$\sigma_i = S + h , \qquad (16)$$

worin:

$$S = 2{,}53 \cdot \frac{\sigma_{ni} + \sigma_{na}}{2} \cdot \log \frac{\varrho_a}{\varrho_i} \qquad (17)$$

der vom reinen Stoffwiderstand herrührende Anteil der Einziehspannung ist.

b) Berechnung der Stempelkraft.

Die dem Versuch zugängliche Größe ist nun die vom Ziehstempel aufgebrachte Stempelkraft P.

Zu ihrer Berechnung muß zunächst die Ziehspannung σ_i' bekannt sein, mit der gemäß Abb. 28 der Zuschnitt am Ziehstempel angreift. Nach dem Seilgesetz ergibt sich σ_i' aus der Einziehspannung σ_i *:

$$\sigma_i' = e^{\mu\,\alpha_1} \cdot \sigma_i + b , \qquad (18)$$

* Man kann an sich diese Trennung von Umformungsvorgang und Biegung in der Rechnung vermeiden. Für die Ziehkantenabrundung hätte dann an Stelle des oben entwickelten Ansatzes ein anderer zu treten, der die Krümmung und Reibung berücksichtigt. Es ergeben sich dann ähnliche Beziehungen wie beim Drahtziehen[23], auf deren Durchrechnung jedoch verzichtet sei, da ziemlich verwickelte Gleichungen entstehen.

[23] G. Sachs: Zur Theorie des Ziehvorganges, Z. ang. Math. Mech. Bd. 7, S. 235—236. 1927.

worin μ wieder der Reibungsbeiwert, α_1 der Winkel zwischen der Angriffsrichtung von σ_i und σ_i' und b die zum Biegen des Bleches um die Kante erforderliche Zusatzspannung ist.

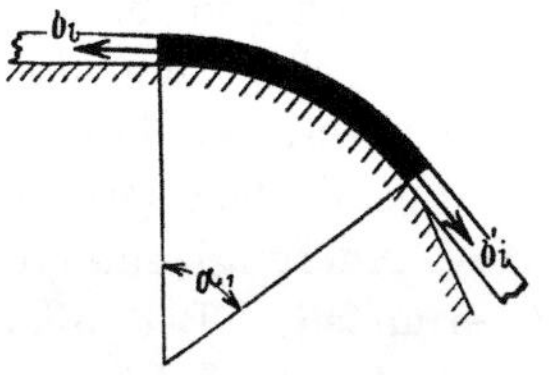

Abb. 28. Spannungszustand an der Ziehkante.

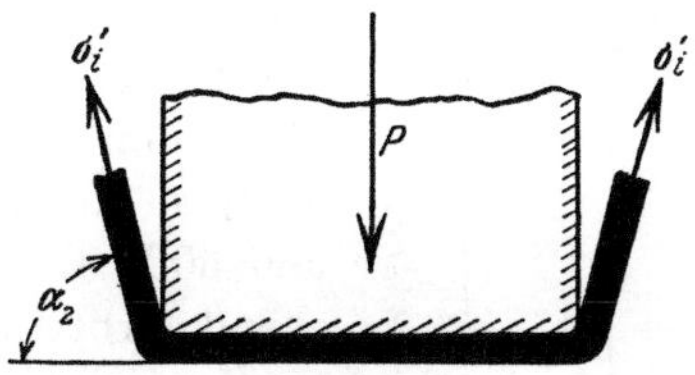

Abb. 29. Stempelkraft und Ziehspannung.

Und die Stempelkraft P wird dann, entsprechend Abb. 29:

$$P = 2\,\pi R_i \cdot s \cdot \sigma_i' \cdot \sin\alpha_2 . \qquad (18)$$

Mit Gleichung (1) und wenn als Biegungskraft B eingeführt wird:

$$B = 2\,\pi R_i \cdot s \cdot b \qquad (19)$$

ergibt sich schließlich:

$$\boldsymbol{P = e^{\mu\alpha_1} \cdot \sin\alpha_2 \left(2\,\pi R_i \cdot S + H \cdot \frac{\varrho_i}{\varrho_a}\right) + B \sin\alpha_2 .} \qquad (20)$$

2. Geometrische Zusammenhänge.

Für die Untersuchung der Spannungsverhältnisse ist als Unabhängige die Randverschiebung ϱ_a gewählt worden. Beim Versuch ist jedoch der Stempelweg t am einfachsten meßbar und auch für die Feststellung des Arbeitsbedarfs notwendig. Benötigt werden ferner von geometrischen Größen die Winkel α_1 und α_2, welche das Blech im Spalt mit der Ziehringfläche und der Stempelachse bildet. In der Regel liegt die Ziehringfläche senkrecht zur Stempelachse, so daß wir uns auf den Fall beschränken können, daß $\alpha_1 = \alpha_2 = \alpha$ ist.

Der Zusammenhang zwischen Stempelweg und Randverschiebung ist ausschlaggebend von der Abrundung der Ziehwerkzeuge abhängig. Hier muß daher der Rechnung die genaue geometrische Gestalt des Werkzeugs zugrunde gelegt werden. Die Verknüpfung obiger 3 Größen gestaltet sich dann gemäß Abb. 30 am einfachsten so, daß je die halbe Blechstärke zum Ziehring und Ziehstempel

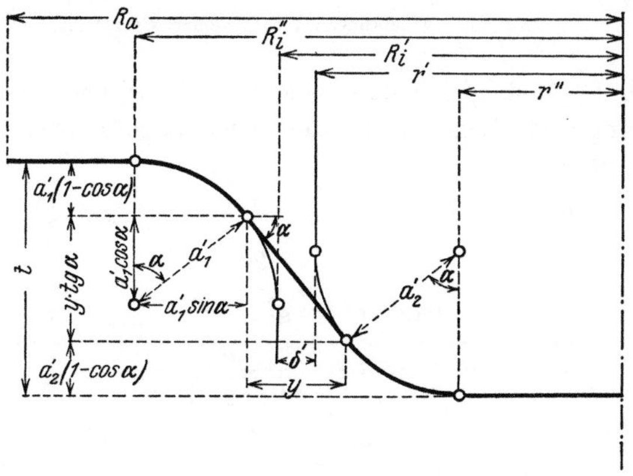

Abb. 30. Zur Ableitung der Beziehungen zwischen Randverschiebung und Stempelweg.

R_a = Radius des Zuschnittrandes, R_i = Ziehringradius, r = Stempelradius, s = Blechstärke, δ = Spaltweite, a_1 = Abrundungsradius Ziehring, a_2 = Abrundungsradius Stempel,

$R_i' = R_i + s/2$, $R_i'' = R_i + a$, $r' = r + s/2$, $r'' = r - a$, $\delta' = \delta - s$, $a' = a + s/2$, $y = \delta' + (a_1' + a_2')(1 - \sin\alpha)$.

zugeschlagen werden. Mit den aus Abb. 30 ersichtlichen Bezeichnungen können sowohl der Stempelweg t als auch die Randverschiebung $\varrho_a = \frac{R_a}{R_{0a}}$ leicht als Funktionen des Winkels α ausgedrückt werden.

Der Stempelweg berechnet sich wie folgt:

$$t = (a_1' + a_2')(1 - \cos\alpha) + y \cdot \operatorname{tg}\alpha$$
$$= (a_1' + a_2')(1 - \cos\alpha) + [\delta' + (a_1' + a_2')(1 - \sin\alpha)] \operatorname{tg}\alpha$$
$$\boldsymbol{t = (a_1' + a_2')\left(1 - \frac{1 - \sin\alpha}{\cos\alpha}\right) + \delta' \cdot \operatorname{tg}\alpha .} \qquad (21)$$

Der Weg des Außenrandes ergibt sich aus der Bedingung, daß die Dicke des Bleches und damit die Größe der ursprünglichen Oberfläche erhalten bleiben soll:

$$\pi R_{0a}^2 = \pi\left[R_a^2 - R_i''^2 + r''^2 + 2\left(a_1'\alpha + a_2'\alpha + \frac{y}{\cos\alpha}\right)\left(r' + \frac{\delta'}{2}\right)\right]$$

$$R_a^2 = R_{0a}^2 + R_i''^2 - r''^2 - 2\alpha(a_1' + a_2')\left(r' + \frac{\delta'}{2}\right)$$
$$- 2[\delta' + (a_1' + a_2')(1 - \sin\alpha)]\frac{1}{\cos\alpha}\left(r' + \frac{\delta'}{2}\right).$$

$$\left.\begin{aligned} \boldsymbol{R_a^2} &\boldsymbol{= R_{0a}^2 + R_i''^2 - r''^2} \\ &\boldsymbol{- 2(a_1' + a_2')\left(r' + \frac{\delta'}{2}\right)\left(\alpha + \frac{1 - \sin\alpha}{\cos\alpha}\right)} \\ &\boldsymbol{- 2\frac{\delta'}{\cos\alpha}\left(r' + \frac{\delta'}{2}\right).} \end{aligned}\right\} \qquad (22)$$

Die benötigten Winkelfunktionen sind in Tafel 9 für eine Anzahl von Winkeln zusammengestellt:

Tafel 9. Winkelfunktionen.

	α	$\cos\alpha$	$\operatorname{tg}\alpha$	$\frac{1-\sin\alpha}{\cos\alpha}$	$1 - \frac{1-\sin\alpha}{\cos\alpha}$	$\alpha + \frac{1-\sin\alpha}{\cos\alpha}$
10°	0,175	0,985	0,176	0,839	0,161	1,014
20°	0,349	0,940	0,364	0,700	0,300	1,049
30°	0,524	0,866	0,577	0,577	0,423	1,101
40°	0,698	0,766	0,839	0,466	0,534	1,164
50°	0,873	0,643	1,192	0,364	0,636	1,237
60°	1,047	0,500	1,732	0,268	0,732	1,315
70°	1,223	0,342	2,747	0,176	0,824	1,399
80°	1,396	0,1737	5,671	0,087	0,913	1,483
85°	1,483	0,0872	11,430	0,043	0,957	1,526
87°	1,518	0,0523	19,08	0,026	0,974	1,544
88°	1,536	0,0349	28,64	0,018	0,982	1,554
88°30′	1,545	0,0262	38,19	0,013	0,987	1,558
89°	1,553	0,01745	57,29	0,009	0,991	1,562
89°10′	1,556	0,01454	68,75	0,007	0,993	1,563
89°20′	1,559	0,01164	85,94	0,006	0,994	1,565
89°30′	1,562	0,00873	114,6	0,005	0,995	1,567
89°40′	1,565	0,00582	171,9	0,003	0,997	1,568
89°50′	1,568	0,00291	343,7	0,000	1,000	1,568

In Abb. 31 sind α und t über ϱ_a für die genauer untersuchten Fälle aufgetragen:

Blechstärke	s =	0,5 mm	1,5 mm
Urspr. Außenradius	R_a =	50,25 mm	50,25 mm
Innenradius	R_i =	25,73 mm	27,07 mm
Spalt	δ =	0,73 mm	2,07 mm

Der Ziehstempel hatte einen Radius $r = 25$ mm, die Abrundungsradien von Ziehring und Stempel waren gleich

$a_1 = a_2 = 6$ mm. Der Abb. 31 können also α und t für jeden Wert von ϱ_a entnommen werden.

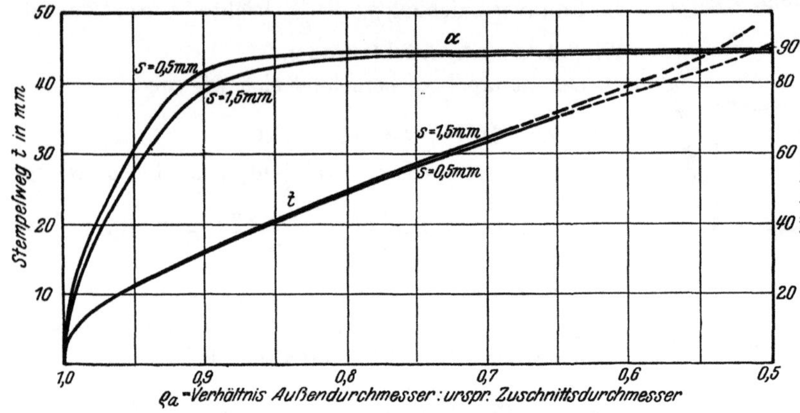

Abb. 31. Bestimmung des Stempelweges und der Blechneigung im Ziehspalt aus der Randverschiebung. Zuschnittsdurchmesser 100,5 mm Dmr. — Ziehspalt = s + 40%. — Ziehstempel 50 mm Dmr.

Gleichung (22) hat jedoch nur bis zum Beginn der Abrundung $R_a = R_i''$ Gültigkeit. Der weitere Stempelweg ist dann dadurch gegeben, daß bis $R_a = R_i'$ das Stück $\frac{\pi}{2} \cdot a_1' = 1{,}57\ a_1'$ noch abgewickelt werden muß; also die entsprechende Fläche übergehen muß in $2\pi\left(r' + \frac{\delta}{2}\right)(\Delta t - a_1')$, worin Δt der dazugehörige Stempelweg ist. Auf die genaue Durchführung dieser Rechnung sei verzichtet, da gerade gegen Ende des Tiefziehvorganges die rechnerische Erfassung wegen der verschiedenen Vernachlässigungen immer unsicherer wird. Im vorliegenden Falle ergibt sich für Δt rund 14 mm für das 1,5 mm starke Blech und 12,5 mm für das 0,5 mm starke Blech.

3. Berechnung des Kraftbedarfs.

Die Stempelkraft in jeder Phase des Ziehvorganges setzt sich entsprechend Gleichung (20) aus verschiedenen Anteilen zusammen, welche versuchsmäßig zu bestimmende Größen enthalten.

a) Stofflicher Anteil.

Das reine Werkstoffglied S ergibt sich gemäß Gleichung (17) aus den Fließwiderständen $\sigma_{n\,i}$ und $\sigma_{n\,a}$ an der Innen- und Außenkante des sich umformenden Teils des Zuschnitts:

$$S = 2{,}53 \cdot \frac{\sigma_{n\,i} + \sigma_{n\,a}}{2} \log \frac{\varrho_a}{\varrho_i}\,.$$

Der Fließwiderstand eines Körperteilchens kann nun nach Ludwik[24] ganz allgemein aus dem Widerstand bei einem Zug- oder Druckversuch festgestellt werden, wenn die geometrischen Veränderungen des Teilchens, welche dessen Verfestigung bestimmen, bekannt sind. Ist die stärkste Abmessungsänderung des Teilchens eine Dehnung oder eine Stauchung, so ist die Verfestigung die gleiche wie bei einer um den gleichen Betrag gedehnten Zugprobe bzw. um den gleichen Betrag gestauchten Druckprobe. Es genügt dabei die Kenntnis eines solchen Versuchs, da eine Stauchung in der Verfestigungswirkung der gleichen Querschnittsverminderung beim Zugversuch entspricht.

Wir haben diese „Fließkurven“ für verschiedene Stoffe durch Zugversuche, welche die wahren Spannungen bis zur Höchstlast einwandfrei geben, und darüber hinaus durch Festigkeitsbestimmungen an gewalzten Stäben (40, 50 und 60% Höhenverminderung) entsprechend Abb. 32 ermittelt. Bei allen Stoffen fallen für das 0,5- und 1,5-mm-Blech die Kurven praktisch zusammen.

Ist nun ein Zuschnitt vom ursprünglichen Radius $\varrho_{a0} = 1$ im Versuch auf den Radius $\varrho_a = R_a / R_{0a}$ gekommen, so ist diese Verringerung gleichzeitig die Stauchung ε_a der Außenfaser in der Umfangsrichtung:

$$\varepsilon_a = 1 - \varrho_a\,. \tag{23}$$

Die Stauchung ε_i der Innenfaser ergibt sich bei Erhaltung des Blechvolumens und der Blechdicke daraus, daß der außen weggeflossene Teil der Blechoberfläche nach

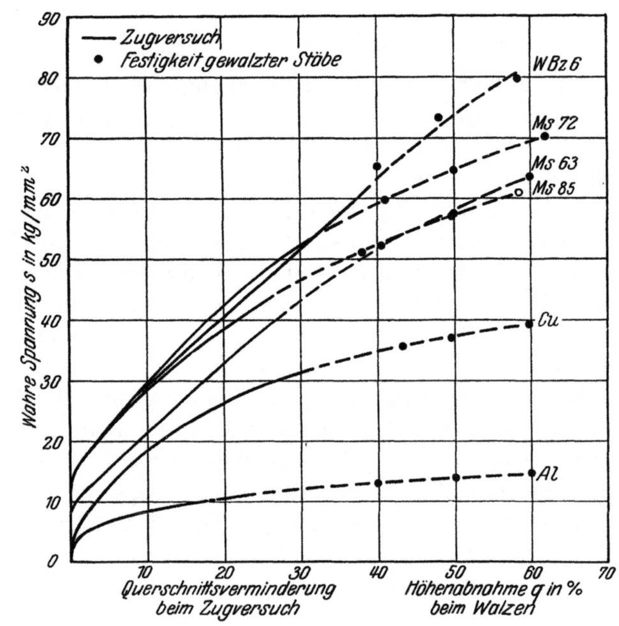

Abb. 32. Fließkurven verschiedener Werkstoffe.

Abb. 33 auch gleich dem Querschnitt zwischen der ursprünglichen Lage ϱ_0 und der neuen Lage ϱ jeder Form sein muß:

$$(\varrho_{a0} - \varrho_a)(\varrho_{a0} + \varrho_a) = (\varrho_0 - \varrho)(\varrho_0 + \varrho)$$

$$1 - \varrho_a^2 = \varrho_0^2 - \varrho^2\,.$$

$$\varrho_0 = \sqrt{1 - \varrho_a^2 + \varrho^2}\,. \tag{24}$$

$$\varepsilon = 1 - \frac{\varrho}{\varrho_0} = 1 - \frac{\varrho}{\sqrt{1 - \varrho_a^2 + \varrho^2}}\,. \tag{25}$$

Und:

$$\varepsilon_i = 1 - \frac{\varrho_i}{\sqrt{1 - \varrho_a^2 + \varrho_i^2}}\,. \tag{25a}$$

Abb. 34 gibt für verschiedene Werte $\varrho_a = \frac{R_a}{R_{0a}}$ und die praktisch in Frage kommenden Werte von $\varrho_i = \frac{R_i}{R_{0a}}$ zwischen 0,65 und 0,45 die nach dieser Gleichung errechneten Stauchungen ε_i an.

[24] P. Ludwik: Elemente der technologischen Mechanik. Berlin 1909; Über Kaltbearbeitung durch Walzen und Ziehen Z. öst. Ing. Arch. Ver. Bd. 67, S. 597—602. 1915; P. Ludwik u. R. Scheu: Vergleichende Zug-, Dreh- und Walzversuche Stahleisen Bd. 45, S. 373—381. 1925.

Zu den Stauchungen ε_a und ε_i werden dann die Fließwiderstände σ_{na} und σ_{ni} der Abb. 32 entnommen, $\sigma_n' = \frac{\sigma_{na} + \sigma_{ni}}{2}$ und der Ausdruck $S = 2{,}53 \cdot \sigma_n' \cdot \log \frac{\varrho_a}{\varrho_i}$ gebildet. Damit ist der eigentlich stoffliche Anteil des Kraftbedarfs für die betreffende Phase des Tiefziehvorganges berechnet.

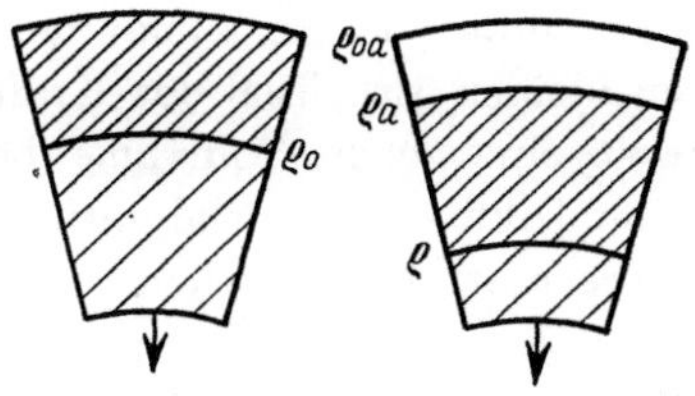

Abb. 33. Bewegung einer Faser beim Tiefziehen.

Bei der Festlegung des „Umformungsverhältnisses" $\varrho_i = \frac{R_i}{R_{0a}}$ ist zu berücksichtigen, daß als Innenradius R_i nicht ohne weiteres der Radius des Ziehstempels angenommen werden darf. Hierzu muß entweder die halbe Blechdicke oder der halbe Ziehspalt zugeschlagen werden, da der Vorgang naturgemäß auf die mittlere Blechfaser bezogen werden muß. Welcher Wert von diesen beiden den Vorzug verdient, ist nicht klar; da der Unterschied

den Einfluß der Halterkraft berechnen. Versuchsmäßig ist dieser Beitrag für die verschiedenen Stoffe gemäß Teil A, 3b der Arbeit zu $\beta = 12$ bis 25% festgestellt worden:

$$P_h = \beta \cdot H = (0{,}12 \div 0{,}25)\, H . \qquad (27)$$

Hieraus folgt die Bestimmungsgleichung für μ:

$$e^{\mu\alpha} \cdot 2\mu \frac{\varrho_i}{\varrho_a} = \beta . \qquad (28)$$

Eine Verknüpfung von β und μ ist nur möglich, wenn α und ϱ_a im Augenblick, wo β bestimmt wird, bekannt sind. Da dies der Höchstpunkt des Kraftbedarfs ist, kann, wie die durchgerechneten Beispiele zeigen, im allgemeinen $\alpha = \frac{\pi}{2}$ gesetzt werden. Die Lage ϱ_a des Außenrandes im Höchstpunkt muß jedoch entweder dem Versuch entnommen werden, oder sie ergibt sich mit genügender Annäherung aus der Berechnung des stofflichen Teils gemäß den Darlegungen des vorhergehenden Abschnittes.

Hier ist so vorgegangen worden, daß den Versuchskurven in Abb. 21 die Stempelwege t_h für den Höchstwert der Stempelkraft entnommen und in Abb. 31 die dazugehörigen Randlagen ϱ_a abgegriffen wurden.

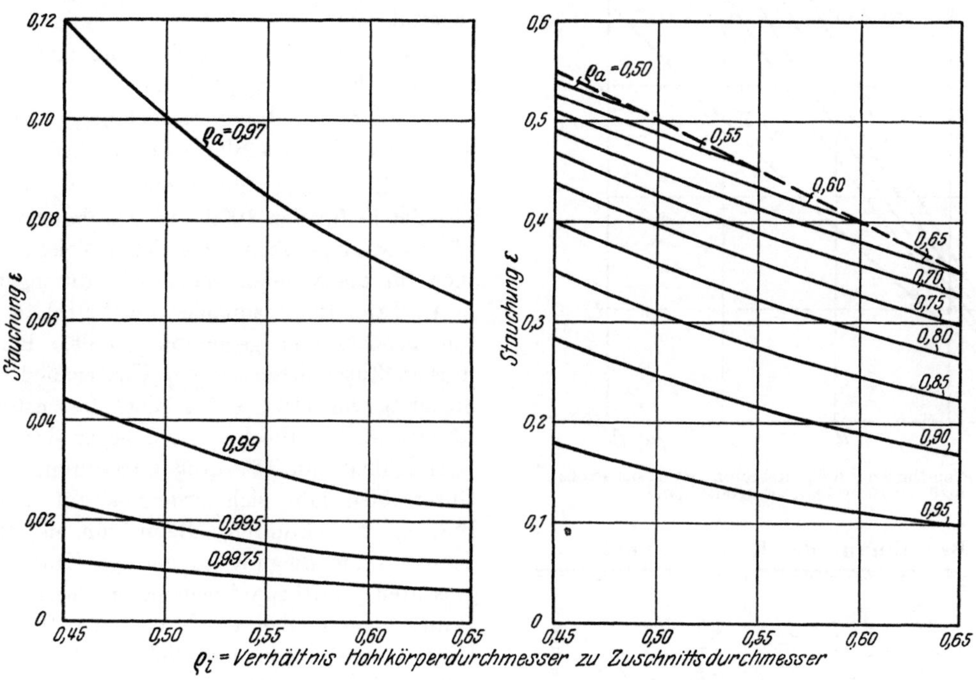

Abb. 34. Stauchung der Innenfaser bei verschiedenen Randverschiebungen.

nicht groß ist und alle Angaben meist auf die Blechstärke bezogen werden, soll dies auch für die Errechnung des Kraftbedarfs geschehen.

b) Ermittlung des Reibungsbeiwertes.

Die Reibung zwischen Blech und Werkzeug tritt in der Formel (20) für die Stempelkraft mehrfach auf. Der stoffliche Anteil S erhöht sich durch Reibung an der Ziehkante auf das $e^{\mu\alpha}$-fache. Die Halterkraft H führt zu einem Zusatzglied:

$$P = e^{\mu\alpha} \cdot 2\,\mu H \frac{\varrho_i}{\varrho_a} . \qquad (26)$$

Der benötigte Reibungsbeiwert μ läßt sich mit Hilfe dieser Gleichung aus den Ergebnissen der Versuche über

Die Höchstlast liegt im allgemeinen für einen Zuschnitt von der Größe $\varrho_i = \frac{R_i}{R_{0a}} = 0{,}5$ zwischen $\varrho_a = 0{,}9$ und 0,7. Um die Unterlagen für einen weiteren Spielraum zu schaffen, sind nach Gleichung (28) die Werte von β für $\varrho_a = 1{,}0$; 0,9; 0,8 und 0,7 und verschiedene μ errechnet und in Abb. 35 über μ aufgetragen.

Als Beweis für die Gültigkeit des hier eingeschlagenen Weges können die Versuche von Sommer[4] an Kupfer und Messing herangezogen werden. Sommer bestimmt den Reibungsbeiwert durch besondere Versuche an ausgeschnittenen Zuschnitten zu $\mu = 0{,}15$. Die Halterkraft geht bei ihm mit $\beta = 0{,}24$ in den Kraftbedarf ein. Die

Höchstlast liegt bei ihm für Kupfer und Messing etwa bei $\varrho_a = 0{,}8$. Dies ergibt nach Abb. 35 ein $\mu = 0{,}145$.

Benötigt wird für den Kraftbedarf noch die Größe $e^{\mu\alpha}$, welche die Ziehkantenreibung angibt. In Abb. 35 ist über μ daher auch der Wert $e^{\mu\frac{\pi}{2}}$ eingezeichnet. Für andere α gilt mit ausreichender Genauigkeit (1%) eine lineare Beziehung:

$$e^{\mu\alpha} = 1 + \frac{2\alpha}{\pi}\left(e^{\mu\frac{\pi}{2}} - 1\right). \tag{29}$$

Für die hier untersuchten Stoffe sind die Werte β, t_h, ϱ_a, μ und $e^{\mu\frac{\pi}{2}}$ nebst den verwandten Schmiermitteln in Tafel 10 zusammengestellt. Die Werte β und t sind den Versuchen an Zuschnitten von 100,5 mm Dmr. entnommen.

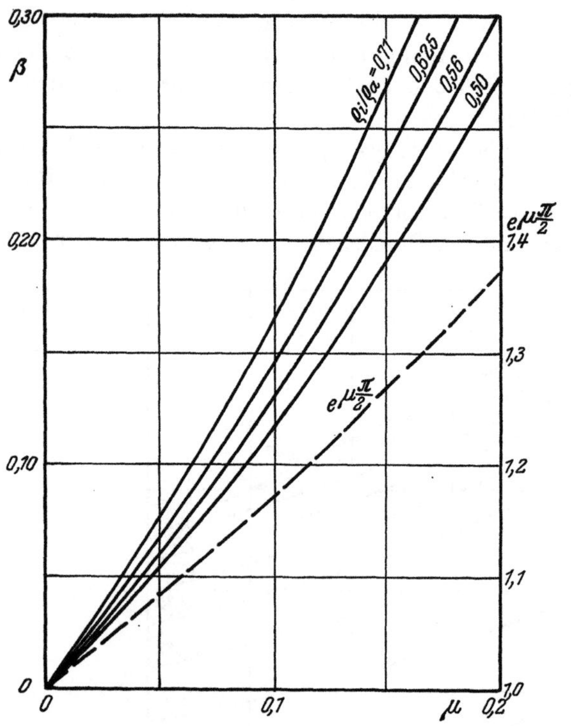

Abb. 35. Tafel zur Ermittlung des Reibungsbeiwerts μ und der Größe $e^{\mu\frac{\pi}{2}}$ aus dem Anteil der Halterkraft am Kraftbedarf.

Tafel 10. Berechnung der Reibungswerte.

Werkstoff	Anteil der Halterkraft β	Stempelweg an der Höchstlast t_h mm	Randverschiebung an der Höchstlast ϱ_a	$\frac{\varrho_i}{\varrho_a} = \frac{0{,}51}{\varrho_a}$	Reibungsbeiwert μ	$e^{\mu\frac{\pi}{2}}$	Schmiermittel
Al	0,15	23	0,82	0,62	0,10	1,17	Talg
Cu	0,25	26	0,785	0,65	0,15	1,27	Rüböl
Ms 85	0,12	25	0,795	0,64	0,08	1,13	,,
Ms 72	0,20	27	0,77	0,66	0,12	1,22	,,
Ms 63	0,18	30	0,73	0,70	0,11	1,18	,,
WBz 6	0,24	30	0,73	0,70	0,14	1,24	,,

c) Anteil der Biegung.

Allein der Einfluß der Biegung um die Ziehkante auf den Kraftbedarf läßt sich bisher nicht in dem Grade übersehen, daß hierfür ein befriedigender Ansatz gebracht werden kann. Es kann nur angenommen werden, daß der entsprechende Beitrag B zum Kraftbedarf mit der Blechstärke schnell anwachsen muß. Auch die versuchsmäßige Feststellung dieses Beitrags[4] ist nicht ohne weiteres möglich. Das Biegen um die Kante erfordert wesentlich größere Kräfte, wenn es für sich vorgenommen wird, als wenn es zusätzlich beim fließenden Werkstoff erfolgt.

Es ist daher auf die Feststellung dieses Gliedes vorläufig verzichtet worden, in der Annahme, daß die Biegung nur einen kleinen Bruchteil des Kraftbedarfs ausmacht. Wieweit eine solche Annahme berechtigt ist, wird sich bei der Dikussion des endgültigen Ergebnisses im folgenden Abschnitt herausstellen.

d) Berechnung der Ziehkurven.

Nunmehr sind alle Grundlagen für die Berechnung des Kraftbedarfs geschaffen. Die Unterlagen dafür sind, um es noch einmal zusammenfassend zu wiederholen:

1. Die Fließkurve des Werkstoffes, die durch Zug- und Walzversuche ermittelt wird (Abb. 32).
2. Der Reibungsbeiwert, der bekannt sein muß oder bei Kenntnis der Randverschiebung im Höchstpunkt der Kraftkurve aus dem Einfluß der Halterkraft bestimmbar ist (Abb. 35, Tafel 10).

Ferner müssen folgende geometrische Zusammenhänge bekannt sein:

3. Zwischen Randverschiebung und Stauchung der einzelnen Ringfasern (Abb. 34).
4. Zwischen Randverschiebung, Stempelweg und Neigungswinkel des Bleches im Ziehspalt (Abb. 31).

Ein Beispiel für die Durchführung der Rechnung ist in Tafel 11 für den 100,5-mm-Zuschnitt von Aluminium 1,5 mm stark gegeben. In gleicher Weise ist die Rechnung auch für die anderen Werkstoffe durchgeführt worden.

In Tafel 12 ist zunächst der berechnete Kraftbedarf dem beobachteten gegenübergestellt. Bei den 0,5 mm starken Zuschnitten ist ein Unterschied innerhalb der Streuung von etwa $\pm$ 5% nicht festzustellen. Bei den 1,5 mm starken Blechen ist dagegen der Kraftbedarf in Wirklichkeit um 6% größer (Streuung $\pm$ 2%). Dieser Unterschied läßt sich zwanglos auf den Einfluß der Biegung zurückführen. Beim dünnen Blech erfordert demnach die Biegung so geringe Kräfte, daß sie dem gesamten Kraftbedarf gegenüber vernachlässigt werden kann; beim dicken Blech fällt der Wert von 6% des Kraftbedarfs schon merklich ins Gewicht. Natürlich gelten diese Angaben nur für die vorliegenden Abrundungsverhältnisse; bei schärferer Abrundung muß die zum Biegen erforderliche Kraft größer ausfallen und umgekehrt.

Die errechneten Ziehkurven der verschiedenen Werkstoffe sind in Abb. 36 zusammengestellt. Man erkennt darin die gleichen kennzeichnenden Unterschiede zwischen den Kurven verschiedener Materialien wie bei den Versuchskurven in Abb. 21.

Die Gegenüberstellung einiger theoretischer und experimenteller Kurven in Abb. 37 läßt jedoch zwischen diesen gewisse Unterschiede erkennen, die bei allen Stoffen in gleicher Weise hervortreten. Die Versuchskurven steigen flacher an, besitzen ein breiteres Höchstgebiet und fallen dann steiler ab.

Tafel 11. Errechnung der Kraft-Stempelwegkurve für Aluminium (1,5 mm).
Blechstärke: $s = 1{,}50$ mm; Zuschnittsdurchmesser: $2\,R_{ao} = 100{,}5$ mm; Halterkraft: $H = 400$ kg; Reibungsbeiwert (Talg) $\mu = 0{,}10$; Durchmesser des Hohlkörpers $2\,R_i = 50 + 1{,}5 = 51{,}5$ mm; Umformungsverhältnis $\varrho_i = \frac{R_t}{R_{oa}} = 0{,}51_2$; Querschnitt des Hohlkörpers: $f = \pi \cdot 51{,}5 \cdot 1{,}50 = 242\ \text{mm}^2$.

Phase des Vorgangs (Randverschiebung)	$\varrho_a = \frac{R_a}{R_{ao}}$	0,9975	0,995	0,99	0,97	0,95	0,90	0,85	0,80	0,75	0,70	0,65	0,60	0,55	0,51
—	ϱ_i/ϱ_a	$0{,}51_3$	$0{,}51_5$	$0{,}51_7$	$0{,}52_8$	$0{,}54_0$	$0{,}57_0$	$0{,}60_3$	$0{,}64_0$	$0{,}68_3$	$0{,}73_2$	$0{,}79_0$	$0{,}85_5$	$0{,}93_2$	—
—	$\ln\frac{\varrho_a}{\varrho_i} = 2{,}53 \log \frac{\varrho_a}{\varrho_i}$	$0{,}73_3$	$0{,}73_0$	$0{,}72_3$	$0{,}70_2$	$0{,}67_7$	$0{,}62_0$	$0{,}55_6$	$0{,}49_1$	$0{,}42_0$	$0{,}34_4$	$0{,}26_3$	$0{,}17_5$	$0{,}08_1$	—
Stempelweg in mm ...	t (Abb. 31)	**2,4**	**4,0**	**5,4**	**8,8**	**11,2**	**16,1**	**20,5**	**24,8**	**28,6**	**32,2**	(35,7)	(39,3)	(43,7)	(47,8)
Blechneigung in °	α (Abb. 31)	8	17	22	41	55	77,5	84,5	86,5	87,5	88	>88	>88	>88	—
	$\sin\alpha$	$0{,}13_9$	$0{,}29_2$	$0{,}37_5$	$0{,}65_6$	$0{,}81_9$	$0{,}97_6$	$0{,}99_5$	$0{,}99_8$	$0{,}99_9$	$0{,}99_9$	1,00	1,00	1,00	—
Ziehkantenreibung	$e^{\mu\alpha}$ (Abb. 35)	$1{,}01_5$	$1{,}03_2$	$1{,}04_2$	$1{,}07_8$	$1{,}10_4$	$1{,}14_6$	$1{,}16_0$	$1{,}16_5$	$1{,}16_7$	$1{,}16_8$	1,17	1,17	1,17	—
Stauchung:															
der Außenfaser	$\varepsilon_a = 1 - \varrho_a$	0,0025	0,005	0,01	0,03	0,05	0,1	0,15	0,2	0,25	0,3	0,35	0,4	0,45	—
der Innenfaser	ε_i (Abb. 34)	0,009	0,018	0,034	0,094	0,145	0,239	0,303	0,350	0,388	0,416	0,441	0,461	0,470	—
Fließwiderstand in kg/mm^2															
Außenfaser	σ_{na} (Abb. 32)	2,5	3,3	4,1	5,6	6,8	8,4	9,6	10,5	11,2	11,8	12,3	12,7	13,2	—
Innenfaser	σ_{ni} (Abb. 32)	4,0	4,9	5,9	8,3	9,5	11,1	11,8	12,3	12,5	12,9	13,1	13,3	13,4	—
Mittelwert..........	σ_n'	3,25	4,1	5,0	6,95	8,15	9,75	10,7	11,4	$11{,}8_5$	$12{,}3_5$	12,7	13,0	13,3	—
Ziehspannung in kg/mm^2															
Stofflicher Anteil ...	$e^{\mu\alpha} \cdot S = e^{\mu\alpha} \cdot \sigma_n' \cdot \ln\frac{\varrho_a}{\varrho_i}$	$2{,}4_2$	$3{,}1_0$	$3{,}7_8$	$5{,}2_6$	$6{,}1_0$	$6{,}9_2$	$6{,}9_1$	$6{,}5_3$	$5{,}8_2$	$4{,}9_5$	$3{,}9_4$	$2{,}6_6$	1,2[illegible]	—
Ziehkraft in kg:															
Stofflicher Anteil ...	$Z_s = e^{\mu\alpha} \cdot S \cdot f$	590	750	915	1270	1480	1670	1670	1580	1410	1200	950	640	305	—
Anteil Halterkraft ..	$e^{\mu\alpha} \cdot \frac{\varrho_i}{\varrho_a} \cdot 2\mu H$	40	40	40	50	50	50	60	60	60	70	—	—	—	—
Summe	Z	630	790	955	1320	1530	1720	1730	1640	1470	1270	950	640	305	—
Stempelkraft in kg ...	$P = Z \sin\alpha$	**100**	**230**	**360**	**870**	**1250**	**1680**	**1720**	**1640**	**1470**	**1270**	**950**	**640**	**305**	—

Tafel 12.
Versuchsmäßiger und berechneter Kraftbedarf zum Ziehen von Zuschnitten 100,5 mm Durchmesser verschiedener Werkstoffe.

Blechstärke s mm	Werkstoff	Kraftbedarf P_{max} Versuch kg	Kraftbedarf P_{max} Rechnung kg	Unterschied Rechnung-Versuch %
0,5	Al	670	650	—3
	Cu	1640	1760	+7
	Ms 72	2680	2690	0
	Ms 63	2200	2150	—2
			Mittelwert:	$+0_5$
1,5	Al	1825	1720	—6
	Cu	4850	4680	—4
	Ms 85	6560	6180	—6
	Ms 72	7635	7320	—4
	Ms 63	6290	5820	—7
	WBz 6	8260	7550	—9
			Mittelwert:	—6

Diese Unterschiede zwischen Versuch und Rechnung lassen sich durch die Formänderungen des Zuschnitts beim Tiefziehen erklären. Bisher ist von der nicht zutreffenden Annahme ausgegangen worden, daß die Dicke des Bleches beim Ziehen erhalten bleibt. In Wirklichkeit sind die Dickenänderungen von Ort zu Ort und von Phase zu Phase des Ziehvorgangs verschieden. Im Abschnitt B 5 wird noch eine genauere Untersuchung der Formänderungen gebracht werden. Für den Vergleich zwischen Versuch und Rechnung ist es zunächst nur wichtig, zu wissen, daß besonders im Gebiet der Höchstkraft die an den Boden des Hohlkörpers angrenzenden Blechteile stark und der Boden selber schwächer dehnen. Dadurch vergrößert sich die Tiefung. Gegen Ende des

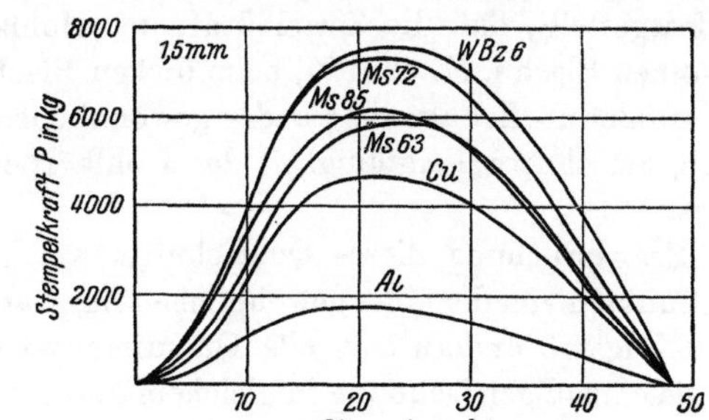

Abb. 36. Berechnete Ziehkurven für verschiedene Werkstoffe. Blechstärke 1,5 mm. — Zuschnittsdurchmesser 100,5 mm Dmr.

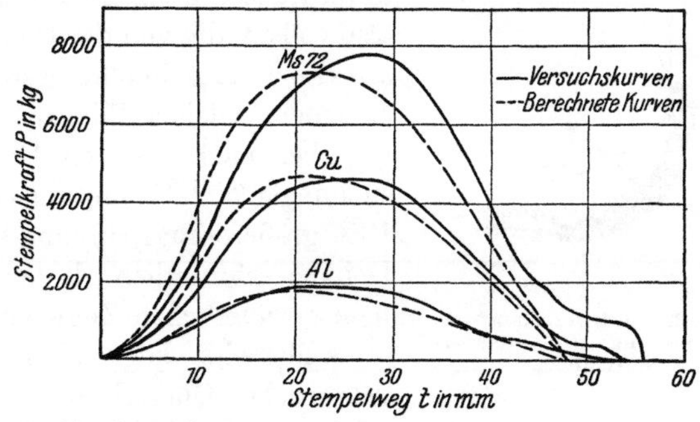

Abb. 37. Vergleich von Versuchskurven und berechneten Ziehkurven für einige Werkstoffe.

Ziehvorgangs tritt anderseits eine erhebliche Verdickung des Bleches ein. In dieser Phase wird also die Tiefung zurückgehalten.

Schließlich zeigen die Versuchskurven stets noch einen Schwanz, welcher den rechnerischen Kurven fehlt. Dieser geringe Kraftaufwand ist, wie schon erwähnt, noch nach Abschluß des eigentlichen Ziehvorganges erforderlich, um den Hohlkörper durch den Ziehring durchzudrücken. Ein nachträgliches Durchführen des fertigen Hohlkörpers erfordert genau dieselben Kräfte, wie sie der letzte Zweig der Versuchskurven zeigt.

Somit ist zwar keine vollständige Übereinstimmung zwischen Versuch und Rechnung erreicht worden. Die gefundenen Abweichungen sind jedoch durchaus verständlich. Es wäre nicht undenkbar, noch einen höheren Grad der Übereinstimmung zu erzielen. Jedoch darf darauf wohl verzichtet werden, da gewisse willkürliche Annahmen niemals ganz zu vermeiden sind.

Der Kraftbedarf und damit auch der Arbeitsbedarf lassen sich jedenfalls soweit rechnerisch erfassen, daß eine versuchsmäßige Feststellung dieser Größen, etwa zum Zwecke einer Dimensionierung der Presse, entbehrlich ist.

4. Betrachtungen über Ziehfähigkeit.

Die Grenze des Ziehens ist dadurch gegeben, daß der Kraftbedarf nicht höher werden kann als die Zerreißfestigkeit des Hohlkörpers, welcher bei Überbeanspruchung am Boden abreißt. Der Kraftbedarf ist, wie im vorigen Abschnitt gezeigt wurde, mit gewisser Näherung berechenbar, wenn die Werkstoffeigenschaften und die Reibungsverhältnisse bekannt sind. Für die Beurteilung der Ziehfähigkeit muß aber noch die Zerreißfestigkeit des Werkstoffes gegenüber der Beanspruchung beim Tiefziehen bekannt sein.

a) Zerreißkraft und Zugfestigkeit.

Bei den in Abschnitt A, 4a beschriebenen Versuchen wurde festgestellt, daß die Zerreißkraft der Hohlkörper beim dünnen Blech i. M. um 9%, beim dicken Blech i. M. um 2% größer ausfiel als die aus der gewöhnlichen Zugfestigkeit berechnete Tragfähigkeit des Hohlkörperquerschnittes.

Die Beanspruchung dieses Querschnitts weicht nun in zwei Punkten von der eines gewöhnlichen Zugstabes ab.

Beim Zugstab ändern sich alle Querdimensionen im Gebiet gleichmäßiger Dehnung in gleichem Maße[25]. Beim Hohlkörper ist dagegen eine Änderung der Abmessungen in der Umfangsrichtung praktisch durch den Stempel unterdrückt. Die Dehnung muß also vollständig von der Dickenabnahme aufgebracht werden. In einem solchen Fließzustand ist aber nach neueren Untersuchungen[20, 21, 22] eine um etwa 12% größere Zugspannung zum Dehnen erforderlich als bei einem gewöhnlichen Zugversuch.

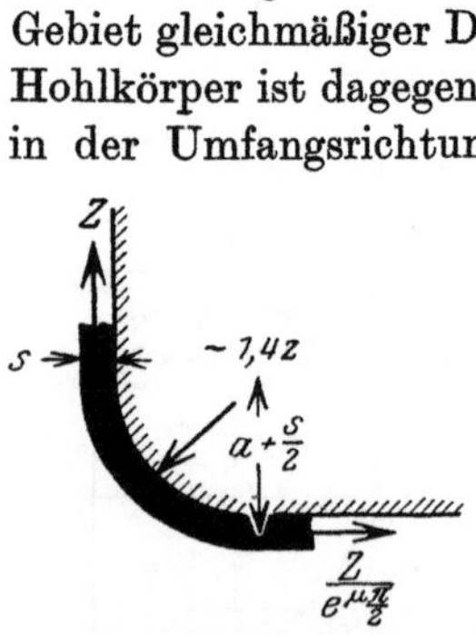

Abb. 38. Beanspruchung des Bleches an der Stempelabrundung.

Anderseits liegt aber der gefährliche Querschnitt beim Hohlkörper an der Stempelabrundung und ist dort seitlichen Druckkräften ausgesetzt. Diese können nach Abb. 38 insgesamt mit annähernd dem 1,4fachen der Zugkraft Z angesetzt werden. Auf ein Blechstück von 1 mm² Oberfläche am Übergang zum Boden des Hohlkörpers wirkt dann die Zugkraft:

$$\Delta Z = \sigma \cdot 1 \cdot s,$$

worin σ die Zugspannung und s die Blechstärke ist, und innen die Druckkraft (= Druckspannung):

$$\frac{1{,}4 \cdot \sigma \cdot s}{\frac{\pi}{2} \cdot \left(a + \frac{s}{2}\right)}, \qquad (30)$$

worin a der Abrundungsradius des Ziehstempels ist. Mit $a = 6$ mm und $s = 0{,}5$ bzw. 1,5 mm wird diese Druckspannung ∞ 0,07 σ bzw. ∞ 0,20 σ. Da sie nur von einer Seite wirkt, herrscht im Mittel im Blech eine radial gerichtete Druckspannung von 0,04 bzw. 0,10 σ. Nach den Fließgesetzen ist dann zum Dehnen eine gegenüber dem Zugversuch um 4 bzw. 9% geringere Zugspannung erforderlich.

Insgesamt ergibt die Rechnung also einen Unterschied zwischen Zerreißkraft beim Ziehen und Zerreißkraft beim Zugversuch von $12 - 4 = +8\%$ beim 0,5 mm-Blech bzw. $12 - 9 = +3\%$ beim 1,5 mm-Blech. Die mittleren Versuchswerte von 9 bzw. 2% stimmen damit sehr gut überein. In der entwickelten Weise ist es also möglich, die wirkliche Zerreißkraft beim Ziehen aus der Zugfestigkeit zu errechnen.

Dies ist jedoch noch an weitere Voraussetzungen gebunden, die in unserem Falle praktisch erfüllt waren. Nämlich daran, daß der auf Zerreißen beanspruchte Querschnitt wirklich gleich dem Querschnitt des zylindrischen Teils des Hohlkörpers ist, und ferner, daß die Stempelkraft und die wirkliche Zerreißkraft identisch sind. Da derjenige Querschnitt die stärkste Beanspruchung erleidet, der gerade oberhalb der Berührungslinie mit dem Stempel liegt, hängt beides vom Winkel α des Bleches im Ziehspalt zur Stempelfläche ab. Aus Tafel 11 läßt sich ersehen, daß für Aluminium 1,5 mm stark im Augenblick der maximalen Stempelkraft dieser Winkel rd. 85° ist. Bei rd. 75° würde aber der maßgebende Querschnitt erst um 1% kleiner werden als der Hohlkörperquerschnitt, und bei 82° die Stempelkraft um 1% kleiner als die wirkliche Zerreißkraft. Werden jedoch größere Abrundungsradien des Ziehrings und Ziehstempels gewählt, so wird, wie aus den Berechnungen des Abschnittes B, 2 entnommen werden kann, auch der Winkel α für eine bestimmte Randverschiebung, welche die Zugspannung im Blech bestimmt, erheblich kleiner. Anderseits kann der Winkel α wieder durch Wahl eines kleineren Ziehspaltes vergrößert werden. Bedenkt man noch, daß eine größere Abrundung die Zerreißkraft ebenfalls erhöht, so erkennt man, wie überaus verwickelt der Einfluß der Werkzeuggestaltung auf den Ziehvorgang ist. Die Frage nach der günstigsten Werkzeugform erscheint danach zwar durchaus lösbar; sie bedarf aber einer weitgehenden systematischen Untersuchung, die über den Rahmen dieser Arbeit hinausgehen würde. Das in Form einer bestimmten Angabe von Ziehringabrundung, Stempelabrundung und Ziehspalt angestrebte Ergebnis ist natürlich auch noch besonders von der Blechstärke, dem Stempeldurchmesser (bzw. dem Verhältnis dieser beiden Größen), dem Werkstoff und anderen Faktoren abhängig. Es ist also von vornherein

[25] W. Kuntze u. G. Sachs: Der Zugversuch am Flachstab. Stahleisen Bd. 47, S. 219—226. 1927.

kaum zu erwarten, daß sich solche Angaben in einfacher, umfassender Form machen lassen; und es bleibt abzuwarten, ob eine genauere Untersuchung einfache Faustregeln [11] als zulässig erscheinen läßt.

b) Berechenbarkeit der Ziehfähigkeit.

Für eine Berechnung der Ziehfähigkeit sind nunmehr die wesentlichen Unterlagen vorhanden. Es fehlt nur noch der zusätzliche Kraftaufwand für die Biegung. Für den vorliegenden Fall ist der Einfluß der Biegung durch den Versuch bestimmt; wie groß er aber bei veränderter Werkzeugform wird, ist vorläufig nicht geklärt. Ferner darf nicht außer acht gelassen werden, daß bei zu kleinen und auch bei zu großen Abrundungsradien Faktoren wirksam werden können, die bisher nicht in den Kreis der Betrachtungen gezogen worden sind.

Der Kraftbedarf läßt sich dann nach Vorhergehendem schätzungsweise auf $\pm$ 5% genau berechnen. Die gleiche Genauigkeit wird sich in der Berechnung der Zerreißkraft erreichen lassen. Ein Fehler von 10% im Kraftbedarf entspricht aber nach Abb. 23 und 24 einem Fehler in der Ziehfähigkeit von 5 mm oder 0,10.

Mit dieser Genauigkeit müßte sich danach auch die Ziehfähigkeit ermitteln lassen. Man hätte dabei so vorzugehen, daß man für eine zweite Zuschnittsgröße, etwa 110 mm ebenfalls den Kraftbedarf bestimmt und auf die rechnerische Zerreißkraft interpoliert oder extrapoliert. Die erreichte Genauigkeit ist aber für praktische Zwecke noch nicht ausreichend, da die gesamten hier festgestellten Unterschiede nach Tafel 8 nur 7,5 mm = 0,15 betragen. In der Tat ergab auch die Bestimmung der Ziehfähigkeit in der oben skizzierten Weise unregelmäßig verteilte Werte um 107 $\pm$ 5 mm. Diese Aufgabe muß also zurückgestellt werden, bis die Unterlagen für solche Berechnungen noch erheblich zuverlässiger sind als bis jetzt.

c) Ziehfähigkeit und Fließkurve.

Der Werkstoffachmann wird nun nach den hier durchgeführten Untersuchungen in erster Linie danach fragen, in welcher Weise sich die Stoffeigenschaften auf die Ziehfähigkeit auswirken. Besonders bei stärkerem Blech rührt ja der weitaus größte Teil des Kraftbedarfs von der Werkstoffumformung her.

Diese Frage läßt sich jedoch leider wieder nicht ohne besondere, umfangreiche Berechnungen beantworten. Hierfür erscheint es notwendig, von den verschiedensten Fließkurven auszugehen und in der entwickelten Weise die Ziehfähigkeit zu errechnen. Von der Berücksichtigung des Reibungseinflusses kann für den vorliegenden Zweck abgesehen werden; es wird etwa genügen, zum stofflichen Kraftbedarf einen Zuschlag von 20 bis 30% zur Abgleichung der Reibungseinflüsse zu machen.

Einige überschlägliche Berechnungen in dieser Richtung, auf deren Wiedergabe verzichtet sei, ergaben zunächst die eigenartige Tatsache, daß die Ziehfähigkeit überhaupt nur in geringem Maße von der Fließkurve eines Werkstoffes abhängt. Die Ziehfähigkeit ist anscheinend für die verschiedensten Werkstoffe nur innerhalb schätzungsweise 15% veränderlich. Und zwar zeigt sich z. B. ein Einfluß der Dehnung dahingehend, daß Werkstoffe mit sehr großer Dehnung die höchste Ziehfähigkeit aufweisen, diese dann mit der Dehnung abnimmt, aber von mittlerer Dehnung ab sich nur noch wenig ändert oder sogar wieder zunimmt. Dazu ist aber noch zu bemerken, daß, wie schon mehrfach erwähnt, Stoffe mit geringer Dehnung sich bei großen Abrundungsradien ungünstig verhalten können. Auch gelten die Betrachtungen natürlich nur für Stoffe, die nicht aus anderen Gründen versagen, etwa deshalb, weil sie in irgendeiner Beziehung spröde sind. Ferner kann vermutet werden, daß ein im Verhältnis zur Festigkeit niedriger Fließwiderstand bei geringen Reckgraden zu einer hohen Ziehfähigkeit führt. Dies ist wahrscheinlich der Grund der guten Ziehfähigkeit von Ms 63. Jedoch kann, wie gesagt, nur eine systematische Untersuchung näheren Aufschluß über derartige Zusammenhänge geben.

Die geringe Abhängigkeit der Ziehfähigkeit von den Werkstoffeigenschaften erklärt auch die Wichtigkeit solcher Faktoren, wie der Gleichmäßigkeit der Blechstärke, der Beschaffenheit der Blechoberfläche, des Schmiermittels usw. Beim Tiefziehen haben wir den in der spanlosen Formung seltenen Fall, daß die Eigenschaften eines Stoffes fast bis zur natürlichen Grenze in Anspruch genommen werden. Ein an sich kleiner Gewinn an Ziehfähigkeit wirkt sich unter Umständen wirtschaftlich schon merkbar aus. Die vorliegende Arbeit dürfte gezeigt haben, welche Wege zur Erzielung eines solchen Gewinns grundsätzlich einzuschlagen sind.

5. Formänderungen des Zuschnitts.

Für die rechnerische Ermittelung des Kraftbedarfs war die Voraussetzung erforderlich, daß das Blech während des Tiefziehens seine Stärke nicht ändert. In Wirklichkeit behält jedoch höchstens der Boden des Hohlkörpers nahezu seine ursprüngliche Dicke bei. Die angrenzenden Teile werden dagegen dünner, und zum Rande hin nimmt die Stärke über den Ausgangswert hinaus zu[4, 7].

Die Nichtberücksichtigung dieser Formänderungen ist teilweise für die Abweichungen zwischen der experimentellen und der rechnerischen Ziehkurve verantwortlich. Infolge der Dehnungen in dem unteren Teil des Hohlkörpers vergrößert sich, wie die folgenden Überlegungen lehren, der Stempelweg in der Nähe des Höchstwertes der Stempelkraft gegenüber dem Rechenwert, während später wieder ein Zurückbleiben eintritt. Dies entspricht durchaus den beobachteten Abweichungen.

Ferner gibt uns noch eine genauere Kenntnis der Formänderungen Aufschluß über die Oberflächenänderungen des Hohlkörpers, seine sog. „Dehnung“, und über die Wirkung des Ziehspaltes. Diese Fragen sind von einiger praktischer Bedeutung und sind in der Literatur häufiger erörtert worden, ohne daß bisher eine richtige Vorstellung von den Zusammenhängen gewonnen werden konnte.

a) Berechnung der Formänderungen.

Es läßt sich jedoch leicht auf rechnerischem Wege unter gewissen vereinfachenden Voraussetzungen ein annähernd richtiges Bild von den beim Tiefziehen eintretenden Formänderungen gewinnen. Wenigstens ist dies für die reine Umformung unter dem Faltenhalter möglich, also unter Vernachlässigung der Änderungen, welche durch das Umbiegen um die Abrundungen des Ziehringes und Ziehstempels sowie hinterher im Ziehspalt hervorgerufen werden.

Die Berechnung der Formänderungen gestaltet sich dann wie folgt:

Wenn eine Faser $\varrho = \frac{R}{R_{0a}}$ des Zuschnittes ihre Lage um den Betrag $d\varrho$ ändert, so erleidet sie in den drei Hauptrichtungen die 3 Formänderungen: $d\varepsilon_1$ radial, $d\varepsilon_2$ normal und $d\varepsilon_3$ tangential (peripheral). Es kann nun geschrieben werden:

$$\left.\begin{aligned} d\varepsilon_1 &= \frac{d\varepsilon_1}{d\varrho}\cdot d\varrho = \varepsilon_1'\cdot d\varrho\,,\\ d\varepsilon_2 &= \varepsilon_2'\cdot d\varrho\,,\\ d\varepsilon_3 &= \varepsilon_3'\cdot d\varrho\,, \end{aligned}\right\} \qquad (31)$$

worin ε_1', ε_2', ε_3' die Ableitungen der Formänderungen nach der Unabhängigen ϱ des Vorganges sind.

Zu der Berechnung dieser Größen gelangen wir auf folgende Weise. Der tatsächlich vorhandene Spannungszustand ist dadurch ausgezeichnet, daß senkrecht zum Blech praktisch keine Spannungen σ_2 wirken. Die Größe der Halterkraft ist im Verhältnis zur Blechoberfläche so gering, daß sie für den größten Teil des Zuschnittes nicht ins Gewicht fällt. Nur der äußerste Rand wird, wie eine Betrachtung des Hohlkörpers in Zwischenstufen des Ziehvorgangs deutlich erkennen läßt, durch die Halterkraft zusammengedrückt. Es möge also für die mittlere Hauptspannung σ_2 überall gelten:

$$\sigma_2 = 0\,. \qquad (32)$$

Die Spannungen σ_1 und σ_3 können dann unter Zugrundelegung des Schubspannungsgesetzes Gleichung (4):

$$\sigma_1 - \sigma_3 = \sigma_n$$

errechnet werden. Die folgenden Betrachtungen vereinfachen sich wesentlich, wenn von der Verfestigung abgesehen wird, σ_n also als unveränderlich angenommen wird:

$$\sigma_n = k\,. \qquad (33)$$

Die Spannungen werden dann gemäß Gleichung (12):

$$\left.\begin{aligned} \sigma_1 &= k\cdot\ln\frac{\varrho_a}{\varrho_i}\,,\\ \sigma_3 &= k\cdot\left(\ln\frac{\varrho_a}{\varrho_i} - 1\right). \end{aligned}\right\} \qquad (34)$$

Die Formänderungsableitungen müssen anderseits folgenden Beziehungen gehorchen. Die Erhaltung des Volumens fordert, daß die Summe der Formänderungsdifferentiale stets $= 0$ ist; vgl. Gleichung (6):

$$\varepsilon_1' + \varepsilon_2' + \varepsilon_3' = 0\,. \qquad (35)$$

Die Formänderung $d\varepsilon_3$ ist bei der Lagenänderung zwangsmäßig als Änderung des Kreisumfangs bestimmt:

$$d\varepsilon_3 = \frac{d\varrho}{\varrho}\,,$$

$$\varepsilon_3' = \frac{1}{\varrho}\,. \qquad (36)$$

Die dritte Gleichung zur Bestimmung der Formänderungen liefert der Zusammenhang mit den Spannungen, der nach Lode[20] im plastischen Zustande die Form hat, vgl. Gleichung (8):

$$\frac{\varepsilon_1' - \varepsilon_2'}{\sigma_1 - \sigma_2} = \frac{\varepsilon_2' - \varepsilon_3'}{\sigma_2 - \sigma_3} = \frac{\varepsilon_3' - \varepsilon_1'}{\sigma_3 - \sigma_1}\,. \qquad (37)$$

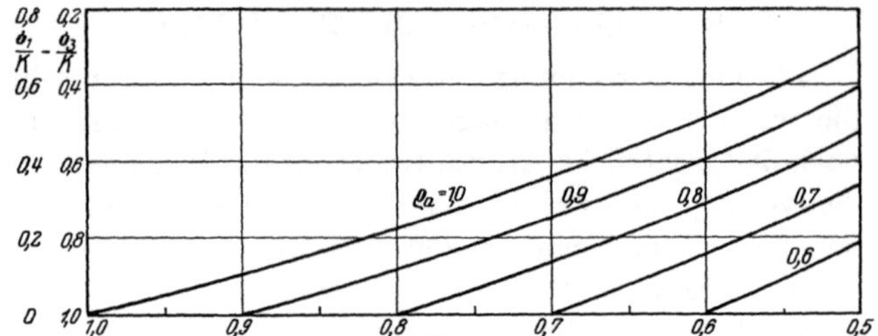

Abb. 39. Spannungen beim Ziehen eines Zuschnittes vom Umformungsverhältnis $\varrho_i = 0{,}5$.

Damit ergeben sich:

$$\left.\begin{aligned} \varepsilon_1' &= \frac{1}{\varrho}\cdot\frac{2\sigma_1 - \sigma_3}{2\sigma_3 - \sigma_1} = \frac{k}{\varrho}\,\frac{1 + \ln\frac{\varrho_a}{\varrho_i}}{\ln\frac{\varrho_a}{\varrho_i} - 2}\,,\\ \varepsilon_2' &= \frac{1}{\varrho}\cdot\frac{\sigma_1 + \sigma_3}{\sigma_1 - 2\sigma_3} = \frac{k}{\varrho}\,\frac{2\ln\frac{\varrho_a}{\varrho_i} - 1}{2 - \ln\frac{\varrho_a}{\varrho_i}}\,,\\ \varepsilon_3' &= \frac{1}{\varrho}\,. \end{aligned}\right\} \qquad (38)$$

Die Formänderungen lassen sich jetzt mit Hilfe dieser Gleichungen errechnen.

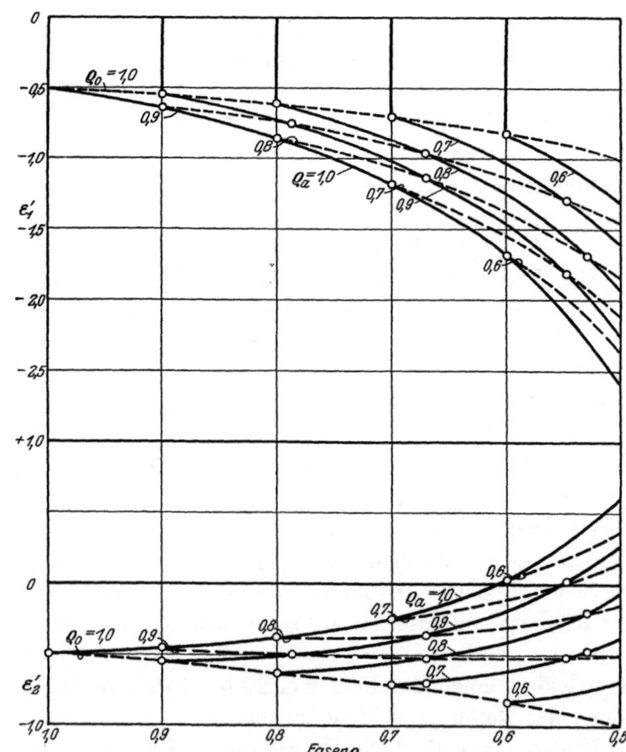

Abb. 40 Ableitungen der Formänderungen eines Zuschnitts vom Umformungsverhältnis $\varrho_i = 0{,}5$.

In Abb. 39 sind zunächst die Spannungen σ_1 (und σ_3) über den jeweiligen Lagen $\varrho = \frac{R}{R_{0a}}$ für den hier besonders interessierenden Fall eingetragen, daß $\varrho_i = 0{,}5$ ist. ϱ_a möge die Stadien 0,9, 0,8, 0,7 und 0,6 durchlaufen. Abb. 39 zeigt, daß die Außenfaser ϱ_a während des ganzen

Vorgangs (wobei sie sich von $\varrho_0 = 1$ auf $\varrho = 0{,}9$, 0,8 0,7 usw. verschiebt) nur Druckspannungen σ_3 (in tangentialer Richtung) zu übertragen hat. Betrachtet man die Faser für sich, so erkennt man also, daß sich ihre Körperelemente wie bei einem reinen Druckversuch in tangentialer Richtung verhalten müssen. In der Innenfaser $\varrho_i = 0{,}5$ herrschen dagegen zunächst ($\varrho_a = 1{,}0$) erhebliche Zugspannungen σ_1 (in radialer Richtung) und geringere Druckspannungen σ_3. Wird der Zuschnitt größer gewählt, so wird σ_1 noch größer, während σ_3 sich (absolut) verkleinert. Im gleichen Sinne wirkt eine Vergrößerung der Halterkraft. Während des Tiefziehvorgangs wird dann σ_1 immer kleiner, und im Augenblick des Herausziehens erhält auch die Innenfaser nur Druckspannungen σ_3.

Für die Werte ε_1' und ε_2' ergibt sich dann ein Verlauf entsprechend Abb. 40. Da ϱ sich beim Tiefziehvorgang verkleinert, nehmen die jeweiligen Formänderungen für den tatsächlichen Vorgang ein umgekehrtes Vorzeichen wie in Abb. 40 an. Es ergibt sich, daß die Außenfaser ϱ_a stets in gleich starkem Maße in radialer (ε_1') wie normaler (ε_2') Richtung gedehnt wird. Das heißt also, das Blech verdickt sich an dieser Stelle, und zwar in ganz gleicher Weise wie bei einem Druckversuch der Körperelemente in tangentialer Richtung. Die Innenfaser $\varrho_i = 0{,}5$ wird dagegen in der Dicke (ε_2') zunächst verringert und dann mit wachsender Tiefung vergrößert.

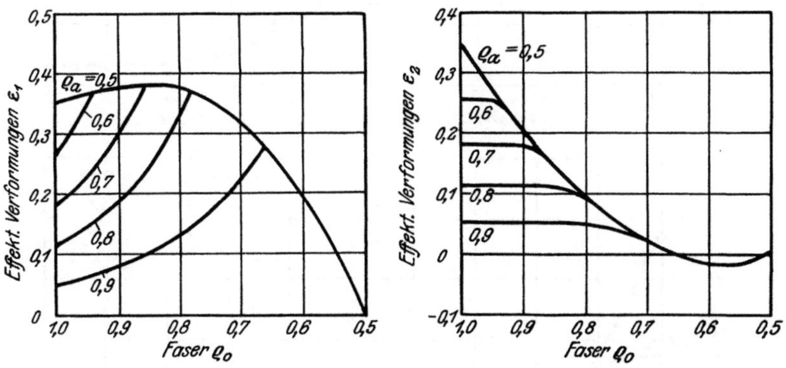

Abb. 41. Effektive Formänderungen beim Ziehen eines Zuschnitts auf verschiedene Randverschiebungen ϱ_a.

Will man nun die gesamten Formänderungen einer Faser bis zu einer bestimmten Randverschiebung wissen, so muß über die Formänderungsableitungen integriert werden, welche der jeweiligen Lage der betreffenden Faser zugehören. Jedoch ist die jeweilige Lage nur für die Faser $\varrho_{a0} = 1{,}0$ bekannt; für die anderen kann sie erst festgestellt werden, wenn die Formänderungen in radialer Richtung bekannt sind. Die genaue Berechnung dieser Lagen ϱ' ist umständlich; für den vorliegenden Zweck erscheint es ausreichend, hierfür noch einmal von der Dickenänderung abzusehen. Es gilt dann die schon in etwas anderer Form benutzte Beziehung (24):

$$\varrho'^2 = 1 - \varrho_a^2 + \varrho_0^2. \tag{39}$$

Die damit errechneten Lagen der ursprünglichen Fasern $\varrho_0 = 1{,}0$, 0,9, 0,8 usw. sind in Abb. 40 durch Kreise ○ gekennzeichnet, welche durch gestrichelte Linien miteinander verbunden sind. Diese geben also näherungsweise die Formänderungsableitungen für bestimmte Fasern während des ganzen Vorganges an.

Um zu den gesamten Formänderungen jeder Faser zu kommen, haben wir die Integrale zu bilden:

$$\left.\begin{aligned} \varepsilon_1 &= \int_{\varrho_0}^{\varrho} \varepsilon_1' \cdot d\varrho\,, \\ \varepsilon_2 &= \int_{\varrho_0}^{\varrho} \varepsilon_2' \cdot d\varrho\,, \\ \varepsilon_3 &= \int_{\varrho_0}^{\varrho} \varepsilon_3' \cdot d\varrho = \ln\frac{\varrho}{\varrho_0}\,. \end{aligned}\right\} \tag{40}$$

Die letzte Gleichung läßt nach ihrer logarithmischen Form erkennen, daß damit die sog. effektiven Formänderungen Ludwiks[24] bestimmt sind. Die gewöhnlichen Formänderungen λ_1, λ_2, λ_3, welche auf die ursprünglichen Abmessungen bezogen werden, stehen dann mit den effektiven in der Beziehung:

$$\varepsilon = \ln(1 + \lambda)\,. \tag{41}$$

Für die verschiedenen Stadien der Umformung zum Hohlkörper sind die durch Flächenausmessung aus Abb. 40 bestimmten Werte ε_1 und ε_2 in Abb. 41, die Werte λ_1 und λ_2 in Abb. 42 aufgetragen. Die Betrachtung der Formänderungen ε_2 bzw. λ_2 in normaler Richtung lehrt, daß ein Hohlkörper bei reinem Tiefziehen in den oberen Teilen erheblich stärker, in den unteren um ein geringes dünner werden sollte als der ursprüngliche Zuschnitt. Und zwar muß nach Abb. 42 die größte Dickenänderung am Rande, da hier die Beanspruchung wie besprochen sehr nahe einer Druckbeanspruchung (σ_3) ist, werden:

$$\lambda_2 = \sqrt{\frac{\varrho_a}{\varrho_i}} - 1\,.$$

Dies ergibt für den Fall $\varrho_i = 0{,}5 \sim 40\%$.

b) Versuch und Rechnung.

Zur Nachprüfung, wieweit die durchgeführten Rechnungen den praktischen Verhältnissen gerecht werden, wurden an zwei Aluminiumzuschnitten von 100,5 mm Dmr. und 1,5 mm Stärke Dickenmessungen an verschiedenen, durch eingerissene Kreise kenntlich gemachten Stellen während verschiedener Phasen $2\,R_a = 97{,}5$, 86,6, 73,7 und 51,5 mm (fertiger Hohlkörper) des Ziehvorgangs durchgeführt. Ferner wurden an zwei weiteren Zuschnitten beim fertigen Hohlkörper die Dickenänderungen etwas genauer und in entsprechender Weise die radialen Dehnungen bestimmt.

Der Vergleich dieser Versuchswerte in Abb. 43 mit den (für ein etwas abweichendes Umformungsverhältnis) rechnerischen in Abb. 42 erweist die Nützlichkeit der rechnerischen Betrachtungen. Die Übereinstimmung ist allerdings nur beschränkt; aber die Abweichungen vervollständigen gerade das Bild vom Tiefziehvorgang in einigen Punkten.

Die radialen Dehnungen zunächst fallen über den größten Teil des Hohlkörpers etwas größer aus, als die Rechnung ergibt. Sehr viel größer sind sie außerdem am Rande des Bodens, der sich an die Stempelabrundung anlegt. In der Rechnung ist die Komplikation, die durch die Abrundungen entsteht, nicht erfaßbar. Das Biegen des Bleches über eine Abrundung muß jedenfalls, wenn gleichzeitig Zugkräfte angreifen, zusätzliche Dehnungen zur Folge haben. Dies erklärt einen Teil der Abweichungen. Ferner müssen weitere zusätzliche Dehnungen in den an den Boden des Hohlkörpers anschließenden Teilen daziehvorgangs. Theoretisch erhalten wir sie durch eine zweite Integration über die radialen Dehnungen in Abb. 42. Hierdurch werden die Längen der Mantellinien für die verschiedenen Phasen ϱ gewonnen. Die Zerlegung des Hohlkörpers in Boden, zylindrischen Teil und nicht umgeformten Rand ergibt dann in einfacher Weise die gesamte Oberfläche.

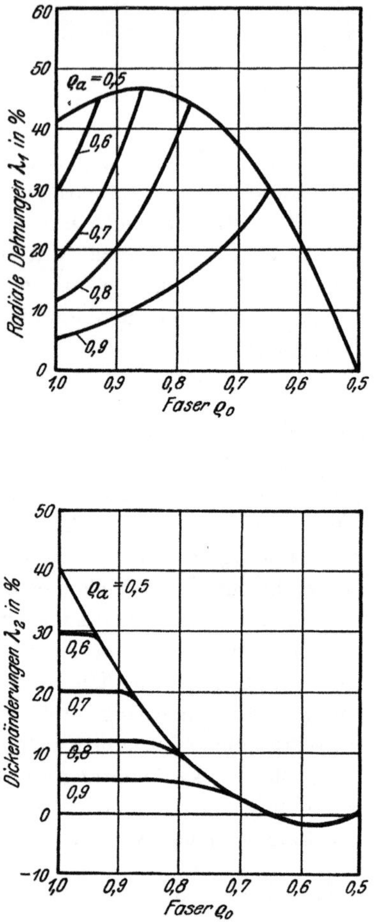

Abb. 42. Berechnete Formveränderungen beim Ziehen eines Zuschnitts auf verschiedene Randverschiebungen ϱ_a.

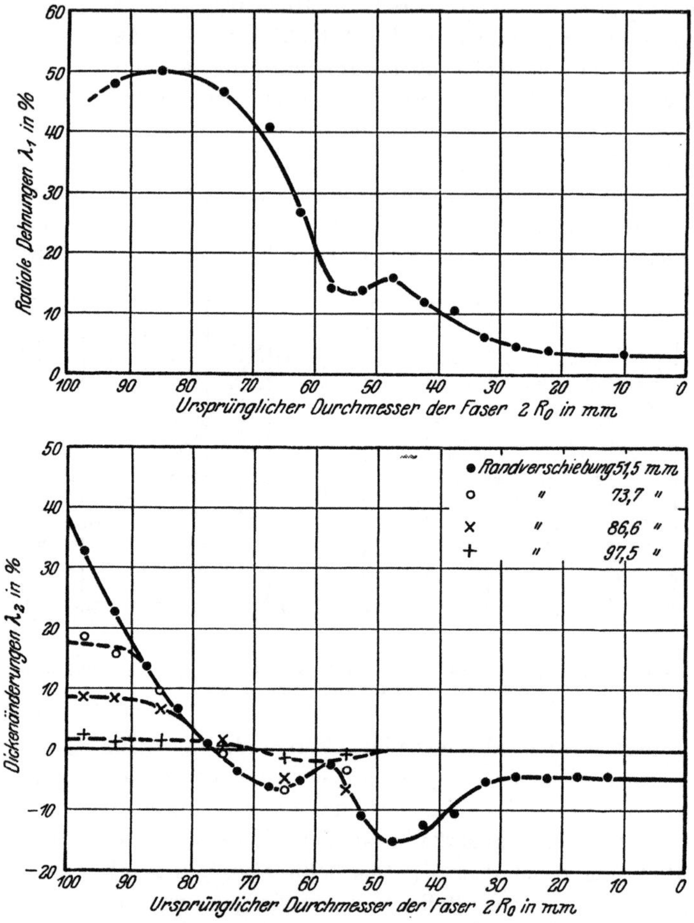

Abb. 43. Festgestellte Formänderungen beim Ziehen von Aluminiumzuschnitten von 100,5 mm Dmr, 1,5 mm stark.

durch entstehen, daß diese den gesamten Kraftbedarf zu übertragen haben. Da sie dabei fast bis zur Festigkeit beansprucht werden, müssen sie sich auch entsprechend dehnen.

Schließlich dehnt noch der Boden um einen gewissen Betrag, der leicht übersehen werden kann. Der Boden ist ja allseitigen Zugkräften vom Betrage $\sigma_i'/e^{\mu\alpha}$ (vgl. Abb. 28 und 38) unterworfen, also bei Aluminium im Höchstfalle etwa 20% unterhalb der Festigkeit. Er muß dementsprechend seine Dicke um die betreffende Querschnittsverminderung bei einem Zugversuch verändern.

Die Dickenänderungen fallen in entsprechendem Maße geringer als die rechnerischen aus, wieder besonders in den an dem Boden anschließenden Teilen.

In den Außenteilen des Zuschnitts, die nach der Umformung unter dem Faltenhalter nicht mehr hohen Zugkräften unterliegen, sind jedenfalls die Formänderungen durchaus so, wie es die theoretischen Überlegungen erfordern.

c) Änderung der Oberflächengröße.

Weiterhin interessieren in der Praxis besonders noch die Änderungen der Gesamtoberfläche während des Tiefziehvorgangs.

Abb. 44 zeigt nun diese Werte im Vergleich zu den Versuchswerten.

Wie nach Vorhergehendem zu erwarten, ergibt der Versuch größere Oberflächen; und zwar entstehen die Unterschiede zu Beginn des Tiefziehvorgangs, da die Höchstkraft etwa bei $2\,R_a = 80$ mm erreicht wird.

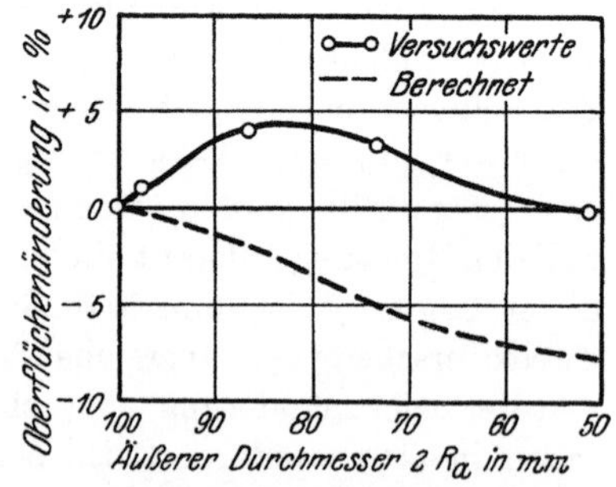

Abb. 44. Oberflächenänderung von Aluminiumzuschnitten 100,5 mm Dmr, 1,5 mm stark, beim Ziehen zu Hohlkörpern verschiedener Tiefe und 51,5 mm Dmr.

Die von der Rechnung verlangte ständige Oberflächenverringerung wird danach zunächst durch die zusätzlichen Dehnungen in Oberflächenvergrößerungen umgekehrt. In den letzten Stadien der Umformung zeigt dann aber der Versuch fast genau eine Oberflächenabnahme[8], wie sie von der Theorie verlangt wird.

Aus den Betrachtungen geht noch hervor, daß die Formänderungen je nach dem Werkstoff, und jedenfalls auch nach dem Abrundungsradius des Ziehrings verschieden ausfallen müssen. Die Oberflächenvergrößerung wird um so stärker sein, je größer die Dehnung eines Werkstoffes ist. Der Einfluß der Abrundung ist nicht zu übersehen. Jedoch ist zu vermuten, daß scharfe Abrundungen besonders starke zusätzliche Dehnungen zur Folge haben. Ferner muß die Dehnung natürlich um so größer werden, je näher die Stempelkraft an die Festigkeit des Werkstoffes herankommt; sie wird also mit der Zuschnittsgröße schnell ansteigen. Jedenfalls spielen hierbei so viele Faktoren eine Rolle, daß man sich wieder nur auf Grund eingehender Untersuchungen ein vollständiges Bild von den Zusammenhängen wird machen können.

d) Einfluß des Ziehspaltes.

Schließlich kann auch noch der Einfluß des Ziehspaltes übersehen werden. Ist der Ziehspalt geringer als die Stärke des Bleches am oberen Rande, also für das durchgearbeitete Beispiel nach Abb. 43 geringer als 1,41, so drückt der Ziehspalt die in Abb. 45a überstehende Stärke des Bleches gemäß Abb. 45b weg. Die Änderung der Oberflächengröße veranschaulicht ebenfalls Abb. 45b. Der Einfluß des Ziehspaltes auf die Oberflächengröße läßt sich auf diese Weise leicht errechnen. Von der Durchführung dieser rein geometrischen Aufgabe sei jedoch abgesehen. Die Abhängigkeit von der Größe des Ziehspaltes muß auf jeden Fall so herauskommen, wie sie in Tafel 2 und Abb. 5 versuchsmäßig festgestellt ist.

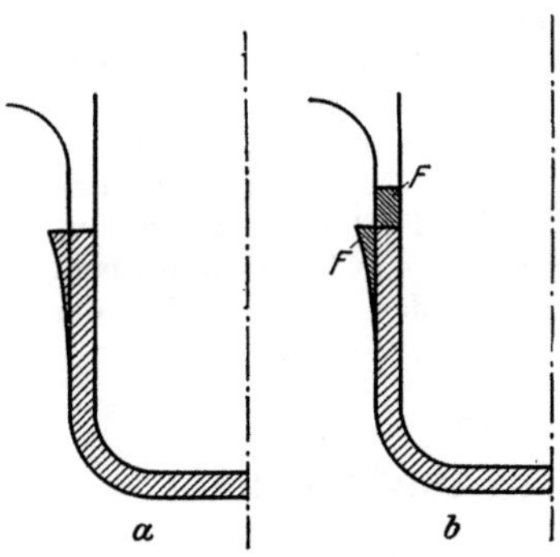

Abb. 45. Einfluß des Ziehspaltes.

Der obere Teil des Hohlkörpers erscheint dadurch bekanntlich wie poliert, während der nicht vom Ziehspalt herabgedrückte Teil stets rauh ist. In diesem Teil sind jedoch stets nochmals zwei scharf abgesetzte Zonen erkennbar. Der an den Boden angrenzende Teil erscheint meist besonders rauh, jedenfalls infolge der erheblichen zusätzlichen Dehnung. Er fällt also um so rauher aus, je stärker die Dehnung, und auch bekanntlich, je gröber das Korn des Stoffes ist. Die Unterteilung rührt jedoch, wie eine genaue Betrachtung der Hohlkörper lehrt, nicht von der Dehnung her, sondern von der Anlage an das Werkzeug. Die Grenze gibt die Stelle an, wo die Abrundung des Ziehstempels ursprünglich aufhörte, darüber sieht man außen oft Riefen, darunter niemals. Benutzt man also einen Stempel mit geringer Abrundung, so rückt die Grenzlinie ganz nach unten, während die Rauhigkeit bleibt.

6. Schlußbemerkungen.

Die theoretische Untersuchung des Tiefziehens im Anschlag mußte sich naturgemäß auf einige Punkte beschränken, für welche die Unterlagen durch Versuche geschaffen waren. Verschiedene andere wichtige Teilfragen wurden angeschnitten, deren Lösung bisher noch nicht angebbar ist.

Immerhin dürfte die Untersuchung gezeigt haben, wie weitgehend theoretische Vorstellungen in die Einzelheiten des Ziehvorgangs hineinzuleuchten imstande sind. Durch entsprechend angelegte Versuche unterstützt, läßt sich meist ein klares Bild von jeder Einzelerscheinung gewinnen. Es besteht daher die begründete Aussicht, nach Durchführung einiger weiterer Untersuchungen ähnlich wie der vorliegenden eine einigermaßen vollständige Kenntnis von den Vorgängen beim Tiefziehen im Anschlag zu gewinnen.

Danach entsteht die wichtige Aufgabe, diese Kenntnis zur wirtschaftlichen Verbesserung des Tiefziehvorgangs auszunutzen. Die Aufgabe geht einmal dahin, die Eignung eines Bleches für das Ziehen im voraus zu erkennen. Ein Versuch in dieser Richtung ist schon durch Schaffung einer Prüfung gemacht worden, welche einige wichtige Merkmale des Tiefziehens in einfachster Form nachahmt[26]. Anderseits muß das Ziehwerkzeug so weit entwickelt werden, daß seine Wirkung aufs Blech sich der denkbar günstigsten Beanspruchung nähert. Hier ist z. B. in bezug auf den Druck des Faltenhalters und die Abrundungsverhältnisse des Ziehrings und Stempels das letzte Wort sicher noch nicht gesprochen.

Zusammenfassung.

Die Untersuchung befaßt sich mit dem Tiefziehen kreisrunder Zuschnitte im Anschlag. Im ersten Teil wird der Einfluß einiger der wichtigsten Faktoren auf den Vorgang des Tiefziehens an verschiedenen Werkstoffen in Form von 0,5 und 1,5 mm starkem Blech untersucht. Die Versuche sind mit einer Einrichtung durchgeführt, welche die Halterkräfte einzustellen gestattete, und in einer hydraulischen Presse, welche die Ziehkraft anzeigte. Im zweiten Teil werden theoretische Berechnungen und Betrachtungen gebracht und den Versuchsergebnissen gegenübergestellt.

Als reines Tiefziehen wird ein Vorgang angesehen, bei dem der Ziehspalt so groß ist, daß das Blech unbehindert durch den Ziehspalt durchgeht. Andernfalls findet eine Überlagerung eines anderen Vorganges (Rohrziehen) statt, der einen erhöhten Kraft- und Arbeitsbedarf zur Folge hat.

Der zur Unterdrückung der Faltenbildung notwendige Halterdruck läßt sich nur näherungsweise feststellen. Er ist bei beiden Blechstärken annähernd gleich und steigt mit der Streckgrenze und Festigkeit des Werkstoffes. Der Kraftbedarf wächst ferner mit der Halterkraft gradlinig, wobei der Anstieg durch die vom Werkstoff, seiner Oberflächenbeschaffenheit und der Schmierung abhängige Reibung zwischen Werkstoff und Werkzeug bestimmt ist.

Die Ziehfähigkeit läßt sich bei Verwendung von Zuschnitten verschiedener Größe in übereinstimmender Weise entweder unmittelbar oder durch Extrapolation auf die gemessene Zerreißkraft feststellen. Diese Ziehfähigkeit ist von der Blechstärke kaum abhängig. Dagegen ist die Werkzeuggestaltung von Einfluß. Die Ziehfähigkeit zeigt keinen Zusammenhang mit irgendwelchen, im Zugversuch feststellbaren Werkstoffeigen-

[26] G. Sachs: Ein neues Prüfgerät für Tiefziehbleche. Metallwirtschaft Bd. 9, S. 213—218. 1930.

schaften. Die Zerreißkraft bei zu großen Zuschnitten ist größer als die Festigkeit des Werkstoffs. Die Tiefung im Augenblick des Reißens nimmt mit der Dehnung des Stoffes zu, ist aber in erster Linie von der Zuschnittsgröße abhängig.

Die Berechnung des Spannungszustandes unter dem Faltenhalter und der Kräfteübertragung vom Stempel auf den Zuschnitt sowie der geometrischen Zusammenhänge zwischen Stempelweg und Randverschiebung des Zuschnitts kann unter vereinfachenden Annahmen durchgeführt werden.

Der Anteil des Werkstoffwiderstandes läßt sich aus einer Fließkurve errechnen, welche sich aus Zugversuchen an geglühtem und an verschieden stark abgewalztem Blech ergibt. Den Reibungsbeiwert, und damit den Einfluß der Reibung erhält man aus der Abhängigkeit des Kraftbedarfs von der Halterkraft. Der Anteil der Biegung ist rechnerisch nicht erfaßbar.

Die berechneten Ziehkurven steigen etwas steiler und weniger hoch auf als die Versuchskurven. Diese Abweichungen entsprechen den in der Rechnung vernachlässigten Formänderungen und Biegungskräften.

Eine rechnerische Ermittlung der Ziehfähigkeit versagt, weil die Unterschiede verschiedener Stoffe gering und die praktisch erforderliche Genauigkeit groß ist. Daher sind auch solche Faktoren, wie Werkzeuggestaltung, Oberflächenbeschaffenheit usw. von ausschlaggebender Bedeutung.

Die Formänderungen des Zuschnitts beim Ziehen lassen sich in guter Übereinstimmung mit dem Versuch berechnen, soweit sie unter dem Faltenhalter vor sich gehen. Dazu kommen die Dehnungen der einzelnen Ringzonen infolge der vom Stempel übertragenen Zugkraft, die nur im Hohlkörperboden in einfacher Weise angebbar sind. Die Oberfläche des sich beim Ziehen ausbildenden Hohlkörpers vergrößert sich zunächst wegen des starken Einflusses der Dehnungen, dann verkleinert sie sich, wie es theoretisch zu erwarten ist.

Die vorliegende Arbeit ist aus Anregungen entstanden, die der Verfasser während der Werkstofftagung und in Sitzungen des Ausschusses für Blechprüfung im Deutschen Verband für Materialprüfungen der Technik (DVM.) erhalten hat. Die AEG., Berlin, hat für die Untersuchungen das von ihr entwickelte Tiefziehgerät zur Verfügung gestellt sowie den größten Teil der Zuschnitte ausgestanzt. Hierfür bin ich besonders den Herren Oberingenieur G. R. Fischer und Oberingenieur Vergen zu Danke verpflichtet. Den Vereinigten Aluminium-Werken, der Firma Berg-Heckmann-Selve, Altena, und der Firma Krupp, Essen, habe ich für die Überlassung von Material zu danken. Ferner hat der DVM. die Arbeit durch Stellung einer Hilfskraft für einige Monate gefördert. Herr Diplomingenieur W. Pahl hat bei der Vorbereitung der Versuche mitgewirkt. Ganz besonderen Dank schulde ich Herrn W. Riem, der den größten Teil der Versuche durchgeführt hat.

Versuche über die Eigenschaften gezogener Drähte und den Kraftbedarf beim Drahtziehen.

Einleitung.

Die Aufgabe der vorliegenden Arbeit soll es sein, durch Laboratoriumsversuche die Grundlagen für ein volles Verständnis des Ziehvorganges und der dabei eintretenden Eigenschaftsänderungen des Ziehgutes zu schaffen. Da die zahlreichen, den Ziehvorgang beeinflussenden Faktoren im Umfang dieser Arbeit nur zu einem Bruchteil erfaßt werden können, wurde die Aufgabe von vornherein unter dem Gesichtspunkt beschränkt, vor allem über die für den Kraftbedarf wichtigsten Faktoren einen Aufschluß zu gewinnen.

Der Kraftbedarf hängt außer von der Härte des Werkstoffes besonders noch von der Querschnittsabnahme (Stichgröße, Reckgrad) und dem Düsenwinkel ab. Infolgedessen wurde ein ausgewählter Werkstoff bei verschiedenen Düsenwinkeln um verschieden große Stiche gezogen. Wir beschränkten uns dabei auf solche Querschnittsabnahmen, welche in einem Zuge erreichbar waren. Beim Ziehen wurde der Kraftbedarf gemessen, und am gezogenen Material wurden verschiedene Eigenschaften geprüft. Ein weiterer Faktor, von dem der Kraftbedarf abhängt, ist die Größe der Reibung zwischen Werkzeug und Werkstoff. Um hierüber eine Aufklärung zu gewinnen, wurden gleichartige Versuche mit zwei verschiedenen Düsenmaterialien durchgeführt. Ferner wurde durch Drehung der Düse während des Ziehvorganges die Wirkung des Reibungswiderstandes versuchsmäßig festgestellt.

Von den Verhältnissen der Praxis unterscheiden sich unsere Versuche nur insofern, als hier mit wesentlich geringerer Geschwindigkeit (0,0015 m/s) gezogen wurde. In den Arbeiten von Eicken und Heidenhain[1] (0,42 bis 1,40 m/s) und Giraud[2] (0,025 bis 0,07 m/s) ist jedoch nachgewiesen, daß Unterschiede in den Ziehgeschwindigkeiten kaum einen Einfluß auf den Kraftbedarf zur Folge haben. Pomp, Siebel und Houdremont[3] fanden auch nur geringe Unterschiede bei Versuchen in der Praxis an einer schnellaufenden Ziehbank (0,4 m/s) und im Laboratorium an einer Zerreißmaschine (0,001 m/s). Durch die gewählte Versuchsanordnung tritt mithin keine wesentliche Änderung der grundsätzlichen Zusammenhänge ein.

Über den Einfluß des Düsenwinkels auf die Eigenschaften eines in einem Stich gezogenen Drahtes liegen systematische Versuche bisher kaum vor. Jedoch erkannte schon Ludwik[4] die grundsätzlich wichtige Tatsache, daß die von den Ziehbedingungen abhängigen Querschnittsverwerfungen entsprechende zusätzliche Ver-

[1] H. Eicken und W. Heidenhain: Einfluß von Ziehgeschwindigkeit, Querschnittsabnahme und Kohlenstoffgehalt auf die mechanischen Eigenschaften gezogener Stahldrähte. Kraftbedarf beim Ziehen. Stahleisen Bd. 44, S. 1687 bis 1694. 1924.

[2] R. Giraud: Contribution à l'étude de l'étirage à froid de l'acier doux. Rev. Mét. Bd. 25, S. 175—194, 235—246, 347—354. 1928.

[3] A. Pomp, E. Siebel und E. Houdremont: Über den Kraft- und Arbeitsbedarf beim Kaltziehen von Drähten. Mitt. K. W. I. Eisenforsch. Bd. 11, S. 53—72. 1929.

[4] P. Ludwik: Über Kaltbearbeitung durch Walzen und Ziehen. Z. öst. Ing.-V. Bd. 67, S. 597—602. 1915.

festigungen hervorrufen müssen. Unckel[5] beobachtete beim Ziehen von Rundstangen, daß die Querschnittsverwerfungen mit dem Düsenwinkel zunehmen. Später fanden auch Weiss[6] sowie Pomp, Siebel und Houdremont[3] bei ihren Versuchen die danach zu erwartende höhere Festigkeit bei großen Düsenwinkeln.

Diese beiden Arbeiten zeigen auch, ebenso wie schon früher die Versuche von Gewecke[7], daß der Kraftbedarf bei mittleren Düsenwinkeln, wie sie die Praxis oft verwendet, einen Mindestwert hat, und daß dieser günstigste Düsenwinkel mit zunehmender Stichgröße wächst. Ferner ist schon von diesen Verfassern erkannt worden, daß der Reibungsanteil am Kraftbedarf um so größer ausfallen muß, je größer die Berührungsfläche im Ziehkonus bzw. je kleiner der Düsenwinkel ist.

Von Becker[8] und Siebel[3,9] ist dann versucht worden, aus der Energiebilanz des Ziehvorganges den Kraftbedarf und die Spannungsverhältnisse im Ziehkonus zu berechnen. Einen weiteren Ansatz gewann später Sachs[10] aus der Betrachtung des Spannungszustandes der Körperelemente im Ziehkanal.

Die Gliederung unserer Arbeit in zwei Teile ergibt sich aus der im Verlauf der Versuche gewonnenen Erkenntnis, daß für ein volles Verständnis der Vorgänge im Ziehkanal die Kenntnis der Eigenschaftsänderungen des Ziehgutes notwendig ist. Im ersten Teil werden eine Anzahl von Eigenschaften der gezogenen Drähte untersucht. Zunächst sind die durch den Zugversuch erfaßbaren technologischen Größen festgestellt und in Vergleich gesetzt zu den Veränderungen der Eigenschaften bei einem Zugversuch am Ausgangsmaterial. Ferner wurde die Ungleichmäßigkeit der Festigkeit über dem Querschnitt verfolgt und ein Versuch gemacht, etwaige Ungleichmäßigkeiten des Kristallgefüges durch Röntgenaufnahmen zu erkennen. Die durch den ungleichmäßigen Materialfluß bedingten Reckspannungen wurden durch Messungen von Verkrümmungen beim Abhobeln der Drähte und mit Hilfe der Quecksilberprobe erfaßt. Der zweite Teil behandelt den Kraftbedarf. Zunächst werden die Ergebnisse der Kraftmessungen erörtert und dann die Versuche über die unmittelbare Bestimmung der Reibung gebracht. Zuletzt wird geprüft, wie weit die Ergebnisse mit einem theoretischen Ansatz über den Kraftbedarf zur Deckung gebracht werden können.

Versuchseinrichtungen und Versuchsmaterial.

Für die Versuche gelangten konische Düsen mit den in Abb. 1 schematisch wiedergegebenen Profilen zur Verwendung. Die genaue Feststellung des Düsenwinkels geschah an Abgüssen aus Woodschem Metall und an den Konen von Drähten, die nicht zu Ende gezogen

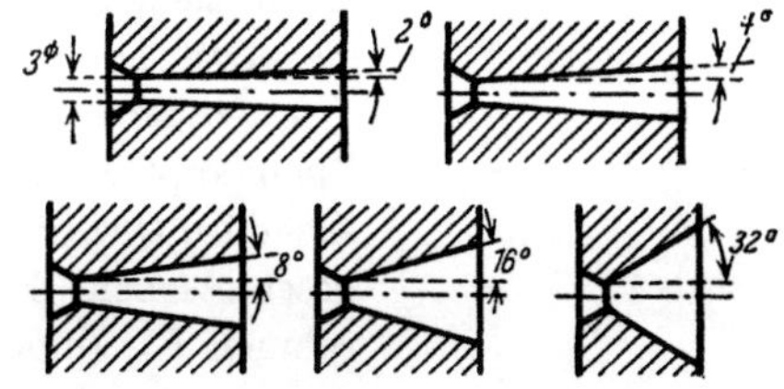

Abb. 1. Profile der verwendeten Düsen.

waren. Die gemessenen Konuswinkel sind in Tafel 1 gebracht. Ein Satz Düsen war aus gehärtetem hochglanzpoliertem Werkzeugstahl*, ein anderer aus Wolfram-Karbid hergestellt. Letztere sind unter der Bezeichnung „Elmarid-Ziehsteine"** handelsüblich und finden neuerdings als hochwertige Düsen, besonders für kleine Durchmesser, Verwendung. Bei ihrer Herstellung wird Wolfram-Karbid in Pulverform bei sehr hohen Temperaturen unter Druck in die gewünschte Form gepreßt und mit Diamantstaub ausgeschliffen und poliert. Alle Versuchsdüsen hatten einen Durchmesser von rund 3 mm.

Tafel 1. Konuswinkel der verwendeten Düsen.

Sollwinkel	Istwinkel	
	Elmarid	Werkzeugstahl
2°	—	2,1°
4°	4,0°	4,1°
8°	9,3°	8,0°
16°	16,4°	15,5°
32°	29,0°	33,0°

Die verschiedenen Querschnittsabnahmen der Versuchszüge wurden dadurch erreicht, daß die Proben vor den eigentlichen Versuchen unter Verwendung betriebsüblicher Elmarid-Ziehsteine (für Kupfer) von dem Durchmesser des Ausgangsmaterials (5 mm) auf die den verschiedenen Abnahmen entsprechenden Durchmesser (3,05 mm, 3,10 mm, 3,25 mm usw.) heruntergezogen wurden. Die bei diesen Vorbereitungszügen angewandten Stiche betrugen 10 bis 15% Querschnittsabnahme.

Die Vorbereitungszüge und die eigentlichen Ziehversuche wurden an einer 3 t-Spies-Zerreißmaschine vorgenommen. Bei dieser Maschine (vgl. Abb. 33) werden die ausgeübten Zugkräfte über den in einer Schneide hängenden oberen Spannkopf auf einen ungleicharmigen Waagebalken übertragen. Durch dessen Ausschlag wird der über eine Skala spielende Lastanzeiger betätigt. Eine Eichung ergab in dem benutzten Kraftbereich eine Meßgenauigkeit von etwa ± 1 kg.

[5] H. Unckel: Einiges über die Fließbewegung beim Pressen von Stangen und Rohren sowie beim Ziehen. Z. Metallkunde Bd. 20, S. 323—330. 1928.

[6] L. Weiss: Der Formänderungswiderstand des Kaltziehens in Abhängigkeit von Abnahmeverhältnis und Ziehwinkel. Z. Metallkunde Bd. 19, S. 61—67, 94—100. 1927.

[7] Gewecke: Einige Versuche zur Klärung des Vorganges beim Drahtziehen. Dingler Bd. 325, S. 193—196. 1910.

[8] R. Becker: Über die mechanischen Vorgänge im Ziehkanal beim Ziehen von Drähten. Z. techn. Phys. Bd. 6, S. 298—305. 1925.

[9] E. Siebel: Über die mechanischen Vorgänge im Ziehkanal beim Ziehen von Drähten. Z. techn. Phys. Bd. 7, S. 335—337. 1926.

[10] G. Sachs: Zur Theorie des Ziehvorganges. Z. ang. Math. Mech. Bd. 7, S. 235—236. 1927.

* Die Anfertigung dieser Düsen hatte die Firma Hinz & Martin, Berlin-Schöneberg, übernommen.

** Der Erfinder und Hersteller der Elmarid-Ziehsteine O. Diener, Fabrik f. künstl. Hartstoffe, Breslau, unterstützte unsere Arbeit durch die Anfertigung und Überlassung der konischen Versuchsdüsen. Herrn Diener sei hierfür auch an dieser Stelle bestens gedankt. Den für die Vorbereitung benötigten Satz Ziehsteine hatte uns zunächst freundlicherweise das Metallwerk Oberspree der AEG., Berlin-Oberschöneweide, geliehen.

Die Bauart der Maschine machte es nötig, die Ziehdüse entsprechend der schematischen Skizze in Abb. 2 an den unteren beweglichen Maschinenkopf anzubringen.

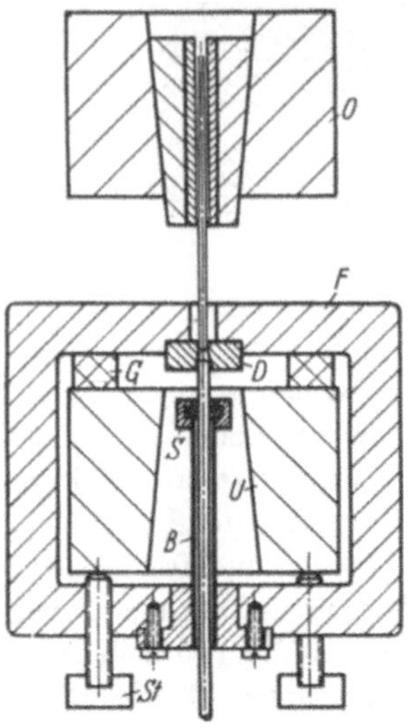

Abb. 2. Schema der Versuchsapparatur zum Drahtziehen.

Beim Ziehen wird das angespitzte Drahtende vom feststehenden oberen Spannkopf O gehalten. Die Ziehdüse D wird von einem geschlossenen Flacheisenrahmen F aufgenommen, der über den unteren Spannkopf U der Maschine gestülpt ist. Der Antrieb des unteren Kopfes erfolgt normalerweise von einer in Hüfthöhe befindlichen Handkurbel über ein Rädergetriebe durch eine vertikal stehende flachgängige Schraubenspindel. Die Handkurbel wurde für unsere Versuche durch eine Riemenscheibe ersetzt, die von einem Motor angetrieben wurde. Die Drehzahl des Motors war im verwendeten Bereich belastungsunempfindlich und ergab eine Ziehgeschwindigkeit von 0,09 m/min = 0,0015 m/s. Da wir also an dieser Versuchsapparatur ohne Gegenzug arbeiteten, mußte für eine gute Führung des einlaufenden Drahtes Sorge getragen werden. Diesem Zweck dient die Buchse B, die außerdem an ihrem oberen Ende ein kleines Schmiergefäß S für den durchlaufenden Draht trägt. Die 3 Stellschrauben St gestatten eine der Ziehachse genau entsprechende Ausrichtung des Rahmens, bzw. der Düse*. Im unbelasteten Zustand nehmen die Gummiklötzchen G das Eigengewicht des Rahmens auf.

Die Spitzen der Versuchsdrähte wurden, da keine besonderen Anspitzwalzen zur Verfügung standen, durch stufenweises Anwalzen an einem Drahtwalzwerk hergestellt.

Sämtliche in dieser Arbeit beschriebenen Versuche wurden an einer handelsüblichen Messinglegierung mit 63% Kupfer (Ms 63) vorgenommen**. Eine Analyse ergab: 62,3% Cu, 37,7% Zn, 0,006% Pb, 0,005% Fe. Das Material lag im halbharten Zustand als Drahtring vor und hatte einen Durchmesser von 5 mm. Es wurde unbehandelt auf die benötigten Ausgangsdurchmesser gezogen und zu den Ziehversuchen in einem Salpeterbade bei etwa 480° C $^1/_2$ Std. geglüht. Seine Eigenschaften waren danach sehr gleichmäßig und bei Drähten verschiedenen Durchmessers praktisch gleich (vgl. Tafel 2).

Als Schmiermittel wurde Rüböl benutzt. Es wurde Wert darauf gelegt, bei allen Zügen einen möglichst gleichartigen Schmierzustand zu erhalten, obwohl ein dahin gehender Einfluß nicht erkennbar war. Dieses wurde dadurch erreicht, daß der Draht einen stets mit der Schmierflüssigkeit gesättigten Wattepfropfen im Schmiergefäß S (Abb. 2) durchlief.

* Falls der Ziehrahmen nicht auf diese Weise starr eingestellt wird, sondern frei beweglich ist, stellt er sich eigentümlicherweise so ein, daß der einlaufende Draht einseitig an der Düsenwandung anliegt. Diese Stellung des Drahtes zur Düse erfordert also offenbar einen geringeren Kraftbedarf als eine genau axiale.

** Das benötigte Material wurde uns von dem Metallwerk Oberspree der AEG., Berlin-Oberschöneweide, überlassen. Wir sind der AEG. für ihre bereitwillige Unterstützung zu besonderem Dank verpflichtet.

A. Eigenschaften gezogener Drähte.

Der erste Teil der Arbeit bringt die Ergebnisse verschiedenartiger Untersuchungen an den fertig gezogenen Drähten. Für die getroffene Auswahl der durchgeführten Versuche war der Wunsch maßgebend, einen gewissen Einblick in den Fließvorgang beim Drahtziehen zu gewinnen. Im Vordergrund unserer Arbeit steht zwar die Aufgabe, möglichst alle Faktoren, die den Kraftbedarf beeinflussen, zu übersehen. Dazu hat sich aber das Studium der im folgenden behandelten Eigenschaften als aufschlußreich und teilweise notwendig erwiesen.

Es zeigt sich nämlich, daß der Zustand eines Drahtes nicht nur, wie es bisher angenommen worden ist, vom Ziehgrad, sondern auch im starken Maße von dem Düsenwinkel abhängig ist. Alle Eigenschaften verhalten sich so, als ob der Materialfluß mit zunehmendem Düsenwinkel immer ungleichmäßiger wird und zwar besonders bei kleinen Abnahmen. Diese Ungleichmäßigkeit des Ziehvorganges wirkt sich in einer zusätzlichen Verfestigung besonders in den Außenschichten des Drahtes, sowie in der Größe der Reckspannungen usw. aus.

1. Festigkeitseigenschaften beim Zugversuch.

Die Zugversuche wurden an der gleichen 3 t-Spies-Zerreißmaschine ausgeführt, die auch für die Ziehversuche diente. Die den gezogenen Drähten entnommenen Proben wurden unabgedreht zerrissen, da, wie in Abschnitt A 3 noch ausführlich gezeigt wird, durch Entfernung der härteren Haut die gemessenen Werte anders ausfallen. Die Einspannung der Probenenden erfolgte in konischen Backenpaaren, durch deren Verwendung das in den üblichen Flachkeilen häufig auftretende Reißen in den Einspannungen vermieden werden konnte.

Die Probestäbe hatten eine freie Länge vom zehnfachen Durchmesser mit einem Zuschlag von 10 bis 20 mm. Alle Proben wurden mit einer aufgeritzten Strichteilung versehen. Ermittelt wurde bei den mit Elmarid gezogenen Drähten die Festigkeit σ_B, und an den zerrissenen Stäben in üblicher Weise die Dehnung δ_{10} (auf eine Meßlänge vom zehnfachen Durchmesser $= 10\,d$ bezogen), die gleichmäßige Querschnittsverminderung q_g (als Mittelwert über die freie Länge, die hier gut zylindrisch blieb) und die Einschnürung ψ. Diese Werte wurden fast durchweg aus zwei gleichartigen Versuchen gemittelt. Ferner wurden während des Versuches bei bestimmten Laststufen mit einer Mikrometerschraube an vier verschiedenen Stellen die Durchmesser gemessen, so daß die Veränderung der wahren Spannung mit der Verformung vollständig zu übersehen war. Aus diesen Fließkurven (vgl. Abb. 6 bis 9) wurden auch die Streckgrenzen σ_S entnommen. Dies geschah, da andere Verfahren schlecht anwendbar waren, durch Extrapolation der Spannungskurven im plastischen Gebiet auf die elastischen Geraden. Bei den mit Stahl gezogenen

Drähten wurden nur σ_S, σ_B und δ_{10}, sowie die Fließkurven bestimmt.

Tafel 2 bringt die Ergebnisse der Versuche mit Elmariddüsen. In Abb. 3 sind die festgestellten Eigenschaften in Abhängigkeit von der Querschnittsabnahme q für die verschiedenen Düsenwinkel dargestellt. Der Gang der Eigenschaften mit dem Reckgrad zeigt den allgemein bekannten Verlauf. Hinsichtlich der Abhängigkeit vom Düsenwinkel erkennt man, daß die Festigkeiten und Streckgrenzen der durch die steilste (32°) Düse gezogenen Drähte am höchsten liegen, während die durch die schlankste (4°) Düse gezogenen Drähte die niedrigsten Werte aufweisen. Entsprechend den geringen Festigkeiten der durch die 4°-Düse gezogenen Drähte haben diese die größten Bruchdehnungen und gleichmäßigen Querschnittsverminderungen. Die Einschnürungen fallen gleichfalls bei den durch schlanke Düsen gezogenen Proben am größten aus. Die Unterschiede erreichen bei mittleren Abnahmen (um 20%) Höchstwerte und nehmen dann wieder stark ab.

Tafel 2. Einschnürung ψ, Dehnung δ_{10}, Festigkeit σ_B, Streckgrenze σ_S in Abhängigkeit von der Querschnittsabnahme bei Elmariddüsen.

Düsenwinkel α °	Querschnittsabnahme q %	Einschnürung ψ %	Dehnung δ_{10} %	Festigkeit σ_B kg/mm²	Streckgrenze σ_S kg/mm²	Gleichm. Querschnittsv. q_g %
—	0*	79,0	52,0	39,0	15,0	29,8
4	3,4	78,8	40,0	41,8	27,1	24,6
8	3,2	79,7	39,3	43,0	32,0	23,7
16	3,2	78,6	—**	43,8	33,3	22,8
32	3,4	76,6	—**	43,2	33,5	21,0
4	6,6	78,0	36,4	43,1	31,0	22,3
8	6,4	76,7	—	44,4	37,1	20,1
16	6,4	77,4	29,3	45,8	38,4	18,4
32	6,5	73,8	27,4	45,8	40,4	16,3
4	11,3	78,1	32,3	44,5	36,5	21,2
8	11,1	76,6	26,0	46,0	41,5	15,9
16	11,1	74,3	22,0	48,8	44,9	13,6
32	11,2	74,7	19,3	49,3	46,8	9,8
4	14,7	76,2	—**	46,7	41,1	13,4
8	14,5	78,1	16,7	48,1	44,5	12,3
16	14,5	77,4	13,7	51,4	49,2	4,9
32	14,8	77,4	13,7	52,6	51,2	5,0
4	19,9	76,9	19,0	49,0	46,6	8,0
8	19,8	72,4	16,0	51,0	49,0	7,9
16	19,8	68,8	12,7	54,1	53,0	4,9
32	20,0	66,2	10,3	56,4	56,1	3,8
4	26,7	73,3	12,3	53,9	53,5	4,4
8	26,5	73,2	12,3	54,6	54,7	5,2
16	26,5	70,6	10,3	57,1	57,0	3,9
32	26,8	68,7	9,7	60,2	60,7	4,2
4	32,8	72,5	9,7	58,3	58,5	2,1
8	32,7	71,4	12,0	58,2	58,9	5,4
16	32,7	68,4	10,3	59,9	60,5	3,9
32	32,9	66,3	9,3	63,0	64,0	3,6
4	35,8	69,1	9,0	59,6	60,3	1,8
8	35,7	68,7	9,3	60,0	60,7	3,8
16	35,7	68,1	10,0	61,3	62,2	5,3
32	36,0	65,4	9,7	64,6	66,0	4,2
4	43,6	69,0	6,7	65,0	65,7	1,0
8	43,5	67,6	9,3	65,2	66,5	2,9
16	43,5	66,9	9,7	65,9	68,0	4,2
32	43,7	62,2	8,0	67,6	69,0	3,7
4	51,3	63,0	—**	70,4	71,3	1,0
8	51,2	64,3	7,0	69,9	71,3	2,3
16	51,2	64,7	7,0	70,1	71,8	2,4
32	51,4	62,1	7,0	71,2	72,9	2,9
8	56,8	61,4	6,0	72,8	74,0	1,4
16	56,8	56,1	6,0	73,2	74,4	1,6
32	56,9	58,8	6,0	74,5	75,8	1,8
8	60,6	—	—**	76,0	76,6	0,7
16	60,2	—	—**	75,5	76,6	1,4
32	60,4	—	—**	76,7	77,8	1 4

* Mittel aus 12 Versuchen an verschiedenen Drahtstärken. Mittlere Abweichung ±0,6 kg/mm².

** Beide Proben an der Einspannung gerissen.

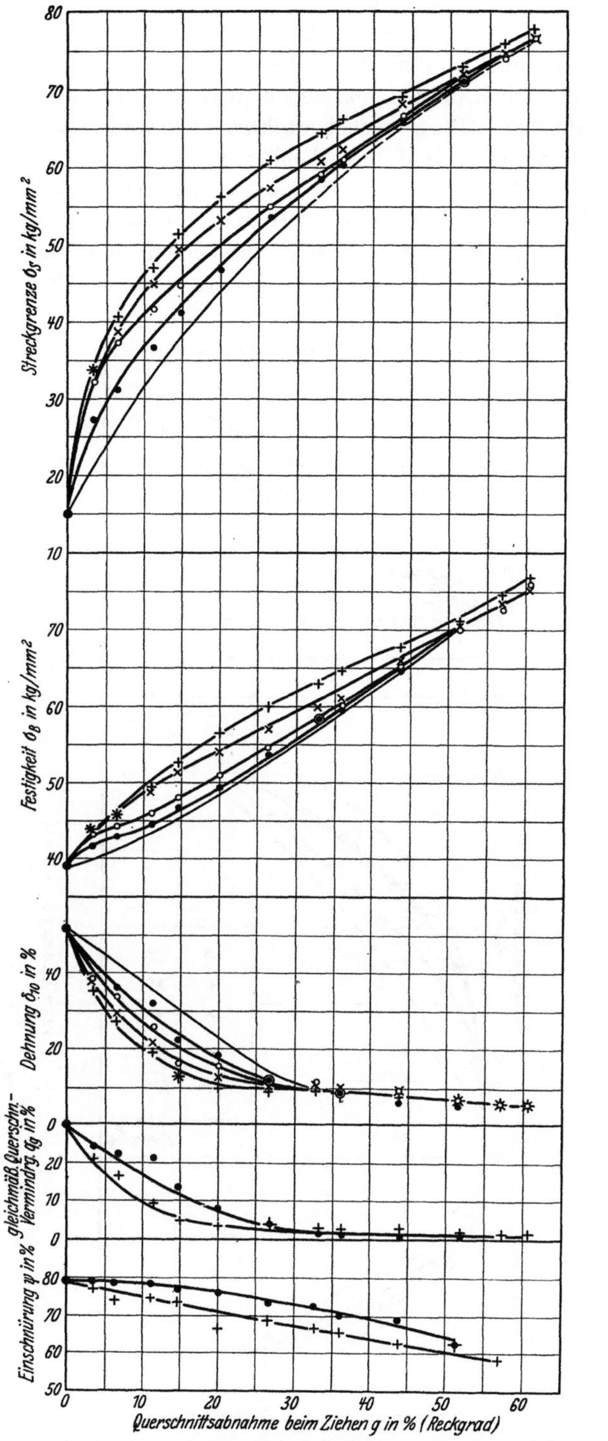

Abb. 3. Festigkeitseigenschaften gezogener Drähte beim Zugversuch. (Ms 63. Elmariddüsen.)
● 4° ○ 8° × 16° + 32° —— Dehnung durch Zug.

Die Streckgrenzen, Festigkeiten und Dehnungen bei den durch Stahldüsen gezogenen Drähten sind in gleicher Weise in Tafel 3 und Abb. 4 gebracht. Die Kurven zeigen weitgehend denselben Verlauf wie bei den Elmariddüsen. Sie reichen jedoch nur bis zu geringeren Abnahmen, da die Ziehlasten bei Verwendung der Stahldüsen wesentlich höher ausfallen. Dieser Unterschied in den Ziehlasten ist, wie noch gezeigt werden wird, auf die verschieden große Reibung zwischen Draht und Düse zurückzuführen. Obwohl also die Reibung der Stahldüsen erheblich größer ist, als die der Elmariddüsen, hat dieses keinen merklichen Einfluß auf die Festigkeitseigenschaften. Unabhängig vom Düsenmaterial ergeben sich für einen bestimmten Düsenwinkel und Reckgrad fast die gleichen Eigenschaften.

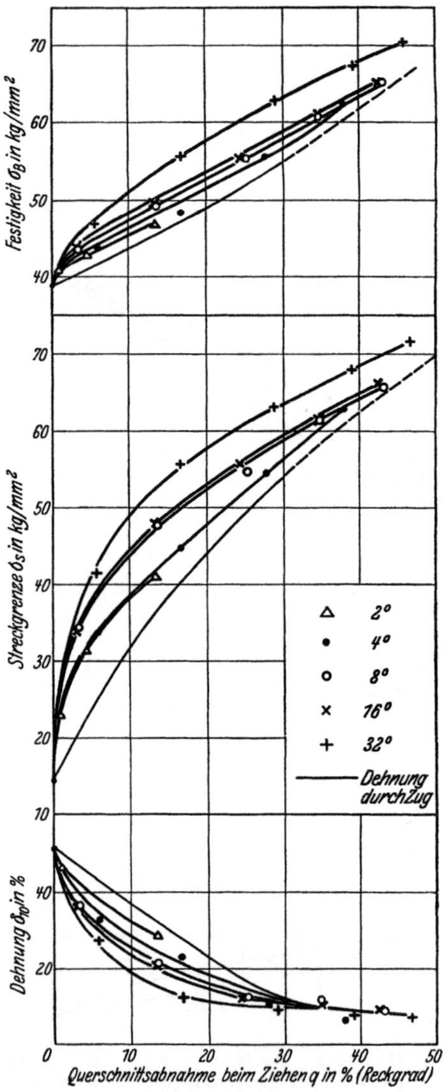

Abb. 4. Festigkeitseigenschaften gezogener Drähte beim Zugversuch. (Ms 63. Stahldüsen.)

2. Ziehen und Zugversuch.

Will man einen weichen Draht bestimmten Durchmessers auf einen schwächeren Durchmesser bringen, so ist dieser Vorgang sowohl durch Dehnung unter reiner Zugbeanspruchung als auch durch entsprechende Verformung in einer Ziehdüse vorstellbar und auch in gewissen Grenzen erreichbar. Es liegt daher nahe, die

Tafel 3. Dehnung δ_{10}, Festigkeit σ_B, Streckgrenze σ_S in Abhängigkeit von der Querschnittsabnahme bei Stahldüsen.

Düsenwinkel α °	Querschnittsabnahme q %	Dehnung δ_{10} %	Festigkeit σ_B kg/mm²	Streckgrenze σ_S kg/mm²
2	0,9	46,5	40,7	22,9
2	4,5	—	42,6	31,4
4	5,9	32,8	43,8	33,7
8	3,5	36,7	43,5	34,4
16	3,2	36,4	43,7	33,9
32	5,8	27,2	46,8	41,4
2	13,5	28,7	46,8	41,2
4	16,7	23,1	48,3	44,9
8	13,8	20,7	49,1	47,7
16	13,5	20,3	49,5	47,8
32	16,8	12,2	55,6	55,6
4	27,7	10,7	55,6	54,7
8	25,1	12,3	55,3	54,8
16	24,4	12,0	55,2	55,6
32	29,0	9,3	62,7	63,1
4	38,0	6,7	62,4	63,0
8	34,9	10,7	60,8	61,4
16	35,0	10,5	60,7	61,3
32	39,3	7,7	67,2	68,0
8	43,1	8,3	65,1	65,8
16	42,5	9,0	65,0	66,2
32	46,6	7,0	70,3	71,8

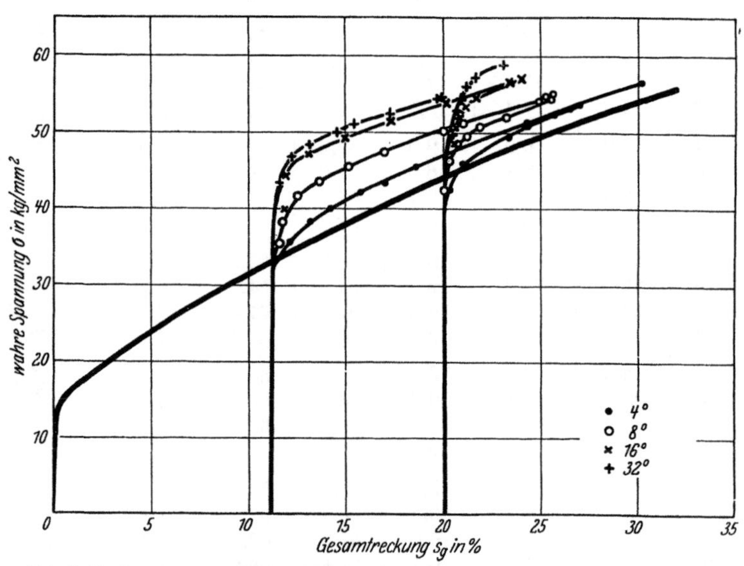

Abb. 5. Zugkurve von geglühtem Messing (Ms 63) und Beispiele von Dehnungskurven gezogener Drähte bei verschiedenen Düsenwinkeln. (Elmariddüsen.)

Wirkung der Verformung bei dem in bezug auf seinen Spannungszustand verhältnismäßig eindeutigen Zugversuch als Grundlage eines Vergleiches mit der Wirkung der durch eine Ziehdüse hervorgebrachten äußerlich gleichen Verformung zu wählen, bei welcher jedoch die Beanspruchung infolge der schrägen Kanalwandungen und der Reibungskräfte schwer zu übersehen ist.

Aus diesem Grunde sind schon in Abb. 3 und 4 die Veränderungen der Festigkeitseigenschaften durch reine Zugreckung eingezeichnet. Über die Ermittlung dieser Zugkurven wird später noch gesprochen werden. Es zeigt sich hier schon, daß die Kurven der gezogenen Drähte durchweg im Sinne einer höheren Verfestigung von der Zugkurve abweichen. Und zwar ist dieses in um so höherem Maße der Fall, je steiler die Düse ist, besonders stark aber bei kleinen Abnahmen.

Im folgenden haben wir uns nunmehr die Aufgabe gestellt, durch eine weitergehende Auswertung der Zugversuche an ausgeglühtem und gezogenem Material einen vertieften Einblick in das Wesen der Eigenschaftsänderungen beim Ziehen zu gewinnen.

a) Fließkurven nach Ludwik.

Es wird sich für die Darstellung und Diskussion dieses Vergleichs zunächst als nützlich erweisen, einen Verformungsmaßstab zu bilden, mit dessen Hilfe wir die beim Dehnen und Ziehen stattfindende Verfestigung gemeinsam verfolgen können. Bei einem gezogenen und dann gedehnten Draht ist die Verformung in einem Stadium des Zugversuches durch Aufeinanderfolge einer Querschnittsabnahme durch Ziehen (Ziehreckung) q_z und einer Querschnittsabnahme durch Zug (Zugreckung) q erreicht worden. Letztere bezieht man üblicherweise auf den Querschnitt des gezogenen und unbelasteten Probestabes. Um einen gemeinsamen Verformungsmaßstab zu erhalten, muß jedoch durchweg der Drahtquerschnitt vor dem Ziehen zugrunde gelegt werden. Die so „reduzierte Zugreckung" bezeichnen wir mit q'. Mit f_0 = Querschnitt des geglühten, f_1 = Querschnitt des gezogenen und f_2 = Querschnitt des gedehnten Drahtes gelten dann folgende Beziehungen:

$$q_z = \frac{f_0 - f_1}{f_0} = 1 - \frac{f_1}{f_0},$$

$$q = \frac{f_1 - f_2}{f_1},$$

$$q' = \frac{f_1 - f_2}{f_0} = \frac{f_1}{f_0} \cdot q = q(1 - q_z). \quad (1)$$

Und als Gesamtreckung s sei eingeführt:

$$s = q_z + q' = \frac{f_0 - f_2}{f_0}.$$

Ludwik[4] hat nun die Vorstellung entwickelt, daß Ziehreckung ein Material in gleicher Weise verfestigt wie Zugreckung. Bei einer ganz gleichartigen Verfestigungswirkung des Ziehens und der Zugbeanspruchung müssen die im plastischen Bereich liegenden Äste der Verformungskurven der gezogenen Drähte in die Zugkurve fallen. Ludwiks Versuche zeigen jedoch die erwartete Übereinstimmung sehr unvollkommen. Bei kleinen Ziehstufen steigen die Kurven stark über die Zugkurven hinaus, dagegen liegen sie bei hohen Abnahmen wesentlich unter der Zugkurve. Es ist allerdings anzunehmen, daß diese letztere Abweichung in einer schon eingetretenen Schädigung des Materials begründet war. Nur bei mittleren Abnahmen decken sich Ludwiks Kurven annähernd mit der Zugkurve.

In gleicher Weise haben auch wir in Abb. 5 bis 9 unsere Versuche ausgewertet. Da die Wiedergabe aller aufgenommenen Versuchspunkte und Kurven in einem Bilde unmöglich ist, ist zunächst in Abb. 5 für zwei verschiedene Ziehstufen gezeigt, wie die Verfestigungskurven der gezogenen Drähte vom Düsenwinkel abhängen. Abb. 6 bis 9 stellen dann für jeden Düsenwinkel gesondert die gefundenen Verfestigungskurven dar. Wie schon nach dem Verlauf der technologischen Festigkeitseigenschaften zu erwarten ist, liegen die Kurven um so tiefer, je schlanker der Ziehkonus ist. Die Kurven verlaufen dabei durchweg höher als die Zugkurve. Der Unterschied ist bei kleinen Ziehstufen am größten.

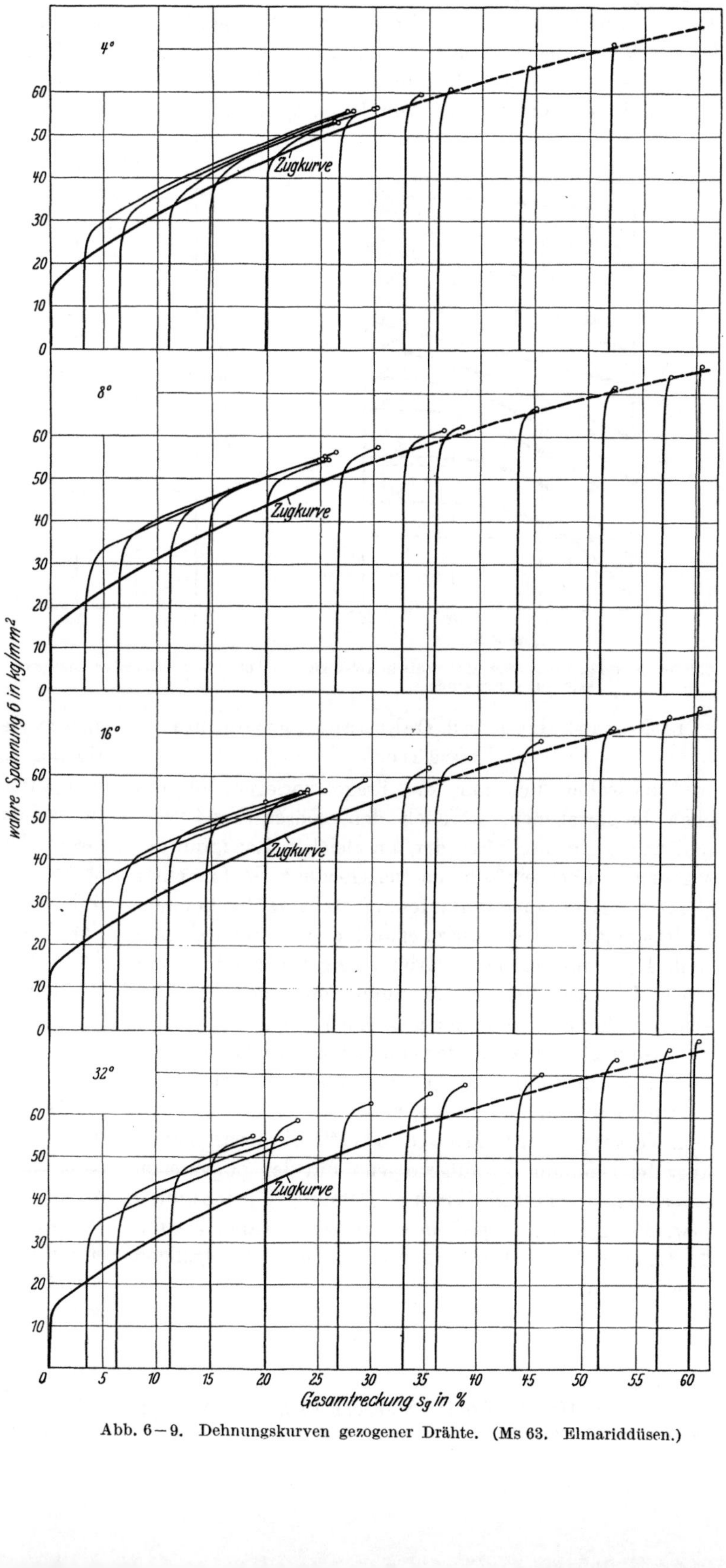

Abb. 6—9. Dehnungskurven gezogener Drähte. (Ms 63. Elmariddüsen.)

Mit zunehmendem Reckgrad nähern sich die Kurven so stark der Zugkurve, daß man annehmen kann, daß sie mit dieser bei sehr hohen (mit dem Zugversuch nicht mehr erreichbaren) Quer schnittsabnahmen praktisch zusammenfallen würden. Dementsprechend ist in Abb. 6 bis 9 die Zugkurve zwanglos verlängert.

Einen Beweis für die Richtigkeit dieser Annahme gewinnt man durch die in Abb. 10 gebrachte Darstellung, bei der die Streckgrenzen über dem Düsenwinkel aufgetragen sind. In diesem Bilde sind für den Düsenwinkel 0° die im Zugversuch festgestellten Spannungen eingetragen. Man erkennt, daß diese sich in den Lauf der dem Ziehen zugehörigen Versuchspunkte einordnen. Die Verlängerung der Zugkurve in Abb. 6 bis 9 ist infolgedessen so durchgeführt, daß sie etwa den Werten für den Düsenwinkel 0° in Abb. 10 entspricht.

Die Ausgangsfestigkeit betrug hier $\sigma_B^0 = 39{,}0\ \mathrm{kg/mm^2}$, die Ausgangsdehnung $\delta_{10}^0 = 52{,}0\%$. Diese Umrechnung gilt natürlich nur für das Gebiet der gleichmäßigen Dehnung am ausgeglühten Material, die sich im vorliegenden Falle bis zu etwa 45% erstreckt. Darüber hinaus ist ein Vergleich zwischen Zugstab und einem entsprechend durch eine Düse gezogenen Stab nicht möglich.

Die Auftragung der Ergebnisse in Abb. 11 zeigt, daß alle Versuche praktisch in die gleiche Kurve fallen, die in ihrem unteren Teil durch die Kurve für den Zugversuch gegeben ist. Es erweist sich also in der Tat, daß alle Proben unabhängig vom Düsenwinkel die gleichen Kombinationen von Festigkeit und Dehnung durchlaufen. Wenn auch die Darstellung der Festigkeit in Abhängigkeit von der Bruchdehnung in Abb. 11,

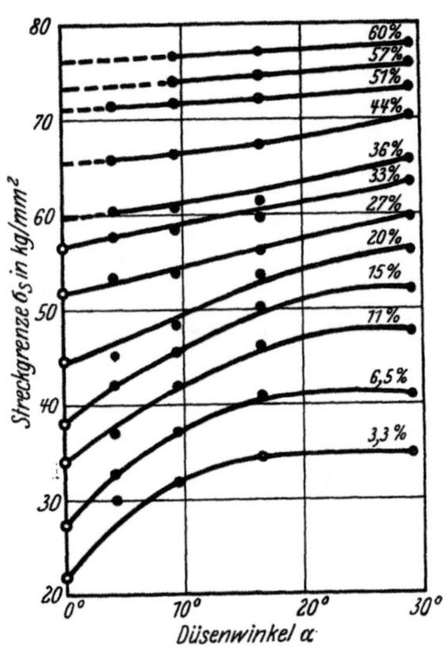

Abb. 10. Streckgrenzen gezogener Drähte in Abhängigkeit vom Düsenwinkel.

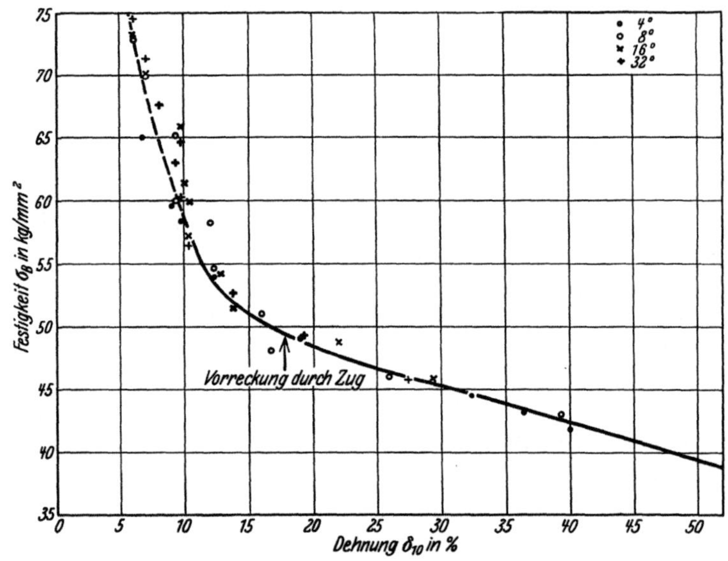

Abb. 11. Festigkeiten gezogener und durch Zug vorgereckter Drähte in Abhängigkeit von der Bruchdehnung.

b) Festigkeiten und Dehnungen gezogener Drähte.

Wir wollen uns nun die Frage vorlegen, ob die oben beschriebenen, je nach dem Düsenwinkel verschiedenen Eigenschaften der um gleichen Reckgrad gezogenen Drähte einfach als verschiedene Stufen eines gleichen Verfestigungsverlaufes aufgefaßt werden können. In diesem Falle hätten wir zu erwarten, daß ein durch eine steile Düse mit bestimmter Abnahme gezogener Draht in seinen Eigenschaften einem durch eine schlanke Düse aber mit höherer Abnahme gezogenen Draht entspricht. Es wäre weiterhin zu prüfen, ob sich ein solcher Zusammenhang auch auf den reinen Zugversuch erstreckt.

Um diese Frage zu prüfen, haben wir in Abb. 11 nach dem Vorgange von v. Moellendorff[11] die Festigkeit σ_B über der Dehnung δ_{10} aufgetragen. Für den Zugversuch berechnen sich Festigkeit σ_B und Dehnung δ_{10} eines um q bzw. $\delta = q/1 - q$ vorgedehnten Stabes aus den Werten des ausgeglühten Stabes σ_B^0 und δ_{10}^0 gemäß folgenden Gleichungen:

$$\delta_{10} = \frac{\delta_{10}^0 - \delta}{1 + \delta}\,, \qquad (2)$$

$$\sigma_B = \frac{\sigma_B^0}{1 - q}\,, \qquad (3)$$

[11] W. v. Moellendorff: Stangenmessing. Z. V. d. I. Bd. 55, S. 23—26. 1911.

also zweier willkürlich herausgegriffener technologischer Größen, einen solchen Schluß nicht mit voller Sicherheit zuläßt, so muß doch aus dem Fehlen jedes systematischen Ganges geschlossen werden, daß die ausgesprochene Behauptung wenigstens näherungsweise zutrifft. Die Verschiedenheit der verwendeten Winkel äußert sich also nicht im Gang der Verfestigung, sondern nur in bezug auf die Größe der Verfestigung. Der Verfestigungsgang ist dabei, soweit die Vergleichsmöglichkeit reicht, der gleiche wie beim Zugversuch.

c) Wirkliche und wirksame Querschnittsabnahme.

Wir haben danach festgestellt, daß alle gezogenen Drähte nach einem bestimmten Reckgrad die gleiche Kombination aus Festigkeit und Dehnung aufweisen, wie ein durch Zug vorgereckter Stab. Nunmehr wollen wir untersuchen, wie groß die zusätzliche Querschnittsabnahme ist, welche einen gedehnten Draht auf die gleiche Streckgrenze bringen würde, wie einen um die gleiche Querschnittsverminderung gezogenen. Die in Abb. 12 gebrachte Darstellung wird diese Frage beantworten. In diesem Bilde ist als Abszisse der tatsächliche Reckgrad und als Ordinate jener Reckgrad aufgetragen, welcher die durch das Ziehen erfolgte Verfestigung durch einen Zugversuch hervorrufen würde. Als Charakteristikum der Verfestigung ist hier der Verlauf der Streckgrenzen σ_S in Abb. 3 zugrunde gelegt. Die Abszisse eines Punktes in Abb. 12 ist die gleiche, wie in Abb. 3, doch ist als dazugehörige Ordinate derjenige Abszissenwert der Zugkurve in Abb. 3 eingetragen, der die gleiche Ordinate hat, wie die betr. Streckgrenze. Dieser auf der Ordinate aufgetragene Reckgrad möge als „wirksamer Reckgrad" q_w bezeichnet werden. Der Zugversuch ist in dieser Darstellung durch eine unter 45° geneigte Gerade gekennzeichnet. Diese Gerade ist oberhalb 30% Reckgrad gestrichelt fortgesetzt, da sie dort infolge Aufhörens der gleichmäßigen Dehnung nicht mehr dem wirklichen Zugversuch entspricht. Oben war jedoch in dem nicht mehr kontrollierbaren Bereich der höheren Abnahmen die verlängerte Zugkurve als unterer Grenzwert der Verfestigung gezogener Drähte konstruiert worden.

Auch aus Abb. 12 ersieht man, daß die gezogenen Drähte bestimmter Ziehreckung je nach der Steilheit der verwendeten Düse eine höhere Verfestigung aufweisen, als die um gleiche Zugreckung verfestigten Proben. Besonders klar erkennt man ferner, daß die Größtwerte der gegenüber dem Zugversuch auftretenden zusätzlichen Verfestigungen durchweg bei verhältnismäßig geringen Ziehgraden liegen, während die Kurven bei hohen Abnahmen sich immer mehr der Zuggeraden nähern.

Bemerkenswert ist auch die Tatsache, daß sich deutlich eine Verschiebung des Maximums der zusätzlichen Verfestigung von größeren Abnahmen bei steilen Winkeln, nach kleineren Abnahmen bei schlanken Winkeln zeigt.

Die Bedeutung der Abb. 12 liegt nun darin, daß sie uns einen zahlenmäßigen Anhalt für die Veränderung der Eigenschaften beim Ziehen unter Zugrundelegung des Zugversuchs als Vergleichsmaßstab liefert. Wir werden davon bei dem im zweiten Teil der Arbeit gebrachten Versuch, den Kraftbedarf beim Ziehen rechnerisch zu behandeln, weitgehend Gebrauch machen.

Die Abb. 12 über den Zusammenhang von tatsächlichem und wirksamem Reckgrad ist auf Grund des Verlaufes der Streckgrenzen σ_S in Abb. 3 konstruiert worden. Das Verfahren beruht, um es nochmals zu wiederholen, darauf, daß Ziehen einen Werkstoff in gleicher Weise, jedoch in stärkerem Maße verfestigt wie ein Zugversuch. Falls dieses im vollen Umfange zutrifft, müßte sich auch auf Grund einer anderen technologischen Eigenschaft z. B. der Festigkeit σ_B in Abb. 3 der gleiche Zusammenhang wie in Abb. 12 ergeben. Im großen ganzen ist dieses auch in der Tat der Fall. Jedoch geben die Festigkeiten etwas geringere Unterschiede zwischen wirksamer und tatsächlicher Verformung als die Streckgrenzen. Es zeigt dies, daß unsere Vorstellung von der gleichartigen Verfestigungswirkung von Ziehen und Zug einer, wenn auch geringen, Einschränkung bedarf.

d) Gleichmäßige Querschnittsabnahme und Einschnürung.

Schließlich haben wir uns zur Verdeutlichung der durch Ziehen bewirkten Eigenschaftsänderungen noch einer von Stribeck[12] stammenden Darstellung bedient. Bei dieser können auch die beiden technologischen Größen: Gleichmäßige Querschnittsabnahme q_g und Einschnürung ψ gut untereinander und mit denen gedehnter Drähte verglichen werden. Hierzu werden entsprechend Abb. 13 über der Ziehreckung die durch das Ziehen und daran anschließende Zerreißen insgesamt erreichten gleichmäßigen Querschnittsabnahmen und Einschnürungen aufgetragen. In beiden Fällen sind also die Querschnittsänderungen auf den Querschnitt des ausgeglühten Ausgangsdrahtes zu beziehen. Wir wollen diese Größen, um sie von den experimentell ermittelten und auf den Querschnitt der gezogenen Drähte bezogenen Werte q_g und ψ zu unterscheiden, als „Streckvermögen" s_g und „Bruchabnahme" ψ_B bezeichnen. Der Zusammenhang von s_g bzw. ψ_B mit q_g

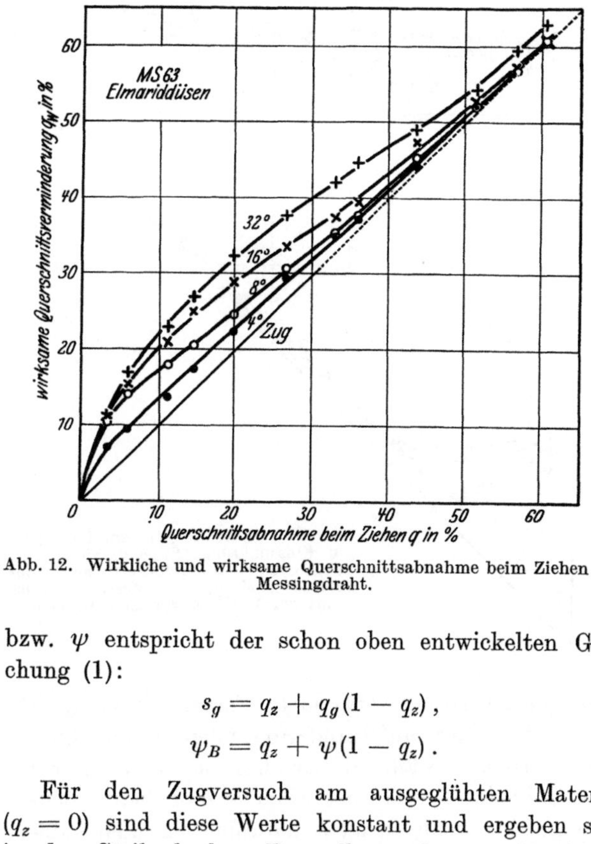

Abb. 12. Wirkliche und wirksame Querschnittsabnahme beim Ziehen von Messingdraht.

bzw. ψ entspricht der schon oben entwickelten Gleichung (1):

$$s_g = q_z + q_g(1 - q_z)\,, \tag{4}$$

$$\psi_B = q_z + \psi(1 - q_z)\,. \tag{5}$$

Für den Zugversuch am ausgeglühten Material ($q_z = 0$) sind diese Werte konstant und ergeben sich in der Stribeckschen Darstellung als zur Abszissenachse parallele Geraden. Diese Horizontalen können sich nur bis zu der unter 45° gezeichneten Geraden erstrecken, da dann die gleichmäßige Querschnittsabnahme bzw. die Einschnürung erschöpft sind, und die bei höheren Abnahmen durch das Ziehen erreichbaren Querschnitte unter die bei einem Zugversuch am Ausgangsmaterial erreichten heruntergehen.

Der Verlauf des Streckvermögens bei unseren Versuchen in Abb. 13 zeigt die uns schon bekannte Tatsache, daß das Streckvermögen bzw. die gleichmäßige Querschnittsabnahme um so stärker hinter der des Zugversuches zurückbleibt, je steiler der Düsenwinkel ist. Das Streckvermögen der gezogenen Drähte ist dem-

[12] R. Stribeck: Kaltbearbeitung und Zugversuch. Forsch.-Arb. V. d. I. Heft 85, S. 33—51. 1910 und Z. V. D. I. Bd. 53, S. 241—250. 1909.

entsprechend früher erschöpft als das des ausgeglühten Drahtes. Dies zeigt sich darin, daß sie schon nach entsprechend geringerer Ziehreckung sich der unter 45° gezogenen Linie anschmiegen. Diese Linie ist ja nach Gleichung (4) der geometrische Ort für die Werte, bei denen $q_g = 0$ und das Streckvermögen s_g gleich der Ziehreckung q_z ist.

Bezüglich des Streckvermögens kommen wir damit zu einem ganz ähnlichen Ergebnis wie Stribeck, obwohl dort andere Versuchsbedingungen vorlagen. Stribeck hat für das Ziehen seiner Drähte keine besonders

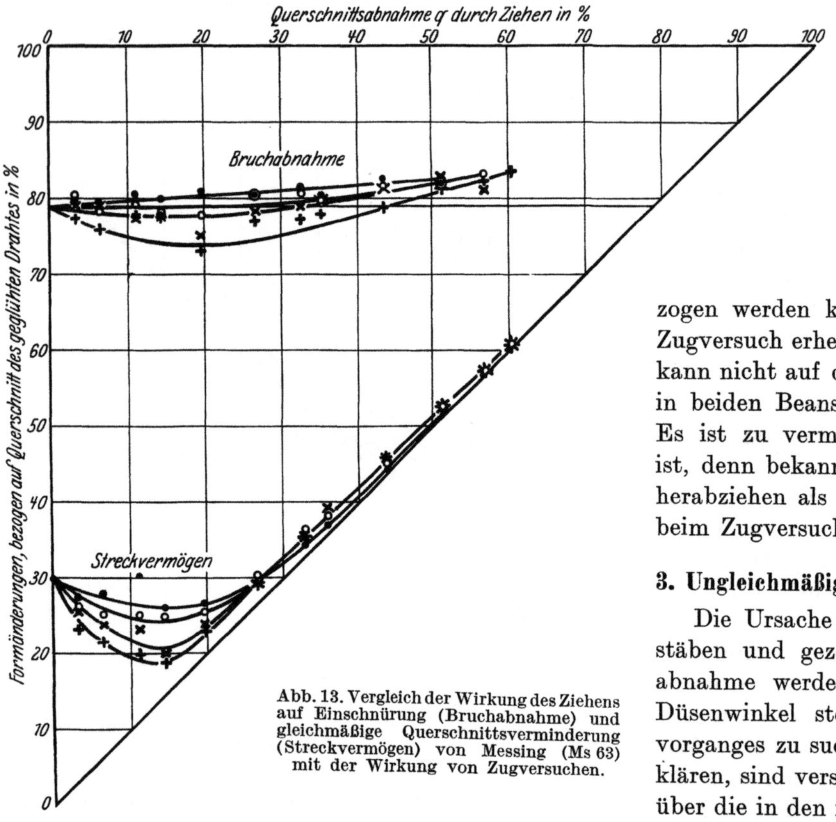

Abb. 13. Vergleich der Wirkung des Ziehens auf Einschnürung (Bruchabnahme) und gleichmäßige Querschnittsverminderung (Streckvermögen) von Messing (Ms 63) mit der Wirkung von Zugversuchen.

konstruierten Düsen verwendet. Ferner hat er die Abnahme in einer aufeinanderfolgenden Reihe kleiner Stiche erreicht, während wir dieselbe in einem Stich zogen. Beides dürfte aber grundsätzlich keine Bedeutung haben, wenn es auch natürlich auf den zahlenmäßigen Gang der Werte von Einfluß ist.

Der Verlauf der Bruchabnahmen in Abb. 13 führt dagegen zu einem neuartigen Ergebnis. Die Bruchabnahmen der durch die 4°-Düse gezogenen Proben steigen von vornherein über die der ausgeglühten Drähte. Und zwar ist es besonders wichtig, daß diese Zunahme schon im Gebiet der gleichmäßigen Dehnung festzustellen ist. Denn nach stärkeren Reckgraden ist ein unmittelbarer Vergleich zwischen Ziehen und Zug dadurch gestört, daß ein Zugstab sich im vorliegenden Falle bei etwa 30% Querschnittsabnahme einschnürt und daher bei höheren Querschnittsabnahmen andere Spannungsverhältnisse als ein entsprechend stark gezogener Draht aufweist. Bei steileren Düsen ist dagegen eine Erhöhung der Bruchabnahme im Gebiet gleichmäßiger Dehnung nicht festzustellen. Das hat seinen Grund darin, daß hier die Wirkung der zusätzlichen Verfestigung überwiegt, welche naturgemäß die Einschnürung herabsetzt. Die von Stribeck festgestellten Werte decken sich zunächst mit den Bruchabnahmen beim Zugversuch. Dies ist aber nach unseren Versuchen nur ein Zufall, welcher der vorhandenen Düsenprofilierung zuzuschreiben ist.

Wir finden danach also, daß nach dem Ziehen um einen gewissen Betrag die Einschnürung größer ausfallen kann, als nach der gleichen Vorreckung durch Zug, obwohl die Verfestigung beim Ziehen stärker ist als beim Dehnen. Würden wir, wie oben entwickelt, gleiche wirksame Reckungen zugrunde legen, so würde sich noch klarer ergeben, daß die Einschnürung des gezogenen Drahtes gegenüber der des gedehnten erhöht ist. Der Ziehvorgang hat also in dieser Beziehung eine Verbesserung des Materials zur Folge. Hieraus erklärt es sich auch, daß gewisse Materialien ohne Zwischenglühung um Querschnittsabnahmen herabgezogen werden können, welche die Einschnürung beim Zugversuch erheblich überschreiten. Dieser Unterschied kann nicht auf die verschiedenen Spannungsverhältnisse in beiden Beanspruchungsfällen zurückgeführt werden. Es ist zu vermuten, daß er vom Werkstoff abhängig ist, denn bekanntlich läßt sich z. B. Kupfer viel weiter herabziehen als Messing, trotz geringerer Einschnürung beim Zugversuch.

3. Ungleichmäßigkeit der Festigkeit über den Querschnitt.

Die Ursache der Eigenschaftsunterschiede von Zugstäben und gezogenen Drähten gleicher Querschnittsabnahme werden wir in einer mit dem verwendeten Düsenwinkel steigenden Ungleichmäßigkeit des Ziehvorganges zu suchen haben. Um diese Frage genauer zu klären, sind verschiedene Versuche durchgeführt worden, über die in den folgenden Abschnitten berichtet wird.

Die Frage nach etwaigen Unterschieden in den Festigkeitseigenschaften verschiedener Zonen eines gezogenen Drahtes ist mehrfach aufgeworfen worden, ohne daß jedoch bisher eine einheitliche Antwort vorliegt. Während Müller[13] die Ansicht vertritt, daß die Festigkeit der Außenhaut praktisch nicht von der der Kernzone abweicht, wird anderseits von Weiß[14,15] sowie von Schmid und Wassermann[16] festgestellt, daß je nach den Ziehbedingungen die Außenhaut härter oder weicher als der Kern sein kann.

Die Klärung dieser Frage hat insofern eine praktische Bedeutung als hartgezogene Stangen und Drähte beim Zugversuch im nicht abgedrehten Zustande zu

[13] W. Müller: Kupfer und Bronze. Forsch.-Arb. V. d. I. Heft 211. 1918.

[14] L. Weiss: Der Kaltwalz- und Ziehvorgang und sein Leistungsverbrauch. Z. Metallkunde Bd. 14, S. 160—172. 1922.

[15] L. Weiss: Die Entstehung und Folgen von Spannungsunterschieden in den Querschnitten kaltgezogener Kupferstangen. Z. Metallkunde Bd. 20, S. 118—121. 1928.

[16] E. Schmid und G. Wassermann: Über die Unterschiede von Kern- und Mantelzonen gezogener Drähte. Z. Phys. Bd. 42, S. 774—794. 1927; Z. Metallkunde Bd. 19, S. 325—327. 1927.

Brüchen in den Einspannungen neigen und infolgedessen zweifelhafte Ergebnisse liefern. Für genauere Untersuchungen pflegt man daher oft durch Abdrehen des Mittelteiles der gezogenen Proben Zerreißstäbe mit verstärktem Kopf zu verwenden.

a) Festigkeiten abgedrehter Drahtproben.

Im Rahmen der vorliegenden Arbeit wurden zur Prüfung der Festigkeitsverteilung über den Querschnitt aus einer Anzahl verschieden behandelter Drähte durch sorgfältiges Abdrehen kleine Probestäbe verschiedener Durchmesser angefertigt. Je nach dem Durchmesser hatten die Proben eine freie Länge von 15 bis 20 mm. Von den Proben wurden nur die Zugfestigkeiten bestimmt.

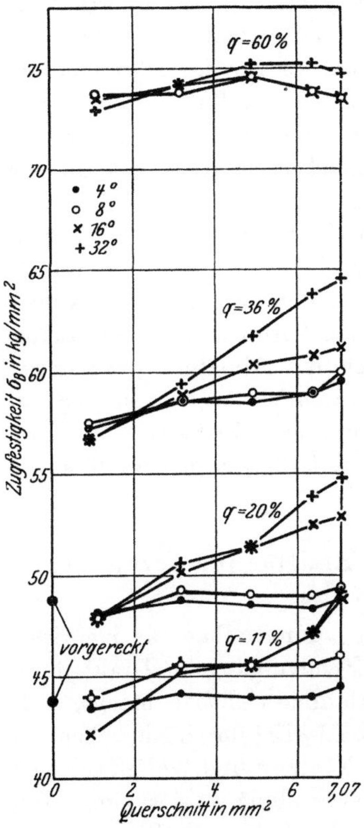

Abb. 14. Festigkeiten abgedrehter Drahtproben von Messing (Ms 63).

Die Ergebnisse einiger Versuche sind in Abb. 14 wiedergegeben. Da die Effekte gering sind, machen sich die kleinen unvermeidlichen Streuungen in der Festigkeit, die maximal nur $\pm 2\%$ betragen, stark bemerkbar. Aus Abb. 14 geht nichtsdestoweniger hervor, daß in der Regel durch das Abdrehen der Drähte die Festigkeit sinkt. Die Außenhaut der in einem Stich aus dem ausgeglühten Zustand in Laboratoriumsversuchen gezogenen Proben ist also fester als der Kern. Und zwar ist dieses um so stärker der Fall, je steiler der Düsenwinkel ist. Bei dem kleinsten Düsenwinkel von 4° ist innerhalb der Streuung ein Effekt kaum zu erkennen. Mit der Stichgröße steigt der Effekt zunächst an und erreicht bei der 32°-Düse und etwa 10 bis 15% Abnahme mit rund 10% Festigkeitsabfall einen Höchstwert, um nach höheren Abnahmen hin wieder schnell abzufallen. Nach sehr starkem Abdrehen nähern sich die Festigkeiten bei den beiden kleinsten Reckgraden und allen Düsenwinkeln Grenzwerten, welche den Festigkeiten eines um die gleichen Reckungen durch Zug verfestigten Drahtes entsprechen. Wir werden danach annehmen können, daß die inneren Fasern des gezogenen Drahtes in ähnlich gleichmäßiger Weise verformt werden wie bei reiner Zugbeanspruchung. Bei den Drähten großer Ziehstiche zeigt sich allerdings eigentümlicherweise, daß die Festigkeiten stark abgedrehter Proben um so tiefer liegen, je steiler der Ziehwinkel ist. Allerdings ist diese Abweichung so gering, daß sie noch einer genaueren Bestätigung bedarf.

Mit Hilfe des oben beschriebenen Verfahrens erhält man also die mittlere Festigkeit über den gesamten Querschnitt der abgedrehten Proben. Bei sehr kleinen Querschnitten ergibt sich somit auch angenähert die wirkliche Festigkeit des Kernmaterials. Die Festigkeit der Außenhaut läßt sich hier dagegen nicht unmittelbar feststellen, da es unmöglich ist, bei den dünnen Drähten bestimmte Zonen freizulegen. Man kann aber indirekt aus den Höchstlasten der abgedrehten Proben auch die Festigkeit der Außenhaut σ_B^a folgendermaßen bestimmen: Die Höchstlast P einer Probe vom Querschnitt f ergibt sich aus den wahren Festigkeiten σ_B der Querschnittszonen 0 bis f zu:

$$P = \int_0^f \sigma_B \cdot df\,. \tag{6}$$

Die Ableitung ergibt somit die gesuchte Festigkeit an jeder Stelle von f:

$$\sigma_B = \frac{dP}{df}\,, \tag{7}$$

also auch an der Außenhaut:

$$\sigma_B^a = \left(\frac{dP}{df}\right)_a.$$

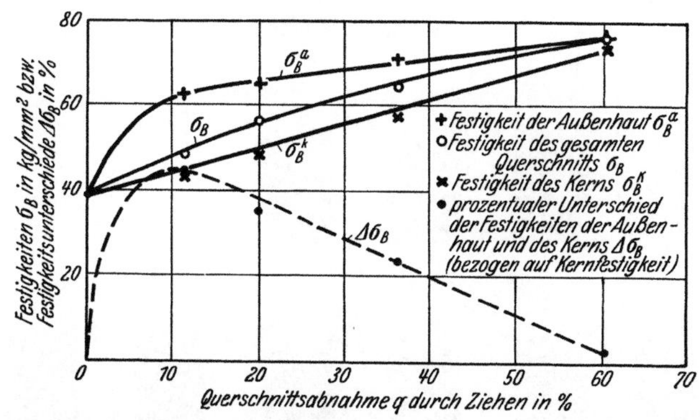

Abb. 15. Gesamtfestigkeiten, Festigkeiten des Kerns und der Außenhaut gezogener Drähte in Abhängigkeit von der Querschnittsabnahme.

Bestimmt man danach etwa graphisch aus dem Verlaufe der Ausgleichskurven der Höchstlasten P über dem Querschnitt f die Ableitung an der Außenhaut $f = 7{,}07$ mm², so erhält man die gesuchte Festigkeit der Außenhaut. Auf diese Weise ist die Festigkeit der Außenhaut bei einigen Proben bestimmt worden.

In Abb. 15 sind für die 32°-Düse über dem Ziehgrad die Festigkeiten der unabgedrehten Probe, der Kernzone und der Außenhaut, sowie darunter der prozentuale Unterschied zwischen den Festigkeiten von Außenhaut und Kern (auf Kern bezogen) aufgetragen. Es zeigt sich, daß die zusätzliche Verfestigung der Außenhaut bei kleinen Reckgraden einen Höchstwert von fast 50% erreicht und darüber hinaus wieder fast bis auf Null abnimmt. Mit Abnahme des Düsenwinkels nehmen auch diese Werte ab, zeigen aber grundsätzlich den gleichen Verlauf, soweit es die wegen der Differentiation geringe Genauigkeit des angewandten Verfahrens (rund $\pm 10\%$) erkennen läßt.

b) Gefügeuntersuchung durch Röntgenaufnahmen.

Es liegt zunächst nahe, als Ursache für die Unterschiede der Festigkeiten in verschiedenen Querschnittszonen gezogener Drähte Gefügeunterschiede anzunehmen.

So führen Schmid und Wassermann[16] ihren Befund, daß die Festigkeiten abgedrehter Stäbe größer als die der unabgedrehten ausfielen, auf röntgenographisch festgestellte Verschiedenheiten der Kristallagerung in den betreffenden Zonen des Drahtes zurück. Unsere Festigkeitsbestimmungen stehen jedoch mit denen von Schmid und Wassermann in Widerspruch. Es ergibt sich bei unseren, unter streng kontrollierbaren Bedingungen vorgenommenen Versuchen in keinem Falle eine Andeutung dafür, daß die Außenschicht bei einem ungestörten Ziehvorgang weicher als der Kern werden kann. Vielleicht ist die Ursache dieses Widerspruches in den abweichenden Ziehbedingungen zu suchen. Es ist nämlich durchaus denkbar, daß bei Drähten, die im praktischen Betriebe gezogen sind, die Oberfläche sich beim Ziehen bis in das Gebiet der Entfestigung erwärmt, während bei den langsamen Laboratoriumsversuchen nur eine sehr geringe Erwärmung eintritt.

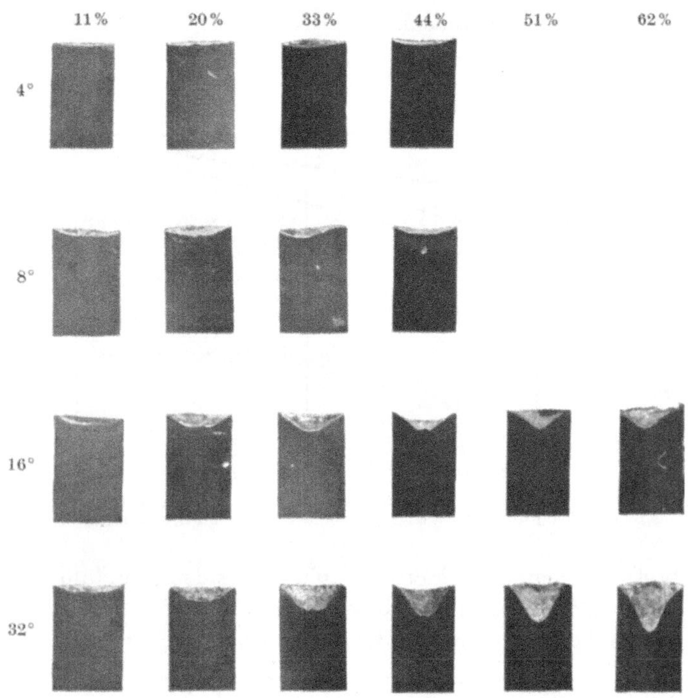

Abb. 16. Verwerfung der Endflächen gezogener Drähte. (2mal vergrößert.)

Wir haben ferner noch einige Röntgenaufnahmen von verschieden stark abgedrehten Drahtproben hergestellt, um die Kristallagerung innerhalb des Drahtes festzustellen. Da wir jedoch bei unseren, in einem Stich gezogenen Drähten günstigstenfalls nur bis zu Abnahmen von etwa 60% gekommen sind, ist in den Röntgenbildern erst das Anfangsstadium der Kristallgleichrichtung, der „Ziehtextur“, zu erkennen. Die kennzeichnende Aufteilung der Interferenzkreise in Flecken war in allen untersuchten Fällen noch sehr unvollkommen. Im ganzen haben wir die Beobachtung von Schmid und Wassermann bestätigen können, daß im Kern die Ziehtextur besser ausgeprägt ist als in den Außenschichten. Dagegen haben wir nur sehr geringe Verdrehungen der Kristalle im Sinne einer Parallellagerung zur Düsenwandung feststellen können. Diese äußern sich in einer Unsymmetrie der Röntgenaufnahmen. Ein Einfluß des Düsenwinkels war überhaupt nicht festzustellen. Dagegen war die Unsymmetrie der Röntgenaufnahmen bei den durch Stahldüsen gezogenen Drähten offensichtlich stärker als bei den durch Elmariddüsen gezogenen. Sie entsprach bei Stahldüsen Drehungen der Kristalle um schätzungsweise 5°, bei Elmariddüsen um nur 2°. Danach dürfte diese Drehung der Kristalle weniger auf die Richtung des Materialflusses entsprechend der Neigung der Düsenwandung als auf die Wirkung der Reibungskräfte an der Drahtoberfläche zurückzuführen sein. Diese sind nämlich, wie im zweiten Teil der Arbeit noch gezeigt werden wird, bei Stahldüsen erheblich größer als bei Elmariddüsen.

Es ist demnach nicht möglich, Gefügeunterschiede für die Unterschiede der Festigkeitseigenschaften in verschiedenen Zonen des Drahtes verantwortlich zu machen. Es zeigt sich vielmehr, daß das Gefüge von Faktoren abhängt, die, wie es für das Düsenmaterial in Abschn. A 1 gezeigt ist, ohne Einfluß auf die Eigenschaften sind. Umgekehrt sind die Eigenschaften in erster Linie vom Düsenwinkel abhängig, der kaum von Einfluß auf das Gefüge ist.

Alle unsere Ergebnisse führen danach zwanglos zu der von vornherein wahrscheinlichen Erklärung, daß für die Unterschiede der Festigkeiten von Kern und Außenhaut des Drahtes zusätzliche Verformungen der Außenhaut gegenüber der durch die Abnahme geometrisch gegebenen Reckung verantwortlich zu machen sind. Je nach dem Düsenwinkel und dem Ziehgrad fällt diese Ungleichmäßigkeit des Materialflusses in der Düse verschieden aus.

c) Verwerfung der Endflächen gezogener Drähte.

Diese Tatsache kann unmittelbar nachgewiesen werden, indem man den Fließvorgang im Draht durch irgendein besonderes Verfahren sichtbar macht, z. B. nach dem Vorgange von Ludwik[4] durch Einziehen von Bolzen, oder nach Weiß, Nielsen und Gelbhaar[17] sowie Zagorski[18] durch Verwendung zweier gemeinsam gezogener Drahthälften, auf welche ein Netzwerk aufgeritzt wird. Es genügt auch schon, die Endflächen der gezogenen Drähte zu betrachten. Wir erfassen damit zwar nicht die stationären Verhältnisse im Draht, doch sind, wie schon aus den älteren Beobachtungen hervorgeht, die Unterschiede zwischen den Querschnittsverwerfungen am Ende und an anderen Stellen des Drahtes gering. Bei den vorliegenden Versuchen wurde die Verwerfung der Endflächen dadurch anschaulich gemacht, daß die Drähte vor dem Ziehen an den Enden plan abgedreht und nach dem Versuch bis zur Mitte abgeschliffen wurden. Abb. 16 zeigt eine Auswahl dieser Proben. Es geht daraus hervor, daß die Drahtquerschnitte in um so stärkerem Maße verworfen werden, je steiler die Düsen und je größer die Abnahmen sind. Wir erkennen dies auch aus Abb. 17, in welcher die Tiefe des Hohlraumes an den Enden über der Querschnittsabnahme dargestellt ist. In Abb. 18 ist ferner noch die Tiefe über

[17] L. Weiss: Leistungsberechnung des Walzvorganges. Z. Metallkunde Bd. 17, S. 229—232. 1925.

[18] J. Zagorski: Das Hartziehen von Kupferprofil- und Runddrähten auf Mehrfachziehmaschinen. Diss., T. H. Berlin 1929.

dem Düsenwinkel aufgetragen. Die Querschnittsverwerfung nimmt danach mit dem Düsenwinkel und der Querschnittsabnahme stark zu. Jedoch ersieht man, daß die Zunahme der Trichtertiefe am stärksten bei kleinen Abnahmen ist, dagegen bei großen Abnahmen erheblich langsamer vor sich geht.

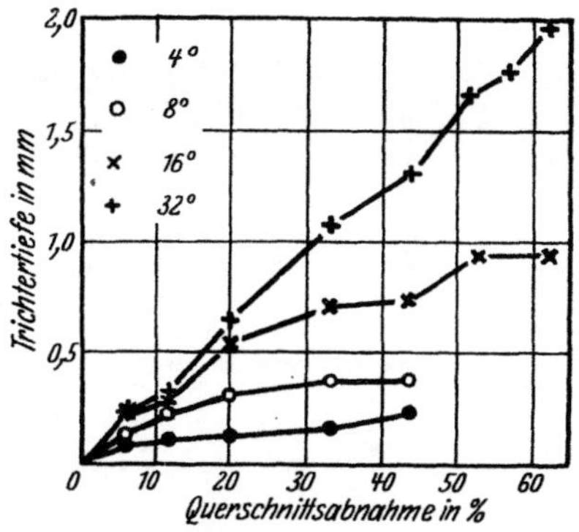

Abb. 17. Trichtertiefe der Endflächen in Abhängigkeit von der Querschnittsabnahme.

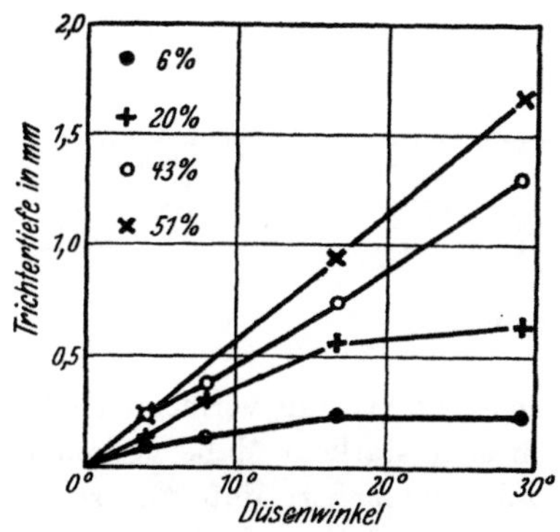

Abb. 18. Trichtertiefe in Abhängigkeit vom Düsenwinkel.

4. Reckspannungen.

Eine weitere, allgemein bekannte und viel untersuchte Erscheinung, welche als Folge des ungleichmäßigen Materialflusses auftritt, ist das Zurückbleiben von inneren Spannungen, der sog. „Reckspannungen". Über den Einfluß der Werkzeugform auf innere Spannungen von Drähten liegen jedoch bisher keine Untersuchungen vor. Nur Versuche von Grimston[19] an gezogenen Hohlkörpern und von Fox[20] an Rohren lassen erkennen, daß die Größe und Verteilung von Reckspannungen entsprechend der Werkzeuggestaltung verschieden ausfällt. Über die Abhängigkeit vom Ziehgrad erwähnen Geiß und van Liempt[21], daß die Aufreißgefahr von gezogenem Messing bei rund 20% Reckgrad am größten ist. Köster[22] machte die gleichartige Beobachtung bei gepreßten Messingstangen. Ebenfalls bei mittleren Reckgraden fand Masing[23] die größte Aufreißgefahr an gewalztem Blech. Er schließt jedoch aus seinen Versuchen, daß die stärkste Aufreißgefahr nicht mit dem Höchstwert der vorhandenen inneren Spannungen zusammenfällt. Diese nehmen nach Masing vielmehr mit dem Reckgrad ständig zu, erreichen aber bei hohen Reckgraden nicht mehr die zum Aufreißen erforderlichen Beträge. Demgegenüber stellen Dawidenkow[24] und Bugakow fest, daß auch die Spannungen von gewalztem Messingblech bei mittleren Reckgraden durch einen Höchstwert gehen.

a) Bestimmung des Anteils der Längsspannungen an den Reckspannungen.

Der quantitative Nachweis innerer Spannungen hat so zu erfolgen, daß man von den mit Spannungen behafteten Körpern einen Teil abtrennt. Der Körper erleidet dann infolge seines Spannungsgehaltes elastische Formänderungen, welche je nach dem verwendeten Verfahren einen mehr oder weniger genauen Rückschluß auf die Größe und Verteilung der vorhandenen Reckspannungen zulassen.

Bei den dünnen Drähten von 3 mm Durchmesser, die hier vorlagen, war eine genaue Spannungsermittlung unmöglich. Jedoch haben wir uns über die Größe der

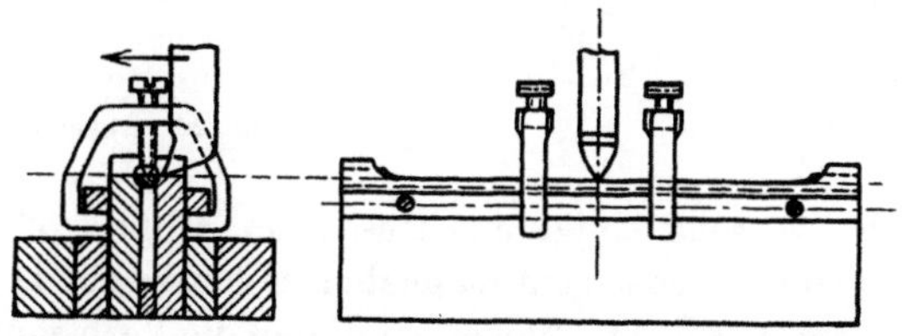

Abb. 19. Vorrichtung für das Abhobeln der Drähte.

vorhandenen Längsspannungen überschläglich dadurch einen Einblick verschaffen können, daß wir Proben von rund 120 mm Länge mit Hilfe einer einfachen Vorrichtung, Abb. 19, über etwas mehr als 100 mm Länge möglichst genau zur Hälfte abhobelten. Bei dieser Vorrichtung dienten zwei kleine verstellbare Reiter dazu, den Draht während des Abhobelns in seiner Lage zu halten, da er bestrebt war, nach Abtrennung der oberen Hälfte nach oben auszubiegen. Nach dem Abhobeln und Entfernen aus der Vorrichtung waren die Drahthälften, die Abb. 20 zeigt, mehr oder weniger stark nach außen verkrümmt. Zur Feststellung der Verkrümmungen diente die in Abb. 21 skizzierte Vorrichtung, die im wesentlichen aus einer Auflageplatte von genau 100 mm Länge besteht. Der Biegepfeil wurde mittels eines Reichertschen Meßmikroskopes ausgemessen*.

Da bei den vorliegenden dünnen Drahtproben ein Ausbohren bzw. genaues Abdrehen nicht möglich ist,

[19] F. S. Grimston: Season-cracking of small-arms cartridge cases during manufature. J. Inst. Met. Bd. 39, S. 255—277. 1928.

[20] J. Fox: The measurement of initial stresses in hard-drawn tubes. Engg. Bd. 129, S. 65—67. 1930.

[21] W. Geiß und J. A. M. van Liempt: Zur Deutung der Kaltbearbeitung auf Grund elektrischer Messungen. Z. anorg. Chem. Bd. 133, S. 107—112. 1924.

[22] W. Köster: Das technologische Verhalten gepreßter Messingstangen. Z. anorg. Chem. Bd. 154, S. 197—208. 1926.

[23] G. Masing: Das Aufreißen von Messing durch innere Spannungen. Z. Metallkunde Bd. 16, S. 257—264, 301—308. 1924.

[24] N. Dawidenkow und W. Bugakow: Einfluß des Walzgrades auf die Eigenschaften von α-Messing. Metallwirtsch. Bd. 10, S. 1—6. 1931.

* Der Fa. C. Reichert, Wien, danken wir für die Unterstützung unserer Versuche durch Überlassung eines Meßmikroskopes.

gibt es kein Verfahren, einen Aufschluß über die außer den Längsspannungen noch vorhandenen Querspannungen zu erhalten.

Einzelmessungen in sehr weiten Grenzen schwanken. Diese Schwankungen dürften darin begründet sein, daß kleine nachträgliche Verformungen, die sich bei

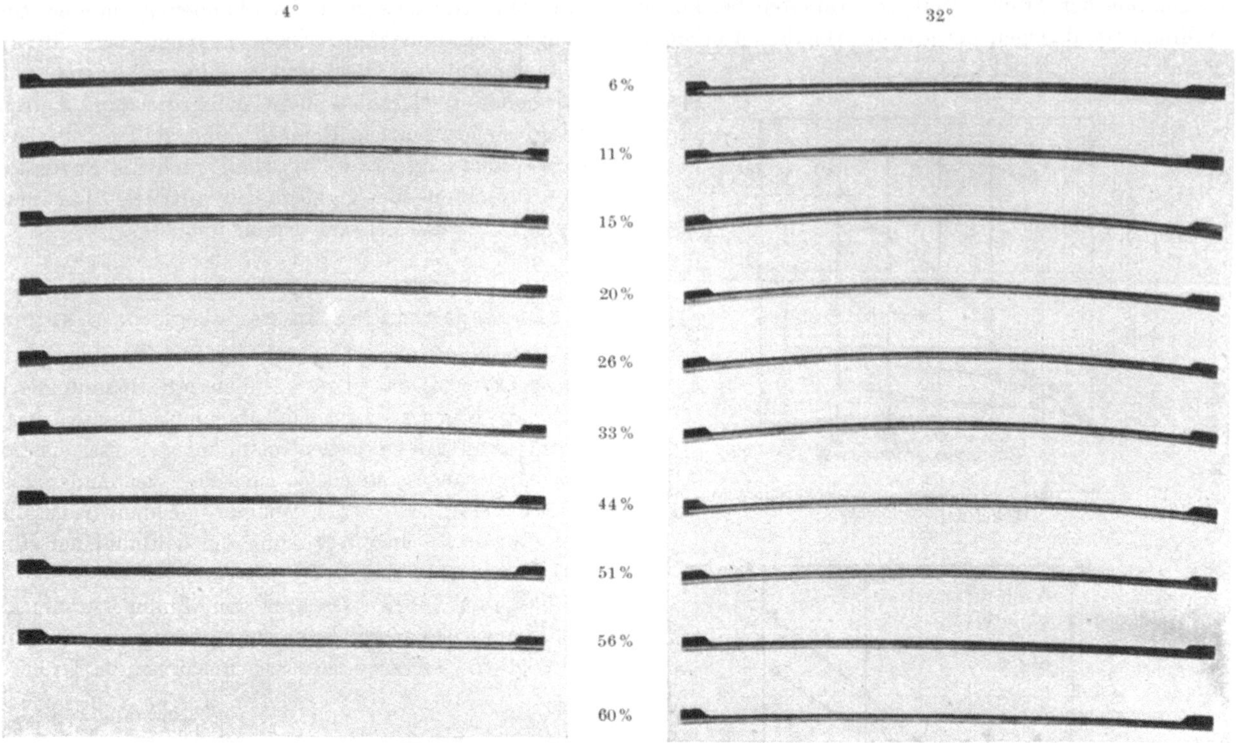

Abb. 20. Abgehobelte Drahtproben. (6/10 nat. Größe.)

Abb. 20 zeigt einige mit Düsen von 4° und 32° um verschiedene Querschnittsabnahmen gezogene Drähte nach dem Abhobeln. Man erkennt, daß die Verbiegungen bei der 32°-Düse wesentlich stärker sind als bei der 4°-Düse und daß sie in jedem Falle bei mittleren Querschnittsabnahmen am größten sind. Tafel 4 und Abb. 22 bringen das Gesamtergebnis der Ausmessung. Jeder Wert mußte dabei als Mittel aus einer größeren Zahl von Proben (3 bis 5) gebildet werden, da gleichartige

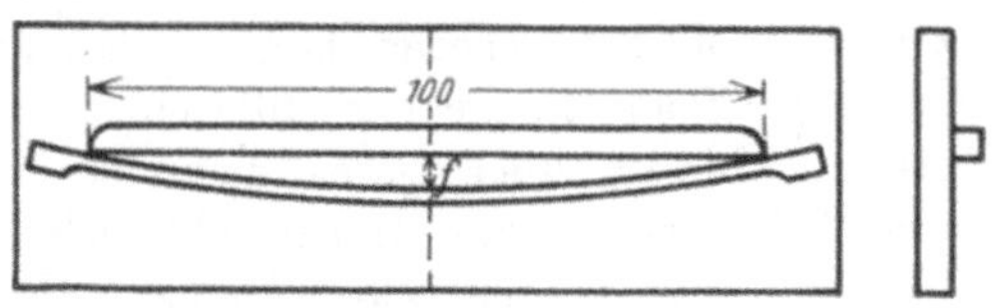

Abb. 21. Vorrichtung zur Messung der Durchbiegung abgehobelter Drahtproben.

Tafel 4. Biegungspfeil (Ausbiegung auf 100 mm Länge) der abgehobelten Drahtproben.

Querschnitts-abnahme q %	Biegungspfeil f 4° mm	8° mm	16° mm	32° mm
6,4	0,73	1,04	1,62	0,97
11,1	0,92	1,30	—	1,89
14,6	1,06	2,03	1,68	2,62
19,9	0,83	2,21	—	—
26,6	1,00	1,97	1,92	2,45
32,8	1,05	2,14	1,78	—
35,8	0,96	1,75	—	—
43,6	0,60	1,29	1,50	1,87
51,3	0,14	0,75	1,06	1,48
56,8	—	—	0,88	—
58,7	—	0,41	0,54	0,64

unseren Versuchen nicht völlig vermeiden ließen, die Reckspannungen in sehr starkem Maße verändern können[25].

Abb. 22 zeigt zunächst, daß um so größere Verkrümmungen entstanden und damit um so stärkere Längsspannungen zurückgeblieben sind, je steiler der

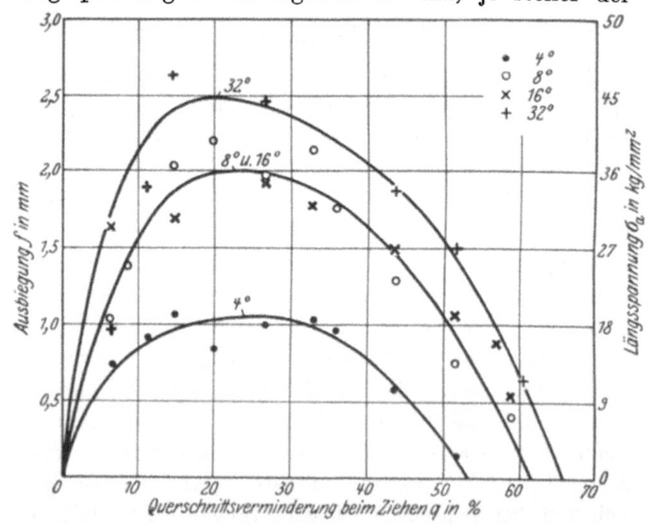

Abb. 22. Ausbiegung der abgehobelten Drahtproben und Größe der Längsspannungen in den Randfasern in Abhängigkeit von der Querschnittsverminderung beim Ziehen.

Düsenwinkel ist. Ferner ergibt sich, daß die Längsspannungen zunächst mit dem Reckgrad sehr stark ansteigen, bei rund 20% einen Höchstwert erreichen und dann abfallen, und zwar so weit, daß sie bei den höchst erreichbaren Abnahmen schon wieder fast Null sind.

[25] G. Sachs: Innere Spannungen in Metallen. Z. V. d. I. Bd. 71, S. 1511—1516. 1927.

Letzteres ist auffällig und erklärt sich wohl aus der Beobachtung, daß die Drähte hohen Ziehgrades beim Ziehen so starken Zugkräften ausgesetzt sind, daß sie nach dem Herauskommen aus der Düse um einen kleinen Betrag nachdehnen. Eine solche Längsverformung hat aber, wie von Sachs[25] nachgewiesen wurde, eine Verminderung der Längsspannungen zur Folge.

Die wirkliche Größe der Längsspannungen σ über dem Querschnitt des gezogenen Drahtes läßt sich aus den Verkrümmungen der abgehobelten Proben allein nicht berechnen. Die Feststellung des vollständigen Spannungszustandes in einem zylindrischen Gegenstand ist sehr verwickelt[26] und für einen dünnen Draht praktisch nicht möglich. Immerhin geben die Verkrümmungen einen gewissen Anhalt für die Größe der Längsspannungen, da sie vor allem von diesen hervorgerufen werden. Vernachlässigt man aber die zusätzliche Wirkung der Querspannungen, so kann dies zu einer Unterschätzung der Längsspannungen um etwa 30% führen[23]. Ferner brauchen wir noch eine Annahme über die Spannungsverteilung. Wir werden uns dazu der einfachsten bedienen, daß nämlich die Spannungen, wie in Abb. 23 angedeutet, über den Querschnitt sich linear mit dem Radius r ändern:

$$\sigma = \sigma_a - k \cdot r\,, \tag{8}$$

worin σ_a die gesuchte Zugspannung an der Außenhaut ($r = r_a$) und k eine Konstante ist.

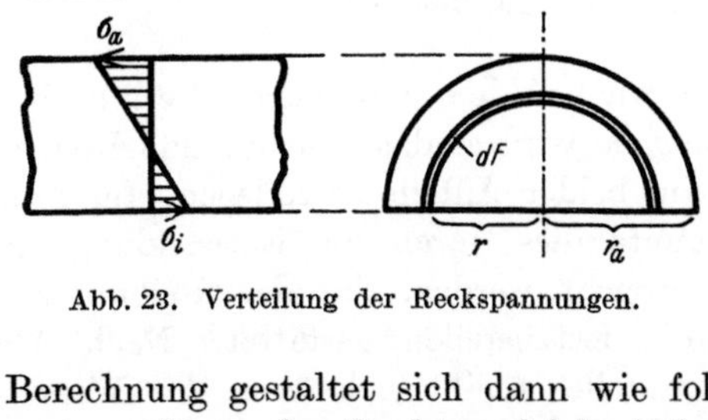

Abb. 23. Verteilung der Reckspannungen.

Die Berechnung gestaltet sich dann wie folgt: Da die Spannungen längs des Drahtes gleich sind, muß er sich beim Abhobeln nach einem Kreisbogen vom Radius ϱ verkrümmen. Nach Abb. 24 ist:

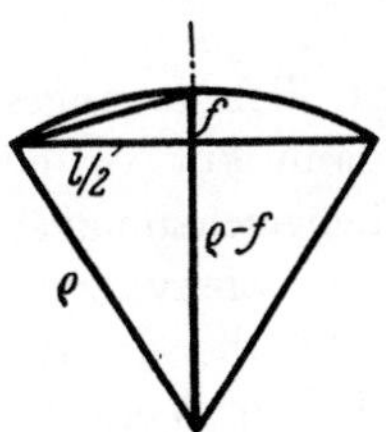

Abb. 24. Zusammenhang zwischen Biegungspfeil und Krümmungsradius.

$$(\varrho - f)^2 + \left(\frac{l}{2}\right)^2 = \varrho^2\,,$$

$$\varrho^2 - 2\varrho f + f^2 + \frac{l^2}{4} = \varrho^2\,.$$

Da der Biegungspfeil f mit maximal 3 mm klein gegenüber ϱ ist, wird mit genügender Annäherung:

$$\frac{l^2}{4} = f(2\varrho - f) \cong 2\varrho f\,,$$

$$\varrho \cong \frac{l^2}{8f}\,. \tag{9}$$

Nach der Grundgleichung der Biegungstheorie ergibt sich hieraus das zum Biegen notwendige Moment:

$$M = \frac{E \cdot J}{\varrho} = \frac{8 \cdot E \cdot J}{l^2} \cdot f\,, \tag{10}$$

worin E der Elastizitätsmodul des Werkstoffes und J das äquatoriale Trägheitsmoment des Querschnittes ist. Die Durchbiegung der Proben ist nun dadurch entstanden, daß infolge des Abhobelns ein Moment ausgelöst wurde. Dieses gesuchte Moment $-M$ der Spannungen σ in bezug auf die Biegungsnullebene 0—0, Abb. 25, berechnet sich unter Zugrundelegung der Spannungsgleichung (8) zu:

$$-M = \int \sigma \cdot dF \cdot r \cdot \sin\varphi = \int_{r=0}^{r=r_a} \sigma \cdot r^2 \cdot dr \cdot \int_{\varphi=0}^{\varphi=180^\circ} \sin\varphi \cdot d\varphi$$

$$= 2\int_{r=0}^{r=r_a} (\sigma_a - k \cdot r) \cdot r^2 \cdot dr$$

$$= 2\left[\sigma_a \cdot \frac{r_a^3}{3} - k \cdot \frac{r_a^4}{4}\right]. \tag{11}$$

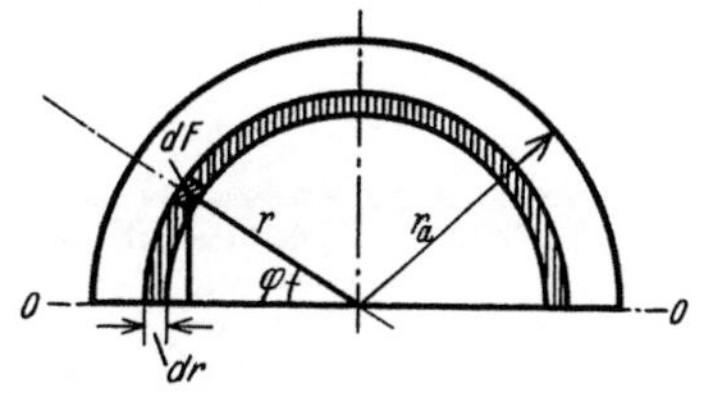

Abb. 25. Zur Berechnung des Spannungsmomentes.

Die Gleichgewichtsbedingung der Spannungen im unverletzten Draht liefert uns die letzte noch erforderliche Bestimmungsgleichung:

$$2\pi \int_{r=0}^{r=r_a} (\sigma_a - k \cdot r) \cdot r \cdot dr = 0\,, \tag{12}$$

$$\frac{\sigma_a \cdot r_a^2}{2} - \frac{k \cdot r_a^3}{3} = 0\,.$$

Damit wird:

$$k = \frac{3}{2} \cdot \frac{\sigma_a}{r_a}\,. \tag{13}$$

Die Gleichung (11) lautet nun:

$$-M = 2\left[\sigma_a \cdot \frac{r_a^3}{3} - \frac{3}{2} \cdot \frac{\sigma_a \cdot r_a^3}{4}\right] = -\frac{1}{12}\sigma_a \cdot r_a^3\,,$$

$$\sigma_a = \frac{12M}{r_a^3}\,. \tag{14}$$

Und wir erhalten schließlich durch Einsetzen der Gleichung (10) die gesuchte Beziehung zwischen σ_a und f:

$$\boldsymbol{\sigma_a = \frac{96 \cdot E \cdot J}{l^2 \cdot r_a^3} \cdot f.} \tag{15}$$

Setzen wir noch $E = 11\,500\,\text{kg/mm}^2$ und $J = r_a^4\left(\frac{\pi}{8} - \frac{8}{9\pi}\right)$, so erhalten wir:

$$\sigma_a(\text{in kg/mm}^2) \cong 18 \cdot f(\text{in mm})\,.$$

Man erkennt aus vorstehender Gleichung, daß die Längsspannungen den Durchbiegungen annähernd proportional sind. Es genügt also, in Abb. 22 einen zweiten Ordinatenmaßstab, welcher den Längsspannungen entspricht, einzuführen. Abb. 22 zeigt rechts diesen Maßstab.

Vorstehende Rechnung gilt für den halbkreisförmigen Querschnitt. Es war jedoch infolge des Ausfederns und der schwierigen Aufspannung nicht durchweg möglich, die Proben genau auf den halben Drahtquerschnitt abzuhobeln. Der Einfluß dieser Abweichungen ist schwierig zu übersehen. Er wurde daher vernachlässigt, jedoch wurden die in Tafel 4 und Abb. 22 eingetragenen Werte nur aus solchen Proben bestimmt, die eine geringere Dickenabweichung als $\pm$ 0,1 mm von der halben Drahtstärke 1,5 mm aufwiesen.

[26] G. Sachs: Der Nachweis innerer Spannungen in Stangen und Rohren. Z. Metallkunde Bd. 19, S. 352—357. 1927.

b) Nachweis der Reckspannungen durch die Quecksilberprobe.

Ein qualitativer Nachweis von Reckspannungen in Kupferlegierungen kann auch bekanntlich mit der Quecksilberprobe vorgenommen werden. Wir haben

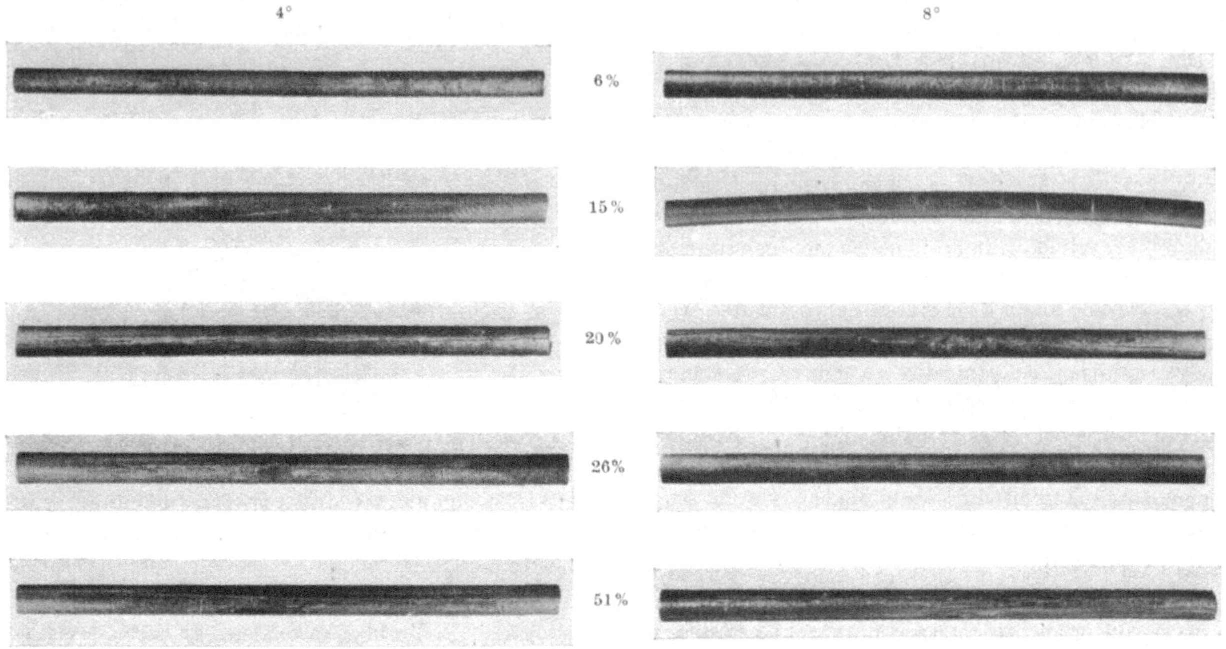

Abb. 26. Bei der Quecksilberprobe aufgerissene Drähte. ($^8/_{10}$ nat. Größe.)

uns dieses Verfahrens bedient, indem wir kurze Drahtproben in eine 1proz. Sublimatlösung eingetaucht haben, wobei sie durchweg mit Ausnahme der mit der 4°-Düse am schwächsten gezogenen Probe nach sehr kurzer Zeit aufrissen. Auf eine genaue Feststellung der Aufreißzeiten wurde verzichtet, da die Risse unter der niedergeschlagenen Quecksilberschicht meist erst nach Abätzen mit konz. Salpetersäure erkennbar waren. Abb. 26 gibt die aufgerissenen Stäbchen wieder. Diese zeigen nur zum Teil Querrisse, welche als Folge von Längsspannungen anzusprechen sind. Und zwar finden sich Querrisse bei den mit steilen Düsen schwach gezogenen Drähten. Alle stark gezogenen Drähte sowie sämtliche mit der 4°-Düse gezogenen Drähte sind dagegen der Länge nach aufgerissen. Dies ist ein Zeichen dafür, daß in diesen Fällen die Querspannungen größer sein müssen als die Längsspannungen. Der Verlauf der Querspannungen in Abhängigkeit vom Düsenwinkel und Ziehgrad muß also ein anderer sein, als der der Längsspannungen in Abb. 22. Die stärksten Aufreißerscheinungen finden sich jedoch, wie nach Verlauf der Längsspannungen in Abb. 22 zu erwarten, bei mittleren Querschnittsabnahmen. Außerdem gibt uns die Abb. 26 wahrscheinlich auch eine Erklärung für das bisher unverständliche Auftreten von Spiralrissen. Diese stellen sich offenbar als Folge einer Kombination annähernd gleich großer Quer- und Längsspannungen ein, wobei die Neigung der Spiralen ein Maß für das gegenseitige Verhältnis der Spannungen zu sein scheint.

B. Der Kraftbedarf beim Ziehvorgang.

Der Kraft- und Arbeitsbedarf bei einem technologischen Vorgang setzt sich allgemein aus zwei Anteilen zusammen, und zwar einem Anteil, der zur Überwindung des Verformungswiderstandes des Werkstoffes (innere Reibung) dient und einem zweiten, der zur Überwindung der äußeren Reibung zwischen Werkstoff und Werkzeug erforderlich ist.

Gehen wir von dem experimentell ermittelten Kraftbedarf aus, so wird es das naheliegende Bestreben sein, ihn in seine beiden Anteile zu zerlegen. Im vorliegenden Falle konnte dies durch die Entwicklung eines Verfahrens erreicht werden, das den Reibungsanteil versuchsmäßig festzustellen gestattet. Nach Abzug des Reibungsanteiles ergibt sich dann der Werkstoffanteil des Kraftbedarfes in Abhängigkeit von Düsenwinkel und Querschnittsabnahme.

Um in die Gesetzmäßigkeiten des Ziehvorganges weiter einzudringen, muß man sich dann auf Grund allgemeiner Vorstellungen über die Fließerscheinungen in Metallen theoretisch ein Bild vom Ziehvorgang machen. Eine jede solche Theorie beruht aber letzten Endes darauf, einen ziemlich verwickelten Vorgang, wie es das Drahtziehen ist, auf einen möglichst einfachen, z. B. den Zugversuch zurückzuführen.

Es ist naturgemäß bei der unvollkommenen Kenntnis des tatsächlichen Fließvorganges im Ziehkanal eine völlige Übereinstimmung zwischen Versuch und Rechnung nicht ohne weiteres zu erwarten. Es wird uns aber infolge der durch den Versuch gelungenen Trennung des Werkstoff- und Reibungsanteils möglich sein, festzustellen, in welchem Gliede die Schwäche der Theorie liegt. Im vorliegenden Falle erweist es sich, daß der Werkstoffwiderstand in der Regel in der Rechnung zu niedrig angesetzt wird. Und zwar zeigen die Ergebnisse des ersten Teiles dieser Arbeit, daß, besonders bei kleinen Ziehgraden, der Fließvorgang in einem mit dem Ziehwinkel zunehmenden Maße ungleichmäßig ist. Theoretisch läßt sich diese Ungleichmäßigkeit vorläufig nicht erfassen. Durch Berücksichtigung der Ungleichmäßigkeit entsprechend ihrer Wirkung auf die Festigkeitseigenschaften läßt sich jedoch schließlich der Kraftbedarf so weit reduzieren, daß eine leidliche Übereinstimmung zwischen Versuch und Rechnung erreicht wird. Bei den Elmariddüsen liegt der günstigste Winkel für kleine Abnahmen unter 4°, für große um 16°. Damit ist auch der in Abb. 28 gezeigte Verlauf des Kraftbedarfes über der Querschnittsabnahme klar. Die der

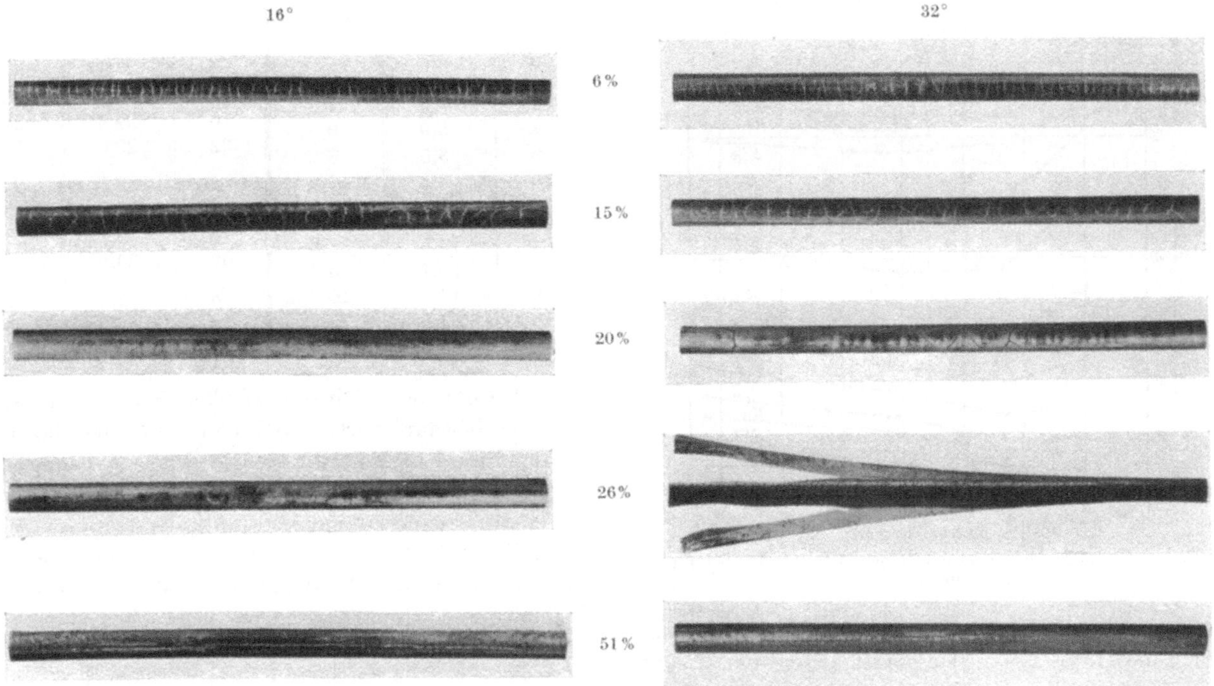

Abb. 26. (Fortsetzung).

1. Versuche über den Kraftbedarf.

a) Abhängigkeit der Ziehkraft von den Versuchsbedingungen.

Die zum Ziehen erforderliche Kraft konnte, da das Ziehen in der Zerreißmaschine vorgenommen wurde, einfach am Kraftmesser abgelesen werden. Die Ablesungen wurden alle 5 bis 10 Sek. vorgenommen. Ein Versuch dauerte im Durchschnitt 3 Min. Die ersten Werte lagen oft erheblich über dem Durchschnitt, und wurden daher, wenn dieses der Fall war, für die Auswertung weggelassen. Diese an sich unerklärte Tatsache ist insofern störend, als sie das Ziehen großer Abnahmen erschwert. Die Spitze reißt dann leicht ab.

Die Werte für den Kraftbedarf beim Ziehen streuten und schwankten außerdem bei der 4°-Düse recht erheblich. Soweit dieses der Fall war, wurden die Ergebnisse als Mittelwert aus einer größeren Anzahl von Versuchen bestimmt. (Vgl. Tafel 5.)

Einen Überblick über die mit Elmariddüsen festgestellten Ziehkräfte geben Tafel 5 sowie Abb. 27 und 28. In diesen und den folgenden Abbildungen ist als Ordinate nicht unmittelbar die Ziehkraft Z, sondern die auf den Querschnitt f_1 des gezogenen Drahtes bezogene Ziehkraft $\sigma_z = Z/f_1$ eingeführt, die wir mit Ziehspannung bezeichnen. Abb. 27 zeigt zunächst die Ziehspannung in Abhängigkeit vom Ziehwinkel. Jeder Kurvenzug entspricht annähernd einer bestimmten Querschnittsabnahme. Es zeigt sich, daß je nach dem Ziehgrad ein Minimum des Kraftbedarfes bei einem anderen Düsenwinkel auftritt. Und zwar verschiebt sich die Lage des Mindestwertes, wie schon von Weiß[6] festgestellt ist, mit zunehmendem Ziehgrade nach höheren Abnahmen.

Tafel 5.

Ziehspannung in Abhängigkeit von der Querschnittsabnahme und Düsenwinkel bei Elmariddüsen.

Düsenwinkel α °	Querschnittsabnahme q %	Anzahl der Versuche	Ziehspannung Z/f_1 σ_z kg/mm²
4	3,4	2	3,4
8	3,2	3	4,2
16	3,2	3	5,9
32	3,4	4	6,0
4	6,6	6	5,1
8	6,4	4	5,8
16	6,4	5	8,3
32	6,5	5	9,6
4	11,3	5	8,2
8	11,1	6	8,3
16	11,1	5	11,4
32	11,2	5	14,2
4	14,7	7	10,6
8	14,5	7	10,3
16	14,5	6	13,8
32	14,8	7	17,4
4	19,9	5	16,0
8	19,8	4	14,4
16	19,8	3	17,8
32	20,0	4	22,1
4	26,7	4	23,4
8	26,5	5	19,5
16	26,5	6	22,2
32	26,8	3	28,0
4	32,8	2	34,4
8	32,7	2	25,7

Düsenwinkel α °	Querschnittsabnahme q %	Anzahl der Versuche	Ziehspannung Z/f_1 σ_z kg/mm²
16	32,7	2	27,2
32	32,9	2	32,8
4	35,8	8	35,2
8	35,7	4	27,2
16	35,7	4	28,5
32	36,0	3	34,2
4	43,6	4	51,0
8	43,5	3	38,5
16	43,5	3	37,6
32	43,7	3	42,5
4	51,3	2	61,4
8	51,2	2	49,3
16	51,2	2	46,6
32	51,4	2	51,1
4	56,5	1	65,3
8	56,8	1	59,2
16	56,8	2	57,3
32	56,9	1	59,6
8	58,7	4	63,6
16	58,5	2	61,2
32	58,8	4	62,1
8	60,6	1	67,0
16	60,0	1	63,1
32	60,9	2	66,2

4°-Düse entsprechende Kurve beginnt bei den niedrigsten Ziehspannungen und steigt später über alle anderen hinaus. Die 32°-Kurve dagegen beginnt mit den höchsten Werten und kommt bei den größten Abnahmen (4,75 mm auf 3 mm Dmr. = 60%) fast zu den niedrigsten Ziehspannungen. Wegen der Unvollkommenheit

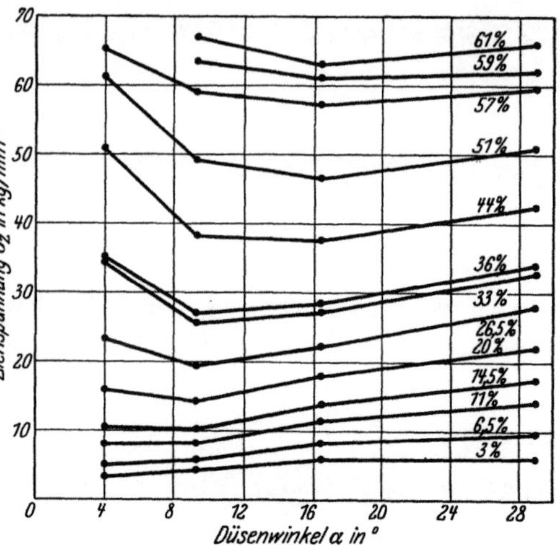

Abb. 27. Ziehspannung in Abhängigkeit vom Düsenwinkel bei Elmariddüsen.

der Anspitzung liegen die höchsten Ziehspannungen noch rund 15% unter den Festigkeiten der Drähte. Theoretisch würde die Festigkeit ungefähr bei einem Ziehgrad von 65% erreicht werden.

Die Ergebnisse der Ziehversuche mit Stahldüsen bringt Tafel 6. Der Kraftbedarf in Abhängigkeit vom

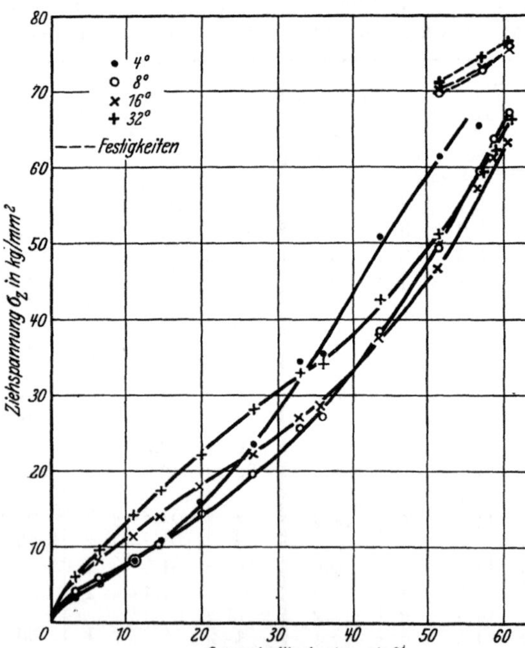

Abb. 28. Ziehspannung in Abhängigkeit von der Querschnittsabnahme bei Elmariddüsen.

Düsenwinkel in Abb. 29 zeigt grundsätzlich das gleiche Bild wie oben. Jedoch liegen die Mindestwerte des Kraftbedarfs bei den kleinsten Abnahmen bei einem Düsenwinkel von etwa 10°, bei großen bei etwa 20°. Auch die Abhängigkeit des Kraftbedarfs von der Querschnittsabnahme in Abb. 29 zeigt grundsätzlich den gleichen Verlauf wie bei Elmariddüsen. Wiederum beginnt

Tafel 6. Ziehspannung in Abhängigkeit von der Querschnittsabnahme bei Stahldüsen.

Düsenwinkel α °	Querschnittsabnahme q %	Ziehspannung z/f₁ σ_z kg/mm²	Düsenwinkel α °	Querschnittsabnahme q %	Ziehspannung z/f₁ σ_z kg/mm²
2	0,9	4,0	4	27,7	37,5
2	4,5	7,8	8	25,1	26,1
4	5,9	10,5	16	24,4	24,7
8	3,5	8,2	32	29,0	36,2
16	3,2	7,5	4	38,0	54,1
32	5,8	19,6	8	34,9	40,5
2	13,5	22,2	16	35,0	38,0
4	16,7	18,9	32	39,3	43,7
8	13,8	16,7	8	43,1	49,2
16	13,5	17,2	16	42,5	46,1
32	16,8	28,4	32	46,6	51,7

die Düse mit dem kleinsten Winkel (2°) bei den geringsten Kraftbedarfswerten und endet bei den höchsten, während die Kurve für die steilste Düse (32°) umgekehrt verläuft. Die dieser Düse entsprechenden Werte sind dabei für kleine Abnahmen auffallend hoch. Wahrscheinlich ist dieses mit darauf zurückzuführen, daß die Oberfläche der 32°-Düse durch das zuvor erfolgte Ziehen von harten Drähten etwas beschädigt war.

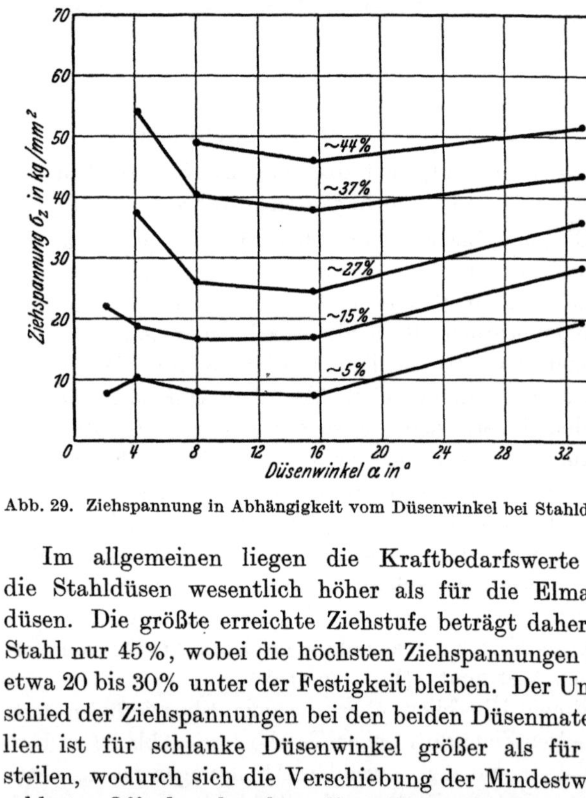

Abb. 29. Ziehspannung in Abhängigkeit vom Düsenwinkel bei Stahldüsen.

Im allgemeinen liegen die Kraftbedarfswerte für die Stahldüsen wesentlich höher als für die Elmariddüsen. Die größte erreichte Ziehstufe beträgt daher bei Stahl nur 45%, wobei die höchsten Ziehspannungen hier etwa 20 bis 30% unter der Festigkeit bleiben. Der Unterschied der Ziehspannungen bei den beiden Düsenmaterialien ist für schlanke Düsenwinkel größer als für die steilen, wodurch sich die Verschiebung der Mindestwerte erklärt. Offenbar beruhen diese Unterschiede auf der verschieden großen Reibung zwischen Stahl und Messing bzw. Elmarid und Messing. Die höhere Reibung der Stahldüsen fällt, wie zu erwarten ist, bei den schlankeren Winkeln stärker ins Gewicht. Mit den für die Reibung geltenden Gesetzmäßigkeiten werden wir uns noch eingehend beschäftigen.

Es wurden schließlich noch einige Versuche unter Verwendung einer Stahldüse vorgenommen, welche bei einem Konuswinkel von 8° einen absichtlich lang hergestellten zylindrischen Auslauf von 10 mm aufwies.

Wie Abb. 31 zeigt, liegt bei dieser Düse der Kraftbedarf erheblich höher, als bei einer solchen, deren Konus bei gleicher Neigung scharfkantig endet. Infolgedessen konnte auch nur eine geringe Querschnittsabnahme (unter 10%) erreicht werden. In der Praxis wird oft

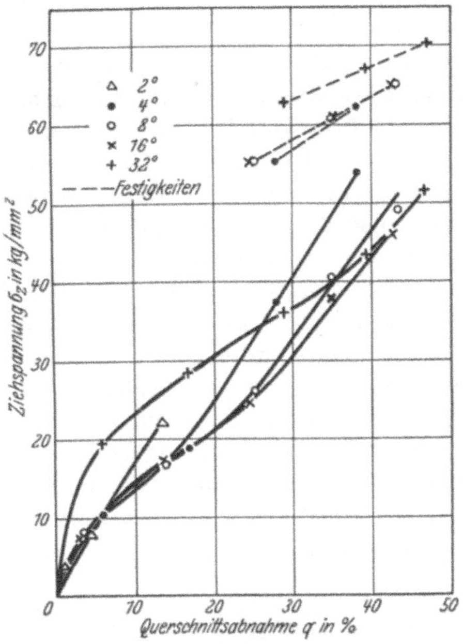

Abb. 30. Ziehspannung in Abhängigkeit von der Querschnittsabnahme bei Stahldüsen.

ein kurzer zylindrischer Auslauf der Düsenprofilierung angewandt, um die Maßhaltigkeit der Düse länger zu erhalten. Man ersieht, wie dadurch der Kraftbedarf stark erhöht wird. Der Draht hat nach dem Auslauf offenbar das Bestreben, sich elastisch auszudehnen, und verursacht dadurch eine große Reibung an der Zylinderwand. Wahrscheinlich würde sich die Reibung erheblich vermindern lassen, wenn man den Auslauf der Düse schwach konisch aufweitete.

b) Ermittlung der Reibung.

Die oben beschriebenen Versuche über den Kraftbedarf lassen den mehr oder weniger großen Einfluß der Reibung beim Ziehvorgang erkennen. Es lag daher nahe, ein Verfahren zu entwickeln, das die unmittelbare Bestimmung der Reibung gestattete. Zu diesem Zwecke wurde die in Abb. 32 in ihren Einzelheiten erkenntliche Vorrichtung entworfen, welche es ermöglicht, die Ziehdüse während des Versuches zu drehen. Da es konstruktiv auf Schwierigkeiten stieß, den Motor für den Drehantrieb direkt auf den beweglichen unteren Maschinenspannkopf zu montieren, wurde dieser, wie die Gesamtanordnung in Abb. 33 zeigt, auf einen Bock in der Maschinennachbarschaft aufgestellt. Sein Drehmoment wurde von einem Riementrieb mit Gewichtsspannrolle auf eine Schnecke S (Abb. 32) übertragen, welche ihrerseits das Schneckenrad R, das die Düse D selbst aufnahm, bewegte. Die Übersetzungsverhältnisse der Riemenscheiben und

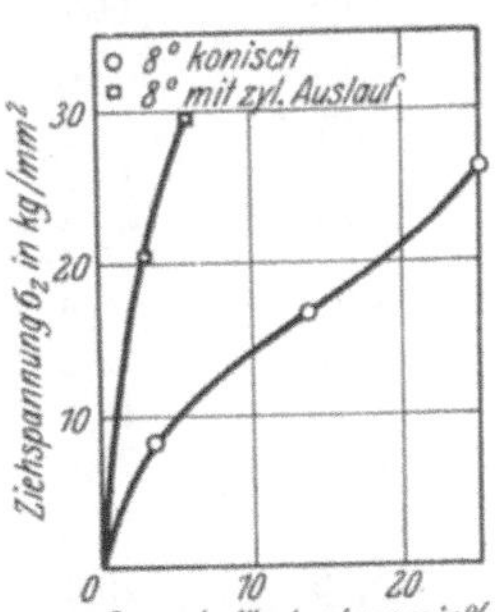

Abb. 31. Einfluß eines zylindrischen Düsenauslaufs von 10 mm Länge.

Abb. 32. Düsendrehvorrichtung.

Abb. 33. Gesamte Versuchsanordnung.

des Schneckentriebes bei ausgeschaltetem Widerstand ergaben eine Drehzahl der Düse von $n = 15$ U/min. Außerdem konnten noch andere Drehzahlen durch Variation der Motordrehzahl erreicht werden. Abb. 33 zeigt die Gesamteinrichtung während eines Versuches.

Die Versuche konnten mit Erfolg nur bei Verwendung von Elmariddüsen durchgeführt werden. Bei den Stahldüsen erwies sich die Reibung als so groß, daß selbst bei den geringsten Abnahmen und den kleinsten mit unserer Vorrichtung erreichbaren Drehzahlen die Proben bis zum Abscheren tordiert wurden. Um die Torsionsbeanspruchung zu verringern, wurde an das Ende des Drahtes ein verstellbarer Schraubenschlüssel *E* (Abb. 32) festgemacht, der bei beginnender Verwindung sich an den Rahmen der Zerreißmaschine drückte und dadurch die Hälfte des Drehmoments aufnahm, so daß der gefährdete gezogene Teil zwischen Einspannung und Düse nur die halbe Belastung auszuhalten brauchte.

Ein Versuch wurde dann in der Weise durchgeführt, daß von einer Drahtprobe zunächst ohne Drehung der Kraftbedarf σ_z festgestellt wurde. Die Ziehgeschwindigkeit betrug dabei, wie bei allen unseren Versuchen, $v = 0{,}09$ m/min. Dann wurde die Drehvorrichtung stufenweise in Gang gesetzt und auf die höchste Drehzahl von $n = 15$ U/min gebracht, und bei jeder Stufe der Kraftbedarf σ_d kurze Zeit beobachtet. Für die Auswertung wurden jedoch nur die Versuche mit der höchsten Drehzahl (Tafel 7) benutzt, da diese naturgemäß die größten Effekte ergaben. Überschlägliche Berechnungen auf Grund der Ergebnisse mit geringeren Drehzahlen führten praktisch zum gleichen Ergebnis.

Unser nächstes Ziel ist es nun, aus dem bei einer bestimmten Drehgeschwindigkeit eintretenden Abfall der Ziehkraft den Kraftbedarf σ_0 für reibungsfreies Ziehen zu errechnen. Wir benötigen hierzu zunächst die Geschwindigkeit v_d, mit der sich die Kreislinie bewegt, an welcher die Resultierenden aller Reibungskräfte angreifen. Die genaue Verteilung der Reibungskräfte über den Ziehkonus ist von vornherein unbekannt, und wäre auch unter Kenntnis der genauen Spannungsverhältnisse nur schwierig zu errechnen. Da die verschiedenen möglichen Annahmen nur zu geringen Unterschieden führen, haben wir uns bei Voraussetzung eines gleichmäßigen Reibungszustandes damit begnügt, den Abstand der Schwerpunktslinie der wirksamen Ziehkonusfläche als Entfernung der Reibungsresultante von

Tafel 7. Ziehspannung ohne und mit Düsendrehung.

Düsenwinkel α °	Querschnittsabnahme q %	Zahl der Versuche	Ziehspannung ohne Drehung σ_z kg/mm²	Ziehspannung mit Drehung σ_d $n = 15{,}0\ \text{min}^{-1}$ kg/mm²	$r_r = \frac{1}{2}\sqrt{\frac{d_0^2+d_1^2}{2}}$ in mm	$v_d = r_r \cdot \omega$ mm/sek	$\cos\beta = \frac{v_z}{\sqrt{v_z^2+v_d^2}}$	$\frac{\sigma_z-\sigma_d}{1-\cos\beta}$ kg/mm²	$\sigma_0 = \sigma_z - \frac{\sigma_z-\sigma_d}{1-\cos\beta}$ kg/mm²
4	6,6	2	4,64	3,08	1,530	2,400	0,530	3,32	1,3
8	6,4	2	5,44	4,55				1,89	3,6
16	6,4	2	8,19	7,16				2,19	6,0
32	6,5	3	8,79	8,19				1,28	7,5
4	11,3	2	8,76	6,43	1,550	2,433	0,524	4,89	3,9
8	11,1	2	8,15	6,91				2,60	5,6
16	11,1	2	11,27	9,95				2,78	8,5
32	11,2	4	13,64	12,38				2,65	11,0
4	14,7	2	10,02	7,64	1,563	2,455	0,521	4,97	5,1
8	14,5	2	9,88	8,43				3,03	6,9
16	14,5	2	13,10	12,09				2,11	11,0
32	14,8	2	16,66	15,71				1,99	14,7
4	19,9	2	16,40	12,30	1,591	2,498	0,515	8,45	8,0
8	19,8	2	14,00	11,92				4,29	9,7
16	19,8	2	18,13	16,87				2,60	15,5
32	20,0	2	22,45	21,35				2,27	20,2
4	26,7	2	24,3	17,77	1,632	2,561	0,505	13,20	10,9
8	26,5	2	18,81	15,71				6,26	12,6
16	26,5	2	21,80	19,99				3,66	18,1
32	26,8	2	27,40	26,20				2,42	25,0
4	35,8	3	31,0	24,38	1,700	2,667	0,490	13,00	18,0
8	35,7	2	25,60	22,50				6,08	19,5
16	35,7	2	27,85	25,10				5,39	22,5
32	36,0	2	33,95	31,80				4,21	29,7
8	43,5	2	38,65	33,17	1,770	2,777	0,475	10,42	28,2
16	43,5	2	37,60	34,20				6,48	31,1
32	43,7	2	42,9	40,9				3,81	39,1
8	51,2	2	49,8	43,9	1,857	2,912	0,457	10,88	38,9
16	51,2	2	45,9	42,5				6,26	39,6
32	51,4	2	48,9	48,0				1,66	47,2
8	58,7	2	61,3	54,0	1,962	3,080	0,437	12,99	48,3
16	58,5	2	57,6	53,0				8,18	49,4
32	58,8	2	60,4	57,4				5,33	55,1

der Drahtachse einzusetzen. Dieser Abstand ergibt sich unabhängig vom Düsenwinkel:

$$r_r = \frac{1}{2}\sqrt{\frac{d_0^2 + d_1^2}{2}}, \tag{1}$$

worin d_0 der Drahtdurchmesser vor, und d_1 der Durchmesser nach dem Ziehen ist. Die Umfangskomponente v_d (vgl. Abb. 34) der Geschwindigkeit der Reibungskraft wird damit:

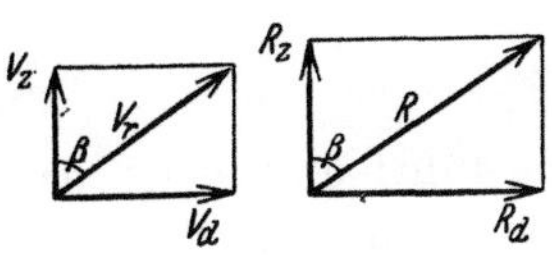

Abb. 34. Geschwindigkeits- und Kräftediagramm bei der Düsendrehung.

$$v_d = r_r \cdot \omega \text{ m/s}. \tag{2}$$

Die Werte r_r und v_d sind in Tafel 7 mit eingetragen.

Beim Ziehen mit unbewegter Düse setzt sich der erforderliche Kraftbedarf σ_z aus dem zur Überwindung der Reibung erforderlichen Anteil σ_R und dem für die reine Stoffverformung notwendigen σ_0 zusammen:

$$\sigma_z = \sigma_0 + \sigma_R. \tag{3}$$

Bei dem Ziehen mit Düsendrehung wirkt die Reibungskraft R in Richtung der resultierenden Geschwindigkeit v_r. Das Kräfte- und Geschwindigkeitsdiagramm in Abb. 34 sind also einander ähnlich, und es verhält sich:

$$\frac{R_z}{R} = \frac{v_z}{v_r}.$$

Zur Vereinfachung der folgenden Rechnung sei eingeführt:

$$\cos\beta = \frac{v_z}{v_r} = \frac{v_z}{\sqrt{v_z^2 + v_d^2}}. \tag{4}$$

Entsprechend der geometrischen Addition entfällt somit in die Zugrichtung nur der Anteil R_z der Reibung:

$$R_z = R \cdot \cos\beta$$

oder:

$$\sigma_{R_z} = \sigma_R \cdot \cos\beta,$$

worin σ_{R_z} bzw. σ_R die von den Reibungskräften R_z bzw. R herrührenden Anteile der Ziehspannung sind. Der bei dem Ziehen mit Düsendrehung erforderliche Kraftbedarf σ_z' ergibt sich also zu:

$$\sigma_d = \sigma_0 + \sigma_{R_z} = \sigma_0 + \sigma_R \cdot \cos\beta. \tag{5}$$

Gleichung (5) von Gleichung (3) subtrahiert, ergibt:

$$\sigma_z - \sigma_d = \sigma_R - \sigma_R \cdot \cos\beta,$$

$$\sigma_R = \frac{\sigma_z - \sigma_d}{1 - \cos\beta}. \tag{6}$$

Setzen wir diesen Wert schließlich in Gleichung (3) ein, so ergibt sich der Kraftbedarf für reibungsfreies Ziehen:

$$\sigma_0 = \sigma_z - \frac{\sigma_z - \sigma_d}{1 - \cos\beta},$$

bzw. mit dem Wert für $\cos\beta$ nach Gleichung (4):

$$\boldsymbol{\sigma_0 = \sigma_z - \frac{\sigma_z - \sigma_d}{1 - \frac{v_z}{\sqrt{v_z^2 + v_d^2}}}}. \tag{7}$$

In Abb. 35 bis 38 gibt die oberste Kurve für den betr. Düsenwinkel den Kraftbedarf ohne Drehung σ_z, die mittlere den mit Drehung σ_d und die untere den nach vorstehender Rechnung von der Reibung befreiten Kraftbedarf σ_0 an. Der Reibungsanteil ist danach um so größer, je geringer der Düsenwinkel ist. Bei gleichem Düsenwinkel beträgt der Reibungsanteil bei allen Ab-

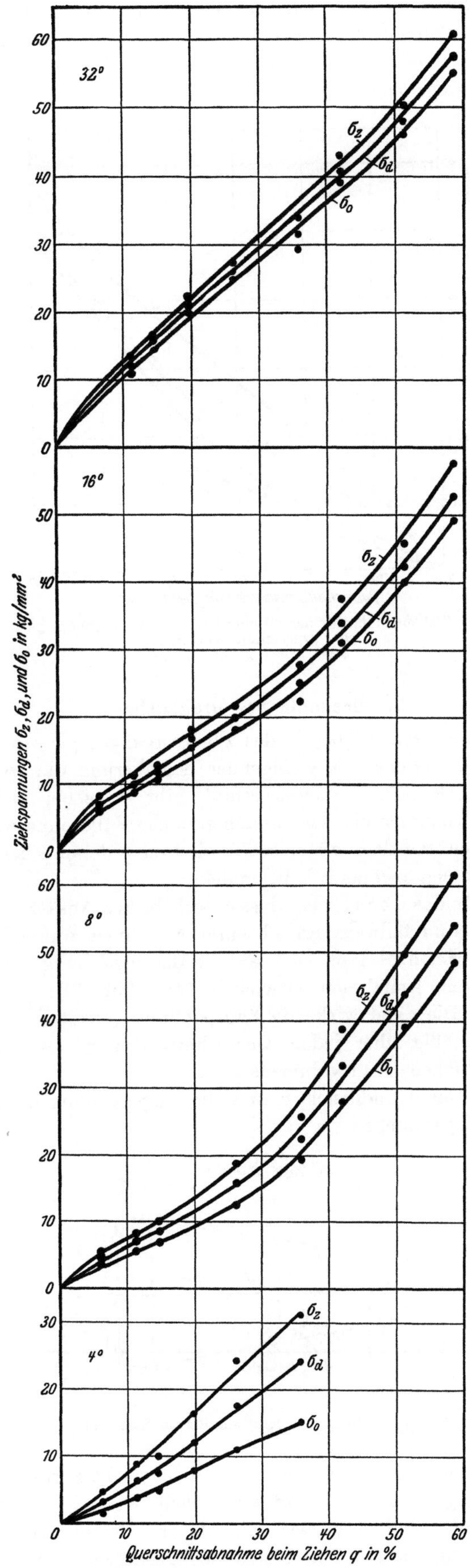

Abb. 35—38. Ziehspannungen ohne (σ_z) und mit Düsendrehung (σ_d), errechnete Ziehspannung (σ_0) für reibungsfreies Ziehen.

nahmen etwa den gleichen Bruchteil des gesamten Kraftbedarfs; jedoch zeigt Tafel 7, daß bei sehr kleinen Querschnittsabnahmen der Reibungsanteil etwas größer ist. Abb. 39 zeigt die Kurven des reibungsfreien Kraftbedarfs für alle Düsenwinkel in einem Bilde zusammengestellt. Mit diesen Kurven werden wir uns später noch eingehend befassen.

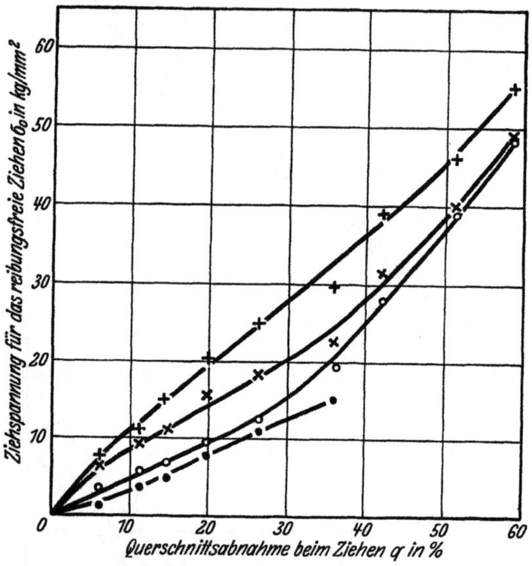

Abb. 39. Ziehspannung für das reibungsfreie Ziehen in Abhängigkeit von der Querschnittsabnahme.
● 4° ○ 8° × 16° + 32°.

2. Mechanik des Drahtziehens.

Eine strenge Theorie des Fließvorganges plastischer Körper, welche mit genügender Annäherung die wirklichen Gesetzmäßigkeiten erfaßt, gibt es bisher nicht. Nur ausnahmsweise lassen sich einfache Fälle ohne willkürliche und dem wirklichen Verhalten widersprechende Annahmen rechnerisch behandeln.

Für das Drahtziehen lassen sich bisher Ansätze nur auf Grund teilweise anfechtbarer Annahmen aufstellen. Nach Sachs[10] läßt sich eine Näherungslösung unter folgenden Annahmen entwickeln (vgl. Abb. 40):

1. Die axial wirkende Zugspannung σ verteilt sich gleichmäßig über jeden Querschnitt des in der Düse befindlichen Drahtvolumens.

2. Der Wanddruck p und die Zugspannung σ sind Hauptspannungen.

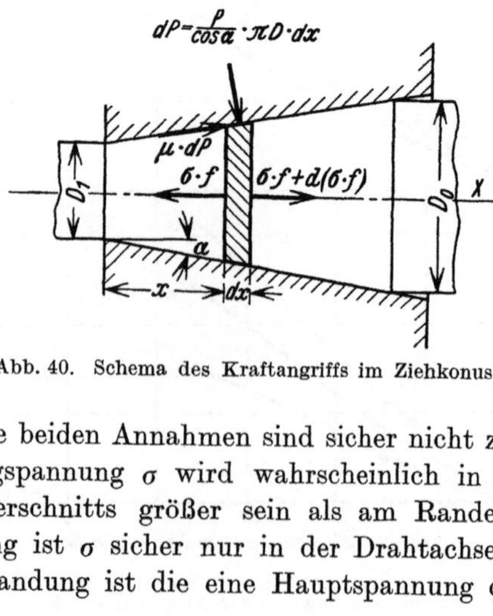

Abb. 40. Schema des Kraftangriffs im Ziehkonus.

Diese beiden Annahmen sind sicher nicht zutreffend. Die Zugspannung σ wird wahrscheinlich in der Mitte des Querschnitts größer sein als am Rande. Hauptspannung ist σ sicher nur in der Drahtachse. An der Düsenwandung ist die eine Hauptspannung die Resultierende aus Wanddruck und Reibungskraft. Diese wirkt also in einem um so größeren zur Achse geneigten Winkel, je steiler die Düse und je größer die Reibungskraft ist. In diesen Fällen werden wir also von vornherein die größten Abweichungen zwischen Rechnung und Wirklichkeit zu erwarten haben.

3. Im fließenden Bereich ist die größte Schubspannung konstant:

$$\sigma + p = k. \tag{8}$$

k ist hier als Fließspannung eingeführt und gleich dem doppelten Wert der größten Schubspannung. Von dem Einfluß einer während des Fließens auftretenden Verfestigung wird also zunächst noch abgesehen. Über die Bedeutung und Größe der Fließspannung k wird später noch eingehend gesprochen werden.

Mit den aus Abb. 40 ersichtlichen Bezeichnungen (μ = Reibungszahl) erhält man zunächst die Gleichgewichtsbedingungen eines Volumenelementes $f \cdot dx$:

$$\left.\begin{aligned} &d(\sigma \cdot f) + dP(\sin\alpha + \mu \cdot \cos\alpha) \\ &= d\left(\frac{\sigma \cdot \pi \cdot D^2}{4}\right) + p \cdot \pi \cdot D \cdot \frac{dx}{\cos\alpha}(\sin\alpha + \mu \cdot \cos\alpha) = 0. \end{aligned}\right\} \tag{9}$$

Die weitere Ableitung (siehe Sachs[10]) ergibt zunächst:

$$d\left(\frac{\sigma}{k}\right) - \frac{\sigma}{k} \cdot \frac{2\mu \cdot dD}{\operatorname{tg}\alpha \cdot D} + 2\left(1 + \frac{\mu}{\operatorname{tg}\alpha}\right)\frac{dD}{D} = 0. \tag{10}$$

Durch Integration erhält man schließlich für den von seiner Stoffabhängigkeit befreiten Kraftbedarf σ/k beim Ziehen:

$$\frac{\sigma}{k} = (1 + \beta) \cdot (1 - \xi^{1/\beta}), \tag{11}$$

worin:

$$\beta = \frac{\operatorname{tg}\alpha}{\mu} \quad \text{und} \quad \xi = \left(\frac{D}{D_0}\right)^2 = \frac{f}{f_0}.$$

In dem schon früher von Siebel[9] unter Zugrundelegung des Energiesatzes aufgestellten Ansatz werden die Reibungskräfte nicht, wie in dem Ansatz von Sachs, als Anteil des Wanddruckes, sondern als Produkt der Fließspannung und der Reibungszahl angenommen. Es ergibt sich daher bei Siebel eine Formel, in welcher nur das durch die äußere Reibung bedingte Glied in etwas anderer Form, als bei Sachs eingeht, nämlich:

$$\frac{\sigma}{k} = (1 + \mu \cdot \operatorname{ctg}\alpha + \mu \cdot \operatorname{tg}\alpha) \cdot \ln\frac{f_0}{f} \tag{12}$$

bzw. als Näherung für kleine α:

$$\frac{\sigma}{k} = \frac{f_0 - f}{f}(1 + \mu \cdot \operatorname{ctg}\alpha). \tag{13}$$

Für das reibungsfreie Ziehen ($\mu = 0$) ergibt sich sowohl aus (10), als auch aus (12) die bekannte Gleichung:

$$\frac{\sigma}{k} = \ln\frac{f_0}{f}. \tag{14}$$

Für den Vergleich zwischen Versuch und Rechnung wird es verschiedentlich von Vorteil sein, nicht den Kraftbedarf, sondern den Arbeitsbedarf zugrunde zu legen. Bei einem um die Länge l_1 gezogenen Draht vom Querschnitt f_1 ist der Arbeitsbedarf:

$$A = \sigma \cdot f_1 \cdot l_1. \tag{15}$$

Da bei unseren Vergleichen stets eine bestimmte gezogene Länge betrachtet wird, und der Draht stets den gleichen Querschnitt hat, gilt also alles, was für den Arbeitsbedarf festgestellt wird, auch unverändert für den Kraftbedarf. Die Bedeutung dieser Tatsache liegt darin, daß manche Aussage über den Arbeitsbedarf schon auf Grund einer einfachen Bilanzüberlegung (aufzuwendende Arbeit = verbrauchte Arbeit) möglich ist, während für den Kraftbedarf dieses nicht unmittelbar geschehen kann, sondern erst eine umständlichere Auflösung von Gleichgewichtsbedingungen verlangt.

3. Versuch und Theorie.

a) Reibungsfreier Kraftbedarf.

Zunächst wird die einfachere Aufgabe behandelt, den versuchsmäßigen Kraftbedarf für reibungsfreies Ziehen, wie er in Abschnitt B 1b festgestellt ist, mit dem theoretischen Verlauf zu vergleichen. Nach Gleichung (14) soll das Verhältnis der Ziehspannung zur Fließspannung eine logarithmische Abhängigkeit vom Querschnittsverhältnis aufweisen, unabhängig vom Werkstoff und den sonstigen Versuchsbedingungen, also insbesondere dem Düsenwinkel.

In der Ableitung dieser Gleichung ist aber zunächst vorausgesetzt, daß die Fließspannung k konstant sei. In Wirklichkeit ist sie dagegen bei jedem Werkstoff während des Ziehvorganges veränderlich; und ein strenger Ansatz hätte diese Verfestigung berücksichtigen müssen, indem k als Funktion des jeweiligen Drahtquerschnittes anzusetzen wäre. Weil eine solche Funktion jedoch im allgemeinen Fall nicht in einfacher Weise mathematisch darzustellen ist, ließe sich eine geschlossene Integration etwa der Gleichung (10) nicht durchführen. Eine numerische Durchrechnung der in Frage kommenden funktionellen Abhängigkeit und der Vergleich mit verschiedenen Näherungslösungen zeigt jedoch, daß man der genauen Lösung auf einige Prozent nahekommt, wenn man k als konstant und als Mittelwert der Fließspannungen über die gesamte Querschnittsänderung in einem bestimmten Falle annimmt.

Dieser Fließwiderstand k bedeutet annahmegemäß die doppelte Schubspannung im fließenden Material. Der wirkliche Wert dieser Größe an jedem Querschnitt innerhalb des Ziehkonus entzieht sich der Feststellung. Wir sind also gezwungen, hierfür eine weitere Annahme zugrunde zu legen.

Eine Vorstellung über den Verfestigungsverlauf in einer Ziehdüse ist von Ludwik[4] entwickelt worden. Er nimmt als grundlegendes Gesetz an, daß eine innerhalb der Ziehdüse vor sich gehende Verformung die gleiche Verfestigung zur Folge hat, wie die gleiche Querschnittsänderung beim Zugversuch. Danach ergibt sich der der Rechnung zugrunde zu legende Fließwiderstand als Mittelwert über den entsprechenden Bereich der Zugkurve. Abb. 41 zeigt daher nochmals die Fließkurve ($\sigma - q$) des Messings für den Zugversuch, sowie die daraus ermittelte Kurve der mittleren Fließwiderstände $k = \sigma_m$. Die Ordinaten dieser Kurve bei bestimmten Querschnittsverminderungen q geben also den Mittelwert der Ordinaten der Fließkurve im Bereich von 0 bis q an:

$$k = \sigma_m = \frac{1}{q}\int_{q=0}^{q=q} \sigma \cdot dq\,. \tag{16}$$

Unter Zugrundelegung dieser σ_m-Werte ist in Tafel 8 und Abb. 42 für jede Abnahme der Wert σ_0/σ_m gebildet und aufgetragen. Man erkennt beim Vergleich mit der

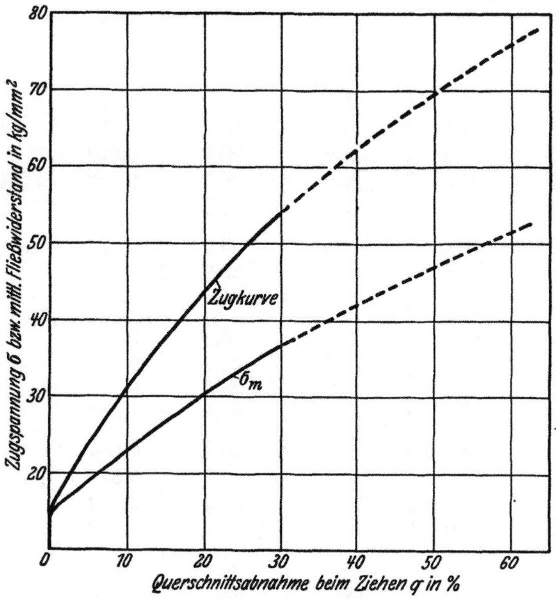

Abb. 41. Zugkurve und mittlerer Fließwiderstand.

ebenfalls in Abb. 42 eingetragenen theoretischen Kurve, daß nur für die 4°-Düse der aus dem Experiment auf diese Weise reduzierte reibungsfreie Kraftbedarf nahezu der Theorie entspricht. Mit zunehmendem Düsenwinkel entfernen sich jedoch die Kurven des reduzierten Kraftbedarfes zunächst ziemlich weit von der theoretischen Kurve. Aber bei hohen Abnahmen nähert sich selbst die Kurve für die 32°-Düse wieder stark der theoretischen Kurve.

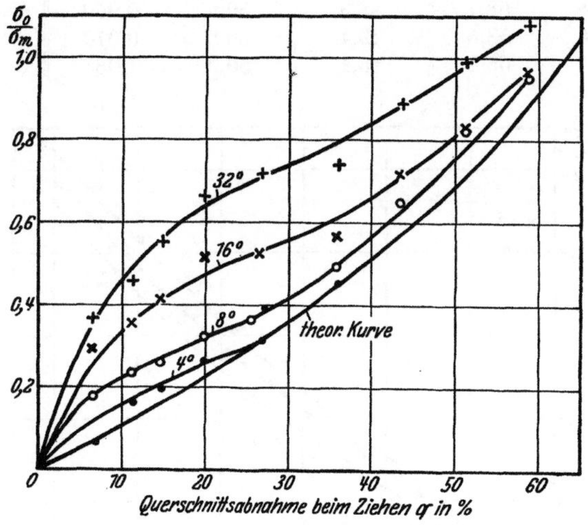

Abb. 42. Verhältnis des reibungsfreien Kraftbedarfs zum mittleren Fließwiderstand (aus der Zugkurve) in Abhängigkeit von der Querschnittsabnahme.

Dieses Ergebnis kommt nicht unerwartet. Wir haben ja im ersten Teil der Arbeit festgestellt, daß die wirkliche Verfestigung beim Drahtziehen in jedem Falle höher ist als beim Zugversuch, und zwar in einem mit dem Düsenwinkel und der Querschnittsabnahme veränderlichen Betrage. Es war daher von vornherein zu erwarten, daß ein aus der Integration der Zugspannungen gebildeter mittlerer Fließwiderstand im allgemeinen zu

Tafel 8. Errechnung des reduzierten reibungsfreien Kraftbedarfs.

Düsenwinkel α °	Querschnittsabnahme q %	Ziehspannung für reibungsfreies Ziehen σ_0 kg/mm²	Mittlerer Fließwiderstand aus der Zugkurve σ_m kg/mm²	$\frac{\sigma_0}{\sigma_m}$	Wirksame Querschnittsabnahme q_w %	Fließwiderstand zu q_w $\sigma_{m\,w}$ kg/mm²	$\frac{\sigma_0}{\sigma_{m\,w}}$	Fließwiderstand aus der Streckgrenzenkurve σ'_m kg/mm²	$\frac{\sigma_0}{\sigma'_m}$	Ziehspannung σ_z kg/mm²	$\frac{\sigma_z}{\sigma'_m}$
4	6,6	1,3	20,4	0,0637	10,3	23,3	0,0558	25,6	0,051	5,1	0,199
8	6,4	3,6	20,2	0,178	14,3	26,3	0,137	30,3	0,119	5,8	0,192
16	6,4	6,0	20,2	0,297	15,8	27,5	0,218	31,0	0,194	8,3	0,268
32	6,5	7,5	20,3	0,369	17,4	28,5	0,263	33,2	0,226	9,6	0,291
4	11,3	3,9	24,0	0,163	14,7	26,5	0,147	29,7	0,132	8,2	0,276
8	11,1	5,6	23,9	0,235	18,2	29,2	0,192	34,2	0,164	8,3	0,243
16	11,1	8,5	23,9	0,356	21,3	31,2	0,272	35,7	0,238	11,4	0,320
32	11,2	11,0	24,0	0,458	23,4	32,6	0,338	38,0	0,290	14,2	0,374
4	14,7	5,1	26,5	0,193	17,8	29,0	0,176	32,2	0,158	10,6	0,330
8	14,5	6,9	26,5	0,260	20,8	31,0	0,223	36,4	0,190	10,3	0,283
16	14,5	11,0	26,5	0,415	24,5	33,3	0,330	38,5	0,286	13,8	0,358
32	14,8	14,7	26,7	0,551	27,1	35,0	0,420	41,0	0,358	17,4	0,425
4	19,9	8,0	30,3	0,264	22,7	32,1	0,249	35,5	0,226	16,0	0,450
8	19,8	9,7	30,2	0,321	25,0	33,6	0,289	39,3	0,247	14,4	0,366
16	19,8	15,5	30,2	0,513	28,5	35,7	0,433	41,8	0,371	17,8	0,426
32	20,0	20,2	30,5	0,662	32,0	37,7	0,535	44,3	0,456	22,1	0,499
4	26,7	10,9	34,6	0,315	29,0	36,0	0,303	39,3	0,277	23,4	0,595
8	26,5	12,6	34,5	0,365	30,5	37,0	0,340	42,6	0,296	19,5	0,457
16	26,5	18,1	34,5	0,524	33,5	38,5	0,471	45,3	0,399	22,2	0,490
32	26,8	25,0	34,7	0,720	37,7	40,9	0,611	48,0	0,521	28,0	0,584
4	35,8	18,0	39,8	0,453	37,1	40,5	0,444	43,9	0,410	35,2	0,802
8	35,7	19,5	39,7	0,492	38,0	41,0	0,475	46,7	0,418	27,2	0,582
16	35,7	22,5	39,7	0,567	40,0	42,0	0,536	49,2	0,457	28,5	0,579
32	36,0	29,7	40,0	0,740	44,3	44,2	0,673	51,9	0,573	34,2	0,660
8	43,5	28,2	43,4	0,650	45,0	44,6	0,638	49,9	0,565	38,5	0,787
16	43,5	31,1	43,4	0,720	46,3	45,2	0,688	52,3	0,594	37,6	0,720
32	43,7	39,1	44,0	0,890	49,3	46,6	0,838	54,8	0,713	42,5	0,776
8	51,2	38,9	47,5	0,820	51,8	47,8	0,813	52,6	0,739	49,3	0,937
16	51,2	39,6	47,5	0,833	53,0	48,3	0,819	55,0	0,721	46,6	0,847
32	51,4	47,2	47,6	0,990	55,0	49,3	0,956	57,4	0,821	51,1	0,891
8	58,7	48,3	50,9	0,950	58,7	50,5	0,955	55,3	0,875	63,6	1,150
16	58,5	49,4	50,8	0,970	59,3	51,2	0,966	57,3	0,863	61,2	1,070
32	58,8	55,1	50,9	1,08	61,5	52,1	1,055	59,5	0,927	62,1	1,045

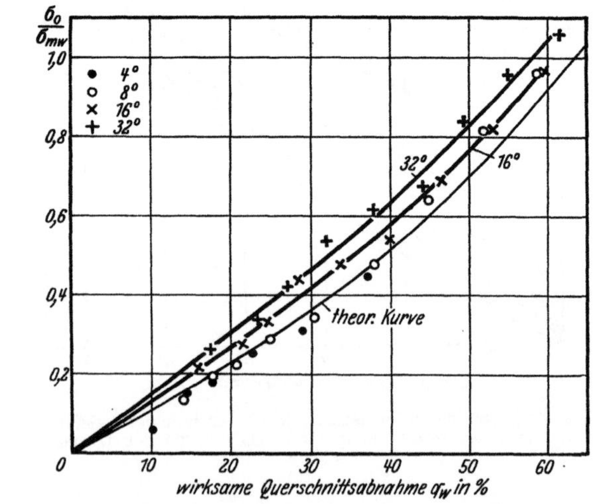

Abb. 43. Verhältnis des reibungsfreien Kraftbedarfs zum mittleren Fließwiderstand (bezogen auf die wirksame Querschnittsabnahme q_w) in Abhängigkeit von q_w.

geringe k-Werte liefert. Die Unterschiede des reduzierten experimentellen Kraftbedarfs vom theoretischen zeigen nach Lage und Größe einen durchaus gleichartigen Verlauf, wie etwa die Unterschiede der Streckgrenze gezogener Drähte in Abb. 3 gegenüber denen gedehnter, d. h. gegenüber der Zugkurve. In bezug auf die Eigenschaften konnten wir in Abschnitt A 2c dieser zusätzlichen Verfestigung dadurch Rechnung tragen, daß wir statt der wirklichen eine wirksame Querschnittsabnahme q_w einführten. Wollen wir in gleichartiger Weise die Wirkung der zusätzlichen Verfestigung auf den Arbeitsbedarf, und damit auch auf den Kraftbedarf beim Ziehen erfassen, so müssen wir unter Zugrundelegung der wirksamen Querschnittsabnahme sowohl den Kraftbedarf (Ordinate) durch einen entsprechend größeren Fließwiderstand $\sigma_{m\,w}$ reduzieren, als auch die Abszisse von der wirklichen Querschnittsabnahme auf die wirksame verlegen. Denn eine höhere Verfestigung σ kann nur auf dem entsprechend längeren Wege l erzielt werden, und in den Arbeitsbedarf $A = \int \sigma \cdot f \cdot dl$ gehen sowohl der Fließwiderstand als auch der Verformungsweg ein.

Die Einführung der wirksamen Querschnittsabnahme für die tatsächliche bringt nun, wie Abb. 43 und Tafel 8 zeigt, in der Tat die experimentellen Werte für den reibungsfreien Kraftbedarf der theoretischen logarithmischen Kurve wesentlich näher. Immerhin bleibt auch jetzt noch ein Bruchteil der ursprünglichen Abweichung erhalten. Die Kraftbedarfswerte der 4°-Drähte liegen bei höheren Abnahmen sogar etwas unter der theoretischen Kurve*.

Die oben entwickelte Vorstellung wird also der Ungleichmäßigkeit des Materialflusses in der Ziehdüse noch nicht vollständig gerecht. Die Ursache hierfür sehen wir darin, daß der Ersatz der tatsächlichen durch die wirksame Querschnittsabnahme lediglich den Endzustand der Verfestigung im Drahte berücksichtigt. Die wirksame Querschnittsabnahme stellt dann den Weg dar, auf dem bei einem Zugversuch dieser Verfestigungswert erreicht wird. In Wirklichkeit kann aber eine bestimmte Verfestigung auf verschiedenen Wegen erreicht werden. Der Weg beim Zugversuch ist dadurch ausgezeichnet, daß er den kürzesten aller möglichen Wege darstellt und damit den geringsten Arbeitsbedarf von allen Möglichkeiten liefert. Tatsächlich ist nun aber der Verformungsvorgang der einzelnen Körperelemente keineswegs eine einfache Längung wie beim Zugversuch; und auch der Verfestigungsverlauf in der Ziehdüse ist vermutlich ein ganz anderer als beim Zugversuch. Dies bedeutet aber, daß der Arbeitsbedarf beim Ziehen noch größer sein muß, als er sich bei Zugrundelegung der wirksamen Querschnittsverminderung ergibt. In welchem Maße das der Fall ist, entzieht sich allerdings der genauen Feststellung.

Einen Anhalt hierfür liefert uns jedoch die in Abschnitt A 1 und Abb. 3 festgestellte Tatsache, daß das Ziehen gegenüber dem Zugversuch zunächst sehr starke zusätzliche Verfestigungen hervorruft, die aber dann allmählich abklingen. Nimmt man nun an, daß der Verfestigungsverlauf eines Drahtquerschnittes während dessen Durchgang durch den Ziehkonus bei einem genügend großen Stich über alle durch unsere Versuche ermittelten Festigkeitsstadien entsprechend kleinerer Stufen vor sich geht, so erscheint es durchaus gerechtfertigt, statt der Zugkurve die Streckgrenzen in Abb. 3 der Errechnung der mittleren Fließwiderstände zugrunde zu legen. Durch dieses Verfahren werden, wie Abb. 44 zeigt, die Werte der Fließwiderstände um einen weiteren Betrag erhöht. In Abb. 45 ist nun der Kraftbedarf mit den in Abb. 44 gebrachten Werten σ'_m reduziert und die Abszisse wiederum auf die wirksame Querschnittsabnahme q_w verlegt worden. Dieses Rechnungsverfahren stellt also eine Korrekturmöglichkeit dar, die durchaus in den Ergebnissen der Versuche verankert ist.

Wie Abb. 45 zeigt, bringt die soeben beschriebene Reduktion des Kraftbedarfs durch die Mittelwerte der tatsächlichen Verfestigung beim Ziehen in der Tat die experimentellen Werte den theoretischen ganz nahe. Es ist also damit ein Weg gefunden, den Einfluß des ungleichmäßigen Materialflusses in der Ziehdüse auf den Kraftbedarf weitgehend zu erfassen.

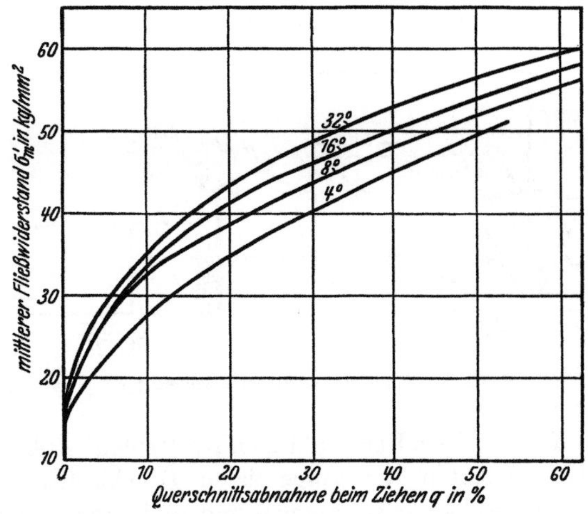

Abb. 44. Mittlerer Fließwiderstand aus der wahren Verfestigung.

Darüber hinaus liefert die auf diese Weise erzielte Übereinstimmung zwischen Versuch und Rechnung den Beweis, daß den theoretischen Betrachtungen über den Kräftezustand in der Ziehdüse eine gewisse Berechtigung nicht abzusprechen ist.

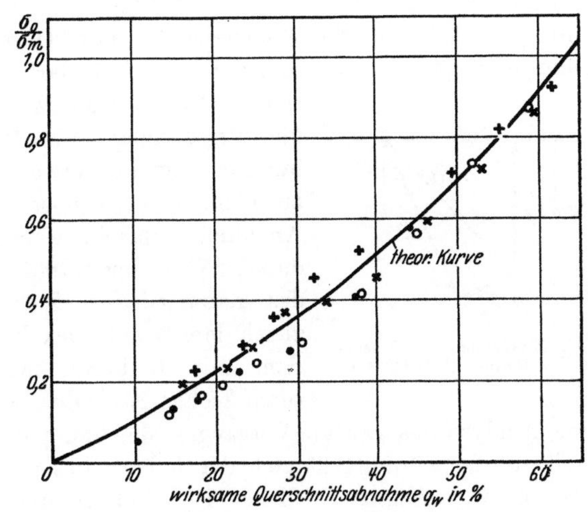

Abb. 45. Verhältnis des reibungsfreien Kraftbedarfs zum mittleren Fließwiderstand aus den Streckgrenzenkurven in Abhängigkeit von der wirksamen Querschnittsabnahme.

b) Vollständiger Kraftbedarf.

Es bleibt nun schließlich nur noch die Prüfung übrig, inwieweit der Gesamtkraftbedarf des gewöhnlichen reibungsbehafteten Ziehens sich einer theoretischen Vorstellung einordnet.

Zunächst bietet der oben (Abschn. B 1 b) aus den Drehversuchen experimentell ermittelte reibungsfreie Kraftbedarf σ_0 unabhängig von irgendeiner Theorie die Möglichkeit, die Größe des Reibungsbeiwertes μ in folgender Weise überschläglich zu berechnen:

Die Resultierenden der Wanddrücke und Reibungskräfte greifen innerhalb des Ziehkonus an einer Ringlinie des Drahtes an. Da dieser Kraftangriff rotationssymmetrisch erfolgt, genügt es für die Ermittlung des Kräfteplans, entsprechend Abb. 46, einen Sektor des

* Es ist auffallend, daß der reduzierte Kraftbedarf im vorliegenden Falle teilweise unter den theoretischen sinkt, denn irgendwelche Abweichungen von dem der Theorie zugrunde gelegten einfachsten Fall könnten nur Erhöhungen des Kraftbedarfs zur Folge haben. Berücksichtigt man jedoch die verschiedenen unsicheren Annahmen, welche gemacht werden mußten, um überhaupt das vorliegende Ergebnis zu erhalten, so kann diese ziemlich geringe Abweichung nicht verwundern. Es ist insbesondere möglich, daß durch die Torsionsbeanspruchung bei der Düsendrehung das Fließen in der Ziehrichtung eine Erleichterung erfährt, die über die Wirkung der herausgenommenen Reibung hinausgeht.

durch die Ebene der Ringlinie gelegten Querschnittes zu betrachten. Die Resultierenden ΔW der tangential im Draht wirkenden Kräfte sind mit den in die Schnittebene fallenden Komponenten des Wanddruckes und der Reibungskraft im Gleichgewicht. Der durch die Drahtachse gelegte senkrechte Schnitt des Sektors (Abb. 46)

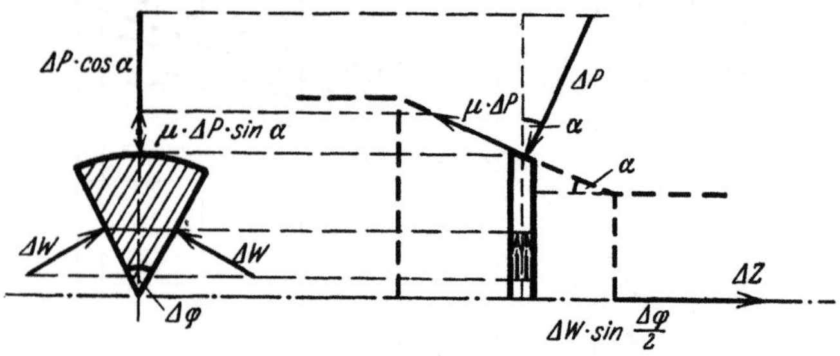

Abb. 46. Kraftangriff auf ein Querschnittselement des Drahtes.

ergibt den für diese Ebene gültigen Kräfteplan (Abb. 47). Die Komponenten der tangentialen Druckkräfte ΔW stehen senkrecht zur Drahtachse und sind daher auf die Größe von ΔZ ohne Einfluß. Die Gleichgewichtsbedingung in Richtung der Ziehkraft lautet also:

$$\Delta Z = \Delta P \cdot \sin\alpha + \mu \cdot \Delta P \cdot \cos\alpha .$$

Diese Beziehung gilt in gleicher Weise für den gesamten Querschnitt und lautet dann einfach:

$$Z = P \cdot \sin\alpha + \mu \cdot P \cdot \cos\alpha .$$

Um das Ergebnis der Ziehversuche mit Düsendrehung und den daraus ermittelten Kraftbedarf des reibungsfreien Ziehens für die Errechnung des Reibungsbeiwertes μ verwenden zu können, muß noch die Annahme gemacht werden, daß der Wanddruck im Falle des reibungsfreien Ziehens gleich dem Wanddruck P bei dem mit Reibung behafteten Ziehen ist. Ohne eine genaue Analyse des ganzen Vorganges, die hier jedoch zu weit führen würde, läßt sich der Fehler dieser Annahme nicht bestimmen. Sicher ist, daß er um so weniger ins Gewicht fallen wird, je größer bei gleichen Abnahmen der Ziehwinkel ist, und je größer bei gleichen Ziehwinkeln die Abnahmen sind, da in beiden Fällen der Anteil des für die Reibung erforderlichen Teilbetrages am Gesamtkraftbedarf sinkt.

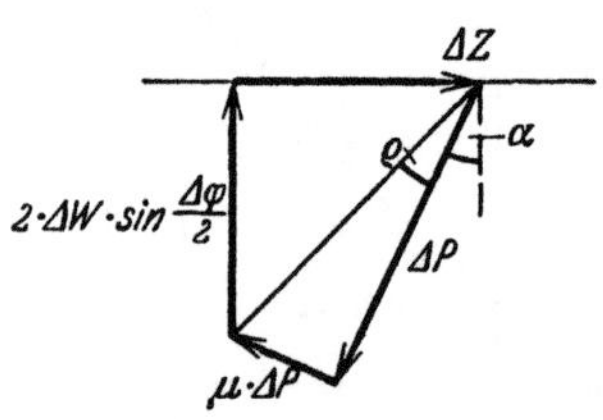

Abb. 47. Kräfteplan zur Berechnung des Reibungsbeiwertes μ.

Der versuchsmäßig ermittelte reibungsfreie Kraftbedarf Z_0 beträgt dann:

$$Z_0 = Z - \mu \cdot P \cdot \cos\alpha , \qquad (18)$$

woraus sich, da ja auch der Gesamtkraftbedarf Z bestimmt wurde, der Wanddruck P ergibt:

$$P = \frac{Z - Z_0}{\mu \cdot \cos\alpha} . \qquad (19)$$

Gleichung (19) in Gleichung (17) eingesetzt führt schließlich zu:

$$Z = \frac{Z - Z_0}{\mu} \cdot \operatorname{tg}\alpha + Z - Z_0 ,$$

$$\mu = \frac{Z - Z_0}{Z_0} \cdot \operatorname{tg}\alpha . \qquad (20)$$

Die auf diese Weise errechneten Werte des Reibungsbeiwertes μ bringt Tafel 9. Das Ergebnis spricht für die Zulässigkeit der angewandten Näherungsrechnung. Die ermittelten μ-Werte zeigen hinsichtlich des Düsenwinkels keine Abhängigkeit. Lediglich mit zunehmender Stichgröße ist eine geringe systematische Abnahme der errechneten Werte vorhanden. Scheidet man wegen der geringeren Zuverlässigkeit die beiden schwächsten Querschnittsabnahmen (6,5 und 11%) von der Mittelwertsbildung aus, so ergibt sich für den Reibungsbeiwert ein mittlerer Wert von:

$$\mu = 0{,}06 .$$

Tafel 9. **Errechnung des Reibungsbeiwertes μ aus den Ziehversuchen mit Düsendrehung.**

Düsenwinkel α °	Querschnittsabnahme q %	Ziehspannung für reibungsfreies Ziehen σ_0 kg/mm²	Ziehkraft für reibungsfreies Ziehen $Z_0 = \sigma_0 \cdot f_1$ kg	Gesamte Ziehkraft Z kg	$Z - Z_0$	$\frac{Z - Z_0}{Z_0}$	Reibungsbeiwert $\mu = \frac{Z - Z_0}{Z_0} \cdot \operatorname{tg}\alpha$
4	6,6	1,3	9,2	32,8	23,6	2,56	0,18
8	6,4	3,6	25,5	38,5	13,0	0,509	0,08
16	6,4	6,0	42,5	58,0	15,5	0,365	0,11
32	6,5	7,5	52,9	62,0	9,1	0,172	0,09
4	11,3	3,9	27,6	62,0	34,4	1,245	0,09
8	11,1	5,6	39,7	57,8	18,1	0,456	0,07
16	11,1	8,5	60,3	79,8	19,5	0,323	0,10
32	11,2	11,0	77,6	96,4	18,8	0,242	0,13
4	14,7	5,1	36,1	71,0	34,9	0,966	0,07
8	14,5	6,9	48,9	70,0	21,1	0,431	0,07
16	14,5	11,0	78,0	92,8	14,8	0,1898	0,06
32	14,8	14,7	103,8	117,8	14,0	0,135	0,07
4	19,9	8,0	56,6	116,0	59,4	1,048	0,07
8	19,8	9,7	68,8	99,3	30,5	0,443	0,07
16	19,8	15,5	110,0	128,5	18,5	0,168	0,05
32	20,0	20,2	142,5	158,8	16,3	0,1148	0,06
4	26,7	10,9	77,3	172,0	94,7	1,291	0,09
8	26,5	12,6	89,4	133,3	43,9	0,491	0,08
16	26,5	18,1	128,4	154,5	24,1	0,188	0,06
32	26,8	25,0	176,5	193,3	16,8	0,0952	0,05
4	35,8	18,0	127,5	219,7	92,2	0,723	0,05
8	35,7	19,5	138,3	181,5	43,2	0,312	0,05
16	35,7	22,5	159,5	197,5	38,0	0,2381	0,07
32	36,0	29,7	209,8	239,8	30,0	0,1431	0,08
8	43,5	28,2	200,1	274,0	73,9	0,369	0,06
16	43,5	31,1	220,6	266,3	45,7	0,207	0,06
32	43,7	39,1	276,0	302,8	26,8	0,0971	0,05
8	51,2	38,9	276,0	352,3	76,3	0,276	0,05
16	51,2	39,6	281,0	325,0	44,0	0,157	0,05
32	51,4	47,2	333,0	354,8	21,8	0,0654	0,04
8	58,7	48,3	338,0	430,0	92,0	0,272	0,05
16	58,5	49,4	348,0	406,5	58,5	0,168	0,05
32	58,8	55,1	385,0	423,5	38,5	0,100	0,05

Unter Benutzung dieses Wertes von μ ist nun entsprechend den oben gebrachten Gleichungen (11) und (12) von Sachs und von Siebel die Abhängigkeit des Gesamtkraftbedarfes von der Stichgröße errechnet und in Abb. 48 bzw. Abb. 49 in ihrem Verlaufe dargestellt worden. Ferner sind in Abb. 48 und 49 diesen theoretischen Kurven die Punkte der experimentell gefundenen Kraftbedarfswerte gegenübergestellt, und zwar nachdem diese gemäß den im vorigen Abschnitt gewonnenen Richtlinien auf die mittleren Fließwiderstände σ'_m bezogen und in ihren Abszissenwerten von den tatsächlichen auf die wirksamen Querschnittsabnahmen verlegt wurden. Die Errechnung dieser Werte bringt Tafel 8.

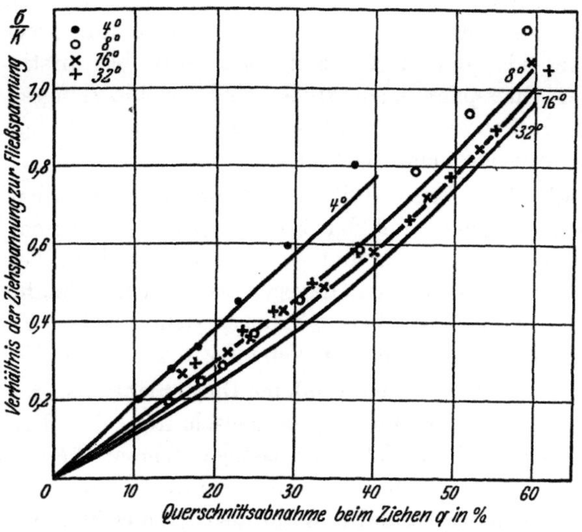

Abb. 48. Verhältnis der Ziehspannung zur Fließspannung in Abhängigkeit von der Querschnittsabnahme (nach Sachs).

Aus Abb. 48 und 49 geht hervor, daß der experimentell ermittelte und nach dem oben beschriebenen Verfahren rechnerisch reduzierte Kraftbedarf sowohl durch die Gleichung von Sachs als auch von Siebel ziemlich gut erfaßt ist. Die Abweichungen bei kleinen Abnahmen und großen Winkeln wurden schon beim reibungsfreien Ziehen im vorigen Abschnitt als Resteinfluß des ungleichmäßigen Materialflusses gedeutet,

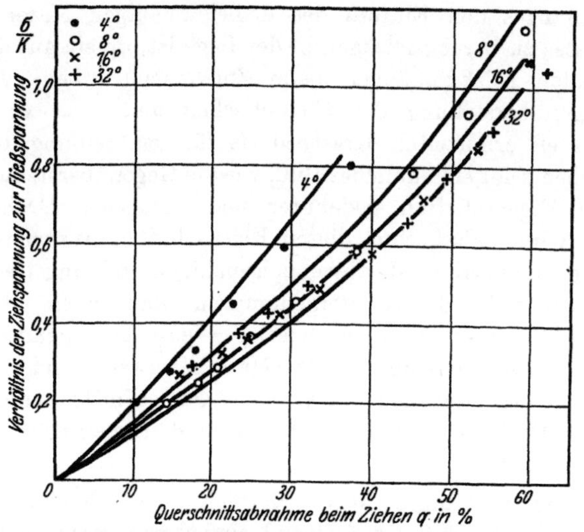

Abb. 49. Verhältnis der Ziehspannung zur Fließspannung in Abhängigkeit von der Querschnittsabnahme (nach Siebel).

für dessen Beseitigung das angewandte Reduktionsverfahren hier offenbar noch nicht voll genügt. Im Gebiet höherer Abnahmen läßt sich über eine Überlegenheit der einen oder anderen Theorie keine Aussage machen, insbesondere, wenn man berücksichtigt, daß sich die Lage der berechneten Kurven schon bei geringeren Änderungen von μ erheblich verschieben kann.

Es wurde schon oben (Abschn. B 1b) erwähnt, daß es mit der vorliegenden Versuchsapparatur nicht möglich war, bei Drehung der Stahldüsen noch einen einwandfreien Ziehvorgang zu erhalten. Die Torsionsbeanspruchung des Drahtes war infolge der großen Reibung so stark, daß die Drähte abgeschoren wurden. Die wenig verschiedenen Eigenschaften durch Stahldüsen und durch Elmariddüsen gezogener Drähte lassen aber den Schluß zu, daß der Verformungsanteil des Kraftbedarfs in beiden Fällen wenig verschieden ist. Der Mehrbedarf bei Stahldüsen dürfte also hauptsächlich dem Mehrbedarf an Reibungskraft entsprechen. Die Kraftbedarfskurven in Abb. 30 verlaufen jedoch zu ungleichmäßig, als daß eine einwandfreie Analyse, die sich auf den Verlauf der Ziehspannungen für reibungsfreies Ziehen in Abb. 39 stützen müßte, aussichtsreich erschiene. Man kann jedoch ganz roh schätzen, daß der Reibungsbeiwert für Stahldüsen auf Messingdraht ungefähr doppelt so groß ist, wie bei Elmariddüsen, d. h. etwa 0,1.

Schlußbemerkungen.

Durch die vorliegende Arbeit ist ein gewisser Einblick in den Fließvorgang beim Ziehen und die dadurch bewirkten Eigenschaftsänderungen erreicht worden. Einer Vervollständigung bedarf sie allerdings noch besonders hinsichtlich des Verhaltens von vornherein hartgezogener Drähte und hinsichtlich der Wirkung mehrerer aufeinanderfolgender Stiche. Jedoch kann man schon aus den verstreuten Angaben in der Literatur schließen, daß hierdurch die wesentlichen Erkenntnisse der Arbeit kaum eingeschränkt werden.

Was den Kraftbedarf anbetrifft, so ergibt sich hier die Begründung für die Wahl von Ziehdüsen mit bestimmten Ziehwinkeln, die der Praxis schon lange bekannt sind, darin, daß dann der geringste Kraftbedarf erforderlich ist. Mit zunehmender Querschnittsabnahme wird dieser günstige Ziehwinkel größer. Auf diesen Umstand dürfte die Verwendung von Ziehdüsen mit einem sich mehr als konisch aufweitenden Ziehkanal zurückzuführen sein, welche bei wechselnden Abnahmen stets einen günstigen Ziehwinkel liefern sollen. Diese Forderung dürfte sich heute wohl erübrigen, da man in der Regel in bestimmten Maschinensätzen mit festen Abnahmen arbeiten wird. Die Größe der günstigen Ziehwinkel ist abhängig von den Reibungsverhältnissen zwischen Werkstoff und Werkzeug. Bei kleiner Reibung kann auch der Ziehwinkel kleiner sein. Daher werden für das Ziehen von Stahldraht kleinere Ziehwinkel als für Messingdraht empfohlen. Bei Verwendung von Elmariddüsen kommt man auch mit kleineren Winkeln als bei Stahldüsen aus. Weiterhin kann man aus der Arbeit den Schluß ziehen, daß ein Werkstoff unter geeigneten Arbeitsbedingungen sehr große Abnahmen zuläßt. Die praktische Anwendung großer Stiche, die eine Forderung der Wirtschaftlichkeit ist, setzt jedoch die Existenz von Ziehmaschinen voraus, deren Kräfteverhältnisse entsprechend durchgearbeitet sind, und von Anspitzvorrichtungen, welche eine möglichst kräftige Anspitzung liefern.

Vom Standpunkte der Eigenschaften aus sind in jedem Falle möglichst kleine Ziehwinkel und möglichst große Abnahmen anzustreben. Hierdurch wird die Ungleichmäßigkeit des Materialflusses gering, deren Folgen stets unerwünscht sind: Reckspannungen, Überziehen usw. Weniger plastischer Werkstoff wird darin besonders empfindlich sein.

Die Anforderungen an die Ziehdüse sind also andere, je nachdem ob der Kraftbedarf oder die Eigenschaften ausschlaggebend sind. Wo im Einzelfalle das Optimum der Wirtschaftlichkeit liegt, kann nur auf Grund besonderer Versuche übersehen werden.

Zusammenfassung.

Die vorliegende Arbeit beschäftigt sich mit dem Kaltziehen von weichem Messingdraht (Ms 63) bei langsamer Ziehgeschwindigkeit. Es werden die maßgebenden Faktoren verfolgt, die den Kraftbedarf und die Eigenschaften eines in einem Zuge gezogenen Drahtes beeinflussen, insbesondere Querschnittsabnahme, Ziehkonuswinkel und Ziehkonusmaterial.

Ferner wurde durch eine besondere Versuchsanordnung der Anteil der äußeren Reibung am Gesamtkraftbedarf bestimmt. Der verbleibende Restbetrag kann mit Hilfe der im ersten Teil gebrachten Eigenschaften gezogener Drähte im zweiten Teil rechnungsmäßig als Verformungsanteil des Kraftbedarfes festgelegt werden. Als Schmiermittel wurde Rüböl verwendet.

Die Dehnungskurven der gezogenen Drähte in Abhängigkeit von der auf den Ursprungsquerschnitt bezogenen Querschnittsabnahme zeigen gegenüber reiner Zugreckung eine zusätzliche Verfestigung. Die Unterschiede sind bei kleinen Abnahmen und steilen Winkeln besonders groß. Dementsprechend sind die Streckgrenzen und Zugfestigkeiten gezogener Drähte größer, die Dehnungen und gleichmäßigen Querschnittsverminderungen kleiner als die der um den gleichen Verformungsbetrag gedehnten. Die gezogenen Drähte weisen die gleichen Kombinationen aus Festigkeits- und Dehnungswerten auf, wie Zugstäbe, welche um einen entsprechend größeren Verformungsbetrag gereckt sind. Infolgedessen kann die tatsächliche Verfestigung durch die Verformung q (wirkliche Querschnittsverminderung) durch eine gedachte Verformung q_w (wirksame Querschnittsverminderung) beschrieben werden, welche die gleiche Verfestigung durch Zug bewirkt hätte. Für diese Reduktion dient der Verlauf der Streckgrenzen.

Die Einschnürungen der gezogenen Drähte liegen bis auf die durch die 4°-Düse gezogenen Proben unterhalb der durch Zugreckung verfestigten Proben. Die 4°-Drähte zeigen zum Teil höhere Werte. Dies kann als eine Zunahme des Formänderungsvermögens durch Ziehen gedeutet werden. Die gegenüber Zugreckung zusätzliche Verfestigung der gezogenen Drähte wird durch die Feststellung entsprechend starker Randverfestigung zwanglos auf einen ungleichmäßigen Materialfluß zurückgeführt. Dieses über den Querschnittszonen verschiedenartige Fließen verursacht in den gezogenen Drähten Reckspannungen, deren Nachweis sowohl durch Abhobeln einer Drahthälfte als auch durch die Quecksilberprobe gelingt. Das erste Verfahren zeigt Größtwerte der Längsspannungen bei etwa 20% Abnahme, also dort, wo die zusätzliche Verfestigung und der prozentuale Festigkeitsunterschied der Kern- und Mantelzonen Größtwerte hat. Die Aufreißerscheinungen bei der Quecksilberprobe sind infolgedessen bei diesen Abnahmen am stärksten. Querrisse, welche Längsspannungen entsprechen, treten jedoch nur bei kleinen Abnahmen auf. Längsrisse bei großen Abnahmen weisen darauf hin, daß dort die nicht unmittelbar bestimmbaren Querspannungen größer sind als die Längsspannungen. Zwischen diesen beiden Grenzfällen treten Spiralrisse verschiedener Neigung auf.

Alle im ersten Teil beschriebenen Eigenschaften lassen erkennen, daß der Fließvorgang bei kleinen bis mittleren Abnahmen und steilen Düsenwinkeln besonders ungleichmäßig ist, dagegen bei großen Abnahmen und schlanken Winkeln ähnlicher dem idealen Fließvorgang beim Zugversuch verläuft.

Hinsichtlich des verwendeten Düsenmaterials ist kein Einfluß auf die Festigkeitseigenschaften der Drähte festgestellt. Lediglich das Gefüge scheint bei einer größeren Wandreibung dahin beeinflußt zu werden, daß die Kristallanordnung in den Randschichten im Sinne einer Ablenkung aus der Fasertextur verändert wird.

Der zweite Teil bringt die Ergebnisse der Kraftmessungen bei den Ziehversuchen. Es zeigen sich Mindestwerte des Kraftbedarfs, die sich von kleineren Abnahmen bei schlanken Düsenwinkeln zu größeren bei steilen Winkeln verschieben. Dieser Verlauf kann mit Hilfe der versuchsmäßig gelungenen Trennung von Reibungs- und Verformungsanteil als Wirkung von deren Überlagerung näher gedeutet werden. Es wird gezeigt, daß keine der bestehenden Theorien des Ziehvorganges den Einfluß des ungleichmäßigen Materialflusses zu berücksichtigen in der Lage ist, da sie auf den idealen Fließvorgängen beim Zugversuch fußen. Die Gegenüberstellung des theoretischen und des experimentell ermittelten Kraftbedarfs für das reibungsfreie Ziehen zeigt ein ähnliches Bild, wie die Gegenüberstellung der Eigenschaften gedehnter und gezogener Drähte. Es wird daher, von diesen Eigenschaften ausgehend, eine Reduktion des versuchsmäßigen reibungsfreien Kraftanteils derart vorgenommen, daß nach Einführung eines aus dem Streckgrenzenverlauf gemittelten Fließwiderstandes als Materialbeiwert und der oben beschriebenen wirksamen Querschnittsabnahme eine Deckung zwischen Theorie und Experiment erzielt wird.

Der Reibungsbeiwert läßt sich aus Ziehversuchen mit Düsendrehung auf Grund einfacher Annahmen bestimmen; er ergibt sich für das Ziehen von Messing mit Elmariddüsen für alle Düsenwinkel und Abnahmen zu rund 0,06, mit Stahldüsen zu schätzungsweise 0,1.

Die Übertragung der beim reibungsfreien Ziehen entwickelten Reduktionsmethode auf den versuchsmäßig ermittelten Gesamtkraftbedarf führt unter Zugrundelegung des Reibungsbeiwertes von 0,06 zu einer angenäherten Übereinstimmung der theoretischen Ansätze mit den Versuchsergebnissen.

Anhang.

1. Versuche an weichem Stahldraht.

Um die Frage zu prüfen, inwieweit die in vorstehender Arbeit für das Ziehen von Messingdraht gewonnenen Ergebnisse auch für andere Materialien zutreffen, wurden von H. Winter mit der gleichen Apparatur einige ergänzende Versuche an niedrig gekohltem Stahldraht (Schweißdraht mit 0,04% C*) durchgeführt. Die in gleicher Weise wie bei Messing auf die Ausgangsdurchmesser vorgezogenen Drähte wurden vor den Versuchszügen bei 930° C 15 Min. ausgeglüht und sehr langsam abgekühlt. Die Ergebnisse von Zugversuchen und Kraftbedarfsmessungen sind in Tafel 10 und Abb. 50 bis 56 zusammengestellt.

Tafel 10. Festigkeit σ_B, Dehnung δ_{10}, Streckgrenze σ_s, Einschnürung ψ und Ziehspannung σ_z in Abhängigkeit von der Querschnittsabnahme. (Stahldraht, Elmariddüsen).

Düsenwinkel α	Querschnittsabnahme q	Festigkeit σ_B	Dehnung δ_{10}	Streckgrenze σ_s	Einschnürung ψ	Ziehspannung Z/f_1 σ_z
°	%	kg/mm²	%	kg/mm²	%	kg/mm²
—	0	34,5	43,1	21,0	72,7	—
4	2,55	36,0	39,5	28,0	73,0	2,32
8	2,54	36,7	36,4	29,5	70,1	4,05
16	2,09	37,3	37,4	31,0	71,7	6,88
32	1,31	37,3	36,5	28,5	71,2	6,65
4	5,54	37,5	36,7	33,7	72,4	5,64
8	5,98	38,2	28,5	35,0	71,3	6,60
16	5,53	39,3	28,5	38,0	71,3	9,80
32	4,93	40,2	26,7	38,0	70,5	11,41
4	14,5	41,3	22,2	40,0	69,4	10,72
8	14,5	42,5	12,0	43,0	68,7	11,2
16	14,5	45,1	8,6	45,8	68,6	15,4
32	14,4	47,7	8,6	48,0	66,7	20,6
4	26,2	47,7	11,9	48,2	65,9	22,0
8	26,0	48,5	8,9	49,0	65,5	19,6
16	26,3	50,3	7,2	50,8	63,2	23,1
32	26,5	52,7	6,7	53,4	62,0	29,9
4	35,4	50,8	9,9	52,4	64,2	31,6
8	35,4	51,3	7,5	52,4	64,0	27,5
16	35,5	53,2	8,2	54,0	63,0	29,3
32	36,5	55,0	6,9	56,0	60,0	36,2
4	43,8	53,7	9,9	55,0	61,5	42,0
8	43,8	54,3	7,9	55,0	63,0	36,2
16	43,8	55,2	7,8	56,5	62,0	36,6
32	45,0	57,5	7,5	58,5	58,5	42,8
4	51,9	56,2	6,7	57,0	58,9	52,3
8	52,0	57,0	6,6	57,7	58,7	46,4
16	52,0	57,4	7,8	58,8	58,8	45,8
32	53,1	59,0	6,8	60,7	56,3	51,7

In Abb. 50 sind zunächst die aus Zugversuchen ermittelten Festigkeitseigenschaften der gezogenen Drähte dargestellt. Die Werte des weichen Stahls verlaufen sinngemäß nicht sehr verschieden von denen der untersuchten Messingdrähte (Ms 63). Hierdurch wird ein Vergleich der Ergebnisse unserer Versuche an Stahl und Messing auch ohne genauere Auswertung ermöglicht. Der aus Abb. 50 ersichtliche Umstand, daß der Stahl bei kleinen Abnahmen einen größeren Fließwiderstand aufweist als Messing, fällt dabei kaum ins Gewicht.

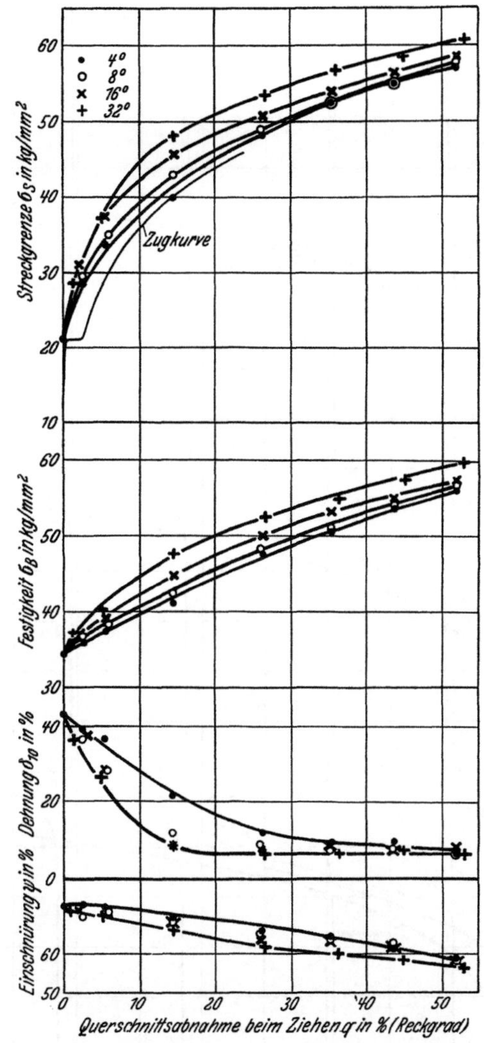

Abb. 50. Festigkeitseigenschaften gezogener Stahldrähte in Abhängigkeit von der Querschnittsabnahme (Elmariddüsen).

Abb. 51 bis 54 bringt die Dehnungskurven gezogener Drähte und die Zugkurve des Ausgangsmaterials, wobei die Abszissen, wie in Abb. 6 bis 9 für Messing, auf den Ausgangsquerschnitt bezogen sind. Es zeigt sich wieder das gleiche Bild wie bei Messing, nämlich eine zusätzliche Verfestigung der gezogenen Drähte gegenüber dem Zugversuch, deren Betrag bei kleinen Abnahmen und großen Winkeln besonders hoch ist.

Abb. 55 zeigt die Abhängigkeit der Ziehspannungen vom Düsenwinkel. Der Ziehwinkel geringsten Kraftbedarfs ändert sich hier von kleinsten Düsenwinkeln bei geringen Abnahmen bis zu etwa 16° bei den höchsten Abnahmen (52%). Gegenüber Messing erscheint dieser günstige Ziehwinkel etwas zu kleineren Abnahmen verschoben.

Der Verlauf der Ziehspannungen über der Querschnittsabnahme in Abb. 56 zeigt ebenfalls grundsätzlich das gleiche Bild wie bei Messing. Auch hier beginnen die 4°-Drähte mit den geringsten und die 32°-Drähte mit den höchsten Ziehspannungen. Bei höheren Ab-

* Das Material wurde von der Firma Kjellberg Elektroden G. m. b. H., Berlin, in Form von Stangen, 5 mm Dmr., bezogen.

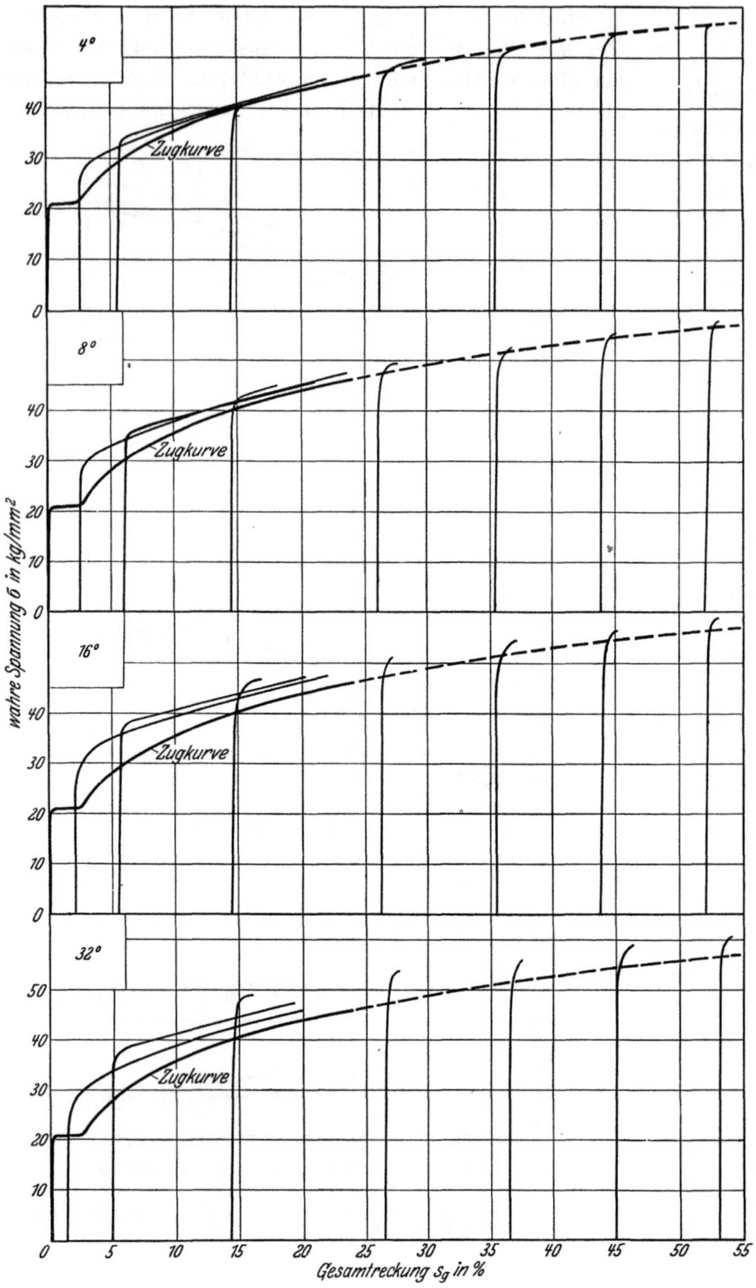

Abb. 51—54. Dehnungskurven gezogener Stahldrähte (Elmariddüsen).

nahmen steigen dann die Ziehspannungen schlanker Winkel über alle anderen Werte hinaus, während die durch die steilste Düse gezogenen Drähte den geringsten Werten zustreben. Im Bereich der geringen und mittleren Abnahmen läßt der gegenüber Messing erheblich größere Unterschied der Ziehspannungen auf einen noch ungleichmäßigeren Materialfluß als bei Messing schließen. Bei höheren Abnahmen weichen anderseits die Ziehspannungen der durch schlanke Düsen gezogenen Drähte nicht so stark von denen

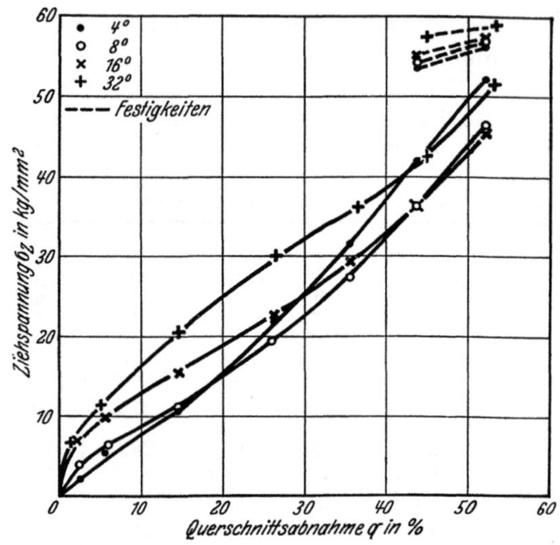

Abb. 56. Ziehspannungen in Abhängigkeit von der Querschnittsabnahme (Stahldraht, Elmariddüsen).

steiler Düsen ab, wie dies bei Messing der Fall ist. Man kann hieraus auch ohne eingehendere Rechnung schließen, daß der Reibungswert zwischen Stahl auf Elmarid kleiner ist als er für Messing auf Elmarid ermittelt wurde, schätzungsweise $^2/_3$ ($\sim$0,04).

Das weitgehend gleichartige Verhalten von Messing und Stahl läßt den Schluß zu, daß die in unserer Arbeit aufgedeckten Gesetzmäßigkeiten für jeden Werkstoff in geglühtem Ausgangszustand Gültigkeit haben. Wie weit sie auf vorgezogene Drähte anwendbar sind, muß weiteren Untersuchungen vorbehalten bleiben.

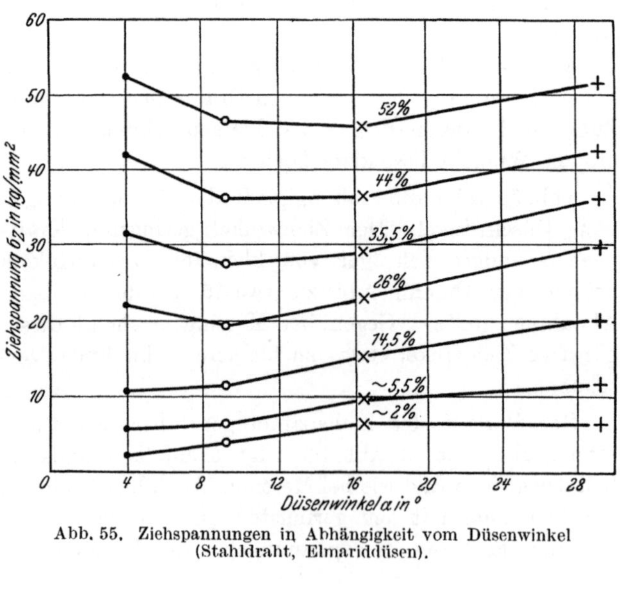

Abb. 55. Ziehspannungen in Abhängigkeit vom Düsenwinkel (Stahldraht, Elmariddüsen).

2. Versuche an hartem Messingdraht.

Einen gewissen Einblick in das Verhalten vorgezogener Drähte geben uns einige Vorversuche an Messingdrähten, die vom Anlieferungszustand ohne Zwischenglühung auf die Ausgangsdurchmesser vorgezogen und dann mit den Versuchsdüsen weitergezogen wurden. Hierbei kamen Stahldüsen zur Verwendung. Diese Ziehversuche gelangen einwandfrei nur mit den Düsen von 2° bis 15,5°. Bei der Düse mit 33° Wandneigung erfolgte bei den Versuchen im Ziehkonus keine spanlose Umformung, sondern der überstehende Querschnittsring wurde von den Kanten der Ziehdüse einfach abgeschoren.

Die in Tafel 11 als Mittelwerte aus 3 Versuchen dargestellten Festigkeiten der Ausgangsdrähte nehmen mit

Tafel 11. Festigkeiten und Ziehspannungen der hartgezogenen Messingdrähte (Stahldüsen).

Draht-durchmesser vor dem Versuchszug d_0	Festigkeit vor dem Versuchszug σ_{B_0}	Düsenwinkel α 2°			Düsenwinkel α 4°			Düsenwinkel α 8°			Düsenwinkel α 15,5°		
		Durchmesser nach dem Zug d_1	Ziehspannung σ_z	Festigkeit nach dem Zug σ_{B_1}	Durchmesser nach dem Zug d_1	Ziehspannung σ_z	Festigkeit nach dem Zug σ_{B_1}	Durchmesser nach dem Zug d_1	Ziehspannung σ_z	Festigkeit nach dem Zug σ_{B_1}	Durchmesser nach dem Zug d_1	Ziehspannung σ_z	Festigkeit nach dem Zug σ_{B_1}
mm	kg/mm²	mm	kg/mm²	kg/mm²	mm	kg/mm²	kg/mm²	mm	kg/mm²	kg/mm²	mm	kg/mm²	kg/mm²
4,99	51,0	—	—	—	—	—	—	—	—	—	—	—	—
4,31	61,5	—	—	—	—	—	—	—	—	—	—	—	—
4,04	66,8	—	—	—	—	—	—	—	—	—	3,03	(80,9*)	—
3,79	69,7	—	—	—	—	—	—	3,04	74,2	81,7	3,05	67,6	81,3
3,53	72,8	—	—	—	—	—	—	3,05	55,0	81,3	3,06	53,2	81,4
3,29	75,7	2,97	73,3	82,4	2,99	65,1	82,5	3,05	38,2	81,6	3,07	34,8	81,3
3,11	77,2	3,00	44,8	81,0	3,00	38,4	81,3	3,06	24,7	80,6	3,08	22,6	79,9

fallendem Durchmesser entsprechend dem wachsenden Ziehgrad von 51,0 auf 77,2 kg/mm² zu.

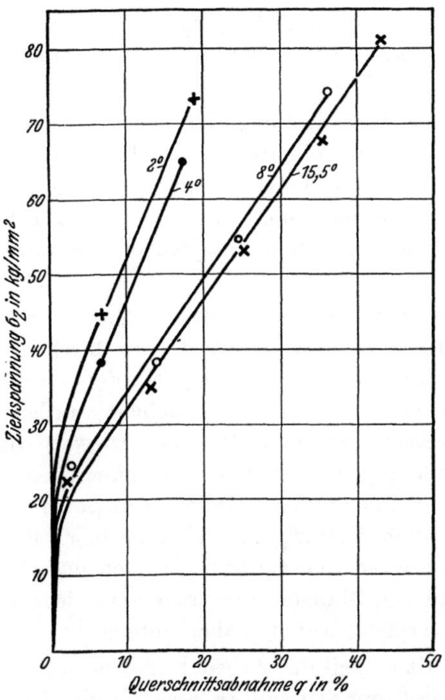

Abb. 57. Ziehspannungen in Abhängigkeit von der Querschnittsabnahme bei hartem Messingdraht (Stahldüsen).

Die ebenfalls in Tafel 11 gebrachten Festigkeiten der gezogenen Drähte wurden praktisch konstant zu rund 81 ± 1 kg/mm² festgestellt (Mittelwert aus zwei Versuchen). Dies entspricht ihrem insgesamt gleichen Ziehgrad. Auffällig ist es aber, daß im Gegensatz zu den geglühten Drähten Ziehgrad und Düsenwinkel der Versuchszüge ohne Einfluß sind. Bemerkenswert ist anderseits der verhältnismäßig große Sprung der Festigkeit beim Ziehen mit der kleinsten Abnahme von rund 5% (von 77 auf 81 kg/mm²).

Der Verlauf der Ziehspannungen in Abb. 57 und Tafel 11 (Mittelwert aus 2 Versuchen) unterscheidet sich grundsätzlich von dem bei den geglühten Stoffen dadurch, daß die Kurven für die einzelnen Düsenwinkel sich nicht überschneiden, sondern durchweg um so niedriger laufen, je größer der Düsenwinkel ist. Nach den Ausführungen in Abschnitt B 1 entspricht dies dem reinen Einfluß der Reibung, so daß danach der Anteil des Verformungswiderstandes am Kraftbedarf für alle Düsenwinkel wenig verschieden sein muß. Dies könnte sowohl darauf beruhen, daß die Ungleichmäßigkeit des Materialflusses gering ist, als auch darauf, daß sie groß aber wenig abhängig vom Düsenwinkel ist. Zu vermuten ist, daß hier beim harten Draht der letztere Fall vorliegt. Denn eine Berechnung des reduzierten Kraftbedarfs — d. h. der Ziehspannung, dividiert durch den unter Zugrundelegung der Festigkeiten ermittelten mittleren Fließwiderstand — ergibt auffallend hohe Werte, die erheblich über denen für den geglühten Messingdraht liegen. Auch der oben erwähnte Sprung in der Festigkeit spricht für diese Auffassung. Auffällig bleibt im Gegensatz zum weichen Draht die geringe Abhängigkeit vom Düsenwinkel. Ein Vergleich zwischen Ziehen und Zugversuch ist dann aber auch nicht in der einfachen Weise möglich, wie beim geglühten Material.

* Gerissen.

Kraftbedarf und Fließvorgänge beim Stangenpressen.

Einleitung.

Für die Umformung der Metalle vom Guß zum Halbfabrikat hat das Stangenpressen bei höheren Temperaturen auf der Strangpresse in den letzten Jahrzehnten steigende Bedeutung gewonnen. Trotz seiner heutigen weiten Verbreitung in der Nichteisenmetallindustrie hat das Verfahren jedoch in die Literatur der mechanischen Technologie bisher kaum Eingang gefunden. Auch in der Fachliteratur finden sich noch keine systematischen Untersuchungen, welche ein geschlossenes Bild über die das Strangpressen beeinflussenden Faktoren ergeben.

Die zurzeit vorliegenden Untersuchungen von Schweißguth[1], Doerinckel und Trockels[2],

[1] P. H. Schweißguth: Der Vorgang des Fließens im gepreßten Messingblock beim hydraulischen Spritzen von Stangen. Z. V. d. I. Bd. 62, S. 281—286. 1918; Schmieden und Pressen. Berlin 1923.

[2] F. Doerinckel und J. Trockels: Fließvorgänge im Messingblock beim Stangenpressen. Z. Metallkunde Bd. 13, S. 466—473. 1921.

Genders[3, 4], Schmidt[5] und Unckel[6] beschäftigen sich fast ausschließlich damit, einen Aufschluß über den Fließvorgang beim Stangenpressen zu gewinnen. Dabei ist entweder so vorgegangen worden, daß ein teilweise herausgepreßter Block nachträglich der Länge nach aufgeschnitten und geätzt wurde, wobei die Fließbewegung an der Verformung der Kristalle erkennbar ist, oder besser derart, daß ein aus Schichten verschiedenen Materials zusammengesetzter Block verpreßt und aufgeschnitten wurde. Es interessierte besonders die eigentümliche Erscheinung, daß bei Messing die Außenschicht des Blockes an einer Stelle stark gestaucht wird und allmählich in den Kern wandert, wodurch gegen Ende des Preßvorganges unganze Stellen in der gepreßten Stange entstehen. Eigentümlicherweise zeigen aber z. B. die von Unckel[6] wiedergegebenen Aufnahmen sowohl bei Messing als auch Aluminium diese Erscheinungen nicht in dem von den anderen Forschern beobachteten Maße.

Umfangreiche Versuche an geschichteten Körpern von Blei und keramischen Massen bei Raumtemperatur sind schon von Tresca[7] und Obermayer[8] ausgeführt worden. Diese Versuche zeigen im allgemeinen einen wesentlich gleichmäßigeren Verlauf der Fließvorgänge als die Warmpreßversuche. Versuche von Unckel[6] an Plastilin stehen in Übereinstimmung mit denen von Tresca.

Messungen des Kraftbedarfes unter praktischen Verhältnissen finden sich nur gelegentlich in den angeführten Arbeiten ohne nähere Angabe der Bedingungen. Allein Portevin[9] bringt kurz eine an Hand von Versuchen auf einer besonders konstruierten Laboratoriumspresse gewonnene Formel für den Kraftbedarf, welche die Querschnittsabnahme, Querschnittsgestalt, Blocklänge, Düsenform, sowie die Reibung berücksichtigt. In die Formel geht auch der Widerstand des Materials ein, der durch einen Druckversuch ermittelt werden soll.

Die bisherigen Versuche reichen somit noch keineswegs aus, um ein klares Bild von den Fließvorgängen und dem Kraftverlauf beim Stangenpressen zu gewinnen. — Die vorliegende Arbeit bezweckt daher, dieses Bild in einigen Punkten zu erweitern. Bei dem Umfange und der Undurchsichtigkeit des Fragenkomplexes war es natürlich nur möglich, einen kleinen Ausschnitt daraus zu behandeln. Und zwar ergab sich die Gliederung der Arbeit daraus, daß versucht worden ist, die für den Kraftbedarf und den Fließverlauf in erster Linie maßgebenden Faktoren zu erkennen und ihre Wirkung wenigstens in groben Zügen zu erfassen.

Hierzu erschien es zunächst notwendig, dem Problem in möglichst einfachen Laboratoriumsversuchen nachzugehen. Der erste Teil der Arbeit beschäftigt sich daher einmal mit der Feststellung des Kraftbedarfes beim Kaltpressen in einer Apparatur kleinen Ausmaßes unter verschiedenen Bedingungen. Anschließend wurde durch ein besonderes ,,Netzteilungsverfahren" die Geometrie der Fließvorgänge untersucht.

Auf die Untersuchung der Vorgänge beim Warmpressen in kleinem Maßstabe im Laboratorium wurde verzichtet, da die Wärmeableitung der Apparatur, — auch bei deren Beheizung —, den in der Praxis herrschenden Verhältnissen nicht entsprechend gestaltet werden kann.

Im zweiten Teile der Arbeit wird dann von Versuchen über Warmpressen berichtet, die durch großzügiges Entgegenkommen der Hirsch, Kupfer- und Messingwerke A.-G., Finow/Mark, ermöglicht wurden*. Durch diese Versuche wurde festgestellt, wieweit die laboratoriumsmäßig gewonnenen Erkenntnisse hinsichtlich des Kraftbedarfs und der Fließvorgänge im praktischen Betriebe eine Bestätigung erfuhren bzw. sich Abweichungen zeigten. Ferner wurden auch das Gefüge und die Härte von Stangen, die unter verschiedenen Bedingungen verpreßt waren, näher untersucht.

Ein dritter Teil der Arbeit bringt noch die Entwicklung einer Formel für den Kraftbedarf beim Stangenpressen, sowie den Versuch, den Kraftbedarf mit dem aus Stauchversuchen ermittelten Fließwiderstand in Zusammenhang zu bringen.

A. Laboratoriumsversuche über Kaltpressen.

1. Versuchsdurchführung und Werkstoffe.

Die Untersuchungen der Kaltpreßvorgänge wurden sämtlich mit der in Abb. 1 schematisch wiedergegebenen Preßvorrichtung durchgeführt. Diese ist einer von

[3] R. Genders: The extrusion defect. J. Inst. Metals Bd. 26, S. 237—259. 1921, II. — The extrusion defect in brass rods extruded from a multiple die. J. Inst. Metals Bd. 29, S. 279—283. 1923, I.

[4] R. Genders: The extrusion of brass rod by the inverted process. J. Inst. Metals Bd. 32, S. 313—323. 1924, II.

[5] W. Schmidt: Das Pressen von Stangen aus Elektronmetall. Z. Metallkunde Bd. 19, S. 378—384. 1927.

[6] H. Unckel: Über die Fließbewegung in plastischem Material. Berlin: Julius Springer 1928. — Einiges über die Fließbewegung beim Pressen von Stangen und Rohren sowie beim Ziehen. Z. Metallkunde Bd. 20, S. 323—330. 1928.

[7] H. Tresca: Sur l'écoulement des corps solides soumis à de fortes pressions. Comptes Rendus 59, S. 754—758. 1864, II; 64, S. 809—812. 1867, I. — Mémoire sur l'écoulement des corps solides. Mém. Sav. Ac. Sc. Bd. 18, S. 733 bis 799. 1868; Bd. 20, S. 75—135. 1872. — Complément au mémoire sur l'écoulement des corps solides. Mém. Sav. Ac. Sc. Bd. 20, S. 281—286. 1872.

[8] A. v. Obermayer: Versuche über den Ausfluß plastischen Tones. Sitzungsber. Wien. Ak. Bd. 58, II, S. 737—755. 1868. — Ein Beitrag zur Kenntnis zähflüssiger Körper. Sitzungsber. Wien Ak. Bd. 75, I, S. 665—678. 1877. — Versuche über den Ausfluß fester Körper, insbesondere des Eises unter hohem Druck. Sitzungsber. Wien. Ak. Bd. 113, S. 511—566. 1904.

[9] A. Portevin: Les essais à chaud des métaux et alliages par compression et par filage. Rev. Mét. Bd. 26, S. 435—443. 1929.

* Die Versuche wurden im laufenden Betriebe durchgeführt, der weitgehend darauf Rücksicht nahm. Wir sind hierfür besonders Herrn Dir. Dr.-Ing. M. Tama, sowie den Herren M. Löwenstein und M. Meyerbach zu Dank verpflichtet. Die Durchführung der Versuche ging durch die wertvolle Unterstützung von Herrn Betriebsleiter O. Henning, der uns mit Rat und Tat zur Seite stand, sowie durch die freundliche Mitarbeit des an den Versuchen beteiligten Personals sehr schnell und mit großer Präzision vonstatten. Für die Herstellung einer größeren Zahl von Schliffen und die Durchführung von einigen Härtemessungen haben wir dem Leiter der Materialprüfungsanstalt Herrn Dr.-Ing. A. Schimmel zu danken.

Kurnakow und Zemczuzny[10] für Fließdruckmessungen an Metallen und Salzen benutzten Apparatur nachgebaut. Der Rezipient *A* und die Matrize *M* werden durch den

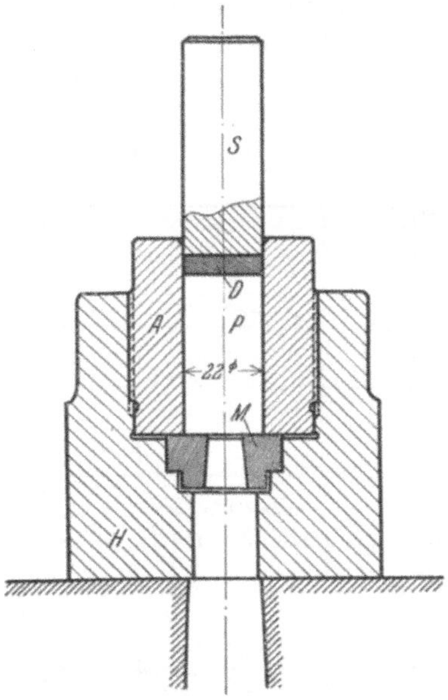

Abb. 1. Schematische Skizze einer Vorrichtung für Preßversuche. *S* = Stempel, *A* = Aufnehmer, *M* = Matrize, *H* = Mantelkörper, *P* = Probeblock, *D* = Druckplatte.

Mantelkörper *H* zusammengehalten. Der Rezipient besaß für die meisten Versuche eine lichte Weite von 22 mm, in einigen auch einen lichten Durchmesser von 11 mm und eine Länge von 50 mm. Es kamen Matrizen verschiedenen Durchmessers und verschiedener Profile zur Verwendung, die bei den betreffenden Versuchen noch beschrieben werden. Stempel und Rezipient waren mit geringem Spiel ineinander eingeschliffen (Edelpassung: Schiebesitz*). Vor den Stempel konnten Druckplatten *D* verschiedener Form gesetzt werden. Rezipienten und Stempel bestanden aus hochwertigem gehärteten Werkzeugstahl. Für einzelne Versuche kamen auch Matrizen aus ungehärtetem Flußstahl zur Verwendung.

Die Versuche selbst wurden entsprechend Abb. 2 auf einer hydraulischen Pohlmeyer-Universalmaschine von 50 t Höchstlast durchgeführt. Sie konnte mittels Feinregulierventil auf eine gleichmäßige Geschwindigkeit eingestellt werden. Mit Hilfe einer selbstentworfenen elektrischen Zeitsignalvorrichtung, — in Abb. 2 rechts neben der Maschine sichtbar, — die nach Wunsch alle 5, 10, 15, 30, 60 oder 300 Sekunden ein Signal gab, und einer Skala mit Millimeterteilung und Nonius wurde die Geschwindigkeit der Maschine eingestellt. Eichversuche ergaben, daß diese im Leerlauf und bei Belastung praktisch gleich blieb. Ferner wurde zur Kontrolle die Höhe des Preßrestes ausgemessen und mit Hilfe der reinen Preßzeit die Preßgeschwindigkeit berechnet. Der Probeblock wurde in den Rezipienten gelegt und die Preßvorrichtung auf ein Rohr gesetzt, das die ausfließende Stange aufnahm**. Das Schaubild des Preßvorganges wurde aus den Ablesungen des Kraftanzeigers der Maschine in den durch die Zeitsignalvorrichtung angegebenen Zeitabschnitten konstruiert. Abb. 3 und ff. lassen die kennzeichnende Gestalt des Kraftdiagramms bei unseren Versuchen erkennen, die der aus der Praxis her für das Warmpressen bekannten sehr ähnlich sieht (vgl. Schweißguth[1]).

Abb. 2. Versuchseinrichtung für Preßversuche.

[10] N. Kurnakow und S. Zemczuzny: Elektrische Leitfähigkeit und Fließdruck isomorpher Gemische des Bleies mit Indium und Thallium. Z. anorg. Chem. Bd. 64, S. 149—183. 1909. — Fließdruck und Härte plastischer Körper. Jahrb. Rad. Bd. 11, S. 1—66. 1914.

* Die Preßvorrichtung wurde von Herrn Mechanikermeister Lütge, Berlin-Dahlem, geliefert, die genau geschliffenen Rezipienten, Stempel und Matrizen von der Firma Hinz & Martin, Berlin-Schöneberg.

** Interessant ist es, daß ein dünner Preßdraht sich im Rohr auf der Bodenplatte selbsttätig zu einem Ring aufwickelte.

Der Druck steigt anfänglich stark an, erreicht ein Maximum, wenn das Material aus der Matrize auszufließen beginnt. Entsprechend der infolge der abnehmenden Blocklänge ständig abnehmenden Reibung an den Wänden des Rezipienten sinkt der Kraftbedarf dann ständig. Er erreicht einen Mindestwert, wenn der Block nahezu vollständig verpreßt ist und unter Trichterbildung und Zusammenziehung des ausfließenden Stangenendes (s. Abschnitt A 3 b) den Rezipienten verläßt. Da die geringe Blockmaterialschicht, die noch zwischen Stempel und Matrize verbleibt, nicht restlos ausgepreßt werden kann, steigt darauf der Preßdruck wieder steil an.

Je nach dem verwendeten Stoffe (Blei und Zinn) und den Preßbedingungen zeigen sich geringe Unterschiede. Die Abweichungen gleichartiger Versuche bewegten sich im allgemeinen um $\pm 5\%$. Bei der Wiederholung von Versuchsreihen ist die Übereinstimmung im allgemeinen weniger gut, da meist geringe Abweichungen in den Versuchsbedingungen nicht zu vermeiden sind.

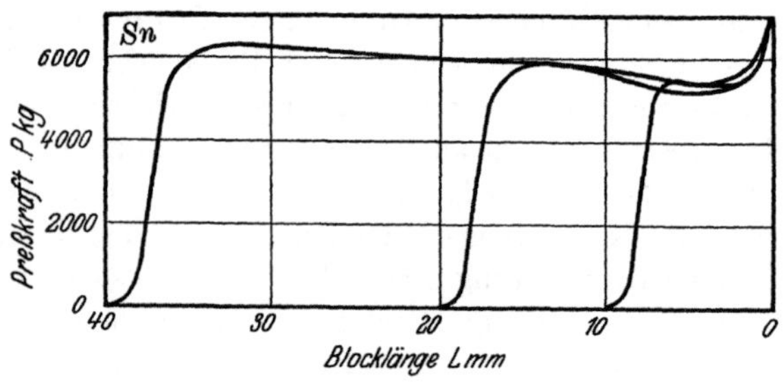

Abb. 3. $D = 22$ mm, $d = 11$ mm, $v = 0{,}1$ mm/s.

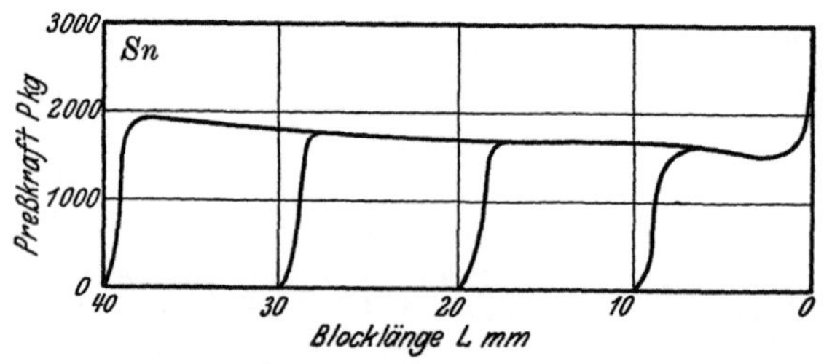

Abb. 4. $D = 12$ mm, $d = 6$ mm, $v = 0{,}1$ mm/s.

Abb. 3 und 4. Einfluß der Blocklänge auf den Kraftverlauf beim Pressen von Zinn.
(D = Rezipientendurchmesser,
d = Matrizendurchmesser,
v = Stempelgeschwindigkeit.)

Als Probenmaterial wurde reines Blei (Saxoniablei) und Zinn (Straitszinn) gewählt, das in Stangen von 22 mm Durchmesser angeliefert wurde*.

Die Versuchsblöcke wurden von der Stange abgestochen und auf Maß abgedreht. Um möglichst gleichmäßige Eigenschaften zu erhalten, wurden sie darauf eine halbe Stunde in siedendem Wasser angelassen.

2. Versuche über den Kraftbedarf.

a) Einfluß der Blocklänge und der Matrizenlänge.

Zunächst wurde festgestellt, welchen Einfluß die Länge des Blockes auf den Verlauf des Kraftbedarfes hat. Hierzu wurden Zinnblöcke von 10 bis 40 mm Länge und 22 bzw. 12 mm Durchmesser durch Matrizen von 11 bzw. 6 mm Durchmesser gepreßt.

* Den Firmen Haendler & Natermann, Hann.-Münden, und Staatl. Sächs. Hütten- und Blaufarbenwerke, Halsbrücke, haben wir für die freundliche Überlassung größerer Mengen Versuchsmaterials zu danken.

Das Ergebnis in Abb. 3 und 4 zeigt, daß eine kurze Probe sich in bezug auf den Kraftbedarf genau so verhält, wie eine auf die gleiche Länge heruntergepreßte, ursprünglich längere Probe. Für einen bestimmten Stoff kennzeichnend ist daher nach Abb. 5 und 6 vor allem der Mindestwert des Kraftbedarfes beim Pressen, der sich unabhängig von der Blocklänge einstellt, kurz bevor das gesamte Material aus dem Rezipienten herausgepreßt ist.

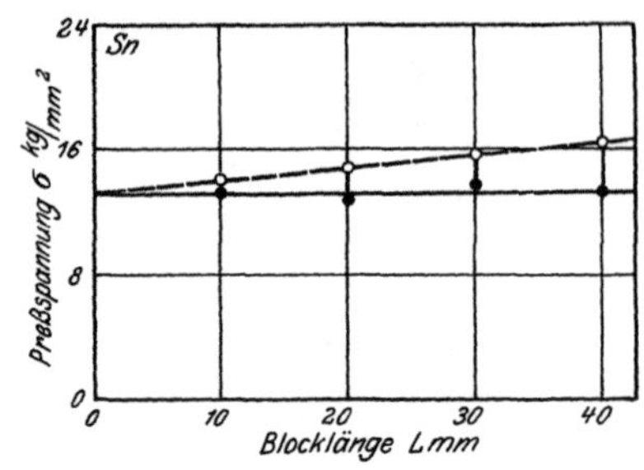

Abb. 5. $D = 22$ mm, $d = 11$ mm, $v = 0{,}1$ mm/s.

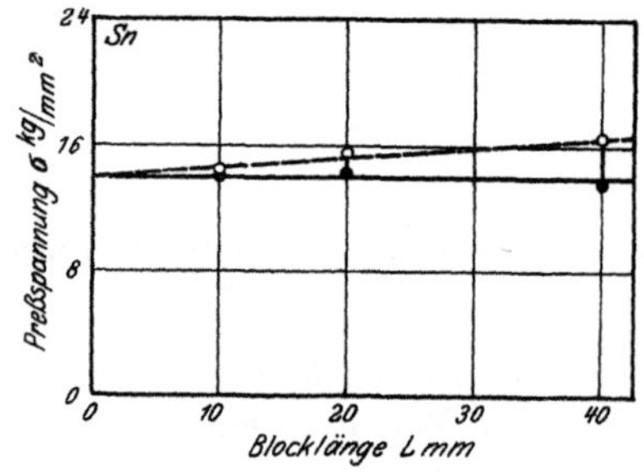

Abb. 6. $D = 12$ mm, $d = 6$ mm, $v = 0{,}1$ mm/s.

Abb. 5 und 6. Einfluß der Blocklänge auf den Kraftbedarf.
○ = Anfangswerte, ● = Mindestwerte.

Aus diesen Versuchen haben wir die Berechtigung hergeleitet, unsere Versuche zwecks Material- und Zeitersparnis an verhältnismäßig kurzen Probeblöcken durchzuführen, und zwar in der Regel von 30 mm Länge.

Ferner lassen Abb. 3 und 4 erkennen, daß bei geometrischer Ähnlichkeit der Probekörper der Kraftbedarf annähernd dem Querschnitt proportional ist, bzw. die Preßspannung (Abb. 5 und 6) vom Querschnitt unabhängig ist. Obwohl wir dieses Ähnlichkeitsgesetz[11] nicht eingehender untersucht haben, ist danach wohl anzunehmen, daß es auch für die Vorgänge beim Stangenpressen Gültigkeit hat. Daher ist in Abb. 5 und 6, sowie in den folgenden Darstellungen im allgemeinen als Ordinate die Preßspannung in kg/mm², d. i. der auf den Blockquerschnitt bezogene Preßdruck, aufgetragen.

Weitere orientierende Versuche betrafen die Abhängigkeit des Kraftbedarfes von der Länge des zylindrischen Teiles l der Matrize. Für die meisten Versuche wurde die praktisch bevorzugte, scharfkantige Matrizenform nach Abb. 7 gewählt. Über die Wahl der zylindrischen Länge bestehen keine Vorschriften. Im allgemeinen wird diese jedoch in der Praxis möglichst kurz gehalten.

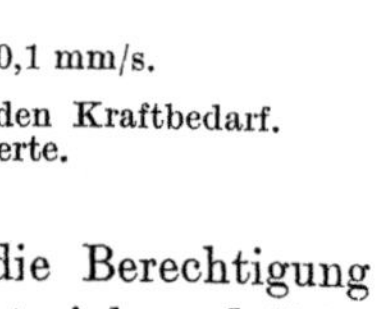

Abb. 7. Form der Matrize.

Unsere Versuche haben nun gezeigt, daß der Kraftbedarf nur in sehr geringem Maße von der zylindrischen Länge des Preßkanals abhängig ist, wenn dieser eine

[11] F. Kick: Mechanische Technologie. 2. Aufl. Leipzig 1908.

tadellos polierte Oberfläche aufweist. Es ergab sich bei Verwendung von gehärteten, polierten Matrizen bei einem Matrizenkanal von 1 bzw. 15 mm Länge an Stichversuchen mit Zinn kein Unterschied, der über die Fehlergrenzen der Versuche hinausging. Dagegen stieg der Kraftbedarf bei einer ungehärteten Matrize mit 15 mm langem Kanal, dessen Oberfläche nur geschruppt war, fast auf den doppelten Wert wie bei einem 1 mm langen Kanal. Der starke Einfluß der Matrizenlänge bei Matrizen mit unpolierter Oberfläche (Drehriefen) geht auch aus der in Abb. 8 wiedergegebenen Versuchsreihe an Blei hervor. Diese Reihe wurde zweimal mit praktisch identischem Ergebnis wiederholt.

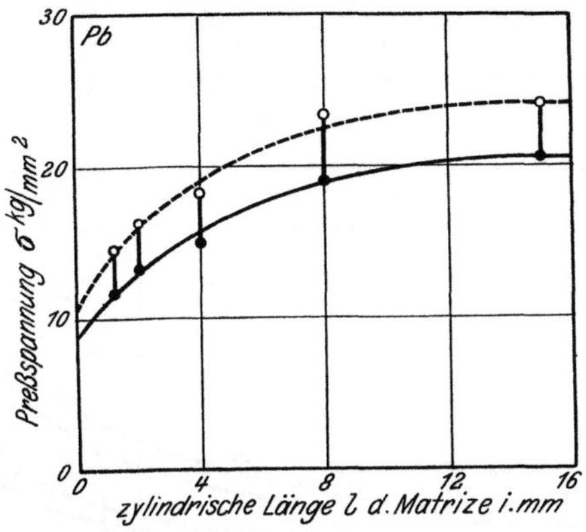

Abb. 8. Einfluß der zylindrischen Länge bei einer rauhen Matrize auf den Kraftbedarf.
$D = 22$ mm, $d = 6$ mm, $L = 20$ mm, $v = 0{,}2$ mm/s, o = Anfangswerte, • = Mindestwerte.

Für die weiteren Versuche wurden nur gehärtete, hochglanzpolierte Matrizen verwendet.

b) Einfluß der Preßgeschwindigkeit.

Die bisher mitgeteilten Versuche sind, um den bekannten Einfluß der Geschwindigkeit auszuschalten, mit gleicher Geschwindigkeit (0,1 bzw. 0,2 mm/s) durchgeführt. Diese Geschwindigkeit ist aber, selbst unter Berücksichtigung der geringen Abmessungen bei den Laboratoriumsversuchen, sehr klein gegenüber den Bedingungen der Praxis. Es war daher notwendig, den Einfluß der Geschwindigkeit festzustellen.

Nach Tafel 1 und Abb. 9 bewirkt eine Veränderung der Preßgeschwindigkeit von 0,2 mm/s auf den zehnten Teil oder zehnfachen Wert eine Veränderung der Preßspannung sowohl bei Blei wie bei Zinn nur um etwa 20%. Der Einfluß der Geschwindigkeit ist also verhältnismäßig gering. Dies steht in Übereinstimmung mit Zugversuchen von Ludwik[12] an Zinn und von Sachs[13] an Blei, welche bei entsprechenden Geschwindigkeiten einen ähnlich großen Geschwindigkeitseinfluß wie unsere Versuche ergeben.

Wir sind daher auch weiterhin bei der für die Versuchsdurchführung bequemen Preßgeschwindigkeit von 0,2 mm/s geblieben.

[12] P. Ludwik: Über den Einfluß der Deformationsgeschwindigkeit bei bleibenden Deformationen mit besonderer Berücksichtigung der Nachwirkungserscheinungen. Phys. Z. Bd. 10, S. 411—417. 1909.

[13] G. Sachs: Verformungswiderstand, Versuchsdauer und Kaltverformung. Mitt. Materialpr.-Amt Bd. 42, S. 52—53. 1924.

Tafel 1. Abhängigkeit des Kraftbedarfs von der Preßgeschwindigkeit.

Zinn		Blei	
Blockdurchm.	$D = 22$ mm	Blockdurchm.	$D = 22$ mm
Blocklänge	$L = 30$ mm	Blocklänge	$L = 40$ mm
Matrizendurchm.	$d = 11$ mm	Matrizendurchm.	$d = 11$ mm
Zyl. Länge der Matrize	$l = 3$ mm	Zyl. Länge der Matrize	$l = 3$ mm

Preßgeschwindigkeit v	Preßspannung σ Anfangswert	Preßspannung σ Mindestwert	Anzahl der Versuche	Preßgeschwindigkeit v	Preßspannung σ Anfangswert	Preßspannung σ Mindestwert	Anzahl der Versuche
mm/s	kg/mm²	kg/mm²		mm/s	kg/mm²	kg/mm²	
0,0037	11,6	—	1	0,0314	7,8	4,9	1
0,04	13,6	11,0	2	0,104	8,5	5,4	3
0,10	14,5	11,8	2	0,514	9,5	6,4	4
0,187	15,1	12,2	1	1,00	10,5	7,1	2
0,222	15,4	12,6	4	1,5	11,1	6,9	1
0,428	16,6	13,6	1				
0,462	17,1	14,1	1				
1,0	17,5	13,5	2				
1,5	18,0	14,5	1				

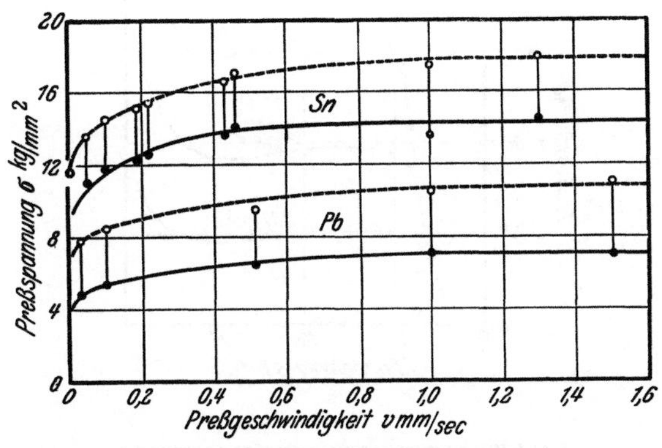

Abb. 9. Einfluß der Preßgeschwindigkeit auf den Kraftbedarf.
$D = 22$ mm, $d = 11$ mm, $L = 30$ mm, o = Anfangswerte, • = Mindestwerte.

c) Abhängigkeit des Kraftbedarfs vom Verpressungsgrad.

Zur Feststellung des Kraftbedarfes bei verschiedenen Matrizendurchmessern wurden Blöcke von 22 mm Durchmesser und 20 mm Länge durch Matrizen gemäß Abb. 7 mit $d = 12$ bis 1 mm Durchmesser und einer Kanallänge von $l = 0{,}2\,d$ verpreßt. Tafel 2 bringt die Ergebnisse der Versuche.

Abb. 10 und 11 zeigen zunächst den Kraftverlauf während des Pressens. Die Kurven verlaufen weitgehend ähnlich, aber um so höher, je kleiner der Matrizendurchmesser ist. Abb. 12 zeigt dann die Preßspannungen in Abhängigkeit vom Matrizendurchmesser und Abb. 13 in Abhängigkeit vom „Verpressungsgrad“ q. Mit Verpressungsgrad q ist dabei die Querschnittsabnahme bezeichnet:

$$q = \frac{D^2 - d^2}{D^2}$$

$$= \frac{F - f}{F}, \qquad (1)$$

worin F der Blockquerschnitt und f der Stangenquerschnitt ist. In beiden Darstellungen steigt die Preßspannung zunächst langsam, dann außerordentlich stark mit fallendem Matrizendurchmesser an.

Tafel 2. Abhängigkeit des Kraftbedarfes vom Verpressungsgrad.

Zinn		Blei	
Blockdurchmesser	$D = 22$ mm	Blockdurchmesser	$D = 22$ mm
Blocklänge	$L = 20$ mm	Blocklänge	$L = 20$ mm
Zyl. Länge der Matrize	$l = 0{,}2$ d	Zyl. Länge der Matrize	$l = 0{,}2$ d
Preßgeschwindigkeit	$v = 0{,}2$ mm/s	Preßgeschwindigkeit	$v = 0{,}2$ mm/s

Blockdurchmesser/Stangendurchmesser D/d	Verpressungsgrad $q = \frac{D^2-d^2}{D^2}$	Preßspannung σ		Anzahl der Versuche	Blockdurchmesser/Stangendurchmesser D/d	Verpressungsgrad $q = \frac{D^2-d^2}{D^2}$	Preßspannung σ		Anzahl der Versuche
		Anfangswert	Mindestwert				Anfangswert	Mindestwert	
mm/mm	%	kg/mm²	kg/mm²		mm/mm	%	kg/mm²	kg/mm²	
22/12	70,2	13,6	12,3	3	22/12	70,2	7,9	6,2	2
22/6	92,6	25,8	23,9	3	22/6	92,6	15,0	11,9	2
22/2,5	98,7	42,4	38,3	2	22/2,5	98,7	23,4	18,7	2
22/1	99,8	59,3	57,0	1	22/1	99,8	30,2	26,8	2

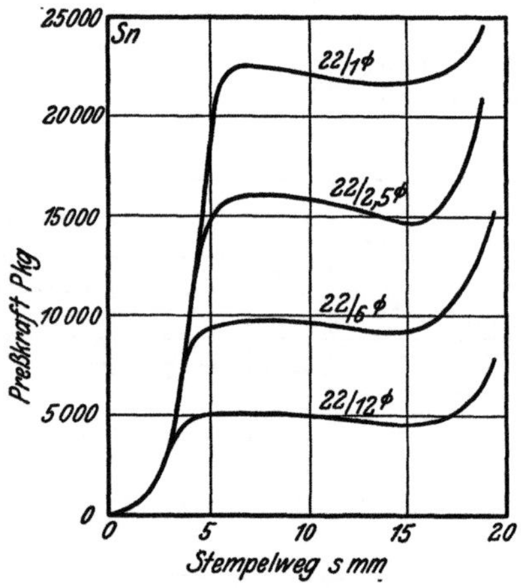

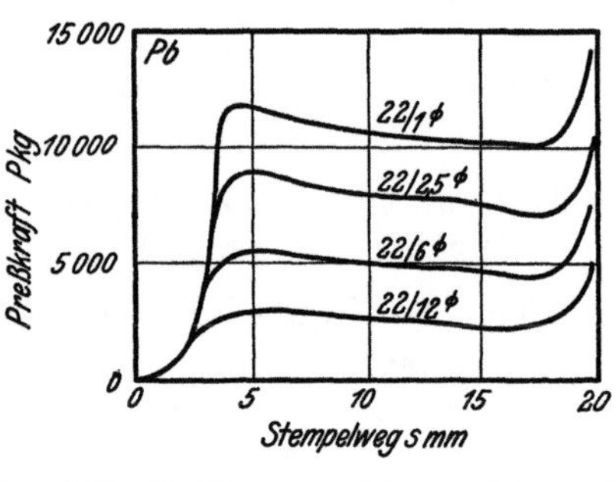

Abb. 10 und 11. Preßdiagramme bei verschiedenem Matrizendurchmesser. D = 22 mm, v = 0,2 mm/s.

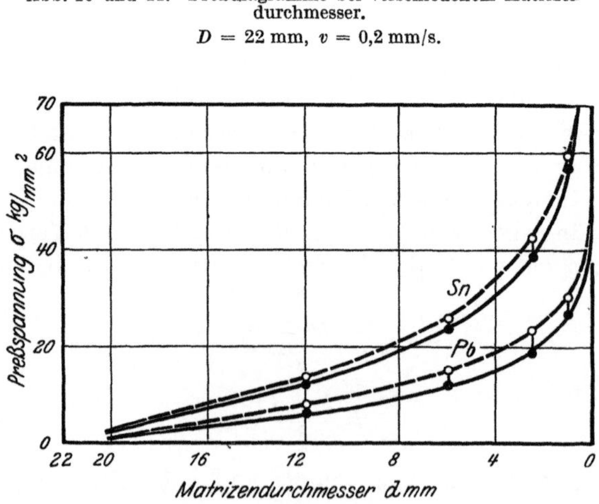

Abb. 12. Einfluß des Matrizendurchmessers auf den Kraftbedarf beim Pressen.
D = 22 mm, L = 20 mm, v = 0,2 mm/s, ○ = Anfangswerte, ● = Mindestwerte.

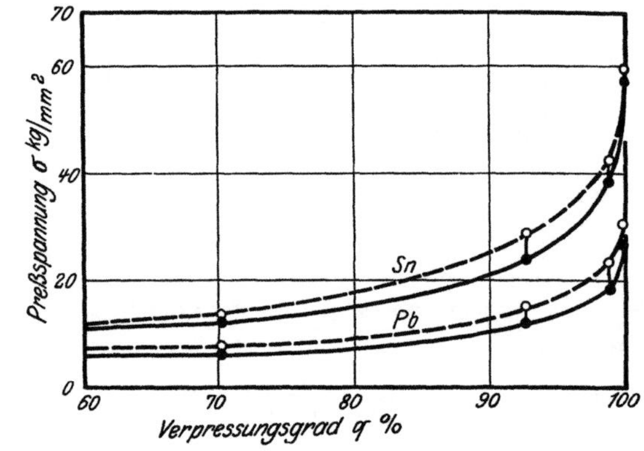

Abb. 13. Einfluß des Verpressungsgrades auf den Kraftbedarf beim Pressen.
D = 22 mm, L = 20 mm, v = 0,2 mm/s, ○ = Anfangswerte, ● = Mindestwerte.

Man kann auch noch gemäß Abb. 14 die Preßspannung über dem Logarithmus des „Umformungsverhältnisses" D^2/d^2 auftragen und erhält dann für die in erster

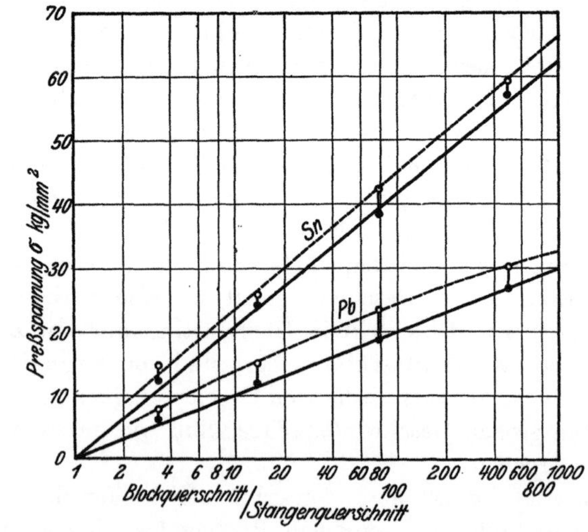

Abb. 14. Einfluß des Verpressungsgrades auf den Kraftbedarf beim Pressen.
D = 22 mm, L = 20 mm, v = 0,2 mm/s, ○ = Anfangswerte, ● = Mindestwerte.

Linie interessierende Mindestspannung gerade Linien, die durch den Koordinatenanfangspunkt (Verpressungsgrad $q = 0$) gehen. Wir können danach den Mindestkraftbedarf $\sigma_{\min}$ in Abhängigkeit vom Umformungsverhältnis mit einer für praktische Zwecke genügenden Genauigkeit durch folgende Formel wiedergeben:

$$\left.\begin{aligned}\sigma_{\min} &= c \cdot \log \frac{D^2}{d^2} \\ &= c \cdot \log(1 - q)\,.\end{aligned}\right\} \qquad (2)$$

Hierin ist c eine Werkstoffziffer, und zwar für Blei rund 10 kg/mm² und für Zinn rund 21 kg/mm². Über die Bedeutung dieser Größen wird noch im theoretischen Teile der Arbeit zu sprechen sein.

Für den Anfangswert des Kraftbedarfes gilt eine gleichartige Beziehung merkwürdigerweise nicht. Der Unterschied zwischen den bei den Versuchen gemessenen Anfangs- und Endwerten steigt mit abnehmendem Durchmesser anscheinend zunächst an, fällt dann aber wieder ab.

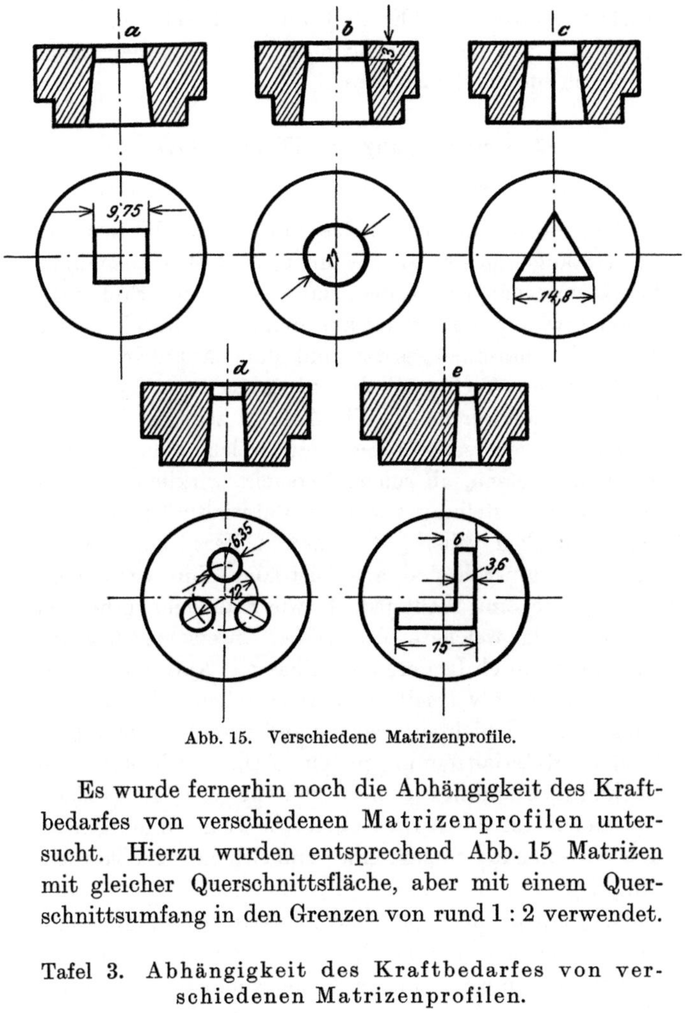

Abb. 15. Verschiedene Matrizenprofile.

Es wurde fernerhin noch die Abhängigkeit des Kraftbedarfes von verschiedenen Matrizenprofilen untersucht. Hierzu wurden entsprechend Abb. 15 Matrizen mit gleicher Querschnittsfläche, aber mit einem Querschnittsumfang in den Grenzen von rund 1 : 2 verwendet.

Tafel 3. Abhängigkeit des Kraftbedarfes von verschiedenen Matrizenprofilen.

Zinn

Blockdurchmesser	$D = 22$ mm
Blocklänge	$L = 30$ mm
Zyl. Länge der Matrize	$l = 3$ mm
Preßgeschwindigkeit	$v = 0{,}2$ mm/s

Profil der Matrize	Querschnitt des Matrizenprofils	Umfang des Matrizenprofils	Preßspannung σ Anfangswert	Preßspannung σ Mindestwert	Anzahl der Versuche
	mm²	mm	kg/mm²	kg/mm²	
a	95	39	14,7	12,6	3
b	95	34,5	15,0	12,7	3
c	95	44,4	14,9	12,5	3
d	95	60,0	16,5	13,9	3
e	95	60,0	16,2	13,8	3

Nach Tafel 3 zeigt sich nur ein sehr geringer Einfluß der Querschnittsgestalt. Soweit die Genauigkeit der Messungen einen Schluß zuläßt, scheint der Kraftbedarf mit dem Querschnittsumfang etwas anzusteigen. Der Unterschied geht hier aber nicht über 10% hinaus. Somit gilt Gleichung (2) praktisch auch mit ziemlicher Annäherung unabhängig von der Querschnittsform. Ob dies allerdings allgemein zutrifft, muß noch näher untersucht werden. Bei einem langen, rauhen Matrizenkanal wäre es z. B. denkbar, daß die Querschnittsform erheblicher ins Gewicht fällt.

d) Versuche mit verschiedenen Matrizenformen.

In Versuchen mit verschiedenen Matrizenformen wurde weiterhin festzustellen versucht, welche Matrize den geringsten Kraftbedarf erfordert. Hierzu kamen zunächst die 4 in Abb. 16 wiedergegebenen Matrizen zur Verwendung.

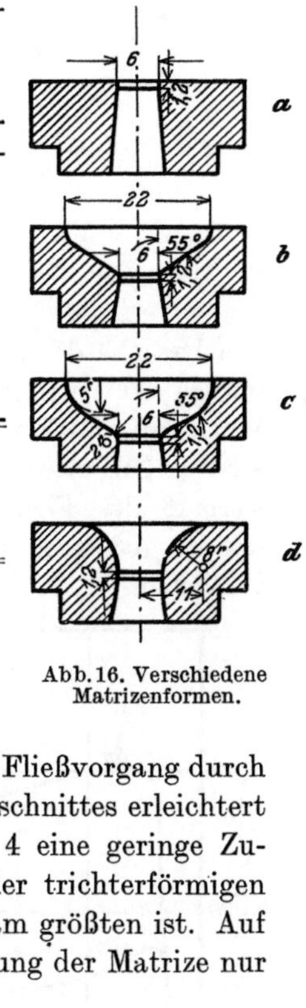

Abb. 16. Verschiedene Matrizenformen.

Tafel 4. Abhängigkeit des Kraftbedarfes von verschiedenen Matrizenformen.

Blei

Blockdurchmesser	$D = 22$ mm
Blocklänge	$L = 20$ mm
Matrizendurchmesser	$d = 6$ mm
Zyl. Länge der Matrize	$l = 1{,}2$ mm
Preßgeschwindigkeit	$v = 0{,}2$ mm/s

Form der Matrize	Preßspannung σ Anfangswert	Preßspannung σ Mindestwert	Anzahl der Versuche
	kg/mm²	kg/mm²	
a	15,3	11,9	6
b	15,1	12,0	2
c	15,4	13,0	2
d	16,5	14,3	2

Entgegen der Erwartung, daß der Fließvorgang durch die allmähliche Verjüngung des Querschnittes erleichtert wird, zeigt sich entsprechend Tafel 4 eine geringe Zunahme des Kraftbedarfes, die bei der trichterförmigen Matrize (Abb. 16d) mit 15 bis 20% am größten ist. Auf den Kraftbedarf hat also die Gestaltung der Matrize nur einen geringen Einfluß.

Der gleichen Frage wurde auch noch an einem Satz konischer Matrizen im Zusammenhang mit den später behandelten Versuchen über Fließerscheinungen nachgegangen. Es kamen Matrizen mit einer Neigung der Wandfläche zur Systemachse von 14, 30, 45, 67,5° und — unter Hineinbeziehung der gewöhnlichen Matrize (Abb. 7) — von 90° zur Verwendung. Wie aus Abb. 17 hervorgeht, zeigt sich hier in gewissem Gegensatz zu den obigen Versuchen, daß bei konischen Matrizen gewisser Neigung der Kraftbedarf niedriger ausfällt als bei der gewöhnlichen Matrize. Und zwar findet sich bei beiden Stoffen ein Minimum des Mindestkraftbedarfes, das rund 30% niedriger ist als bei üblicher Matrize, bei einem Matrizenwinkel zwischen 30° und 50°.

Ein solcher Verlauf des Kraftbedarfes in Abhängigkeit vom Matrizenwinkel, wie ihn Abb. 17 zeigt, ist nach den bisherigen Vorstellungen über den Fließvorgang beim Pressen durchaus wahrscheinlich. Der Preßvorgang stellt ja gewissermaßen eine Fortsetzung des Drahtziehvorganges zu hohen Querschnittsabnahmen dar. Und beim Drahtziehen findet sich ganz allgemein die Erscheinung, daß der Kraftbedarf mit zunehmendem Matrizenwinkel zunächst abfällt und dann wieder ansteigt[14].

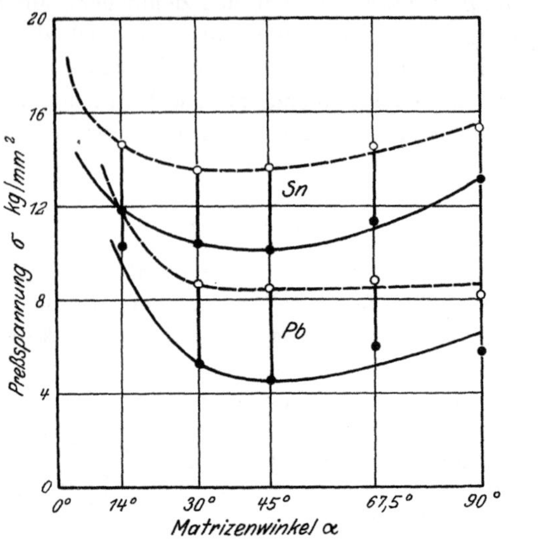

Abb. 17. Einfluß der Matrizenneigung auf den Kraftbedarf. D = 22 mm, d = 11 mm, L = 30 mm, v = 0,2 mm/s, ○ = Anfangswerte, ● = Mindestwerte.

Die Ursache des Abfalls ist eine Abnahme der Reibung infolge der Verringerung der Berührungsfläche zwischen Werkstoff und Werkzeug, die Ursache des Anstiegs eine erhöhte Ungleichmäßigkeit des Materialflusses. Über den Verlauf des Fließvorganges werden wir uns in Abschnitt A 3 noch eingehender Aufklärung zu schaffen versuchen.

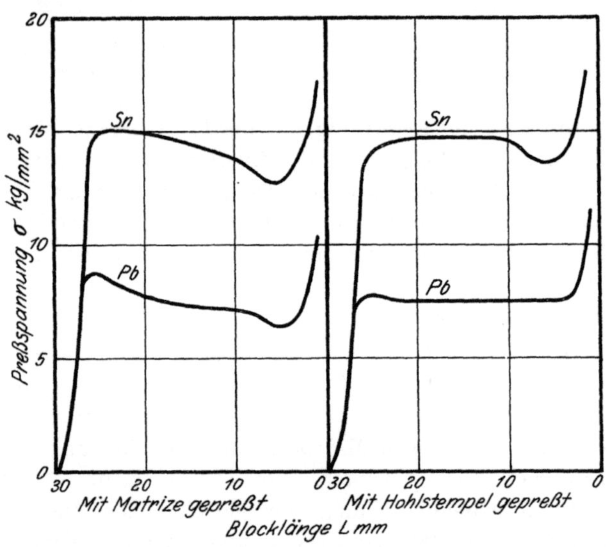

Abb. 18. Preßdiagramme für gewöhnliches und umgekehrtes Pressen. D = 22 mm, d = 11 mm, L = 30 mm, v = 0,2 mm/s.

Als Verwendung einer besonderen Matrizenform kann auch das sogenannte „umgekehrte" oder „indirekte" Pressen[4] bezeichnet werden. Hierbei ist der Preßstempel gleichzeitig Matrize, indem ein entsprechend ausgearbeiteter Hohlstempel gegen den Block und Rezipienten bewegt wird. Die Folge davon muß sein, wie leicht einzusehen ist, daß die Bewegung des Blockes gegen den Rezipienten unterbleibt und dadurch Reibungsarbeit erspart wird. Dementsprechend ist, wie Abb. 18 zeigt, der Kraftbedarf beim umgekehrten Verfahren zu Beginn erheblich kleiner als beim gewöhnlichen und bleibt dann praktisch fast bis zum Schluß konstant. Eigentümlicherweise ist dieser konstante Wert bzw. der kurz vor dem völligen Auspressen sich einstellende Mindestwert beim indirekten Pressen merklich höher. Dies wird wohl damit zusammenhängen, daß die Ungleichmäßigkeiten, die sich zum Schluß des Preßvorganges einstellen (vgl. die Trichterbildung in Abschn. A 3 b) und die für das ausgeprägte Minimum verantwortlich zu machen sind, in beiden Fällen etwas verschieden sein werden.

Einige Versuche mit verschieden gestalteten Druckplatten, über deren Einfluß auf die Fließvorgänge in Abschn. A 3 c näher eingegangen wird, ergaben keine Unterschiede im Kraftbedarf.

3. Untersuchung der Fließvorgänge.

a) Verfahren zur Verfolgung des Materialflusses.

Um einen Einblick in das Fließen des Werkstoffes beim Stangenpressen zu gewinnen, ist bisher ausnahmslos so vorgegangen worden, daß, wie in der Einleitung schon erwähnt, der Block aus Schichten verschiedenen Materials zusammengesetzt und danach teilweise verpreßt wurde. Auch wir haben zunächst dieses Verfahren zu verwenden versucht. Wie Abb. 19 zeigt, stellen sich aber dabei gewisse Störungen ein, welche es zweifelhaft erscheinen lassen, ob solche Versuche wirklich eine zuverlässige Vorstellung von dem Materialfluß in einheitlichen Blöcken geben. Bei unseren Versuchen wurden Schichten abwechselnd aus Blei und Zinn verwendet. Das härtere Zinn fließt jedoch, wie man sieht, erheblich anders als das weichere Blei. Dieser Unterschied ließ sich auch nicht durch Legieren des Bleis mit Antimon auf die Härte von Zinn vermeiden. Ferner stellen sich Verschiebungen der Schichten gegeneinander und an einzelnen Stellen Materialtrennungen ein. Das Auftreten von Lücken ist allerdings insofern von Interesse, als es ziemlich sicher auf die Anwesenheit von Zugspannungen an den betreffenden Stellen eines einheitlichen Preßkörpers hinweist.

Wir haben jedoch auf die systematische Durchführung solcher Versuche mit geschichteten Körpern verzichtet, da sich uns ein wesentlich einfacheres und zuverlässigeres Verfahren bot. Es wurde so vorgegangen, daß entsprechend Abb. 20 zwei Blockhälften von halbkreisförmigem Querschnitt verpreßt wurden. Die eine Hälfte wurde in der Mittelebene mit einer aufgerissenen Netzteilung versehen (Abstand der Netzlinien 2,5 mm.) Ein solches „Netzteilungsverfahren" ist auch schon gelegentlich beim Ziehen von Drähten verwendet worden[15]. Da eingerissene Marken allein nach den Versuchen schlecht verfolgt werden konnten, wurde weiterhin in die Risse Farbe eingerieben, wobei sich Mennige als besonders geeignet er-

[14] G. Sachs und W. Linicus: Versuche über die Eigenschaften gezogener Drähte und den Kraftbedarf beim Drahtziehen. Mitt. Materialprüfungsanst. Sonderheft XVI, S. 38 bis 67. 1931.

[15] J. Zagorski: Das Hartziehen von Kupferprofil- und Runddrähten auf Mehrfach-Ziehmaschinen. Diss. T. H. Berlin 1929.

wies. Auf diese Weise konnte der Fließvorgang, wie die folgenden Abbildungen zeigen, überaus anschaulich verfolgt werden.

Auch die Störungen sind bei diesem Verfahren verhältnismäßig gering. Da die Mittelebene des Preßkörpers während des Preßvorganges nur Druckkräfte zu übertragen hat, wird dies durch eine Trennung des Körpers in der Mittelebene nicht geändert. Nur das zuerst aus der Matrize herausfließende Stangenende klafft etwa auf eine Länge vom Durchmesser der Stange auf, was wiederum ein Kennzeichen dafür ist, daß dort beim einheitlichen Körper Zugkräfte auftreten.

b) Beschreibung der Fließvorgänge unter verschiedenen Bedingungen.

Abb. 21 und 22 zeigen zunächst den Fließvorgang beim Verpressen von Zinnblöcken von 22 mm Durchmesser und 30 bzw. 20 mm Länge zu Stangen von 11 und 6 mm Durchmesser. Der Fließvorgang ist bei beiden Verpressungsgraden nahezu gleichartig.

Betrachten wir zunächst die Formänderung des Blockes im Rezipienten, so sehen wir, daß Verformungen nur in der Nähe der Matrize stattfinden, etwa bis zu einer Entfernung vom halben Blockdurchmesser. Der von der Matrize weiter entfernte Teil des Blockes verschiebt sich praktisch unverändert, bis er allmählich in die Fließbewegung hineingezogen wird. Dabei formt sich der Blockkern allmählich so um, wie es dem Betrage der Querschnittsänderung vom Block zur Stange entspricht; er erfährt also eine ständig zunehmende Längung. Die äußeren Ringzonen des Blockes dagegen, die auf der Stirnfläche der Matrize aufsitzen, werden zunächst gestaucht. Dadurch nähert sich das Material der Außenzone allmählich der Matrizenöffnung und wird schließlich hineingezogen. Es bildet sich dabei gewissermaßen ein im Schnitt keilförmig erscheinendes Kissen, das die Matrize trichterförmig nach oben verlängert. Jedoch findet ein ständiger Materialaustausch zwischen diesem Kissen und den sich zusammenstauchenden Randteilen des Blockes statt[6].

Die herauskommende Stange ist auf den größten Teil ihrer Länge ganz gleichartig verformt. Der Kern hat, wie schon erwähnt, im wesentlichen eine starke Streckung in der Ausflußrichtung entsprechend dem Preßgrad erhalten. Bei den Außenschichten sind aber außerdem starke zusätzliche Verschiebungen eingetreten, so daß sie also stärker verformt sein müssen als der Kern. Im vorderen Ende der Stange ist etwa auf eine Länge vom Durchmesser derselben der Fließvorgang andersartig. Nach der Netzteilung zu urteilen, tritt dort fast unverformtes Material heraus.

Wird der Block sehr weit ausgepreßt, so wird auch der Fließvorgang am hinteren Ende ein anderer. Der Kern wird völlig eingezogen, und es bildet sich etwa vom Augenblick ab, wo der Block noch eine Höhe von $^1/_4$ seines Durchmessers hat, ein Trichter, der das letzte Ende der Stange lunkerartig unganz macht. Bei noch stärkerem Auspressen wird der Trichter so groß, daß nur noch ein dünnes Rohr übrigbleibt, dessen Außendurchmesser erheblich kleiner ist als der Durchmesser der Stange. Die Stange schnürt also an ihrem Ende ein. Wir

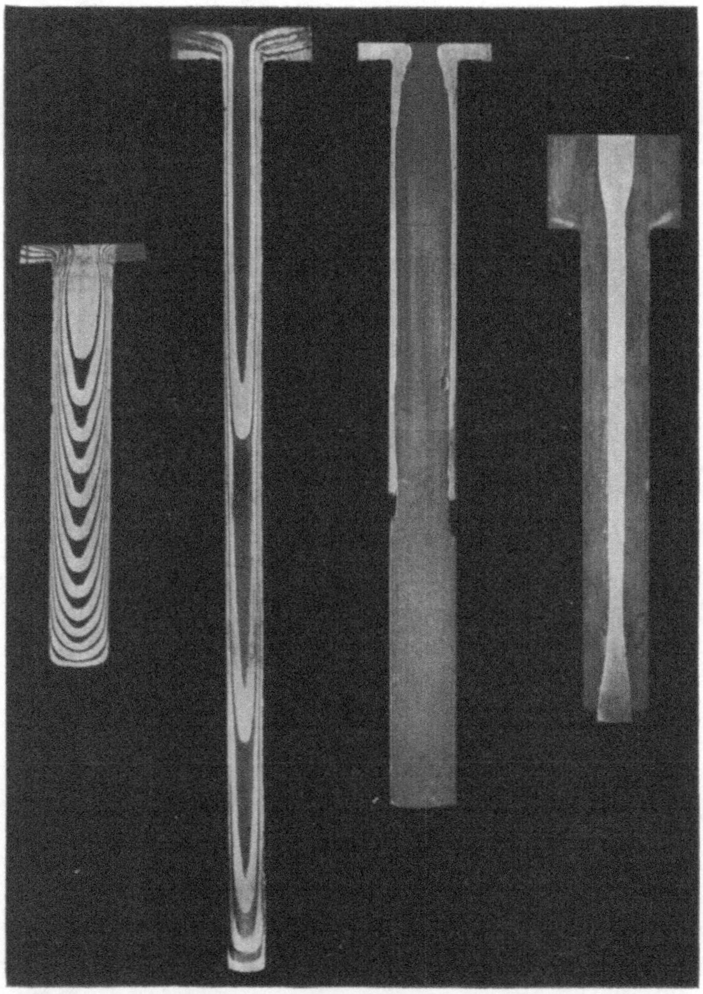

Abb. 19. Preßversuche an geschichteten Probekörpern. Schichten abwechselnd: Blei (dunkel), Zinn (hell). ($^8/_{10}$ nat. Größe.)

werden im folgenden Abschnitt zeigen, wie diese Trichterbildung vermieden werden kann.

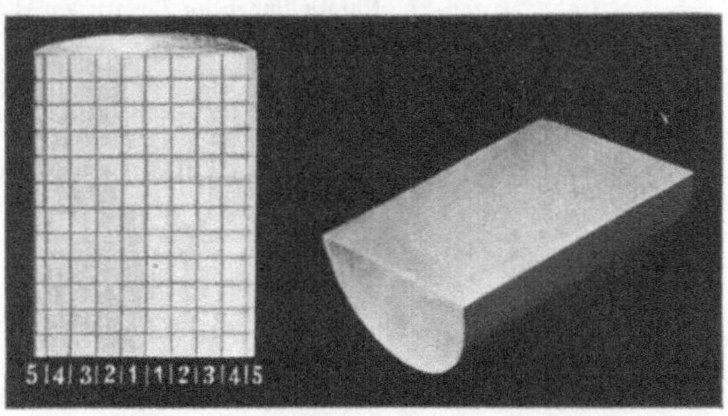

Abb. 20. Probekörper zur Verfolgung des Fließvorganges. (Nat. Größe.)

Außer mit den gewöhnlichen scharfkantigen Matrizen wurden noch entsprechend Abb. 23 Fließversuche mit dem Neztteilungsverfahren an konischen Matrizen mit verschiedenem Neigungswinkel durchgeführt. Wir wollten dabei einerseits studieren, wie sich der Materialfluß mit dem Übergang zu einer schlanken Matrize vergleichmäßigt und welchen Einfluß die aus Abb. 23 er-

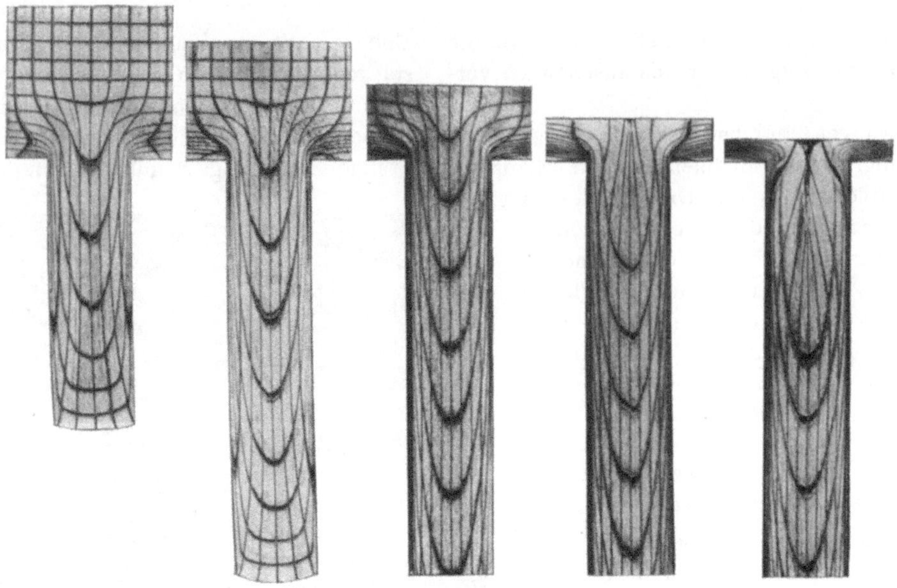

Abb. 21. $D = 22$ mm, $d = 11$ mm, $L = 30$ mm.

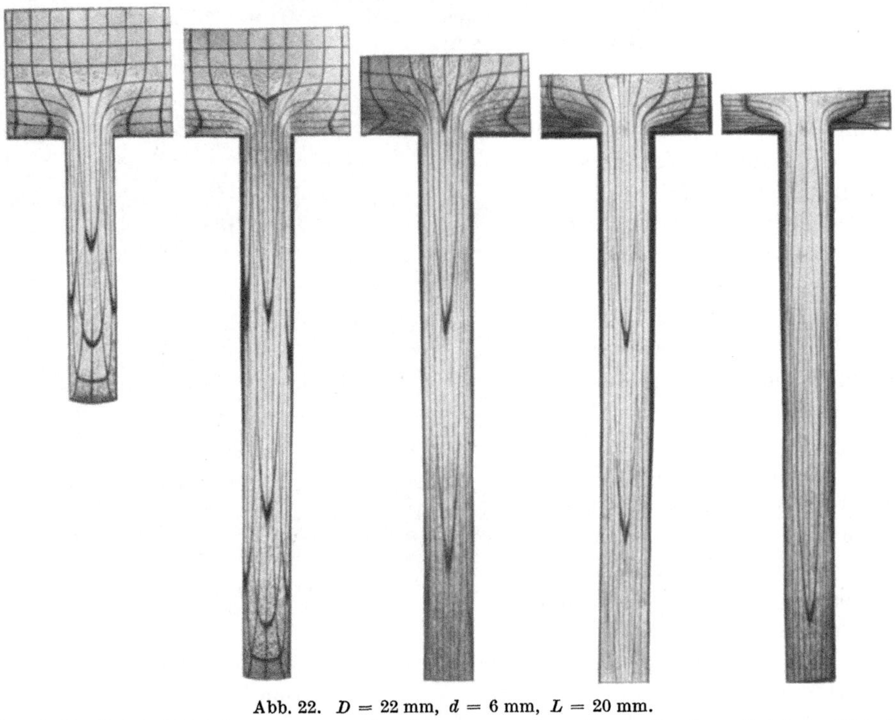

Abb. 22. $D = 22$ mm, $d = 6$ mm, $L = 20$ mm.

Abb. 21 und 22. Materialfluß beim Pressen von Probekörpern aus Zinn mit scharfkantigen Matrizen. (Nat. Größe.)

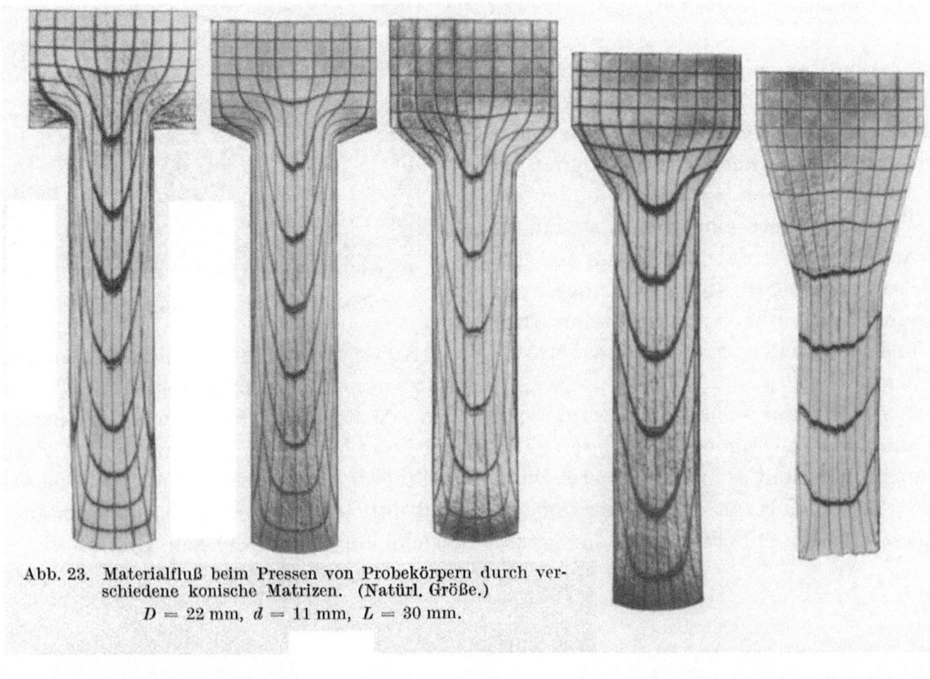

Abb. 23. Materialfluß beim Pressen von Probekörpern durch verschiedene konische Matrizen. (Natürl. Größe.) $D = 22$ mm, $d = 11$ mm, $L = 30$ mm.

sichtlichen Unterschiede im Fließvorgang auf den Kraftbedarf haben. Wie schon früher beschrieben, ist der Mindestkraftbedarf am niedrigsten bei Neigungen des Matrizenkanals zwischen 30° und 50°, wo er etwa 30% unter dem Kraftbedarf der scharfkantigen Matrize liegt. Dabei ist, wie aus den theoretischen Betrachtungen im letzten Teil der Arbeit folgt, bei einer schlanken Matrize eine größere Reibung zu überwinden als bei einer steilen. Die Ursache dafür, daß trotzdem der Kraftbedarf bei der scharfkantigen Matrize größer ausfällt als bei Matrizen mittlerer Konizität, werden wir darin suchen, daß bei den schlanken Matrizen der Fließvorgang in allen Schichten praktisch gleichartig verläuft, also jedes Körperteilchen die aus den äußeren geometrischen Verhältnissen gegebene Längung erfährt. Bei der scharfkantigen Matrize jedoch tritt, wie schon besprochen, zu dieser vorgeschriebenen Formänderung eine ziemlich erhebliche Stauchung der Außenfasern hinzu, so daß viele Körperteilchen gestaucht und dann erst gelängt werden. Dies bedeutet aber naturgemäß einen zusätzlichen Arbeitsaufwand.

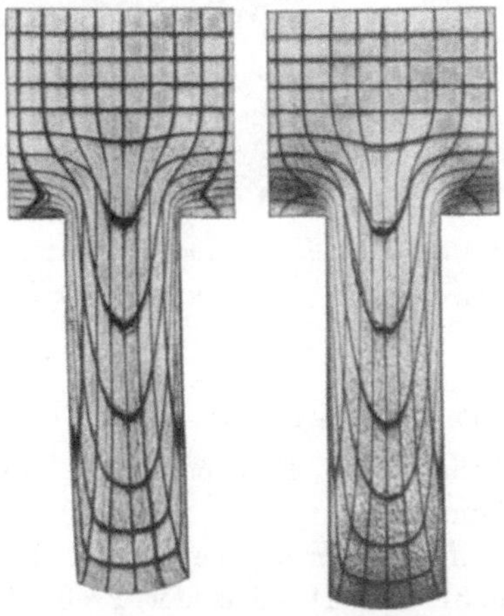

Abb. 24. Materialfluß beim gewöhnlichen und umgekehrten Pressen von Probekörpern. (Nat. Größe.)
$D = 22$ mm, $d = 11$ mm, $L = 30$ mm.

Des weiteren wurden auch noch einige nach dem umgekehrten Verfahren gepreßte Blöcke untersucht, sowie auch einige Blöcke, die beiderseitig — mit Hohlstempel und gewöhnlicher Matrize — ausgepreßt wurden. Beim indirekten Verfahren verläuft der Materialfluß, wie Abb. 24 zeigt, praktisch identisch mit dem beim gewöhnlichen Verfahren. Beim beiderseitigen Pressen verhalten sich nach Abb. 25 ebenfalls beide Teile nahezu gleich; nur läuft der indirekt gepreßte Strang etwas schneller heraus als der andere. Dies ist ja zu erwarten, da bei gleichem Stangendurchmesser und gleicher Preßgeschwindigkeit der Kraftbedarf beim indirekten Verfahren etwas geringer ist als beim gewöhnlichen. Bemerkenswert ist es auch, daß bei diesem Vorgang keine Trichter entstehen, obwohl die Neigung dazu sichtlich vorhanden ist. Der Zusammenhang des Materials verhindert dies aber, und erst ganz zum Schluß reißt das Material zwischen beiden Stangen auseinander.

c) Unterdrückung der Trichterbildung.

Es wurden schließlich noch einige Laboratoriumsversuche der Aufgabe gewidmet, die Trichterbildung zum Schluß des Preßvorganges zu unterbinden. Abb. 26 zeigt zunächst das Aussehen des Trichters bei einem gewöhnlichen Versuch nach sehr starkem Auspressen. Bei Verwendung eines spitzen Stempels ist die Trichterbildung, wie Abb. 27 zeigt, wesentlich verstärkt. Dagegen gelingt es, die Trichterbildung weitgehend zu unterdrücken, wenn ein konkaver Stempel verwendet wird[5]. Und zwar ergab es sich nach einigen Versuchen, daß es genügt, entsprechend Abb. 28, im Stempel eine flache Aushöhlung etwa von der Größe des Matrizendurchmessers anzubringen, um die Trichterbildung vollständig zu unterdrücken und dabei den vollen Block nutzbar zu machen. Das Material bleibt dann bis zum

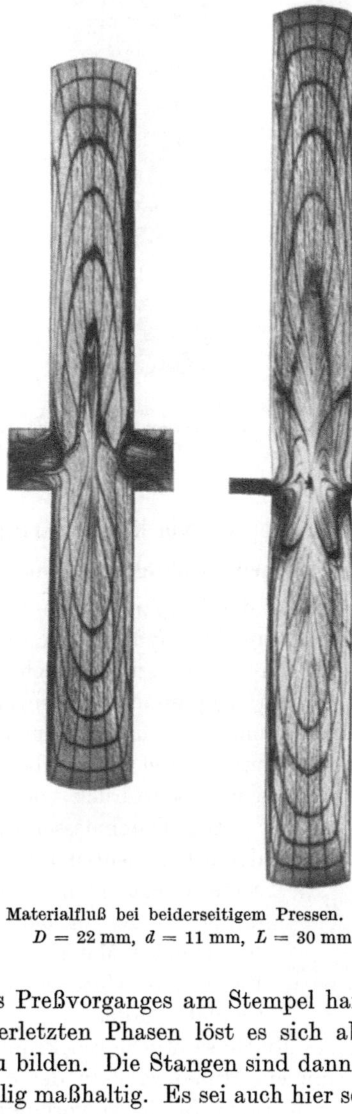

Abb. 25. Materialfluß bei beiderseitigem Pressen. (Nat. Größe.)
$D = 22$ mm, $d = 11$ mm, $L = 30$ mm.

Schluß des Preßvorganges am Stempel haften, und erst in den allerletzten Phasen löst es sich ab, ohne einen Trichter zu bilden. Die Stangen sind dann auch bis zum Schluß völlig maßhaltig. Es sei auch hier schon erwähnt, daß diese Tatsache bei Warmpreßversuchen in der Praxis vollauf bestätigt werden konnte.

Ein anderer Weg zur Unterbindung der Trichterbildung ergab sich aus der Verwendung einer Matrize mit langem zylindrischen Ausflußkanal. Falls dieser rauh ist, verschwindet, wie Abb. 29 zeigt, der Trichter ebenfalls, jedoch ist der Erfolg diesmal unvollkommen, da sich im Material unganze Stellen finden, die fast soweit reichen wie früher der Trichter. Bei Verwendung einer Matrize mit poliertem Auslauf stellt sich dagegen der Trichter wie gewöhnlich ein. Es sei daran erinnert, daß der Kraftbedarf bei poliertem Auslaufkanal nur wenig von dem einer sich konisch erweiternden Matrize abweicht, während er beim rauhen Auslauf nicht unwesentlich erhöht ist.

Abb. 26. Trichterbildung beim Pressen unter gewöhnlichen Bedingungen. (8/10 nat. Größe.)

Abb. 27. Trichterbildung bei Verwendung einer spitzen Druckplatte. (8/10 nat. Größe.)

Abb. 28. Unterdrückung der Trichterbildung durch Verwendung einer hohlen Druckplatte. (2 Stadien des Preßvorganges.) (Nat. Größe.)

Abb. 29. Trichterbildung bei Verwendung einer Matrize mit poliertem und langem rauhen Kanal. (Nat. Größe.)

B. Versuche in der Praxis über Warmpressen.

1. Vorrichtung, Versuchsdurchführung und Werkstoffe.

Die Untersuchung der Vorgänge beim Warmpressen wurde in erster Linie an einer hydraulischen Kruppschen 1000-t-Presse mit Kreusersteuerung durchgeführt, die von der Firma Hirsch, Kupfer- und Messingwerk A.-G. (HKM) weitgehend umgebaut und automatisiert war. Die Presse arbeitete im direkten Pumpenbetriebe (ohne Akkumulator) mit einem Höchstdruck von 230 at.

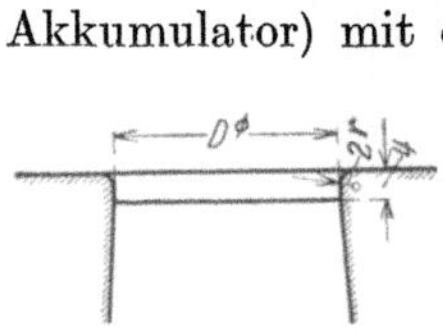

Abb. 30. Form der Matrizen zum Warmpressen.

Der Durchmesser des verwendeten Rezipienten betrug 170 mm, seine Länge 1 m. Abb. 30 zeigt die Form der in der Praxis gebräuchlichen Matrizen wie sie auch für unsere Untersuchungen verwendet wurden.

Bei HKM ist es üblich, sämtliche Blöcke mit „Schale" zu verpressen, um ein Hineinwandern der oxydreichen Außenhaut in den Kern der Stange zu verhindern. Dabei ist die Druckplatte um 4—5 mm schwächer im Durchmesser gehalten als der Durchmesser des Rezipienten. Es entsteht daher während des Preßvorganges eine Schale zwischen Rezipient und Druckplatte, die vorwiegend von der Blockoberflächenschicht gebildet wird.

Um den zum Pressen erforderlichen Kraftbedarf zu verfolgen, wurde in die Druckleitung unmittelbar vor den Preßzylinder eine Hochdruckindiziereinrichtung eingebaut. Die Bewegung der Druckplatte wurde mittels einer Übersetzung 1 : 10 als Abszisse auf die Indikatortrommel übertragen. 1 mm Diagrammlänge entspricht also 1 cm Preßstempelweg. Bei einem Preßzylinderdurchmesser von 805 mm, einem Rezipientendurchmesser von 170 mm und einem Federmaßstab des Indikators von 1 mm = 5 at = 0,05 kg/mm² ergibt sich für 1 mm Diagrammhöhe eine Preßspannung von $0{,}05 \cdot \frac{805^2}{170^2} = 1{,}12$ kg/mm².

Einige auf diese Weise gewonnene Preßdiagramme zeigen Abb. 31 und 34. Aus der Preßzeit, die mittels Stoppuhr gemessen wurde, und aus der verpreßten Blocklänge wurde die Preßgeschwindigkeit nachträglich berechnet. Die Preßgeschwindigkeit ändert sich zwar etwas mit dem Preßdruck, doch fällt dies praktisch für unsere Zwecke nicht ins Gewicht.

Die meisten Versuche wurden im Anschluß an den laufenden Betrieb durchgeführt. Da sie so angelegt waren, daß der Einsatz der Blöcke keine Verzögerung erfuhr, können die Wärmeverhältnisse als so gleichartig angesprochen werden, wie es bei solchen verschiedenartigen Versuchen erreichbar ist. Dies zeigt sich darin, daß die Abweichung zwischen Parallelversuchen, die stets unmittelbar nacheinander durchgeführt werden mußten, gering war (vgl. Abb. 34). Dementsprechend ist auch die Streuung in systematischen Versuchsreihen gering, und die gesuchten Gesetzmäßigkeiten konnten infolgedessen durch eine verhältnismäßig geringe Anzahl von Versuchen festgestellt werden.

Die Untersuchungen wurden vorwiegend an Hartmessing (Preßmessing, Ms 58) durchgeführt, mit einer Zusammensetzung von 58 ± 0,5% Cu; 2,7 ± 0,2% Pb, Rest Zn. Außerdem wurde eine Anzahl von Versuchen an Elektrolytkupfer durchgeführt. Es kamen größtenteils Blöcke in Kokillenguß von 165 mm Durchmesser und rund 3 m Länge zur Verwendung. Nach der Abkühlung wurde vom Block der obere Teil mit dem Lunker abgeschnitten (abgeschopft). Die Blöcke wurden darauf in 3 Teile von je 750 mm Länge zerschnitten und im Rollofen etwas oberhalb der Preßtemperatur angewärmt. Sie gelangten dann im fließenden Betriebe in den Rezipienten, so daß für eine möglichst geringe Abkühlung gesorgt war. Die Einsatztemperatur sollte im regelmäßigen Betriebe etwa 650° betragen. Sie wurde mittels eines durch Hand auf den Block gedrückten Thermoelements unmittelbar vor dem Einsetzen des Blockes kontrolliert und schwankte danach zwischen 620° und 680°. Ob diese Temperaturangaben zuverlässig sind, konnte nicht untersucht werden. Zu vermuten ist, daß solche an der Oberfläche festgestellten Temperaturen merklich unterhalb der Temperatur des Blockinnern liegen. Beispielsweise trat in Versuchen, Stangen bei einer Nominaltemperatur von 700° herzustellen, beim Vorwärmen im Rollofen schon gelegentlich Anschmelzen oder sogar vollständiges Schmelzen ein. Die Schmelztemperatur von Ms 58 liegt dabei erst bei 900°. Einige weitere Versuche wurden mit Sechskantblöcken an einer älteren Kruppschen Presse durchgeführt (vgl. Abschn. B 4 b).

2. Versuche über den Kraftbedarf.

a) Einfluß von Preßgeschwindigkeit und Preßtemperatur.

An Ms 58 wurden gemäß Tafel 5 einige systematische Versuchsreihen bei verschiedenen Preßgeschwindigkeiten und Preßtemperaturen durchgeführt.

Tafel 5. Abhängigkeit des Kraftbedarfes von der Preßgeschwindigkeit und Preßtemperatur.

Ms 58

Blockdurchmesser $D = 170$ mm
Blocklänge $L = 750$ mm
Matrizendurchmesser $d = 50$ mm

	Preßtemperatur T		Preßgeschwindigkeit v	Preßspannung σ		Brinellhärte* 62,5 kg, Kugeldurchm. 2,5 mm		
				Anfangswert	Mindestwert	Stangen-		
	Beginn	Ende				Anfang	Mitte	Ende
	°C		cm/s	kg/mm²	kg/mm²	kg/mm²		
$T_{mittel} = 650°$ C	660	520	0,99	20,9	14,6	82,2	90,0	97,1
	660	600	1,67	22,2	16,3	—	—	—
	640	610	2,54	23,8	14,6	82,6	84,8	94,1
	640	620	3,28	24,0	12,9	—	—	—
	630	620	4,28	25,0	12,9	—	—	—
	(640)	(580)	4,78	26,8	13,7	81,9	83,1	91,5
	650	650	6,35	25,1	12,9	—	—	—
	660	650	7,67	28,0	14,9	—	—	—
	(650)	(600)	8,73	28,6	15,7	—	—	—
	660	660	9,57	27,2	14,8	81,0	82,8	91,3
$T_{mittel} = 520°$C	540	—	0,40	35,4	37,0	85,1	89,7	104,0
	550	—	0,92	29,1	27,2	83,3	87,8	93,7
	500	—	2,20	31,4	24,0	84,5	86,1	92,2
	480	—	3,90	42,9	26,9	82,9	87,3	90,3
$T_{mittel} = 700°$C	655	—	0,62	10,9	27,2	80,5	85,1	93,2
	715	—	0,86	11,8	20,2	81,0	85,8	91,3
	680	—	3,30	15,1	10,9	81,0	81,9	89,3
	710	—	8,40	19,1	10,1	80,7	81,9	83,8

* Mittelwerte aus Härtemessungen der Kern-, Mittel- und Randzonen des jeweiligen Stangenabschnitts.

Dabei wurde auch die Temperatur der austretenden Stangen gegen Ende des Preßvorganges gemessen. Die Preßgeschwindigkeit konnte bei Stangen über 30 mm Durchmesser in den Grenzen 1—10 cm/s verändert werden. Die obere Grenze liegt rund doppelt so hoch, als sie im laufenden Betriebe der HKM verwendet wurde. Sie konnte jedoch bei Ms 58 ohne Anstände eingehalten werden. Besonders eingehende Versuche wurden bei der normalen Preßtemperatur von 650° nach Abschluß des laufenden Betriebes durchgeführt. 2 weitere Versuchsreihen bei einer möglichst niedrigen (520°) und einer möglichst hohen (700°) Temperatur konnten dagegen nur am frühen Morgen nach Anheizung des Rezipienten vorgenommen werden. Die Versuche streuen wesentlich stärker, besonders bei der niedrigen Temperatur, so daß anzunehmen ist, daß der Rezipient noch nicht die richtige Temperatur angenommen hatte und vor allem während der Versuche nicht die gleichen Temperaturverhältnisse beibehielt.

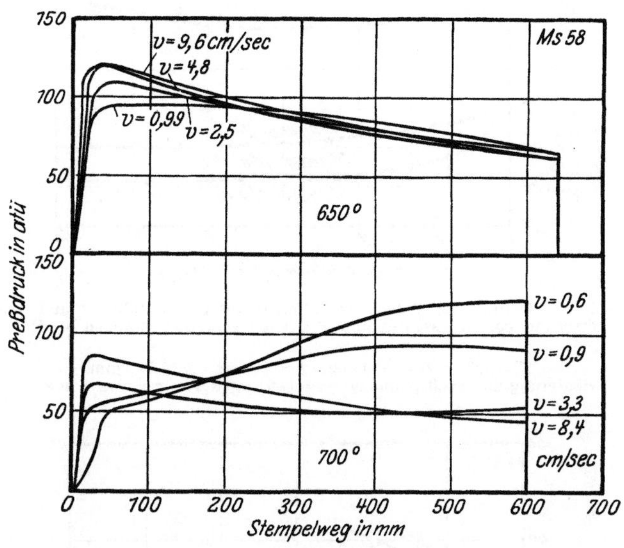

Abb. 31. Preßdiagramme von Hartmessing (Ms 58) bei verschiedenen Temperaturen und Geschwindigkeiten. $D = 170$ mm, $d = 50$ mm, $L = 750$ mm.

Abb. 31 zeigt zunächst einige Preßdiagramme für verschiedene Preßgeschwindigkeiten bei 650° und 700° in natürlicher Größe. Auf die Wiedergabe von Versuchen bei 520° ist wegen der starken Streuung verzichtet. Gemeinsam allen Temperaturen ist, daß der anfängliche Kraftbedarf um so höher liegt, je größer die Preßgeschwindigkeit ist. Dies erklärt sich ohne weiteres aus dem bekannten Einfluß der Geschwindigkeit. Beim Abbruch des Preßvorganges, der vorgenommen wird, wenn die Stangen unganz zu werden beginnen (vgl. Abschn. B 4 b), zeigt dagegen der Kraftbedarf bei 650° keine einfache Abhängigkeit von der Preßgeschwindigkeit. Bei 700° liegt er umso höher, je langsamer der Block verpreßt ist.

Die Ursache für das Verhalten des Kraftbedarfs bei 650° erkennen wir, wenn wir den Unterschied zwischen Anfangs- und Endtemperatur bei verschiedenen Geschwindigkeiten in Abb. 32 oben betrachten, wo der Temperaturabfall gegenüber der Solltemperatur aufgetragen ist. Einige stark herausfallende Werte sind dabei vernachlässigt, weil die Gefahr besteht, daß beim Messen der Temperatur an der sich schnell abkühlenden

Stange zu niedrige Werte gemessen wurden. Nach Abb. 32 bleibt nun die Temperatur schnell gepreßter Blöcke erhalten, während sie bei geringer Preßgeschwindigkeit bis zum Ende des Preßvorganges ganz erheblich sinkt.

Bei großer Preßgeschwindigkeit und somit gleichbleibender Temperatur ist die Form der Diagramme nach Abb. 31 ähnlich wie bei Laboratoriumsversuchen (vgl.

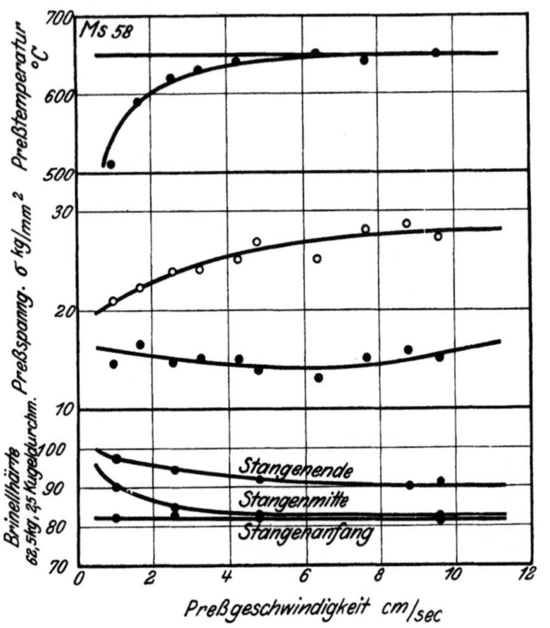

Abb. 32. Einfluß der Preßgeschwindigkeit auf die Abkühlung und den Kraftbedarf beim Pressen und die Härte der gepreßten Stangen bei Hartmessing Ms 58.

$T = 650°$, $D = 170$ mm, $d = 50$ mm, $L = 750$ mm.
Erläuterung zur Preßspannung: ○ = Anfangswerte, ● = Mindestwerte.

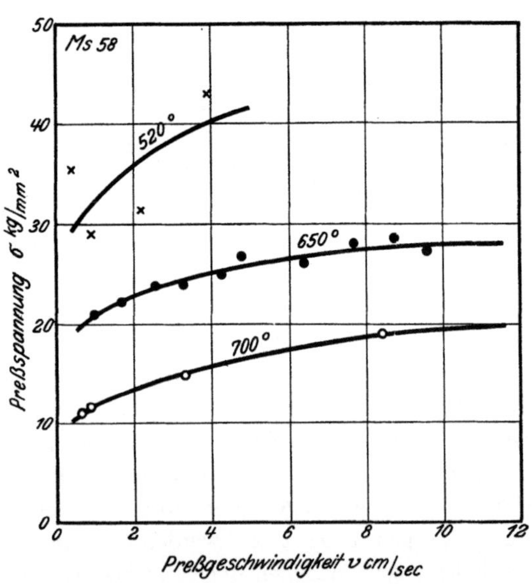

Abb. 33. Anfangswert des Kraftbedarfs bei verschiedenen Temperaturen und Geschwindigkeiten. Ms 58.
$D = 170$ mm, $d = 50$ mm, $L = 750$ mm.

Abschn. A 2). Nur ist der Abfall des Kraftbedarfs bei den Warmversuchen verhältnismäßig stärker, was sich durch die größere Reibung zwischen Werkstoff und Rezipient erklärt (vgl. Abschn. C 5). Durch den Abfall der Temperatur bei kleiner Geschwindigkeit wird naturgemäß der Fließdruck erhöht, und der Abfall des Kraftbedarfes, der auf die Verringerung der Reibung bei Abnahme der Blocklänge zurückzuführen ist, wird dadurch gemäß Abb. 32 Mitte verringert. Auch die Härte verschiedener Stangenteile in Abb. 32 unten veranschaulicht die Veränderung der Temperatur beim Pressen, da bei niedriger Preßtemperatur die Härte höher ausfällt.

Bei hoher Temperatur ist sogar entsprechend Abb. 31 der Einfluß des Temperaturabfalls so groß, daß der Kraftbedarf mit fortschreitendem Pressen nicht abfällt, sondern ansteigt. Der große Unterschied der Diagramme bei 700° und 650° beruht einmal darauf, daß, wie erwähnt, bei der höheren Temperatur der Rezipient kälter war. Weiterhin ist bei 700° natürlich auch der Temperaturabfall in der gleichen Zeit bei hohen Temperaturen größer. Schließlich ist dann auch der Einfluß einer bestimmten Temperaturerniedrigung auf den Fließdruck stärker.

Der Verlauf der Anfangs- und Endwerte des Kraftbedarfs in Abb. 32 Mitte ist nunmehr ziemlich klar. Nur die Kurve der Anfangswerte gibt den Einfluß der Geschwindigkeit ungestört wieder. Abb. 33 zeigt noch einmal die Anfangswerte für alle 3 Temperaturen. Die Kurve der Endwerte in Abb. 32 Mitte läßt dagegen schätzungsweise bei Geschwindigkeiten unter 6 cm/s einen zunehmenden Einfluß des Temperaturabfalls erkennen.

Im Vergleich zu den Laboratoriumsversuchen ist der Einfluß der Preßgeschwindigkeit bei den Warmpreßversuchen verhältnismäßig groß, und zwar besonders bei hoher Temperatur. Erhöhung der Preßgeschwindigkeit auf das Zehnfache vergrößert den Anfangskraftbedarf bei 650° um über 30%, bei 700° um 60%.

b) Abhängigkeit des Kraftbedarfs vom Verpressungsgrad.

Weiterhin wurde entsprechend Tafel 6 in einer Anzahl von Versuchen die Abhängigkeit des Kraftbedarfes vom Verpressungsgrad festgestellt.

Tafel 6. Abhängigkeit des Kraftbedarfs vom Verpressungsgrad.

Ms 58

Blockdurchmesser $D = 170$ mm
Blocklänge $L = 750$ mm

Blockdurchmesser / Stangendurchmesser D/d	Verpressungsgrad $q = \frac{D^2-d^2}{D^2}$	Preßspannung σ		Mittlere Preßtemperatur T_m	Mittlere Preßgeschwindigkeit v_m	Anzahl der Versuche
		Anfangswert	Mindestwert			
mm/mm	%	kg/mm²	kg/mm²	°C	cm/s	
170/32	96,6	27,9	19,6	640	5,8	2
170/52	90,7	24,3	13,2	640	5,9	2
170/72	82,2	22,4	10,1	650	6,5	2
170/102	63,8	19,3	6,2	660	7,4	2

Dabei wurde mit verhältnismäßig großer Geschwindigkeit (6 bis 7 cm/s) gepreßt, um den Temperaturabfall möglichst zu verringern. Abb. 34 zeigt die Preßdiagramme für Blöcke, die von 170 mm Durchmesser auf 102, 72, 52 und 32 mm Durchmesser (in warmem Zustande) verpreßt wurden. Kleinere Dimensionen ließen sich nicht mehr so schnell pressen. Die Versuche wurden unterbrochen, nachdem etwa $^{9}/_{10}$ der Blocklänge verpreßt war. Der Kraftbedarf hatte dann ungefähr seinen Mindestwert erreicht.

In Abb. 35 ist der Kraftbedarf über dem Matrizendurchmesser, in Abb. 36 über dem Verpressungsgrad (Querschnittsabnahme) aufgetragen, und Abb. 37 bringt

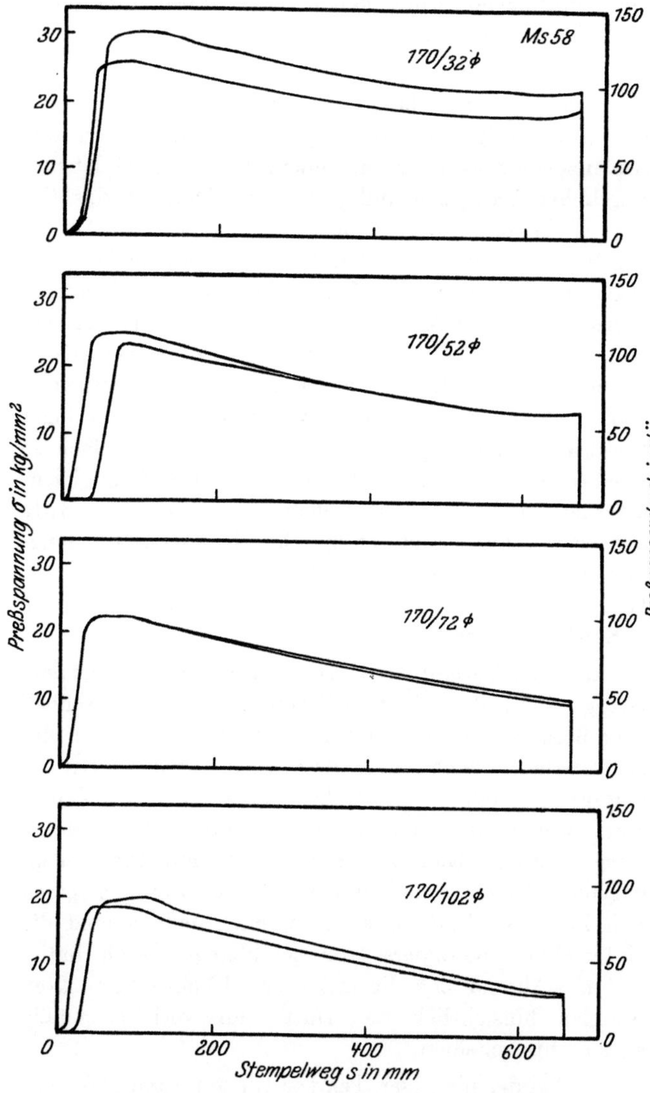

Abb. 34. Preßdiagramme für verschiedene Stangendurchmesser. Ms 58. $T_m = 650°$, $D = 170$ mm, $L = 750$ mm, $v = 6$ bis 7 cm/s.

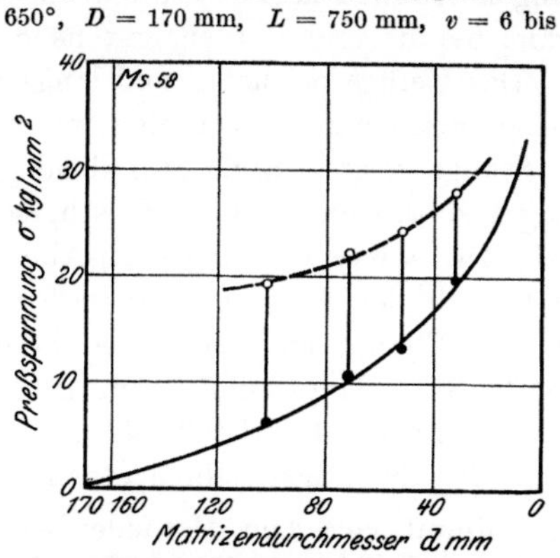

Abb. 35. Kraftbedarf bei verschiedenen Matrizendurchmessern. Ms 58. $T_m = 650°$, $D = 170$ mm, $L = 750$ mm, $v = 6$ bis 7 cm/s, ○ = Anfangswerte, ● = Mindestwerte.

schließlich den Kraftbedarf in Abhängigkeit vom Logarithmus des Umformungsverhältnisses (Rezipientenquerschnitt/Stangenquerschnitt). Der Mindestwert des Kraftbedarfs liegt in der letzten Darstellung wieder auf einer geraden Linie, die durch den Koordinatenanfangspunkt (Rezipientendurchmesser = Stangendurchmesser) geht.

Auffällig ist es, daß die Anfangswerte des Kraftbedarfes sich nicht in eine solche Beziehung einfügen, sondern nur in geringem Maße mit dem Verpressungsgrad anwachsen.

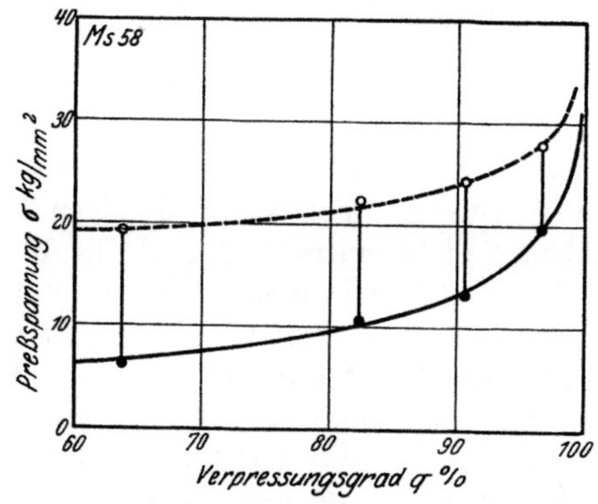

Abb. 36. Einfluß des Verpressungsgrades auf den Kraftbedarf. Ms 58. $T_m = 650°$, $D = 170$ mm, $L = 750$ mm, $v_m = 6$ bis 7 cm/s, ○ = Anfangswerte, ● = Mindestwerte.

Zu erwarten wäre, daß der Unterschied zwischen Anfangs- und Endwert um so größer ausfällt, je größer die Preßspannung an sich ist. Stattdessen findet sich ein erheblich größerer Abfall bei kleinen Verpressungsgraden als bei großen. Man könnte höchstens erwarten, daß die Endwerte durch die verstärkte Abkühlung bei großen Querschnittsabnahmen gestört sind. Aber gerade die Anfangswerte in Abb. 37 sind es, die sich nicht in eine einfache Beziehung einordnen. Auch ist nicht einzusehen, weshalb bei annähernd gleicher Preßgeschwindigkeit die Abkühlung vom Matrizendurchmesser abhängig sein soll.

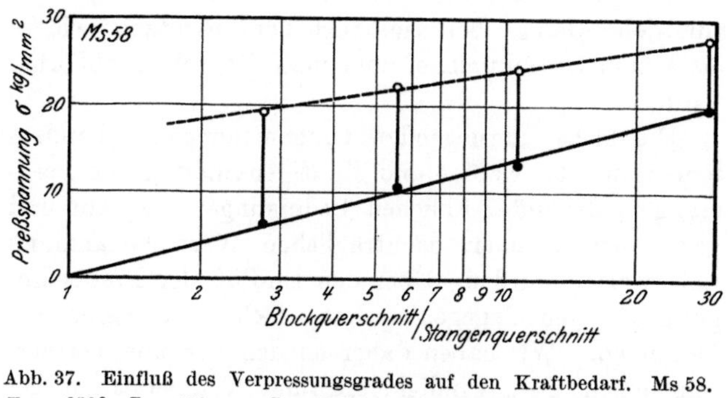

Abb. 37. Einfluß des Verpressungsgrades auf den Kraftbedarf. Ms 58. $T_m = 650°$, $D = 170$ mm, $L = 750$ mm, $v_m = 6$ bis 7 cm/s, ○ = Anfangswerte, ● = Mindestwerte.

Nach den vorliegenden Versuchen kann eine allgemeine Formel für den Kraftbedarf vorläufig nicht aufgestellt werden. Die Versuche reichen nicht aus, um die Wirkung aller Faktoren zahlenmäßig festzulegen, und in jedem Falle werden sich sehr verwickelte Zusammenhänge ergeben.

3. Gefüge und Eigenschaften gepreßter Messingstangen.

Die Eigenschaften gepreßter Hartmessingstangen fallen, wie schon erwähnt, über deren Länge nicht einheitlich aus, da die Temperatur des Blockes während des Preßvorganges in der Regel abnimmt. Das gleiche gilt vom Gefüge.

Da die Praxis ein möglichst gleichmäßiges Material zu gewinnen sucht, sind die Veränderungen des Gefüges und der Festigkeitseigenschaften über der Stangenlänge verschiedentlich Gegenstand von Untersuchungen gewesen. Besonders stark und mannigfaltig sind die Unterschiede bei gewöhnlichem Hartmessing mit etwa 58% Cu[16, 17, 18, 19]. Bei hohen Temperaturen ist das Gefüge des Hartmessings homogen (reines β). Nach der Abkühlung ist es heterogen ($\alpha + \beta$). Je nach der Preßtemperatur ist der Anteil an ausgeschiedenen α-Kristallen im Augenblick des Pressens verschieden. Je nachdem, ob nun eine Rekristallisation vorwiegend im β-Gebiet, oder im ($\alpha + \beta$)-Gebiet oder bei zu niedrigen Temperaturen überhaupt nicht eintritt, ist auch die Korngröße und -gestalt sowohl der ursprünglichen β-Kristalle, welche auch nach dem Zerfall noch größere Kornkolonien bilden, als auch der ausgeschiedenen α-Kristalle verschieden. Und zwar steht nach den bisherigen Untersuchungen nur fest, daß die α-Kristalle am Anfang der Preßstange ziemlich scharfkantige, am Ende rundliche Form haben. Ihre Größe sowie auch die Größe der β-Einheiten unterliegt jedoch anscheinend keiner einfachen Gesetzmäßigkeit. Das Makrogefüge des Anfangs zeigt in der Regel eine geringe Streckung der Kristalle, das des Endes dagegen stets ein ausgesprochenes Zeilengefüge. Härte und Festigkeit der Stange nehmen vom Anfang zum Ende hin zu, die Dehnung und Kerbzähigkeit ab. Ersteres entspricht einfach der abnehmenden Preßtemperatur, da die Rekristallisation, wie auch das verstärkte Zeilengefüge zeigt, allmählich ausbleibt. Die Abnahme der Kerbzähigkeit wird darauf zurückgeführt, daß die rundlichen α-Kristalle mehr die Eigenschaften des verhältnismäßig spröden β-Messings hervortreten lassen als die länglichen Kristalle. Für die praktische Verwendung sehr störend ist auch die Tatsache, daß das rundliche Gefüge bei nachträglichem Erhitzen, wie es etwa zum Gesenkpressen notwendig ist, sehr grobkörnig wird.

Die bisher vorliegenden Untersuchungen behandeln jedoch nur das Gefüge und die Eigenschaften von Preßstangen, die unter üblichen Bedingungen verpreßt und gegebenenfalls einer nachträglichen Wärmebehandlung unterworfen wurden. Über den Einfluß der Preßbedingungen liegen dagegen bisher anscheinend keine Arbeiten vor. Wir haben daher an den von uns bei verschiedenen Geschwindigkeiten und Temperaturen gepreßten Stangen das Gefüge und die Härte verfolgt.

Untersucht wurden von einer größeren Zahl von Stangen je ein Abschnitt aus Anfang, Mitte und Ende von etwa 6 m langen Stangen (0,25; 3,00; 5,75 m), die aus Blöcken von 170 mm Durchmesser und 750 mm Länge auf 50 mm Durchmesser gepreßt waren. Abb. 38 zeigt das Makrogefüge geätzter Längsschliffe der Stangen in zweifacher Vergrößerung, Abb. 39 das Mikrogefüge in der Mitte in 60facher Vergrößerung. Den Verlauf der Härte der bei 650° verpreßten Stangen geben Tafel 5 und Abb. 40, der bei 520° und 700° verpreßten Stangen Tafel 5 und Abb. 41 wieder. Die Abhängigkeit der Härte von der Preßgeschwindigkeit bei 650° wurde auch schon in Abb. 32 unten gezeigt.

Bei der normalen Preßtemperatur von 650° ist das Makrogefüge der Anfangsabschnitte in der Mitte ziemlich grobkörnig und wenig gelängt, während in den Außenzonen sich schon das Zeilengefüge ausgebildet hat. Bei hoher Preßgeschwindigkeit (Abb. 38a) ist das Gefüge im Mittelteil der Stange noch fast wie am Anfang der Stange beschaffen. Am Ende der Stange liegt dagegen ein ausgeprägtes Zeilengefüge vor. In gleicher Weise zeigen die Mikroaufnahmen (Abb. 39a) am Anfang und in der Mitte der Stange grobe nadlige α-Ausscheidungen, am Ende dagegen rundliche und teilweise stark gelängte α-Kristalle. Der Befund der bei geringer Geschwindigkeit gepreßten Stange läßt sich einfach so beschreiben (Abb. 38b und 39b), daß der Anfang gleichartig ist, wie bei der schnell gepreßten Stange, die Mitte aber schon deren Ende entspricht. Das Ende der langsam gepreßten Stange zeigt dann ein sehr feinkörniges Gefüge, das in Zeilen angeordnete, kleine rundliche α-Kristalle enthält.

Auch der Verlauf der Härte in Abb. 40 steht mit dem Gefüge in voller Übereinstimmung. Bei der schnell gepreßten Stange ist die Härte am Anfang und in der Mitte nahezu gleich, am Ende rund 10% höher. Bei der langsam gepreßten Stange hat der Anfang die gleiche Härte wie bei der schnell gepreßten Stange, dann wächst diese nach dem Ende zu stark an. Die mit dazwischenliegenden Geschwindigkeiten verpreßten Stangen reihen sich in dieses Bild vollkommen ein. Jedoch sind die Unterschiede besonders groß bei kleinen Geschwindigkeiten, während sich die mit 5 und 10 cm/s verpreßten Stangen hinsichtlich der Härte nur verhältnismäßig wenig unterscheiden.

Die bei der niedrigen Temperatur von rund 520° verpreßten Stangen kommen zunächst entsprechend Abb. 40c und d unganz heraus und werden erst nach etwa 1 m zylindrisch. Das Gefüge bei hoher und langsamer Preßgeschwindigkeit unterscheidet sich nicht wesentlich. Im Anfang der Stange zeigt sich ein auffallend grobes und unregelmäßiges Makrogefüge, das sich sehr schwer herausätzen ließ. Die α-Kristalle sind nach Abb. 39c und d offenbar erst nach der Ausscheidung verformt, da sie kaum noch scharfkantig erscheinen und besonders am Stangenende stark gelängt sind. Am Stangenanfang muß auch eine teilweise Rekristallisation stattgefunden haben, die an der Zwillingsstreifung erkenntlich ist.

Die Härte nimmt nach Abb. 41 wieder bei der schnell gepreßten Stange nur langsam von Anfang bis Ende zu, bei der langsam gepreßten dagegen ziemlich stark. Im ganzen liegt sie etwas höher als bei den bei 650° gepreßten Stangen.

Durch die höchste erreichbare Preßtemperatur von etwa 700° läßt sich, wie danach zu erwarten ist, bei hohen Geschwindigkeiten sowohl nach Abb. 38e und 39e ein gleichmäßigeres Gefüge, als auch nach Abb. 41 eine gleichmäßigere Härte als bei 650° erzielen. Die α-Kri-

---

[16] W. Köster: Das technologische Verhalten gepreßter Messingstangen. Z. anorg. Chem. Bd. 154, S. 197—208. 1926.

[17] R. Hinzmann: Die Wärmebehandlung und Gefügeausbildung von ($\alpha + \beta$)-Messing. Z. Metallkunde Bd. 19, S. 297—302. 1927.

[18] R. Hinzmann und H. Flössner: Die Gefügeausbildung in Hartmessing Ms. 58. Z. Metallkunde Bd. 22, S. 115—118. 1930.

[19] P. Siebe und G. Elsner: Die Gefügeausbildung von Hartmessing Ms 58 nach verschiedener Wärmebehandlung. Z. Metallkunde Bd. 22, S. 109—114. 1930.

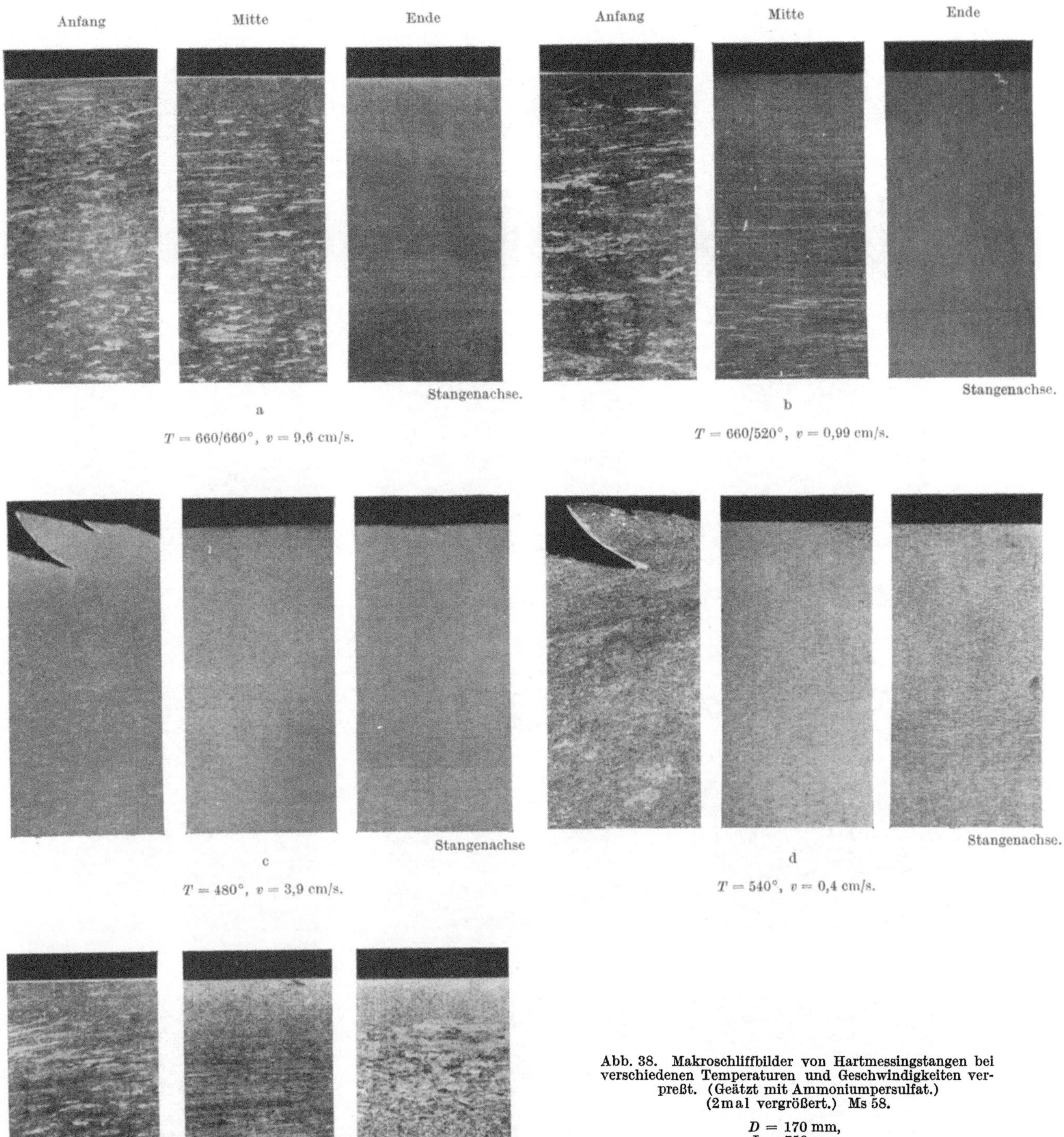

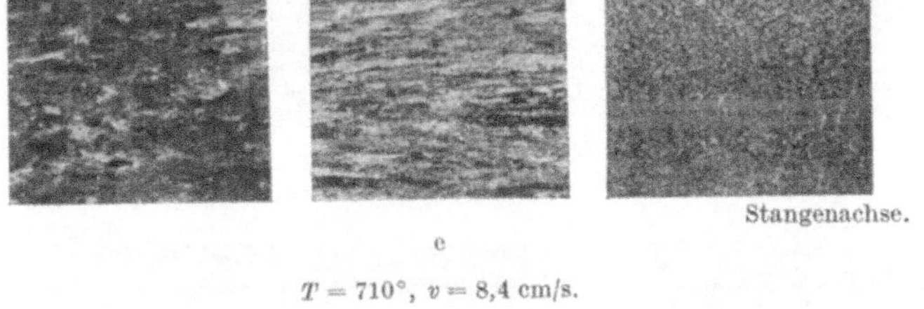

Abb. 38. Makroschliffbilder von Hartmessingstangen bei verschiedenen Temperaturen und Geschwindigkeiten verpreßt. (Geätzt mit Ammoniumpersulfat.) (2mal vergrößert.) Ms 58.
$D = 170$ mm,
$L = 750$ mm,
$d = 50$ mm.

stalle (Abb. 39e) erscheinen selbst am Ende noch ziemlich scharfkantig und verhältnismäßig wenig gelängt. Im Makrogefüge des Endabschnittes (Abb. 38e) fällt auf, daß eine stark grobkörnige Randzone entstanden ist. Gefüge und Härte langsam gepreßter Stangen unterscheiden sich nur wenig von denen bei 650° gepreßter und scheinen gegenüber diesen allgemein zu höheren Geschwindigkeiten verschoben. Ein deutlicher Unterschied ist nur darin zu erkennen, daß in den Mikroaufnahmen die α-Ausscheidungen scharfkantiger sind. Ein solches Gefüge ist nach den früheren Untersuchungen zu erwarten, wenn die Verformung vorwiegend im β-Gebiet erfolgt ist und die Ausscheidungen erst in der fertigen Preßstange vor sich gehen.

Stangenanfang Stangenmitte Stangenende

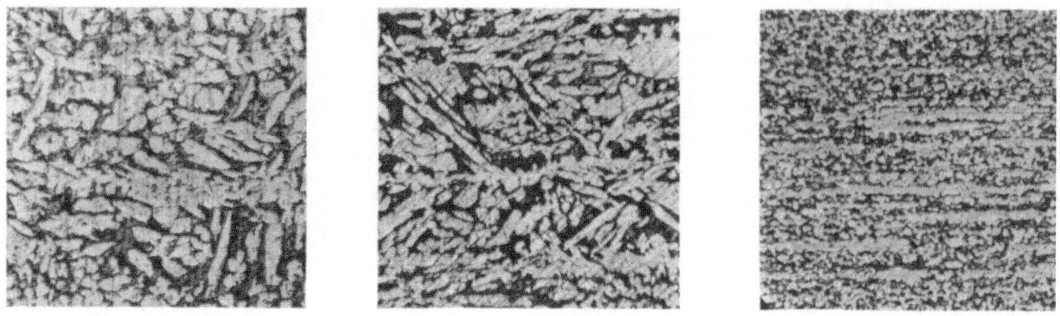

a

$T = 660/660°$, $v = 9{,}6$ cm/s.

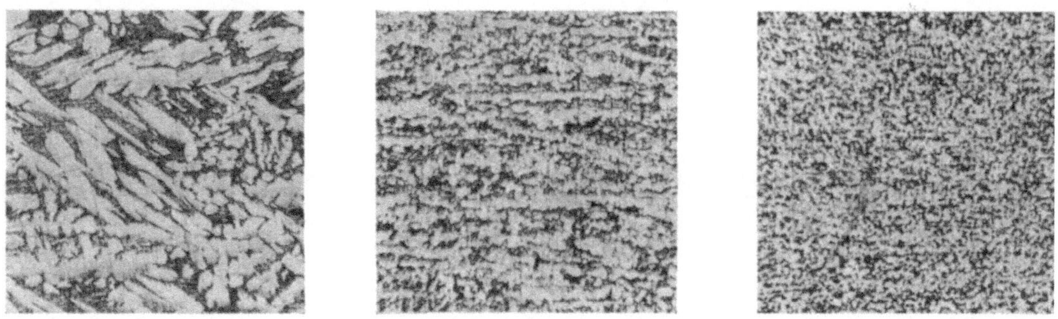

b

$T = 660/520°$, $v = 0{,}99$ cm/s.

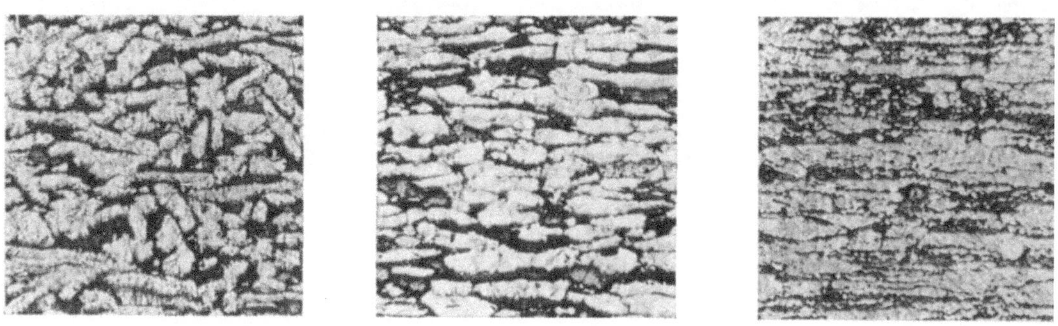

c

$T = 480°$, $v = 3{,}9$ cm/s.

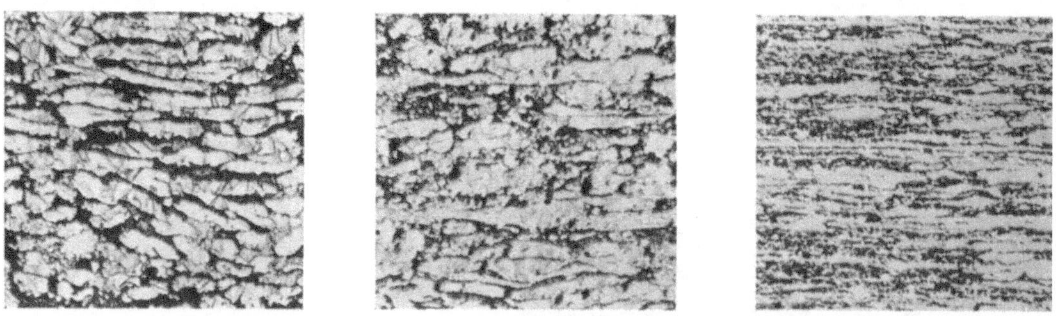

d

$T = 540°$, $v = 0{,}4$ cm/s.

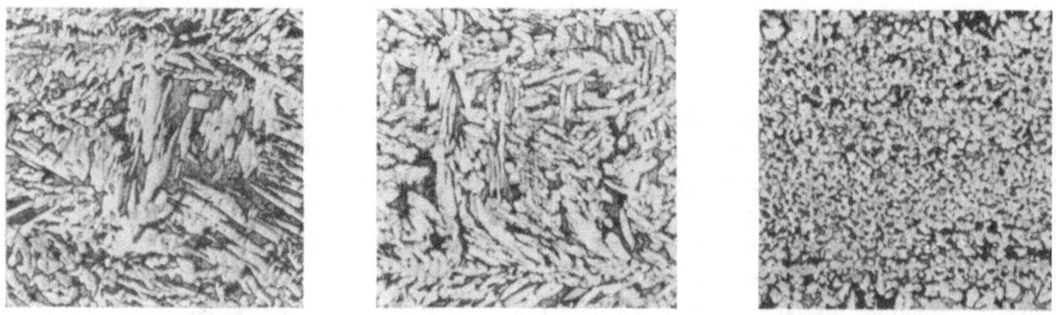

e

$T = 710°$, $v = 8{,}4$ cm/s.

Abb. 39. Mikroschliffbilder von Hartmessingstangen bei verschiedenen Temperaturen und Geschwindigkeiten verpreßt. (Geätzt mit Ammoniumpersulfat.) (60mal vergrößert.) Ms 58. $D = 170$ mm, $L = 750$ mm, $d = 50$ mm.

Die scharfkantige Form der α-Kristalle bedingt einmal den Vorzug, daß die α-Kristalle ein zusammenhängendes Skelett bilden und dem Hartmessing dadurch ihre günstigen Eigenschaften verleihen. Der Umstand, daß die Kristalle erst nach dem Pressen entstanden sind, hat weiterhin den Vorteil, daß sie stabil sind und das Gefüge infolgedessen durch eine nachträgliche Wärmebehandlung kaum verändert werden kann. Das Inlösunggehen und Wiederausscheiden der α-Kristalle erfolgt anscheinend

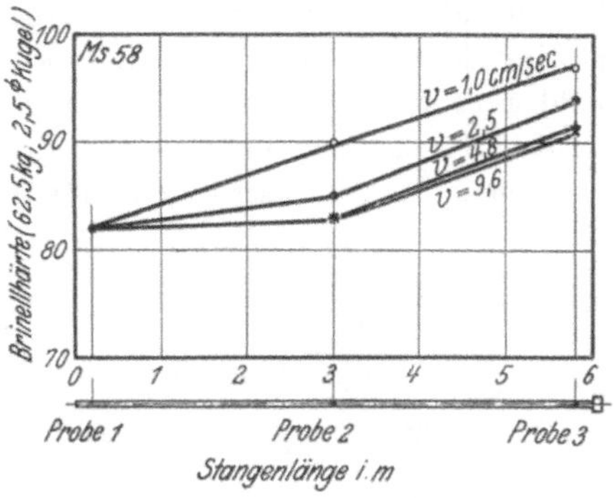

Abb. 40. Härte von Hartmessingstangen, bei 650° mit verschiedenen Geschwindigkeiten verpreßt.

ohne Veränderung der Grenzen der ursprünglichen β-Kristalle und führt daher bei gleichen Abkühlungsbedingungen zum gleichen Endzustand. Diesen Vorteilen gegenüber fällt eine etwaige verhältnismäßig grobe Ausbildung der α-Kristalle nicht ins Gewicht.

Das rundliche Gefüge muß wohl als eine Anfangsstufe der Rekristallisation von α-Kristallen aufgefaßt werden, welche sich schon im Block ausgeschieden haben und beim Verpressen stark verformt sind. Hieraus erklärt sich auch ihre starke Neigung zur Kornvergröberung bei nachträglicher Glühung, die eine allgemeine Eigenschaft von rekristallisierten Kristallen ist.

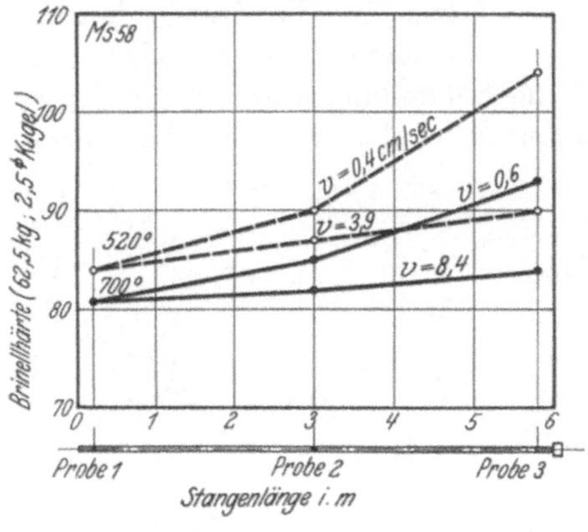

Abb. 41. Härte von Hartmessingstangen, bei 520° und 700° mit verschiedenen Geschwindigkeiten verpreßt.

Demnach ist es klar, daß zur Erzielung eines günstigen Gefüges über die ganze Stangenlänge möglichst hohe Preßgeschwindigkeiten vorteilhaft sind. Wir sind bei unseren Blöcken ohne Schwierigkeiten bis zu 10 cm/s Stempelgeschwindigkeit gekommen. Ob die Verwendung hoher Preßtemperaturen allgemein empfohlen werden kann, ist nach unseren wenigen Versuchen noch nicht angebbar. Es sei nochmals daran erinnert, daß nach Abb. 38e bei den sehr heiß und schnell gepreßten Stangen am Stangenende eine grobkörnige Randzone festgestellt wurde. Ob dies die Anwendung hoher Preßtemperaturen beeinträchtigt, wäre durch weitere umfangreiche Versuche festzustellen.

$v = 0{,}022$ 0,047 0,184 0,211 0,667 1,12 ~1,5 mm/s.

Abb. 42. Gefüge von Bleistangen, bei verschiedenen Geschwindigkeiten verpreßt. (Nat. Größe.)

Das Auftreten sehr grober Kristalle beim schnellen Pressen wurde übrigens auch beim Pressen von Blei in den Laboratoriumsversuchen festgestellt. Wie Abb. 42 zeigt, entstanden sehr große Kristalle in wachsender Menge mit zunehmender Preßgeschwindigkeit. Die groben Kristalle liegen dabei ohne Übergang in der feinkörnigen Grundmasse. Erfahrungsgemäß ist zu vermuten, daß das Entstehen solcher großen Kristalle in sehr starkem Maße von dem Reinheitsgrad des Materials, ferner von der Temperatur und dem Verpressungsgrad abhängt. Bei Zinn wurde etwas Gleichartiges nicht beobachtet; sämtliche Probestangen fielen feinkörnig aus.

4. Untersuchung der Fließvorgänge.

a) Verfahren zur Verfolgung des Materialflusses.

Um einen Einblick in die Fließvorgänge beim Warmpressen zu gewinnen, wurde in grundsätzlich gleicher Weise vorgegangen wie bei den Laboratoriumsversuchen (vgl. Abschn. A 3a). Das dort ausgearbeitete Verfahren hat sich auch für die Versuche in der Praxis ausgezeichnet bewährt.

Hierzu wurde ein Block von rund 170 mm Durchmesser und 360 mm Länge (gelegentlich auch 300 mm Länge) der Länge nach durchsägt und, beide Hälften zusammengelegt, zu einem zweiteiligen Block von 165 mm Durchmesser abgedreht. In die Mittelebene des einen Halbblockes wurde ein quadratisches Netzwerk (20 mm Nutenabstand) eingehobelt und mit Graphit gefüllt (vgl. Abb. 20). Ferner wurde zwischen die Halbblöcke mit Graphit-Lehmmasse bestrichene Pappe eingelegt, wodurch ein Verschweißen der Halbblöcke im Ofen und in der Presse unterbunden wurde. Das Gleiten der Halbblöcke aufeinander beim Anwärmen usw. wurde durch zwei in Ringnuten eingelegte Eisendrähte verhindert. Diese wurden vor dem Einsetzen entfernt. Das Einsetzen der geteilten Blöcke ging bei einiger Übung ebenso schnell vonstatten wie von massiven Blöcken. Nach dem Verpressen und Herausnehmen fielen die beiden Halbblöcke auseinander. Das Netzwerk war dann gleicherweise auf beiden Halbblöcken zu erkennen.

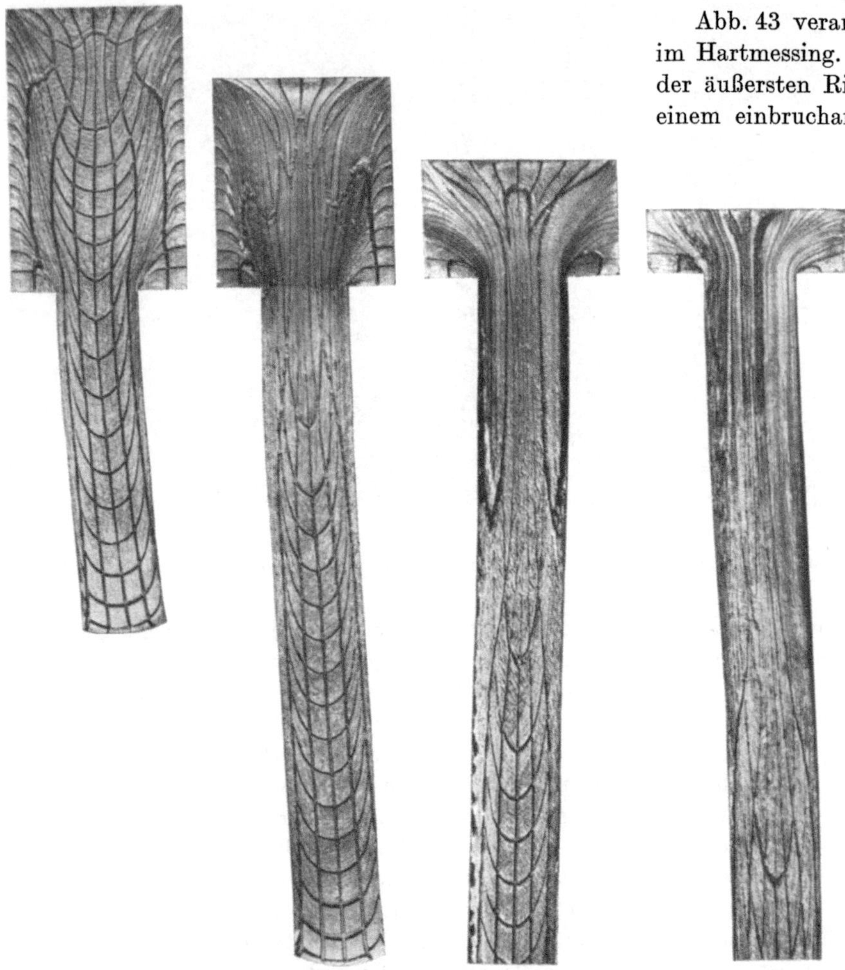

Abb. 43. Materialfluß in gepreßten Hartmessingstangen. Ms 58.
$T = 650°$, $D = 170$ mm, $d = 80$ mm, $L = 360$ mm. ($\sim 1/7$ nat. Größe.)

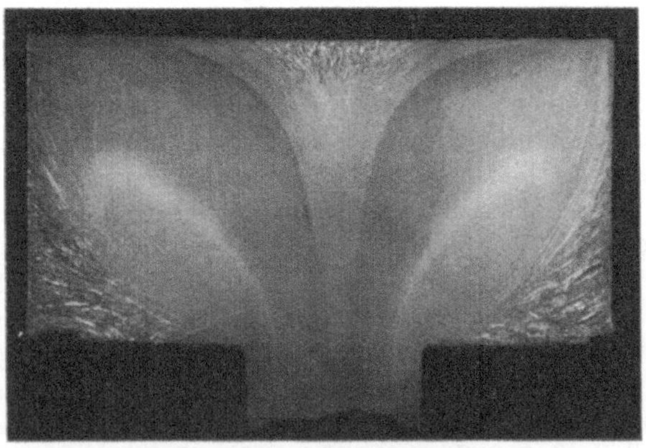

Abb. 45. Preßrest von Hartmessing mit Zweiwachs. ($\sim 1/2$ nat. Größe.)
$T = 650°$, $D = 170$ mm, $d = 50$ mm, $L = 750$ mm.

Wie schon im ersten Teil der Arbeit besprochen, ist ein solches Verfahren zur Feststellung der Fließvorgänge einwandfreier als ein Zusammensetzen der Versuchsblöcke aus verschiedenen Materialschichten. Die Spannungsverhältnisse können von denen in unzerteilten Blöcken kaum abweichen, da die Trennungsfläche eine Symmetrieebene ist, die größtenteils Druckspannungen zu übertragen hat. Allein das vorderste Ende der heraustretenden Stange klafft wieder wie bei den Laboratoriumsversuchen auf ein kurzes Stück auf.

b) Fließvorgänge bei Messing und Kupfer.

Abb. 43 veranschaulicht zunächst den Fließvorgang im Hartmessing. Man erkennt deutlich eine Stauchung der äußersten Ringzone des Blockes, die allmählich zu einem einbruchartigen Hineinziehen der Oberfläche an der Druckplatte führt. Die ausgepreßte Stange fällt zwar zunächst über eine gewisse Länge gleichmäßig aus; sobald aber der Einbruch in die Stange hineinzufließen beginnt, werden die einzelnen Materialfasern sehr stark

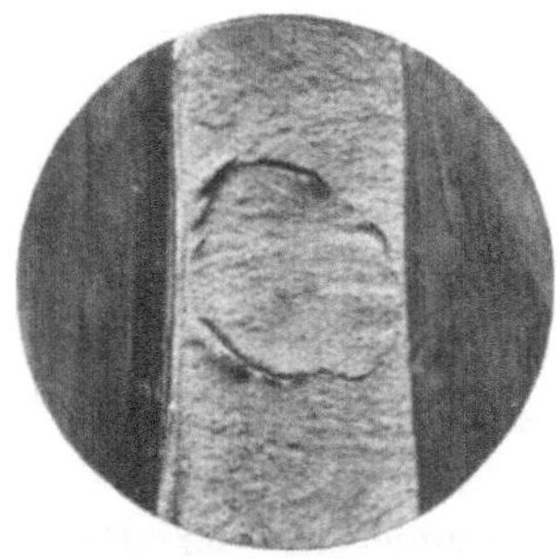

Abb. 44. Hartmessingstange mit Zweiwachs. (Nat. Größe.)

und ungleichmäßig verformt. Werden dann oxydische Teilchen der Oberfläche mit in die Stange hineingezogen, so wird, wie Abb. 44 zeigt, die Stange unganz und nicht mehr brauchbar. Das Pressen wird daher beendet, wenn der Block noch etwa eine Höhe vom halben Blockdurchmesser hat. Daß die Oberfläche wirklich in die Stange hineinwandert, erkennt man zunächst in Abb. 43 daran, daß die Netzteilungen an der Druckplatte nach innen zusammengeschoben werden. Der geätzte Schliff

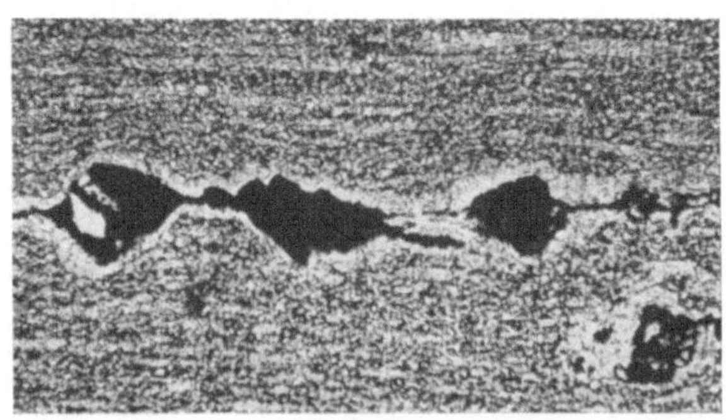

Abb. 46. Hartmessingstange mit Zweiwachs. (60fach vergrößert.)

eines Restbutzens in Abb. 45 läßt erkennen, wie außerordentlich turbulent der Materialfluß im Einbruchsgebiet ist und wie die oxydische Oberfläche längs der Wandung eines Trichters in die Stange hineinwandert. Abb. 46 zeigt noch einen stark vergrößerten Schliff einer solchen Stelle mit „Zweiwachs“.

Die beschriebenen Fließerscheinungen decken sich im wesentlichen mit früheren Beobachtungen[1, 2, 3, 4, 5, 6], die größtenteils ebenfalls an Messing gewonnen sind. Eine Erklärung für diesen Vorgang fehlt zunächst. Besonders unbefriedigend ist es dabei, daß der Fließvorgang bei den Warmpreßversuchen so ganz anders verläuft als bei den Kaltpreßversuchen an Blei und Zinn (vgl. Abschn. A 3b). Wir haben daher zunächst danach

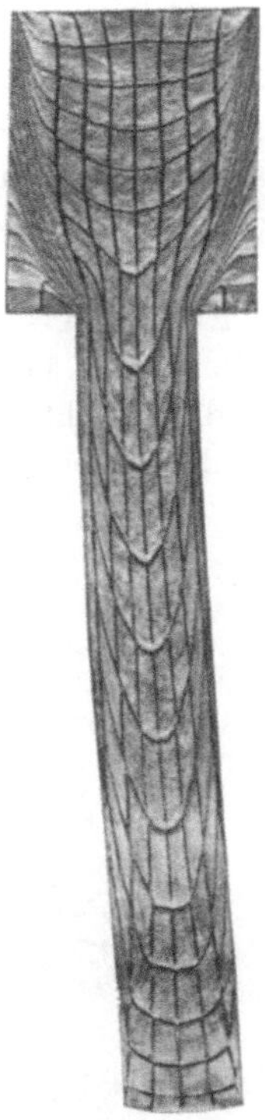

Abb. 47. Materialfluß bei einer gepreßten Kupferstange. (~1/8 nat. Größe.) $D = 170$ mm, $d = 80$ mm, $L = 360$ mm.

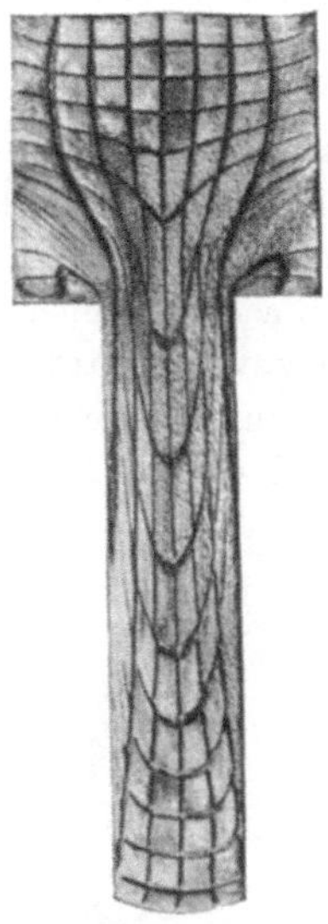

Abb. 48. Materialfluß bei einer aus einem Sechskantblock gepreßten Kupferstange. (1/8 nat. Größe.) $D = 180$ mm, $d = 80$ mm, $L = 300$ mm.

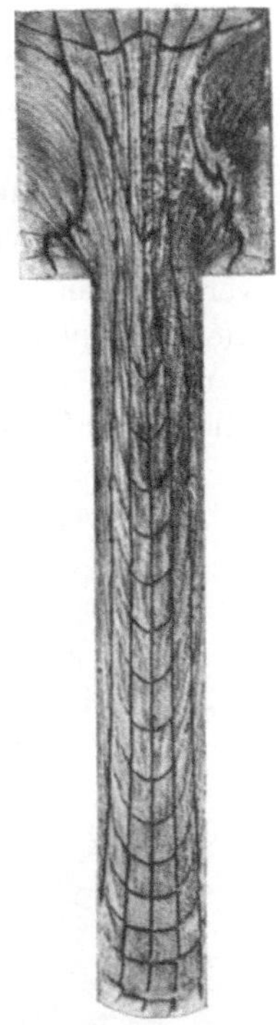

Abb. 49. Materialfluß bei einer aus einem Sechskantblock gepreßten Hartmessingstange. (1/8 nat. Größe.) $D = 180$ mm, $d = 80$ mm, $L = 360$ mm.

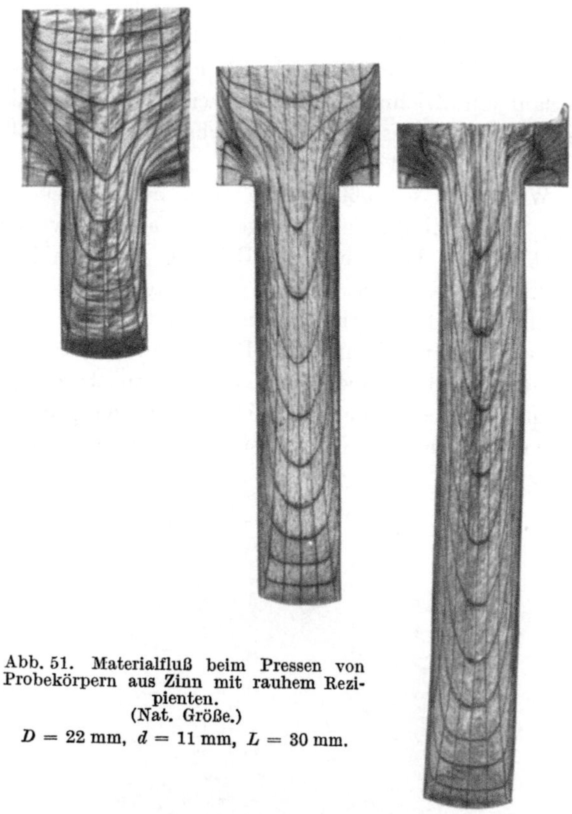

Abb. 51. Materialfluß beim Pressen von Probekörpern aus Zinn mit rauhem Rezipienten. (Nat. Größe.) $D = 22$ mm, $d = 11$ mm, $L = 30$ mm.

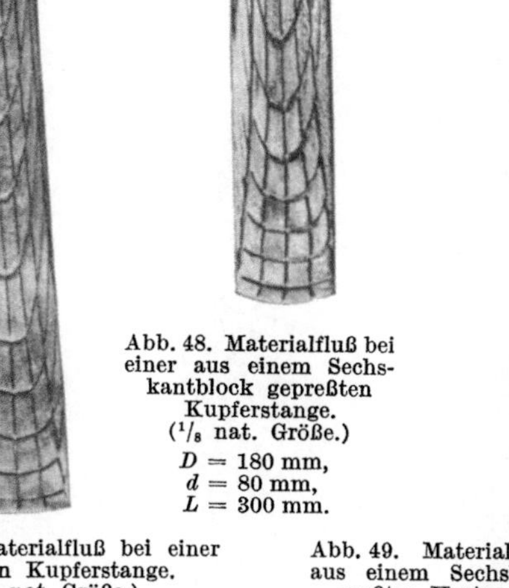

Abb. 50. Preßdiagramme beim Pressen von Zinn mit rauhem und poliertem Rezipienten. $D = 22$ mm, $d = 11$ mm, $L = 30$ mm, $v = 0{,}2$ mm/s.

gesucht, ob nicht an anderen Stoffen und unter anderen Versuchsbedingungen Fließvorgänge beobachtet werden können, welche denen bei Laboratoriumsversuchen nahekommen.

In der Tat zeigt schon Kupfer, unter den gleichen Bedingungen wie Messing verpreßt, nach Abb. 47 eine viel gleichmäßigere Umformung der verschiedenen Blockteile als das Hartmessing. Immerhin liegt noch ein erheblicher Unterschied gegenüber den Laboratoriumsversuchen darin, daß die äußerste Blockzone besonders in dem an der Druckplatte anliegenden Teil von Anfang an stark gestaucht wird. An der Verformung nimmt auch hier der gesamte Block teil, während bei den Laboratoriumsversuchen nur das der Matrize unmittelbar benachbarte Material das in die Stange abfließende Material liefert.

Es wurde vermutet, daß die Ursache dieser Unterschiede in der wesentlich größeren Reibung zwischen Block und Rezipient beim Warmpressen zu suchen ist. Daß dies der Fall ist, geht schon aus dem stärkeren Abfall des Kraftbedarfs beim Pressen hervor. Aus dieser Annahme heraus wurde an einer anderen Presse ein Block nach einem Verfahren verpreßt, das sonst nur zur Herstellung von Rohren angewandt wird. Und zwar wurde ein Kupferblock mit sechseckigem Querschnitt verarbeitet, da erwartet wurde, daß dann eine innige, mit großer Reibung behaftete Berührung zwischen Block und Rezipient sich erst allmählich im Laufe des Preßvorganges einstellen würde. Wie Abb. 48 zeigt, ergab sich in diesem Falle immerhin überraschenderweise ein fast gleichartiges Bild, wie auch bei den Laboratoriumsversuchen mit Zinn und Blei. In der Außenzone beschränken sich die Stauchungen nunmehr nur noch auf die der Matrize benachbarten Teile. Daß überhaupt noch Störungen in der Nähe der Druckplatte festzustellen sind, hängt wahrscheinlich damit zusammen, daß mit Schale gepreßt worden ist. Daß diese Störungen sehr gering sind, liefert den noch ausstehenden wichtigen Beweis, daß das Stehenbleiben einer Schale den Fließvorgang nicht wesentlich beeinflußt. Der Hauptzweck dieses Verfahrens ist ja nur, möglichst zu verhindern, daß die oxydreiche Oberfläche in die Stange hineingeht.

Bei einem in gleicher Weise verpreßten Messingblock allerdings ist auch dann noch nach Abb. 49 der Einbruch der Außenzonen nicht unterbunden. Immerhin scheint der Fließvorgang gleichmäßiger zu sein als in dem in Abb. 43 wiedergegebenen normalen Falle. Der Verlauf der Zeichnung läßt auch eine gewisse Ähnlichkeit mit dem des auf gewöhnliche Weise verpreßten Kupfers in Abb. 47 erkennen.

Wir haben schließlich auch noch den umgekehrten Weg eingeschlagen und einige Laboratoriumsversuche durchgeführt, bei denen die Reibung zwischen Probeblock und Rezipient durch Verwendung eines rauhen (geschruppten) Rezipienten anstatt des sonst verwendeten polierten erhöht war. Der Stempel hatte dabei ein geringes Spiel, sodaß eine Schale von etwa $^1/_{10}$ bis $^2/_{10}$ mm Stärke stehen blieb. Daß die Reibung dadurch in der Tat erheblich erhöht ist, läßt Abb. 50 erkennen.

Abb. 52. Trichterbildung bei einem restlos verpreßten Messingblock. ($^6/_{10}$ nat. Größe.)

Der Kraftbedarf ist jetzt anfänglich wesentlich größer und fällt dann im Verlauf des Preßvorgangs weit stärker ab als bei poliertem Rezipienten. Wie Abb. 51 zeigt, ist nunmehr auch der Fließvorgang in der Tat genau der gleiche wie beim Kupferblock in Abb. 47.

Mit diesen Versuchen ist der grundsätzlich sehr wichtige Beweis geliefert, daß weder der Unterschied in den Dimensionen, noch in den Temperaturverhältnissen zwischen den Kaltpreßversuchen im Laboratorium und den Warmpreßversuchen in der Praxis die Fließvorgänge wesentlich beeinflußt. Die bisher regelmäßig beobachteten Abweichungen, welche eine gegenteilige Auffassung stützten, sind hier auf Faktoren zurückgeführt, die sich sowohl in dem einen wie in dem anderen Falle bis zu einem gewissen Grade willkürlich beeinflussen lassen. Infolgedessen erscheint es auch nicht ausgeschlossen, daß die hier gewonnene Erkenntnis die Grundlage für eine systematische Beeinflussung des Preßvorganges in Zukunft liefert. Jedenfalls geht aus diesen Versuchen die Bedeutung der Oberflächenbeschaffenheit von Rezipient und Block hervor.

Fragen wir uns weiterhin nach der Ursache des Unterschiedes im Verhalten von Kupfer und Messing, so können wir sie nur in der bekannten Tatsache suchen, daß bei einem besonders in Kokille gegossenen Block von ($\alpha + \beta$)-Messing die Außenhaut infolge Seigerung* erheblich härter ist als das Innere, während das homogene Kupfer stets und überall etwa die gleiche Härte hat. Das Einbrechen der rohrförmigen Randzone ist dann möglicherweise als eine Knickerscheinung aufzufassen.

Auch beim Warmpressen tritt, wie Abb. 52 an einem sehr weitverpreßten Block zeigt, gegen Ende des Preßvorganges Trichterbildung und Einschnürung auf. Diese läßt sich jedoch vollständig unterdrücken, wenn man entsprechend den durch die Laboratoriumsversuche entwickelten Richtlinien (vgl. Abschn. A 3c) die Druckplatte konkav gestaltet. Der Block läßt sich dann nach Abb. 53 ganz auspressen, ohne daß Trichterbildung auftritt. Bei der in Abb. 53 wiedergegebenen

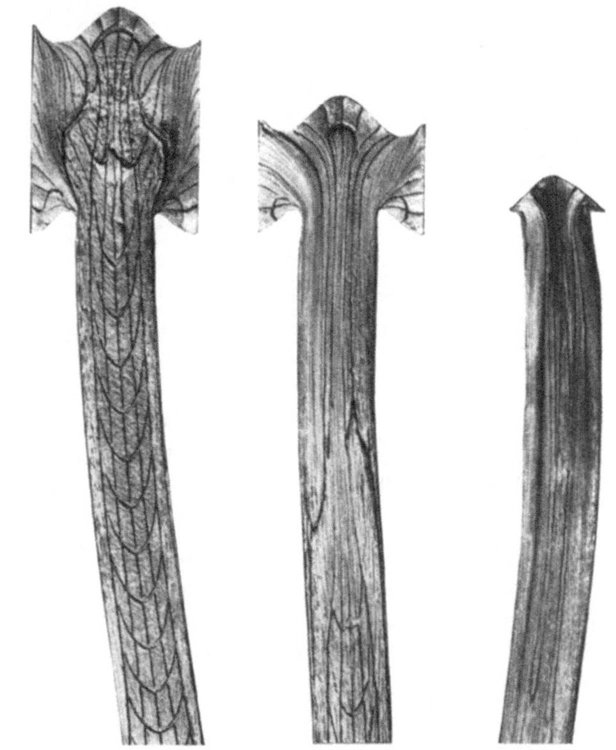

Abb. 53. Unterbindung der Trichterbildung bei Verwendung einer konkaven Druckplatte. Ms 58. ($\sim ^1/_8$ nat. Größe.)
$T = 650°$, $D = 170$ mm, $d = 80$ mm, $L = 360$ mm.

Probe kam dabei versuchsweise auch eine vorspringende Matrize zur Anwendung. Wie Abb. 54 zeigt, hat dies jedoch praktisch keinen Unterschied gegenüber einer ebenen Matrize zur Folge. Im Falle einer ebenen Druckplatte ist der Fließvorgang zu Beginn nur wenig anders. Die spätere Neigung zur Trichterbildung erkennt man nur daran, daß bei gerader Druckplatte die in ihrer Nachbarschaft befindlichen Materialteilchen viel früher zu fließen beginnen als bei konkaver Druckplatte. Dadurch erscheint ferner auch der Einbruch der äußersten Zone und das Hineinziehen der oxydischen Oberfläche etwas verzögert, sodaß eine konkave Druckplatte vielleicht auch dazu dienen kann, die Ausbeute an einwandfreien Messingstangen zu erhöhen. Einige Versuche nach dieser Richtung haben jedoch bisher nicht zu einem klaren Ergebnis geführt.

* Vgl. A. Schimmel: Kupferlegierungen. Berlin: Julius Springer 1930.

Ein geätzter Schliff des Restbutzens in Abb. 55 läßt auch die Verformung bei konkaver Druckplatte lange nicht so ungleichmäßig erscheinen wie in Abb. 45 bei Verwendung einer ebenen Druckplatte.

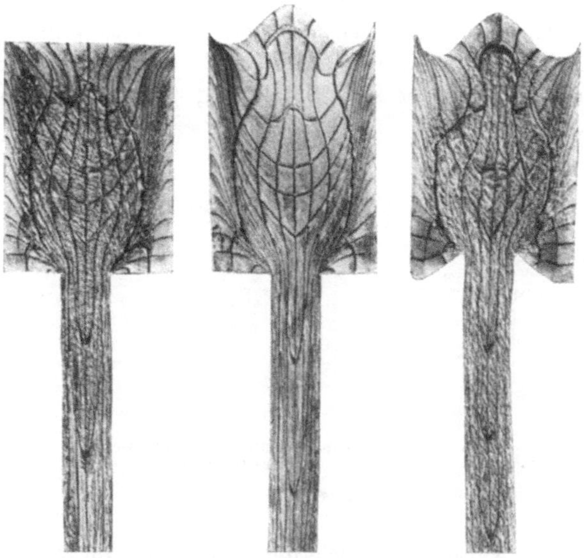

Abb. 54. Materialfluß in Hartmessingblöcken bei verschiedenen Druckplatten- und Matrizenformen. Ms 58. (~ 1/8 nat. Größe.) $T = 650°$, $D = 170$ mm, $d = 50$ mm, $L = 360$ mm.

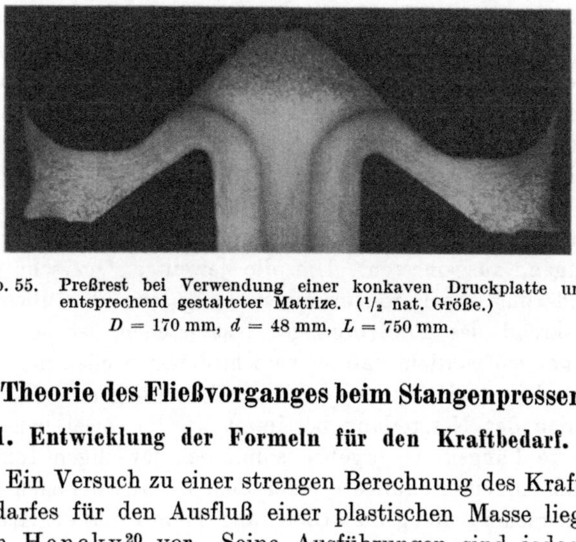

Abb. 55. Preßrest bei Verwendung einer konkaven Druckplatte und entsprechend gestalteter Matrize. (1/2 nat. Größe.) $D = 170$ mm, $d = 48$ mm, $L = 750$ mm.

C. Theorie des Fließvorganges beim Stangenpressen.

1. Entwicklung der Formeln für den Kraftbedarf.

Ein Versuch zu einer strengen Berechnung des Kraftbedarfes für den Ausfluß einer plastischen Masse liegt von Hencky[20] vor. Seine Ausführungen sind jedoch vorläufig mehr vom mathematischen Standpunkte aus zu werten, da der Weg zu ihrer praktischen Anwendung nicht gezeigt wird.

Auch eine näherungsweise Behandlung des Preßvorganges steht noch aus. Für den praktisch vorwiegend interessierenden Fall einer scharfkantigen Matrize ist ein gangbarer Weg zur Berechnung des Kraftbedarfes vorläufig nicht erkennbar. Die von uns durchgeführten Versuche zeigen, wie verwickelt in diesem Falle die Fließvorgänge sind. Sie bedürfen daher überhaupt erst noch einer genaueren Analyse, die im folgenden Abschnitt versucht werden wird.

[20] Hencky: Über langsame stationäre Strömungen in plastischen Massen mit Rücksicht auf die Vorgänge beim Walzen, Pressen und Ziehen von Metallen. Z. ang. Math. Mech. Bd. 5, S. 115—124. 1925.

Einen Angriffspunkt zur theoretischen Erfassung des Kraftbedarfs beim Pressen sehen wir zunächst nur darin, daß eine Matrize mit konischem Preßkanal ins Auge gefaßt wird. Aus diesem Grund sind schon in Abschnitt A 3b Versuche mit Matrizen verschiedener Konizität durchgeführt worden, die erkennen lassen, daß mit zunehmender Steilheit der Matrizenwände eine allmähliche Veränderung des Materialflusses zum Fall der scharfkantigen Matrize hin stattfindet.

Das Problem der Spannungsverteilung in einer konischen Matrize beim Pressen ist nun identisch mit dem der Spannungsverteilung in einer konischen Düse beim Drahtziehen. Diese Aufgabe ist schon mehrfach auf Grund verschiedener Annahmen durchgeführt worden und von Linicus und Sachs[14] einer eingehenden experimentellen Prüfung unterzogen worden.

Der Hauptanteil bei jedem technologischen Umformungsvorgang besteht in der Arbeit, welche der Materialfluß erfordert. Der Rest entfällt auf die Reibung zwischen Werkstoff und Werkzeug. Vernachlässigt man daher zunächst die Reibung, so läßt sich mit einigen Annahmen der Kraft- und Arbeitsaufwand beim Pressen in einfachster Weise berechnen. Diese Annahmen, die den wirklichen Verhältnissen nur unvollkommen gerecht zu werden imstande sind und daher im folgenden noch teilweise einer genaueren Prüfung unterzogen werden müssen, sind mit den Bezeichnungen der Abb. 56:

1. Der axial wirkende Preßdruck P verteilt sich gleichmäßig über jeden Querschnitt $f = \pi \cdot r^2$ des Preßgutes in der Matrize.
2. Der Wanddruck p und die mittlere Druckspannung σ mögen als Hauptspannungen angesehen werden.
3. Im fließenden Bereich sei die Schubspannung konstant:

$$p - \sigma = k. \tag{3}$$

Annahme 1 und 2 können nur für kleine Winkel α einigermaßen zutreffen. Die Gleichgewichtsbedingung lautet in diesem Falle ($\operatorname{tg}\alpha \backsim \sin\alpha \backsim \alpha$):

$$0 = \sigma \cdot f - (\sigma + d\sigma)\cdot(f + df) + p \cdot 2\pi r\, dx \cdot \alpha. \tag{4}$$

Mit:

$$x = \frac{r}{\alpha}, \qquad dx = \frac{dr}{\alpha} \tag{5}$$

wird:

$$\sigma \cdot 2r \cdot dr + r^2 \cdot d\sigma - p \cdot 2r \cdot dr = 0 \tag{6}$$

und nach Einsetzen von Gleichung (3):

$$d\sigma = 2\frac{dr}{r}\cdot k,$$

$$\sigma = k\int_{x_1}^{x} 2\frac{dr}{r} = k \cdot \ln\frac{r^2}{r_1^2} + C. \tag{7}$$

An der Stelle x_1 ist $\sigma = 0$, daher $C = 0$, an der Stelle x_2 ist $\sigma =$ der Preßspannung σ_e:

$$\boldsymbol{\sigma_e = k \cdot \ln\frac{D^2}{d^2}}. \tag{8}$$

Die Berücksichtigung der Reibung gestaltet die Rechnung wesentlich verwickelter. Da sie für den Fall des Drahtziehens schon ausführlich durchgeführt ist[21],

[21] G. Sachs: Zur Theorie des Ziehvorganges. Z. ang. Math. Mech. Bd. 7, S. 235—236. 1927.

begnügen wir uns hier mit dem Ansatz und dem Ergebnis. Die Gleichgewichtsbedingung in axialer Richtung ergibt sich aus Abb. 57 in entsprechender Weise wie Gleichung (4):

$$0 = d(\sigma \cdot \pi r^2) + p \cdot 2\pi r \frac{dx}{\cos\alpha} (\sin\alpha + \mu \cdot \cos\alpha), \quad (9)$$

und das Ergebnis lautet:

$$\sigma_e = k\left(1 + \frac{\mathrm{tg}\,\alpha}{\mu}\right) \cdot \left[\left(\frac{D}{d}\right)^{\frac{2\mu}{\mathrm{tg}\,\alpha}} - 1\right]. \quad (10)$$

Fließvorgänge beim Stangenpressen außerordentlich verwickelt sind. Dies ist sogar beim Warmpressen in der Praxis bzw. beim Kaltpressen mit rauhem Rezipienten in so starkem Maße der Fall, daß eine nähere Untersuchung dieser Vorgänge im Rahmen dieser Arbeit vorläufig aussichtslos erscheint.

Dagegen können wir uns über den Materialfluß bei den Laboratoriumsversuchen durch eine eingehendere Untersuchung der mit Netzteilung gepreßten Proben

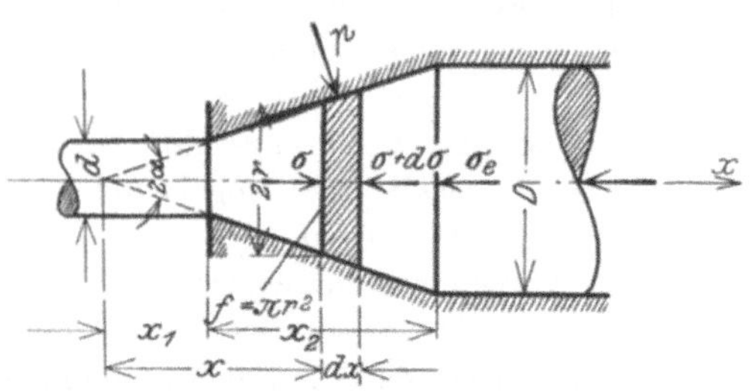

Abb. 56. Spannungsverhältnisse bei reibungsfreiem Pressen.

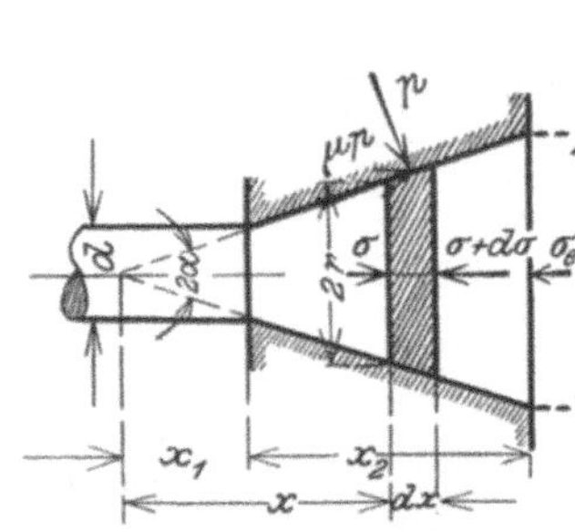

Abb. 57. Spannungsverhältnisse in der Matrize.

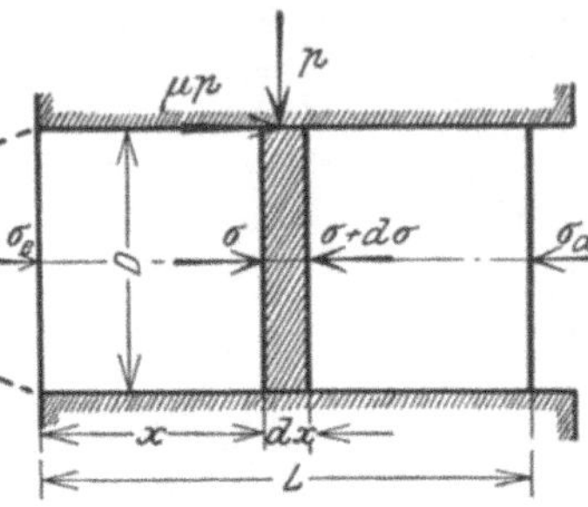

Abb. 58. Spannungsverhältnisse im Rezipienten.

Abb. 56, 57 und 58. Zur Ableitung des Kraftbedarfs beim Stangenpressen.

Die hier theoretisch abgeleitete Preßspannung σ_e erfaßt nur den Reibungswiderstand beim Umformen in der Matrize und entspricht daher etwa dem Kraftbedarf gegen Ende des Preßvorganges, wo die Blocklänge $L = 0$ ist. Dazu kommt noch der Reibungswiderstand innerhalb des Rezipienten. Mit den aus Abb. 58 ersichtlichen Bezeichnungen ergibt sich für den Spannungsverlauf im Rezipienten die Gleichgewichtsbedingung:

$$0 = \sigma \cdot \frac{\pi D^2}{4} - (\sigma + d\sigma) \cdot \frac{\pi D^2}{4} + \mu \cdot p \cdot \pi D \cdot dx. \quad (11)$$

Mit (3) wird:

$$\frac{dp}{p} \cdot \frac{D}{4\mu} = dx. \quad (12)$$

Und mit der Grenzbedingung $x = 0$, $\sigma = \sigma_e$, $p = p_e$ wird:

$$p_a = p_e \cdot e^{\mu \frac{4}{D} L}, \quad (13)$$

$$\sigma_a = p_a - k = (\sigma_e + k) \cdot e^{\mu \frac{4}{D} L} - k. \quad (14)$$

Es sei gleich vorweggenommen, daß es bisher nicht gelungen ist, die Ergebnisse der Versuche in befriedigender Weise mit der hier entwickelten Theorie in Übereinstimmung zu bringen. Dies wird größtenteils darauf beruhen, daß zwischen deren Annahmen und den wirklichen Verhältnissen Unstimmigkeiten bestehen, über deren Einfluß uns nur eine genaue Zergliederung des Ansatzes und der Untersuchung der einzelnen Faktoren Aufschluß geben kann. Darüber hinaus sehen wir den Wert einer, wenn auch nur sehr unvollkommenen Theorie darin, daß sie wertvolle Hinweise liefert, wo anzusetzen ist, um einen vertieften Einblick in das Wesen des Preßvorganges zu gewinnen.

2. Ungleichmäßigkeit des Materialflusses.

Zunächst wollen wir uns etwas eingehender mit dem wirklichen Materialfluß beim Pressen beschäftigen. Die Versuche nach dem Netzteilungsverfahren in Abschnitt A 3b und B 4b haben schon deutlich gezeigt, daß die einigen Aufschluß verschaffen. Das stets im Auge zu behaltende Ziel der Arbeit soll es dabei sein, besonders die Vorgänge bei Verwendung scharfkantiger Matrizen zu erfassen. Da diese jedoch ganz besonders ungleichmäßig sind, gehen wir von der Vorstellung aus, daß die Kenntnis der Fließvorgänge in Matrizen verschiedener Konizität Schlüsse zu ziehen gestattet, die näherungsweise auch für die scharfkantige Matrize Geltung haben. Damit gewinnen wir auch den Anschluß an die nur für schlanke Matrizen aufgestellte Theorie.

Zu diesem Zwecke wurde eine größere Zahl von Aufnahmen, wie sie Abb. 21, 22 und 23 in Abschnitt A 3b zeigen, ausgemessen. Um die jeweilige Querschnittsänderung einer rohrförmigen Längszone des Blockes während des Preßvorganges festzustellen, ist so vorgegangen worden, daß an verschiedenen Stellen der Abstand je zweier symmetrisch zur Achse liegender Längslinien der Netzteilung bestimmt wurde. Zwei benachbarte Längslinien ergeben somit den jeweiligen Innen- und Außendurchmesser jeder Schicht, aus der sich der Querschnitt und gemäß Gleichung (1) im Teil A der Arbeit ihre Querschnittsabnahme q ergibt.

Dabei zeigte es sich zunächst bei der Ausmessung verschieden weitgepreßter Proben, wie aus Abb. 21 und 22 zu entnehmen ist, daß selbst bei der scharfkantigen Matrize der Fließvorgang bis zu einem gewissen Grade als stationär angesprochen werden kann. Abgesehen von der äußersten Randzone 5 (vgl. Abb. 20) und dem Anfang der Preßstange durchlaufen alle Körperteilchen einer Längsfaser die gleichen Formänderungen, unabhängig von ihrer Lage über der Länge des Blockes. Bei den konischen Matrizen ist dies auch für die äußerste Schicht der Fall. Ein weit ausgepreßter Block sieht dann genau so aus, wie der vordere Teil eines weniger weit verpreßten Blockes.

Wir haben uns daher später für die Feststellung der Formänderungen mit der Ausmessung je einer einzigen Probe begnügen können. In Abb. 59 ist das Ergebnis für die konischen und eine scharfkantige Matrize gebracht. Als Abszisse ist dabei die Entfernung der Meßstelle von der Matrizenkante in der Längsrichtung aufgetragen, jedoch nicht die tatsächliche, sondern diejenige Entfernung, die sich bei einfacher Verschiebung des Blockes ohne Umformung durch die Matrize ergeben würde. nur die Arbeit aufzubringen, um sie gegen den Fließwiderstand des Materials um die vorgeschriebenen 75% Querschnittsabnahme zu verformen, sondern darüber hinaus, um sie im Beginn zu stauchen und dann wieder die Stauchung rückgängig zu machen. Dieser Vorgang verbraucht natürlich einen gewissen Anteil der Preß-

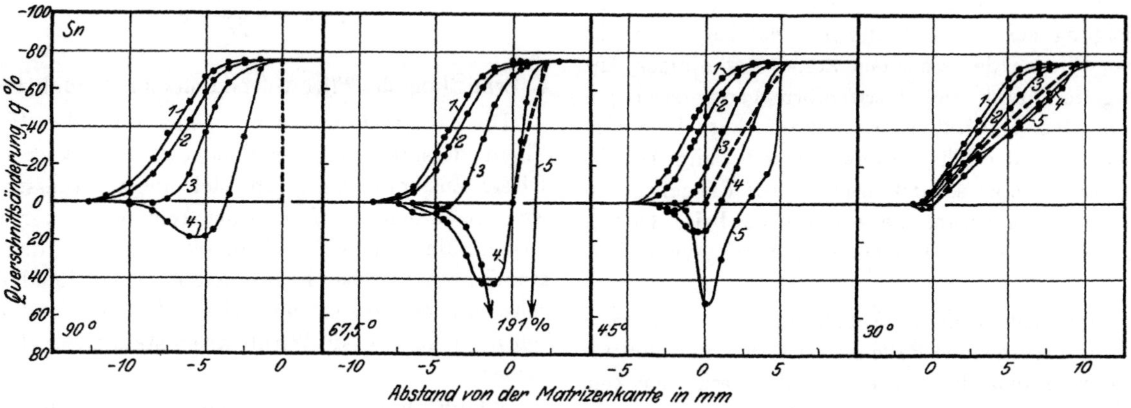

Abb. 59. Verformung der einzelnen Querschnittszonen beim Pressen mit Matrizen verschiedener Wandneigung (vgl. Abb. 20). $D = 22$ mm, $d = 11$ mm, $L = 30$ mm.

Die etwas undurchsichtige Abszisse ist deshalb gewählt, weil bei konstanter Preßgeschwindigkeit jede Einheit der Abszissenachse dann auch dem gleichen Zeitintervall entspricht. Da der Fließvorgang praktisch stationär ist, gibt Abb. 59 gleichzeitig auch die Querschnittsabnahmen der verschiedenen Zonen eines Blockes über dem Preßwege an.

Aus Abb. 59 erkennt man, daß die verschiedenen Zonen 1 bis 5 der Preßkörper (Zone 1 innen, Zone 5 außen, vgl. Abb. 20) nach Durchfließen der Matrize sämtlich die äußerlich geforderte Querschnittsverminderung, die hier 75% beträgt, erreichen. Der Weg ist jedoch, je nach der Matrizenform, mehr oder weniger verschieden. Die Innenzone 1 beginnt stets zuerst zu fließen. Je weiter außen die Zone liegt, desto später geht ihre Verformung vor sich. Bei der schlanksten Matrize von 30° ist der Unterschied der verschiedenen Zonen nur gering. Bei der 45°-Matrize ist er sehr viel größer und ändert sich dann nur noch wenig zu der 67,5°- und 90°-Matrize. Bei dieser scharfkantigen Matrize ist die äußerste Zone 5 nicht mitberücksichtigt, weil sie sich, wie oben erwähnt, nicht stationär verformt. Bei der 30°-Matrize geht die Umformung, wie die eingezeichnete gestrichelte Linie erkennen läßt, der äußeren Gestaltung der Matrize entsprechend vor sich. Die gestrichelte Linie zeigt nämlich einfach die Änderung des Querschnitts. Bei der 45°-Matrize ist dies auch im großen und ganzen der Fall. In den steileren Matrizen macht dagegen das Material die plötzlichen Querschnittsänderungen nicht mit, sondern verhält sich nicht viel anders als in der 45°-Matrize. Bei anderen Verpressungsgraden ist der Verlauf der Verformungen nur unerheblich anders.

Dabei ist es auch noch von besonderer Bedeutung, daß schon bei der 45°-Matrize die äußeren Zonen zunächst gestaucht werden und dann erst die vom Werkzeug vorgeschriebene Längung erfahren. Bei der 67,5°- und 90°-Matrize (Zone 5) ist dies in noch stärkerem Maße der Fall. Es ist also dann für die Materialteilchen dieser Zone nicht

kraft. Man erkennt dies daran, daß in Abb. 17 der Kraftbedarf mit zunehmendem Matrizenwinkel nicht abnimmt, wie es die entwickelte Gleichung (14) wegen der Abnahme der Reibung mit Abnahme der Berührungsfläche zwischen Werkstoff und Werkzeug verlangt, sondern nach Durchschreitung eines Mindestwertes bei etwa 30 bis 50° Matrizenwinkel wieder ansteigt. Dieser Anstieg kennzeichnet den zusätzlichen Kraftbedarf für die ungleichmäßige Verformung. Und zwar erfordert nach Abb. 17 die scharfkantige Matrize etwa den gleichen Kraftbedarf wie eine 20°-Matrize bei Blei und etwa wie eine 10°-Matrize bei Zinn. Man kann also sagen, daß die Wirkung der Ungleichmäßigkeit im Materialfluß bei der scharfkantigen Matrize annähernd ebenso groß ist wie die der Reibung im Falle der 20°- bzw. 10°-Matrize.

3. Fließgeschwindigkeiten im Preßgut.

In den Gleichungen für den Kraftbedarf kommt als Materialkennziffer der Fließwiderstand k vor. Nun sind derart weitgehende Verformungen, wie sie beim Stangenpressen auftreten, nur bei solchen Stoffen möglich, die sich bei der Preßtemperatur im Gebiete der Warmverformung befinden. Ein Kennzeichen der Warmverformung ist es nämlich, daß der Werkstoff im Gegensatz zur Kaltverformung keine ständig ansteigende Verfestigung erleidet, die schließlich das Formänderungsvermögen des Körpers erschöpfen und zum Bruch führen würde. Wir können vielmehr in erster Näherung von einer Veränderung der Stoffeigenschaften, der Verfestigung, ganz absehen und den Fließwiderstand des Stoffes als unabhängig vom Betrage der Verformung ansetzen.

Anderseits ist aber im Gebiete der Warmverformung der Fließwiderstand in erheblichem Maße von der Fließgeschwindigkeit abhängig. Wir haben uns daher zunächst eine gewisse Vorstellung darüber zu machen, mit welchen Geschwindigkeiten die Materialteilchen im Preßgut verformt werden. Diesen Aufschluß gewinnen wir an Hand der im vorigen Abschnitt ausführlich besprochenen Verformungen der einzelnen Blockzonen, welche auch Abb. 59 entnommen werden können.

Nach diesen Versuchen ist der Fließvorgang in der scharfkantigen Matrize außerodentlich verwickelt. Er unterscheidet sich aber verhältnismäßig wenig vom Fließvorgang in steileren konischen Matrizen bis etwa 45° Wandneigung herunter. In der 45°-Matrize entspricht auch das Fließen der einzelnen Zonen mit einiger Annäherung der durch die Matrizenform geometrisch geforderten Querschnittabnahme. Wenn wir daher im folgenden nach der Fließgeschwindigkeit beim Durchpressen durch eine scharfkantige Matrize suchen, so können wir sie näherungsweise der etwa beim Durchpressen durch eine 45°-Matrize zu erwartenden gleichsetzen.

Die gestrichelte Linie in Abb. 59 für die 45°-Matrize gibt also im vorliegenden Falle die mittlere Querschnittsabnahme über dem Preßwege, und da dieser der Zeit proportional ist, auch über der Preßzeit an.

Als Fließgeschwindigkeit führen wir nun die in der Einheit der Zeit vor sich gehende Veränderung (hier Abnahme) des Querschnitts f ein. Und zwar ist es dabei physikalisch notwendig, die Verformung auf den jeweils vorhandenen Querschnitt zu beziehen. Diese Größe sei als wahre Fließgeschwindigkeit φ bezeichnet und ist danach definiert durch die Gleichung:

$$\varphi = -\frac{1}{f} \cdot \frac{df}{dt}. \tag{15}$$

Mit Gleichung (1) aus Teil A kann auch geschrieben werden:

$$\varphi = \frac{1}{1-q} \cdot \frac{dq}{dt}. \tag{16}$$

Aus Abb. 59 läßt sich an jeder Stelle die wahre Querschnittsänderung bei Verschiebung des Blockes um die Wegeinheit abgreifen:

$$\frac{1}{1-q} \cdot \frac{dq}{ds}.$$

Mit der Preßgeschwindigkeit:

$$v = \frac{ds}{dt} \tag{17}$$

geht somit Gleichung (16) über in:

$$\varphi = \frac{1}{1-q} \cdot \frac{dq}{ds} \cdot \frac{ds}{dt}. \tag{18}$$

Mit Hilfe der Gleichung (18) kann somit die wahre Fließgeschwindigkeit aus den Versuchsgrößen für einen besonderen Fall ermittelt werden. Für die Größe $\frac{1}{1-q} \cdot \frac{dq}{ds}$ entnehmen wir der Abb. 59 als Mittelwert bei der 45°-Matrize etwa 40%/mm. Daraus ergibt sich für eine Preßgeschwindigkeit von v mm/s die mittlere wahre Fließgeschwindigkeit angenähert zu:

$$\varphi \cong 40 \cdot v \ \%/\mathrm{s}.$$

Dies gilt für einen Rezipienten von 22 mm Durchmesser. Die allgemeine Formel erhalten wir daraus einfach, wenn wir sowohl den Preßweg als auch die Preßgeschwindigkeit in Bruchteilen des Rezipientendurchmessers D (in Millimeter) ausdrücken. Damit wird die Größe:

$$\frac{1}{1-q} \cdot \frac{dq}{ds} \sim \frac{40}{\frac{D}{22}} \ \%/\mathrm{mm} = \frac{1000}{D} \ \%/\mathrm{mm}$$

und die wahre Fließgeschwindigkeit allgemein:

$$\boldsymbol{\varphi = \sim \frac{1000}{D} \cdot v \frac{\%}{\mathrm{s}}}. \tag{19}$$

4. Ermittlung des Fließwiderstandes aus Stauchversuchen.

Die nächste Frage ist nunmehr, in welcher Weise der Fließwiderstand von der Fließgeschwindigkeit abhängt. Dieser Zusammenhang läßt sich nicht voraussagen. Er ist je nach dem Stoffe und der Temperatur verschieden. Insbesondere ist es auch keineswegs zulässig, den Widerstand etwa wie bei Flüssigkeiten proportional der Geschwindigkeit anzusetzen. Seine Zunahme mit der Geschwindigkeit ist in Wirklichkeit stets wesentlich langsamer.

Weiterhin können wir von der nunmehr allgemein gewordenen Vorstellung Gebrauch machen, daß bei Metallen die größte Schubspannung beim Fließen nahezu unabhängig von den sonstigen Beanspruchungsverhältnissen ist. So muß zum Beispiel der Druckwiderstand, der gleich der doppelten Schubspannung beim Druckversuch ist, unmittelbar die gesuchte Fließspannung ergeben.

Die Größe des Fließwiderstandes und seine Abhängigkeit von der Fließgeschwindigkeit können wir demnach aus, unter verschiedenen Versuchsgeschwindigkeiten durchgeführten, Druckversuchen bestimmen. Die Feststellung einwandfreier Spannungen beim Druckversuch, besonders bei höheren Geschwindigkeiten, ist jedoch ziemlich schwierig. Im Anfang steigen die Spannungen infolge einer gewissen Verfestigung an. Nach größerer Verformung sind sie anderseits leicht dadurch gestört, daß eine reine Stauchbeanspruchung praktisch nur bei sehr hohen Probekörpern vorliegt, bei niedrigen dagegen die Auflagerreibung das Fließen hemmt. Aus diesen Überlegungen heraus haben wir zu folgendem einfachen Verfahren gegriffen, das uns die gesamten Abhängigkeiten in sehr vollständiger Weise zu überblicken gestattet und auch ohne weiteres etwaige Störungen erkennen läßt.

Die maßgebende Geschwindigkeitsgröße ist ja, wie schon im letzten Abschnitt besprochen, nicht die auf die ursprünglichen Abmessungen bezogene Fließgeschwindigkeit, sondern die auf die jeweils vorhandenen Abmessungen bezogene. Wird also ein Stauchversuch mit einer bestimmten Maschinengeschwindigkeit durchgeführt, so nimmt die Höhe des Probekörpers ab und damit die wahre Fließgeschwindigkeit in entsprechendem Maße zu.

Stellt man bei einem solchen Versuch die Spannungen nach verschiedenen Zeiten fest, so hat man für eine Anzahl verschiedener wahrer Fließgeschwindigkeiten experimentelle Werte für die Fließspannungen. Eine Anzahl solcher Versuche ergibt dann entsprechend Abb. 60 und 61 eine Reihe von Kurvenzügen, welche ohne weiteres erkennen lassen, wieweit die Vorstellung zutrifft, daß die Spannungen hauptsächlich eine Funktion der

Fließgeschwindigkeit und nicht des Verformungsbetrages sind. Im ersteren Falle müssen sich die einzelnen Stauchkurven zu einer einzigen vereinigen, im letzteren Falle steigt jede Kurve unabhängig von der anderen von niedrigen zu hohen Spannungen auf.

Die Abb. 60 für Zinn erfüllt nun in der Tat alle Anforderungen, die wir an ein Material stellen können, dessen Fließwiderstand ausschließlich eine Funktion der Verformungsgeschwindigkeit ist. Die mittleren Teile sämtlicher Druckkurven ergeben einen einheitlichen Kurvenzug. Daß die einzelnen Kurven erst nach einiger Zeit in die gemeinsamen Kurven einmünden, entspricht der schon erwähnten Tatsache, daß bei Metallen auch im dabei Rekristallisation ein. Mit einer Rekristallisation ist aber stets eine starke Entfestigung, also ein Abfall der Fließspannung, verbunden.

Im ganzen können wir jedenfalls auch für Blei, wie in Abb. 61 angedeutet, eine Kurve durch die Stauchkurven legen, welche den mittleren Fließwiderstand in Abhängigkeit von der Fließgeschwindigkeit angibt. Der Unterschied in den Stauchkurven von Blei und Zinn spiegelt sich übrigens auch etwas in den Preßdiagrammen in Abb. 18 wider.

Die Ermittlung der Stauchkurven geschah in folgender Weise: Zur Verwendung gelangten Probekörper von 22 mm Durchmesser und 44 mm Höhe, die aus dem

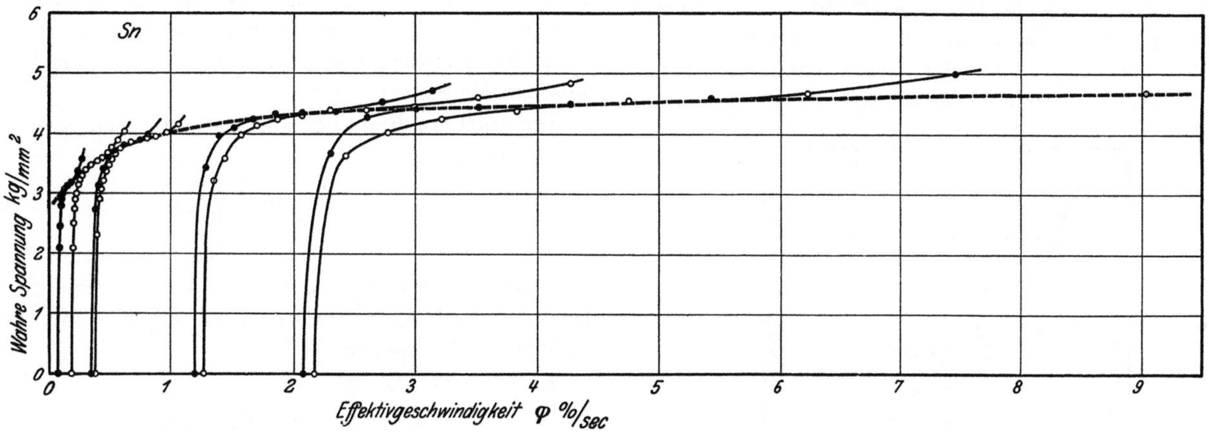

Abb. 60. Fließkurven bei Stauchversuchen von Zinn bei verschiedenen Geschwindigkeiten. $D = 22$ mm, $H = 44$ mm.

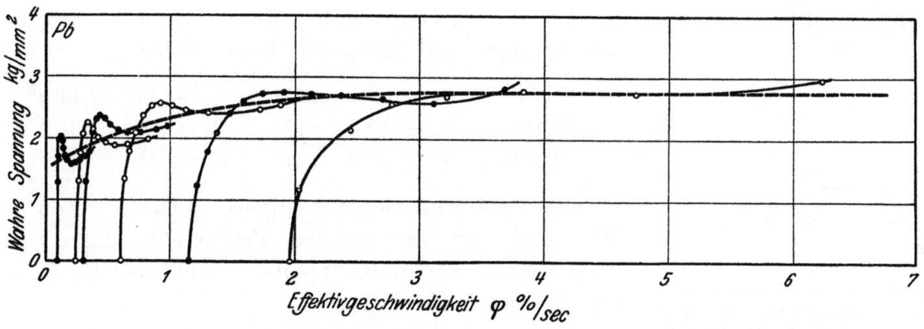

Abb. 61. Fließkurven bei Stauchversuchen von Blei bei verschiedenen Geschwindigkeiten. $D = 22$ mm, $H = 44$ mm.

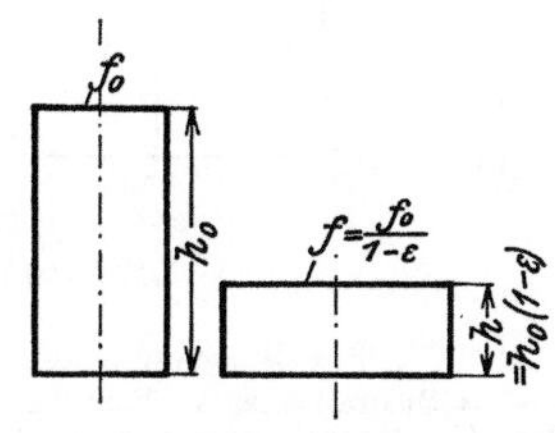

Abb. 62. Formänderung beim Stauchen.

Gebiete der Warmverformung zu Beginn eine gewisse Verfestigung eintritt. Die nach oben herauslaufenden Endteile der Druckkurven lassen anderseits die hemmende Wirkung der Reibung an den Auflagerflächen erkennen, die sich mit abnehmender Probenhöhe in wachsendem Maße einstellt.

Auch Blei verhält sich nach Abb. 61 ähnlich wie Zinn, besonders bei größeren Geschwindigkeiten. Bei sehr langsam durchgeführten Druckversuchen zeigt sich dagegen ein eigentümliches Maximum in den Stauchkurven, das auch schon früher beobachtet worden ist[22]. Dieser Kurvenverlauf wird wahrscheinlich damit zusammenhängen, daß verformtes Blei schon bei Raumtemperatur nach einiger Zeit rekristallisiert. Wenn also der Verformungsvorgang genügend lange dauert, tritt

Probematerial herausgearbeitet und in siedendem Wasser $^1/_2$ Stunde angelassen waren. Die Körper wurden dann auf der auch für die Preßversuche verwendeten Pohlmeyer-Universalmaschine mit einer bestimmten Maschinengeschwindigkeit v gestaucht und dabei die Kräfte P verfolgt. Die Druckspannungen σ wurden unter der Annahme berechnet, daß der Probekörper sich zylindrisch verformt[23]. Für eine Stauchung ε ergibt sich somit aus der Bedingung der Erhaltung des Volumens (Abb. 62) die Druckspannung:

$$\sigma = \frac{P}{f} = \frac{P(1-\varepsilon)}{f_0}. \tag{20}$$

Und die wahre Fließgeschwindigkeit φ wird einfach zu:

$$\varphi = \frac{v}{h}. \tag{21}$$

[22] P. Ludwik: Verfestigung und Glühwirkung. Int. Z. Metallographie Bd. 8, S. 53—67. 1916.

[23] G. Sachs: Der Einfluß der Probenhöhe auf den Stauchversuch. Z. Metallkunde Bd. 16, S. 55—58. 1924.

Warmstauchversuche an Ms 58 sind nicht systematisch durchgeführt worden. Einige Vorversuche zeigten, daß eine einwandfreie Durchführung infolge des Wärmeabflusses durch die Auflager eine umfangreichere Arbeit erfordert hätte, die im Rahmen dieser Untersuchung nicht mehr aufgebracht werden konnte. Außerdem bedarf dann auch die Frage nach der wirklichen Temperatur des Preßgutes eines genaueren Studiums.

5. Berechnung der Reibungsbeiwerte.

Eine weitere Größe, die in den Formeln für den Kraftbedarf vorkommt, ist der Reibungsbeiwert zwischen Werkstoff und Werkzeug.

Nach Gleichung (14) ist der Kraftbedarf beim Pressen abhängig von der Länge des Blockes, da nach der dort entwickelten Vorstellung der Reibungswiderstand mit der Blocklänge wächst. Dementsprechend muß auch

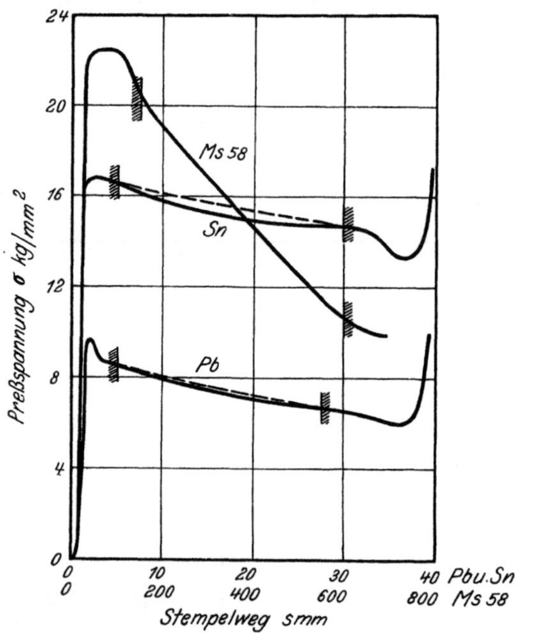

Abb. 63. Zur Berechnung der Reibungszahl aus Preßdiagrammen. — — = theoretischer Verlauf bei konstanter Reibungszahl. Zinn und Blei: $D=12$ mm, $L=40$ mm, $d=6$ mm, $v=0{,}1$ mm/s. Ms 58: $D=170$ mm, $L = 750$ mm, $d = 70$ mm, $v = 6{,}5$ cm/s.

während des Auspressens der Kraftbedarf mit der Blocklänge abnehmen. Eine solche Abnahme wird auch in der Tat stets beim Preßvorgang beobachtet, falls der Temperaturabfall sie nicht aufhebt (vgl. Abschn. B 2a). Ist dieser Kraftabfall allein auf die Reibung zurückzuführen, so muß er ganz allgemein einen Verlauf aufweisen, wie er durch Gleichung (14) unter Zugrundelegung eines passend gewählten Reibungskoeffizienten gefordert wird. Allerdings könnte dabei noch die Verwicklung eintreten, daß der Reibungskoeffizient nicht gleich groß bleibt, sondern sich insbesondere mit dem Preßdruck ändert.

Bei den Laboratoriumsversuchen waren die verwendeten Proben überwiegend sehr kurz. Die Preßdiagramme zeigen infolgedessen meist nicht einen gleichmäßigen Abfall, sondern verschiedene Unregelmäßigkeiten, die teils Eigentümlichkeiten des Stoffes sind, teils mit dem Beginn und Ende des Preßvorganges zusammenhängen. Bei verhältnismäßig langen Probekörpern jedoch ($D = 12$ mm, $L = 40$ mm) ist nach Abb. 63 über ein größeres Stück durchaus ein gleichmäßiger Abfall vorhanden. Nur solche Kurven eignen sich also für eine Prüfung der Reibungsvorstellung.

Bei den Warmpreßversuchen an Ms 58 sind die Blöcke stets so lang gewesen, daß die Preßdiagramme über ein längeres Stück einen gleichmäßigen Abfall zeigten, falls nur die Preßtemperatur einigermaßen konstant blieb. In Abb. 63 ist als Beispiel ein Preßdiagramm für den von uns am genauesten untersuchten Fall, daß ein Block von 750 mm Länge und 170 mm Durchmesser zu einer Stange von 70 mm Durchmesser gepreßt wurde, gebracht.

Unter Heranziehung der Gleichung (14) können wir dann an Hand dieser Preßdiagramme feststellen, wieweit die Vorstellung berechtigt ist, daß der Kraftabfall auf Reibung zurückzuführen ist und wie groß gegebenenfalls der Reibungskoeffizient ist.

Die mittlere Reibungszahl μ ergibt sich aus Gleichung (14) zu:

$$\mu = \frac{D}{4x} \cdot \ln \frac{\sigma_a + k}{\sigma_e + k}, \qquad (22)$$

worin x jeder beliebige Ausschnitt aus dem Preßwege sein kann. Gewählt sind die aus Abb. 63 ersichtlichen Teile der Preßdiagramme, die einen einigermaßen gleichmäßigen Abfall zeigen.

Es ist deren Länge:

Blei:	$x = 22{,}5$ mm
Zinn:	$x = 25$,,
Messing:	$x = 450$,,

σ_a und σ_e sind dann einfach die Werte des Kraftbedarfs am Anfangs- und Endpunkt dieser Strecken:

Blei:	$\sigma_a = 8{,}5$ kg/mm²;	$\sigma_e = 6{,}7$ kg/mm²
Zinn:	$\sigma_a = 16{,}5$,,	$\sigma_e = 14{,}6$,,
Messing:	$\sigma_a = 20{,}4$,,	$\sigma_e = 10{,}7$,,

Die Fließspannungen k ergeben sich für Zinn und Blei (bei der verwendeten Preßgeschwindigkeit von $v=0{,}2$ mm/s und dem Rezipientendurchmesser $D=12$ mm) aus Abb. 60 und 61 zu:

Zinn:	$k = 4{,}7$ kg/mm²
Blei:	$k = 2{,}8$,,

Für Ms 58 ist, da die Reibung nur in geringem Maße von der Fließspannung beeinflußt wird, willkürlich ein Wert von $k = 4$ kg/mm² angenommen.

Es ergeben sich damit die Reibungswerte:

Blei:	$\mu = 0{,}02_3$
Zinn:	$\mu = 0{,}01_1$
Messing:	$\mu = 0{,}04_8$

Wie zu erwarten war, ist der Reibungsbeiwert von Ms 58 in der Praxis wesentlich größer als der von Zinn und Blei im polierten Rezipienten der Laboratoriumseinrichtung.

Der sich mit diesen Werten nach Gleichung (14) errechnende Verlauf der Preßspannung ist in Abb. 63 gestrichelt eingezeichnet. Für Ms 58 fällt der errechnete Verlauf mit dem wirklichen zusammen. Bei Blei und Zinn ergeben sich stärkere Abweichungen, wobei aber zu beachten ist, daß die Preßdiagramme von Fall zu Fall etwas verschieden ausfallen.

Durch dieses Ergebnis erscheint die Reibungsvorstellung stark gestützt. Anderseits zeigt sich aber besonders bei den Warmpreßversuchen, daß der auf diesem Wege errechnete Reibungsbeiwert nicht unerheblich vom Verpressungsgrad abhängt:

$D = 170$ mm; $d = 30$ mm; $q = 96{,}6\%$; $\mu = 0{,}023$
$d = 50$,, $q = 90{,}6\%$; $\mu = 0{,}035$
$d = 70$,, $q = 82{,}2\%$; $\mu = 0{,}048$
$d = 100$,, $q = 63{,}8\%$; $\mu = 0{,}061$

Die Gründe können einerseits in einer Abhängigkeit des Reibungskoeffizienten vom Preßdruck liegen oder auch darin, daß die Rechnung auf der Vorstellung basiert, daß das ganze Material im Rezipienten fließt. Ob jedoch letzteres zutrifft, ist aber keineswegs erwiesen. Überhaupt bedarf es noch erst einer eingehenden Prüfung, wieweit die entwickelte Vorstellung berechtigt ist.

6. Wirklicher und theoretischer Kraftbedarf.

Über die Brauchbarkeit der in Abschnitt C 1 entwickelten theoretischen Ansätze können wir uns erst dann eine klare Vorstellung machen, wenn das Zusammenwirken der verschiedenen Vorgänge beim Stangenpressen übersehen werden kann. Dies ist aber, wie die letzten Abschnitte zeigen, bisher nur ganz unvollkommen der Fall.

Wir wollen uns daher als Abschluß der Arbeit damit begnügen, in Abb. 64 den wirklichen Kraftbedarf gegen Ende des Preßvorganges (ausgezogene Linien) dem durch Gleichung (8) bestimmten Kraftbedarf bei reibungsfreier Verformung (gestrichelte Linien) gegenüberzustellen. Als Fließspannungen sind wieder die Werte verwendet:

Blei: $k = 2{,}8$ kg/mm²
Zinn: $k = 4{,}7$,,

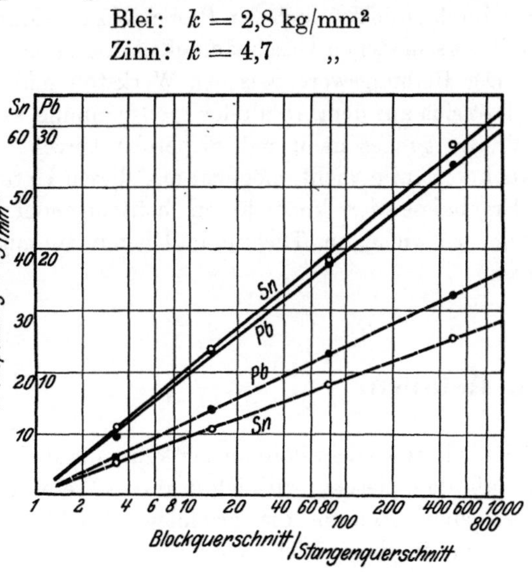

Abb. 64. Kraftbedarf bei verschiedenen Verpressungsgraden von Blei und Zinn.
— — = theoretischer Verlauf für reibungsfreies Pressen. $D = 22$ mm, $L = 20$ mm, $v = 0{,}2$ mm/s, ○ = Mindestwerte: Zinn, ● = Mindestwerte: Blei.

Der wesentlich höhere Verlauf des wirklichen Kraftbedarfes kennzeichnet die Wirkung des ungleichmäßigen Materialflusses und der Reibung zwischen Werkstoff und Werkzeug. Bei allen Verpressungsgraden ist das Verhältnis zwischen wirklichem und theoretischem Kraftbedarf annähernd gleich, und zwar bei

Blei: 1,6
Zinn: 2,2.

Obwohl in diesem Abschnitt noch manches zu sagen wäre, so sei doch im Hinblick auf die fehlenden Versuchsunterlagen hierauf verzichtet. Es wird die Aufgabe weiterer Untersuchungen sein, zunächst die experimentelle Basis zu erweitern. Durch die vorliegende Untersuchung erscheint jedenfalls der Beweis geliefert, daß es einmal möglich ist, durch einfache Laboratoriumsversuche in kleinstem Maßstabe weitgehend Einblick in einen technologischen Vorgang zu gewinnen, wenn nur alle maßgebenden Faktoren erkannt werden, und daß außerdem theoretische Vorstellungen das unübersichtliche Zusammenwirken dieser Faktoren in seine einzelnen Elemente aufzulösen gestatten.

Zusammenfassung.

Bei den angestellten Untersuchungen des Kraftbedarfs und der Fließvorgänge beim Stangenpressen handelt es sich um umfangreiches wissenschaftliches Neuland. Die daraus resultierende Vielseitigkeit der untersuchten Fragenkomplexe erschwert daher eine kurze und übersichtliche Zusammenfassung der gewonnenen Ergebnisse. Die Untersuchungen erstreckten sich auf das Kaltpressen von Zinn und Blei im Laboratorium und das Warmpressen von Hartmessing (Ms 58) und Kupfer in der Praxis.

Die Laboratoriumsversuche des Kaltpressens brachten hinsichtlich des Kraftbedarfs folgende Ergebnisse: Ein kurzer Probeblock verhält sich in bezug auf den Kraftbedarf genau so wie ein auf die gleiche Länge heruntergepreßter, ursprünglich längerer Block. Mit wachsender Blocklänge steigt entsprechend der zunehmenden Reibung am Rezipienten der Anfangswert der Preßspannung linear an. Die Länge des zylindrischen Teiles der Matrize hat keinen nennenswerten Einfluß auf den Kraftbedarf, wenn er eine gut polierte Oberfläche aufweist. Sobald er jedoch rauh ist, wächst die Preßspannung erheblich. Veränderungen der Preßgeschwindigkeit auf $^1/_{10}$ oder den 10fachen Wert ergeben nur Änderungen des Kraftbedarfs von etwa 20%. Der Kraftbedarf in Abhängigkeit vom Verpressungsgrad läßt sich durch eine logarithmische Beziehung wiedergeben. Eine Veränderung des Matrizenprofils bei gleichbleibendem Querschnitt läßt den Kraftbedarf mit wachsendem Querschnittsumfang etwas ansteigen. Preßversuche mit verschiedenen Matrizenwinkeln ergaben ein Minimum des Kraftbedarfes für Winkel zwischen 30 und 50°.

Ein Vergleich des direkten und indirekten Preßverfahrens ergibt bei letzterem eine gewisse Abnahme des Kraftbedarfes entsprechend der ersparten Reibungsarbeit des Blockes an der Wandung des Rezipienten. Verschiedenartig geformte Druckplatten haben keinerlei Einfluß auf den Kraftbedarf.

Weiterhin wurden mittels eines besonderen „Netzteilungsverfahrens" die Fließvorgänge beim Kaltpressen untersucht. Die Netzteilung läßt erkennen, daß das vordere Ende der Stange annähernd unverformtes Material enthält. Auf dem größten Teil ihrer Länge ist die Stange gleichmäßig verformt. Beim vollständigen Auspressen findet eine lunkerartige Trichterbildung und ein Einschnüren des Stangenendes statt. Mit Netzteilung versehene und durch Matrizen verschiedener Konizität gepreßte Probeblöcke lassen die Gleichmäßigkeit des Fließvorganges bei schlanken Matrizen, dagegen eine starke Stauchung und folgende Längung der Außenfasern des Blockes bei Matrizen mit steilem Winkel erkennen. Beim indirekten Verfahren verläuft der Fließvorgang beim Kaltpressen praktisch identisch mit dem beim gewöhnlichen Verfahren. Die Trichterbildung zum Schluß des Preßvorganges ist durch entsprechende Druckplattenform zu beseitigen.

Bei Warmpreßversuchen an Hartmessing (Ms 58) wurde der Einfluß der Preßgeschwindigkeit und Temperatur auf den Kraftbedarf mit einer entsprechenden Indiziereinrichtung untersucht. Bei großer Preßgeschwindigkeit und somit gleichbleibender Preßtemperatur ist die Form der Diagramme ähnlich wie bei den Laboratoriumsversuchen. Die größere Wandreibung der Blöcke in den meist wenig glatten Rezipienten bewirkt einen stärkeren Abfall des Kraftbedarfs bei den Warmversuchen. Im Vergleich zu den Laboratoriumsversuchen ist der Einfluß der Preßgeschwindigkeit bei den Warmpreßversuchen verhältnismäßig groß, und zwar besonders bei hohen Temperaturen. Eine Erhöhung der Preßgeschwindigkeit auf das 10fache vergrößert den Anfangskraftbedarf bei 650° um über 30%, bei 700° um 60%. Für den Kraftbedarf bei verschiedenen Verpressungsgraden läßt sich eine allgemeine Formel nicht aufstellen. Zur Erzielung eines günstigen, das heißt vom Anfang bis zum Stangenende möglichst gleichartigen Gefüges und gleichmäßiger Härte über die ganze Stangenlänge sind möglichst hohe Preßgeschwindigkeiten vorteilhaft.

In grundsätzlich gleicher Weise wie bei den Laboratoriumsversuchen wurden mittels des „Netzteilungsverfahrens" an axial geteilten Blöcken auch die Fließvorgänge beim Warmpressen untersucht. Das Verfahren bewährte sich auch in der Praxis. Der Fließvorgang bei Warmversuchen an Ms 58 und Kupfer verläuft in der Regel anders als bei den Kaltversuchen an Blei und Zinn. Auch verhalten sich Messing und Kupfer sehr verschieden. Das homogene Kupfer zeigt eine gleichmäßigere Umformung als das heterogene Hartmessing. Die Verschiedenartigkeit der Fließvorgänge beim Kalt- und Warmpressen wird durch Verwendung von Sechskantblöcken verringert. Anderseits wird bei Kaltversuchen durch Verwendung eines rauhen Rezipienten an Stelle des sonst verwendeten polierten der Fließvorgang ähnlich wie beim Warmpressen von Kupfer. Damit ist bewiesen, daß weder der Unterschied in den Dimensionen noch in den Temperaturverhältnissen zwischen den Kaltpreßversuchen im Laboratorium und den Warmpreßversuchen in der Praxis die Fließvorgänge wesentlich beeinflußt.

Im dritten Teil der Arbeit wird der Versuch unternommen, eine Formel für den Kraftbedarf beim Stangenpressen aufzustellen. Dabei wird zunächst von den Verhältnissen bei Matrizen mit konischem Preßkanal ausgegangen und das Problem der Spannungsverteilung in diesen mit dem der Spannungsverteilung in einer konischen Düse beim Drahtziehen verglichen. Hierzu kommt noch die Wandreibung des Blockes im Rezipienten. Da es sich beim Stangenpressen um Stoffe handelt, die sich bei der Preßtemperatur im Gebiete der Warmverformung befinden, also keine Verfestigung erleiden, ist der in den Gleichungen für den Kraftbedarf vorkommende Fließwiderstand des Stoffes unabhängig vom Betrage der Verformung, dagegen von der Fließgeschwindigkeit abhängig. Die beim Stangenpressen auftretende mittlere Fließgeschwindigkeit läßt sich näherungsweise durch Ausmessen der Querschnittsabnahmen über dem Wege an den Netzteilungsblöcken bestimmen. Die Abhängigkeit des Fließwiderstandes von der Fließgeschwindigkeit wurde durch Druckversuche an Probeblöcken festgestellt, die mit verschiedenen Geschwindigkeiten gestaucht wurden. Der Reibungswert zwischen Werkstoff und Werkzeug läßt sich aus dem Abfall der Preßspannung während des Preßvorganges nicht mit Sicherheit berechnen. Es ist auch vorläufig nicht möglich, mit diesen Unterlagen die Ergebnisse der Versuche in befriedigender Weise mit der entwickelten Theorie in Übereinstimmung zu bringen.

Eindruckvorgänge in Metallen.

Einleitung.

Eindrucksvorgänge spielen sowohl in der Metallbearbeitung wie in der Metallprüfung eine bedeutende Rolle. Die spanlosen Formungen des Gesenkpressens, Stanzens, Prägens usw. sind im Grunde nichts anderes als Eindruckvorgänge besonderer Art. Jedoch sind sie bisher noch kaum vom stofflichen Gesichtspunkt aus einer Untersuchung unterzogen worden. In der Materialprüfung anderseits ist eines der wichtigsten Verfahren die Härteprüfung mit Hilfe eines eindringenden Körpers. Und über die Gesetze dieses Vorganges besteht schon eine umfangreiche, kaum noch zu übersehende Literatur[1, 2].

Nichtsdestoweniger kann bisher kaum die Rede davon sein, daß diese Gesetze wirklich in ihrem Wesen erkannt worden sind. Gerade die grundlegenden Zusammenhänge sind in den vielen, vorwiegend experimentellen Arbeiten selten einer genaueren Untersuchung unterzogen worden.

In der theoretischen Bearbeitung der Härtefrage durch Hertz und Auerbach war als Härte die spezifische Kraft verstanden, die beim Aufeinanderpressen zweier Körper gleichen Stoffes in der Berührungsfläche den ersten bleibenden Eindruck erzeugt. Die moderne

[1] P. Ludwik: Über Härtebestimmung mittels der Brinellschen Kugeldruckprobe und verwandte Erscheinungen. Z. öst. Ing.-V. Bd. 59, S. 191—96, 205—09. 1907; Baumaterialienkunde Bd. 12, S. 115—21, 147—52. 1907.

[2] P. W. Döhmer: Die Brinellsche Kugeldruckprobe und ihre praktische Anwendung bei der Werkstoffprüfung in Industriebetrieben. Berlin 1925.

technologische Härteprüfung hat diese Bedingungen nicht beibehalten. Erstens bedient sie sich eines gesonderten, im Vergleich zum geprüften Werkstoff sehr harten Eindruckkörpers, und zweitens ist sie ein rein plastisches Prüfverfahren geworden. Aus diesen Gründen war die theoretische Behandlung der Frage lange Zeit in den Hintergrund getreten, und die meisten Veröffentlichungen der letzten Jahre behandeln nur die Werkstoffprüfung berührende praktische Fragen. Unter diesen wird die Beziehung der Eindruckhärte zu anderen Prüfzahlen, besonders zur Zugfestigkeit, als wertvoll angesehen. Eine solche Beziehung ist zwar vorhanden, aber es ist, wie aus neueren Untersuchungen[3] ersichtlich wird, gewissermaßen einer methodischen Zufälligkeit zu verdanken, daß sich für Stähle und Aluminiumlegierungen eine etwa konstante Verhältniszahl ergibt, die prüftechnisch verwertbar ist.

Das Härteprüfverfahren an sich war bisher nie ganz gefestigt. In den Anfangszeiten der Härteprüfung sind verschiedenartig geformte Eindruckstempel vorgeschlagen worden, praktisch jedoch kaum zur Verwendung gelangt. Vom Standpunkt technologischer Bedeutung und theoretischer Überlegung aus interessieren besonders noch Eindruckkörper mit ebener Druckfläche[4—8]. Nebenbei ist in der Prüfpraxis auch der Kegel befürwortet worden. Sein Vorteil liegt nach Ludwik[1, 9] in der konstanten Härtezahl bei wechselnder Eindrucktiefe. Doch sind die Anschauungen darüber sehr geteilt, ob die Verwendung eines Kegels die Stoffeigenschaften wirklich besser erfaßt als andere Verfahren. In neuester Zeit ist jedenfalls mit der Einführung des Rockwell-Prüfers ein in eine Kugelspitze auslaufender Diamantkegel stark in den Vordergrund getreten.

Seit Brinell hat jedoch als Eindruckkörper nach allgemeiner Übereinkunft die Kugel weiteste Verbreitung gefunden. Über die Gesetzmäßigkeiten des Kugeleindrucks liegt eine überaus große Zahl von Versuchen vor. Da aber diese in der Literatur verschiedentlich zusammenfassend behandelt sind[2, 3, 10], erübrigt es sich hier näher darauf einzugehen. Unsere Untersuchung beschäftigt sich auch in der Hauptsache nicht mit dem Kugeleindruck und legt mehr Wert auf eine grundsätzliche Eingliederung des Kugeleindrucks in allgemein gültige Formen- und Stoffgesetze.

Eine eingehende Untersuchung des Kegeleindrucks dürfte dagegen um so mehr am Platze sein, als hierüber verhältnismäßig wenig geforscht worden ist. Die ersten Untersuchungen Ludwiks[9] ergaben für verschiedene Kegelwinkel verschiedene Härtezahlen. Hankins[11] hat unter Einführung der Reibung in die Rechnung den Einfluß des Kegelwinkels auszuschalten versucht und eine vom Kegelwinkel unabhängige Härtezahl entwickelt. Seine Versuche mit Kegeln von 60 bis 120° Öffnungswinkel an verschiedenen Stählen und Kupfer ordneten sich zwar der entwickelten Gesetzmäßigkeit ein, seine Folgerungen widersprechen jedoch den hier gefundenen Ergebnissen. In gleicher Weise hat er für die Kugel eine von der Oberflächenreibung eliminierte Härtezahl aufgestellt.

Damit ist das Problem der in der methodischen Härteziffer enthaltenen äußeren Reibung aufgeworfen. Erst die Trennung zwischen äußerem Reibungswiderstand und innerem Verfestigungswiderstand läßt eine praktische Bewertung der von Prandtl[4] und Sachs[7] vertretenen Anschauungen über den Mechanismus beim Eindruckversuch zu. Es ergibt sich dann als wesentlichste Frage, wie sich der plastische Widerstand bei Ausschaltung der äußeren Reibung gegenüber Druckstempeln verschiedener Gestaltung ermittelt.

Zur Lösung der vorliegenden Aufgabe wurde ein vielseitiges, aber zugleich planmäßiges Versuchsprogramm aufgestellt, das Einsicht in das Wesen möglichst sämtlicher den Eindruckvorgang und Eindruckwiderstand (Härte) beeinflussenden Vorgänge zu geben versprach. Die große Anzahl von Variationen aus Eindruckkörpern verschiedener Gestalt mit wechselnden Oberflächen- und Reibungsverhältnissen, kontinuierlichen und unterbrochenen Eindruckvorgängen, Zeiteinflüssen und Werkstoffabwechslung bedingten etwa 4000 Härteeindrücke und etwa doppelt soviel Ausmessungen*, die der Übersichtlichkeit halber hier nicht alle einzeln, sondern nur in ihrer Auswertung wiedergegeben sind.

A. Experimenteller (analytischer) Teil.

1. Versuchseinrichtungen und Werkstoffe.

Dem Ziel der Untersuchung entsprechend wurden verschieden gestaltete Eindruckkörper gewählt: Außer den üblichen Kugeln von 5 und 10 mm Durchmesser, stehende Zylinder von 3 und 5 mm Durchmesser und 6 Kegel, deren Öffnungswinkel 45, 61, 90, 112, 137 und 158° betrugen. In einem Falle wurde auch noch ein sehr

[3] O. Schwarz: Zugfestigkeit und Härte bei Metallen. Forsch.-Arb. Ing. H. 313. 1929.

[4] L. Prandtl: Über die Härte plastischer Körper. Nachr. Ges. Wiss. Göttingen. Math. Phys. Kl. S. 74. 1920; Über die Eindringungsfestigkeit (Härte) plastischer Baustoffe und die Festigkeit von Schneiden. Z. ang. Math. Mech. Bd. 1, S. 15—20. 1921; Anwendungsbeispiele zu einem Henckyschen Satz über das plastische Gleichgewicht. Z. ang. Math. Mech. Bd. 3. S. 401—406. 1923.

[5] A. Nadai: Versuche über die plastischen Formänderungen von keilförmigen Körpern aus Flußeisen. Z. ang. Math. Mech. Bd. 1, S. 20—28. 1921.

[6] H. Hencky: Über einige statisch bestimmte Fälle des Gleichgewichts in plastischen Körpern. Z. ang. Math. Mech. Bd. 3, S. 241—251. 1923.

[7] G. Sachs: Beitrag zum Härteproblem. Naturwissensch. Bd. 14, S. 1219—1223. 1926; Z. techn. Phys. Bd. 8, S. 132 bis 141. 1927.

[8] G. Mesmer: Vergleichende spannungsoptische Untersuchungen und Fließversuche unter konzentriertem Druck. Techn. Mech. Thermodyn. Bd. 1, S. 85—100 u. 106—112. 1930.

[9] P. Ludwik: Die Kegelprobe. Ein neues Verfahren zur Härtebestimmung von Materialien. Berlin 1908.

[10] E. Meyer: Untersuchungen über Härteprüfung und Härte. Z. V. d. I. Bd. 52, S. 645—654, 740—748, 835—844. 1908 I; Forsch.-Arb. Ing. H. 65/66, S. 1—61. 1909.

[11] G. A. Hankins: Effects of adhesion between the indenting tool and the material in ball and cone indentation hardness tests. Proc. Inst. Mech. Eng. S. 611—645. 1925, I.

* Die Durchführung der Versuche lag in Händen von Herrn W. Böhme. Die Hilfsapparate hierfür sind von ihm entworfen und hergestellt. Nur durch seine unermüdliche, sorgfältige und umfangreiche Mitarbeit konnte diese Untersuchung mit Erfolg beendet werden.

stumpfer Kegel von 172° verwendet. Weiterhin wurden noch 3 Eindruckkörper gewählt, die als eine Zusammensetzung aus den genannten Grundformen aufzufassen sind: ein Kegelstumpf (90°), ein ebensolcher, dessen Abplattung in einen flachen Zylinder auslief, und ein Zylinder mit aufgesetzter Kegelspitze von 90°.

Die aus gehärtetem Stahl hergestellten Eindruckkörper wurden hochglanz poliert; einige weitere wurden mit rauhgedrehter Oberfläche verwendet. Die Eindruckkörper wurden grundsätzlich vor jedem Eindrücken mit dünnflüssigem Apparateöl geschmiert; zum Vergleich wurden auch Vaseline als Schmiermittel herangezogen sowie einige Körper trocken eingedrückt.

Die Vorrichtung zum Eindrücken ist aus Abb. 1 ersichtlich. Damit bei mehrmaligen aufeinanderfolgenden Eindrücken und zwischenliegenden Ausmessungen der Eindruckkörper genau in dieselbe Lage gelangte, wurde die Probe durch seitlich an der Auflagerplatte angebrachte Anschlagschrauben jedesmal in die gleiche Stellung gebracht. Der geführte Druckstempel wurde mittels einer Spindel langsam auf die Probe niedergelassen, um ein Aufschlagen des Eindruckkörpers auf die Probe zu verhüten.

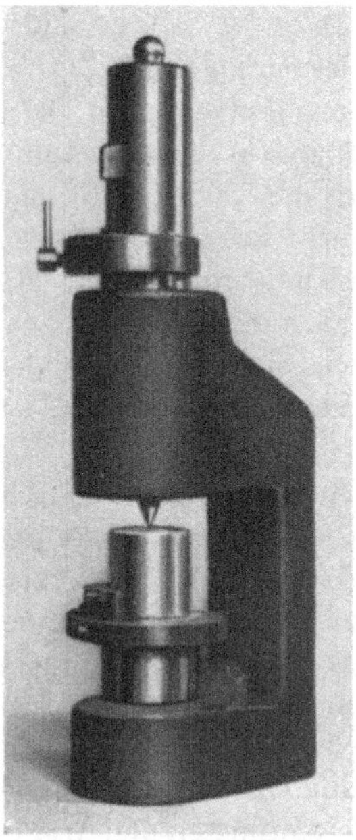

Abb. 1. Eindruckvorrichtung.

Die Tiefenmessungen wurden mit einer Zeissschen Meßuhr derart vorgenommen, daß der Unterschied zwischen tiefstem Eindruckpunkt und ursprünglicher Oberfläche der Probe ausgemessen wurde. Da aber wegen des seitlichen Herausquellens des Materials über die ursprüngliche Oberfläche hinaus diese gemessene Tiefe nicht die wahre bleibt, war letztere bei Kugel und Kegel aus der Größe des Eindruckkreises zu errechnen. Beim Zylinder ist ein entsprechendes Verfahren nicht möglich. Es mußte hier die wahre Tiefe von der Eindruckkante an gerechnet, ebenfalls mit der Meßuhr gesondert bestimmt werden. Die Ausmessung des Eindruckdurchmessers geschah mittels eines Reichertschen Meßmikroskops*. Hierbei wurde jeder Eindruck je 2 mal in zwei zueinander senkrecht stehenden Richtungen, im ganzen also 4 mal, vermessen. Die Proben wurden aus Stangenmaterial entnommen und in Würfel- oder Zylinderform geprüft, deren Kantenlänge bzw. Durchmesser und Höhe 35 bis 40 mm betrug. Die Probenkörper wurden auf der Seite des Eindrucks sorgfältig poliert. Dies geschah bei den anzulassenden Proben vor dem Anlassen, damit eine etwaige Härtung der Oberfläche durch das Schleifen und Polieren vermieden wurde.

Die untersuchten Werkstoffe und ihr Zustand sind in der Tafel 1 zusammengestellt. Auf eine Feststellung der chemischen Analyse wurde verzichtet, da es sich durchweg um handelsübliches Material bekannter Zusammensetzung handelt.

* Für die Untersuchung benutzten wir ein von der Firma C. Reichert, Wien, in dankenswerter Weise zur Verfügung gestelltes Meßmikroskop.

Tafel 1. Zusammenstellung der Werkstoffe.

Werkstoff	Prüfzustand	Herkunft *
Duralumin 681 B	veredelt	Dürener Metallwerke
Elektrolytkupfer	A Anlieferung (gewalzt) B 350° in Öl angelassen C 470° in Öl angelassen	Osnabrücker Kupfer- und Drahtwerke
α-Messing Ms 72	500° angelassen	Wielandwerke, Ulm
Weicheisen WW.	A Anlieferung B Im Holzkohlenfeuer geglüht, in Wasser abgeschreckt, 1 Std. bei 300° angelassen **	Krupp, Essen
Banka-Zinn	100° in Wasser angelassen	Staatl. Sächs. Hütten- und Blaufarbenwerke, Halsbrücke

Für die Auswahl der genannten Werkstoffe war der Gesichtspunkt maßgebend, in der Untersuchung praktisch wichtige Stoffe mit möglichst verschiedenen Fließkurven zu erfassen. Es ergab sich daraus zwanglos die Auswahl von Eisen und verschiedenen Nichteisenmetallen, darunter je einer Aluminium- und Kupfer-Legierung. Zinn wurde als nichtverfestigungsfähiger Werkstoff herangezogen.

2. Kegeleindruck.

a) Entwicklung des Versuchsverfahrens: Versuche an Duralumin.

Die vorliegende Aufgabe konnte, wie bald erkannt wurde, sich nicht damit begnügen, wie in der Werkstoffprüfung lediglich einzelne genormte Härteeindrücke zu tätigen, sondern mußte eine bestimmte Ordnung aufeinanderfolgender Eindrücke bei fortschreitender Eindringtiefe aufstellen, sodaß sich alle Werkstoffe miteinander vergleichen lassen. Da eine solche Ordnung erst nach vielen Versuchsreihen herausgearbeitet werden konnte, wurde so vorgegangen, daß mit der Reihenfolge der untersuchten Werkstoffe auch das Versuchsverfahren immer mehr entwickelt wurde. Bei den zuerst geprüften Werkstoffen konnten mithin noch Mängel im Prüfverfahren auftreten, die aber durch spätere Ergänzungen wettgemacht wurden, nachdem der Einfluß des Prüfverfahrens erst sicher erkannt war.

Grundsätzlich wurde bei allen Versuchen als Härte die auf die größte Eindruckkreisfläche bezogene spezifische Kraft bezeichnet. Dies steht im Einklang mit dem Verfahren von Meyer[10], während bekanntlich Brinell[2] für die Kugel und Ludwik[9] für den Kegel die Oberfläche

* Den genannten Firmen sind wir für die kostenlose Überlassung des Versuchsmaterials zu Dank verpflichtet.

** Diese etwas unzweckmäßige, aus praktischen Gründen vorgenommene Glühweise hatte merkliche Eigenschaftsunterschiede verschiedener Proben zur Folge, die aber das Gesamtergebnis nicht wesentlich stören.

des eingedrückten Stempelteils in Rechnung setzten. Die Beziehung der Kraft auf die Projektion ist jedoch übersichtlicher; und dieses Verfahren wird wohl auch, wie die Ergebnisse unserer Arbeit beweisen, das physikalisch richtigere sein. Die bei den 3 Stempelformen erhaltenen Härtewerte wollen wir im folgenden durch die abgekürzten Bezeichnungen „Kegel-, Kugel- und Zylinderhärte" unterscheiden.

Die bei aufeinanderfolgenden, zunächst willkürlich gewählten Laststufen ermittelten Härtezahlen sind in Abb. 2 für verschiedene Kegel den Eindruckquerschnitten zugeordnet aufgetragen. Wir können hieraus schon eine Anzahl von Tatsachen entnehmen:

Die Kegelhärten der ersten Lastenstufen sind durchweg höher als die folgenden, außerdem treten zu Beginn besonders starke Streuungen auf. Erst bei größeren Eindruckflächen (etwa von 5 mm^2 an) wird der Verlauf gleichmäßiger und die Härte mit der Zunahme von Eindrucktiefe oder Durchmesser annähernd konstant.

Ein Vergleich der Härten bei trockenem Kegel gegenüber dem eingeölten ergab für letzteren eine um etwa 3% geringere Härtezahl. Ebenfalls ergab der eingeölte Kegel eine etwas geringere Härtezahl (3%) gegenüber dem mit Vaseline eingefetteten. Hieraus folgt, daß die Reibung zwischen Kegelmantel und Werkstoff durch Einölen am meisten verringert wird.

Vergleicht man die bei tieferen Eindrücken, also größeren Eindruckflächen annähernd konstant gewordenen Härtezahlen der verschiedenwinkligen Eindruckkegel untereinander, so ergeben sich entsprechend den Versuchen von Ludwik[9] verschiedene Kegelhärten für verschiedene Kegelwinkel.

In Abb. 3 sind für die Kegelwinkel von 45° und 90° die Eindruckdurchmesser über der Last aufgetragen. Und zwar wurde hier ein Unterschied gemacht zwischen poliertem und rauh gedrehtem Eindruckkegel und zwischen großen und kleinen Laststufen. Aus der Gegenüberstellung geht hervor, daß nicht nur die Beschaffenheit der Kegeloberfläche, sondern auch die Wahl der Laststufen das Ergebnis erheblich beeinflussen können. Es zeigte sich, daß große Laststufen ebenso wie ein rauher Kegelmantel auf den Eindruckdurchmesser verringernd wirken. Hierbei fällt auf, daß die Unterschiede bei einem Kegelwinkel von 45° größer ausfallen als bei einem solchen von 90°, eine Erscheinung, welche nach Hankins[11] auf die größere Reibung bei 45° zurückzuführen ist.

Da zu vermuten war, daß häufige Laststufen durch das ständige Loslösen des Kegels vom Werkstoff die Reibung in der Berührungsfläche verringern*, wurden im Anschluß an einige Reihen noch zahlreiche Belastungen unter der konstanten Endlast mit jedesmaligem Loslösen des Stempels vorgenommen. Es zeigte sich hierbei, gemäß Abb. 3, daß bei den ersten Eindrücken unter konstanter Last der Eindruckdurchmesser noch weiterhin erheblich zunahm, um bei weiteren Eindrücken allmählich einem praktisch konstanten Endwert zuzustreben. Die größte Zunahme wies nun derjenige Probekörper auf, welcher vorher infolge einer sehr großen Laststufe den geringsten Eindruckdurchmesser erreicht hatte. Es tritt also bei zahlreichen aufeinanderfolgenden Eindrücken mit gleicher Last wieder ein gewisser Ausgleich ein, der die vorher bewirkten Unterschiede größtenteils aufzuheben vermag. In Abb. 4 ist noch an Stelle der Durchmesser der Verlauf der Härte bei wiederholten Eindrücken mit konstanter Last für die Kegel von 45° und 90° eingetragen.

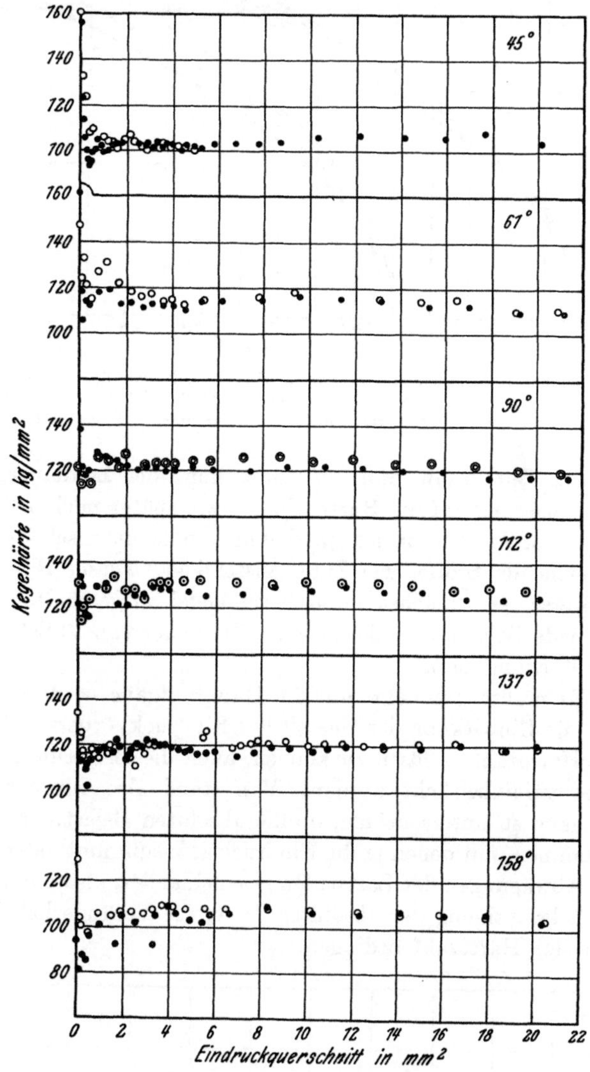

Abb. 2. Kegelhärte in Abhängigkeit vom Eindruckquerschnitt für verschiedene Kegelwinkel. Werkstoff: Duralumin.
○ ● = eingefettet mit Apparateöl.
◎ = „ „ Vaseline.
⊙ = trocken.

Die bisherigen Versuchsergebnisse lassen so vielerlei unübersichtliche und erhebliche Einflüsse auf die Härtezahl erkennen, daß grundlegende Gesetzmäßigkeiten nicht herausgeschält werden können. Es mußte daher zunächst gelingen, die Wirkung der einzelnen Faktoren getrennt festzustellen. Hierbei kommen in Frage:

1. Reibungswiderstände am Kegelmantel,
2. Zeiteinflüsse,
3. Laststufenanordnung und -größe,
4. Gestalt des Eindruckkörpers.

Reibungsunterschiede infolge der Oberflächenbeschaffenheit wurden zunächst bestmöglichst ausgeschaltet, indem nur mit polierten und geölten Eindruckkörpern ge-

* Spätere Versuche ergaben, daß bei Entlastungen bis nicht ganz auf Null, also ohne Lösen des Kegels, der genannte Einfluß fortblieb, vgl. Abschn. A. 4, Tab. 3.

arbeitet wurde. Dies war um so mehr berechtigt, als ja in der Praxis rauhe Körper kaum in Gebrauch sein dürften. Die begriffliche Festlegung der Rauhigkeit einer Oberfläche ist zudem kaum durchführbar.

werden, daß die absolute Größe keinen Einfluß haben kann. Dies geht auch schon aus Abb. 2, wenigstens für tiefere Eindrücke, mit Annäherung hervor. Unter der Annahme, daß also die Abwägung der Belastungsfolgen

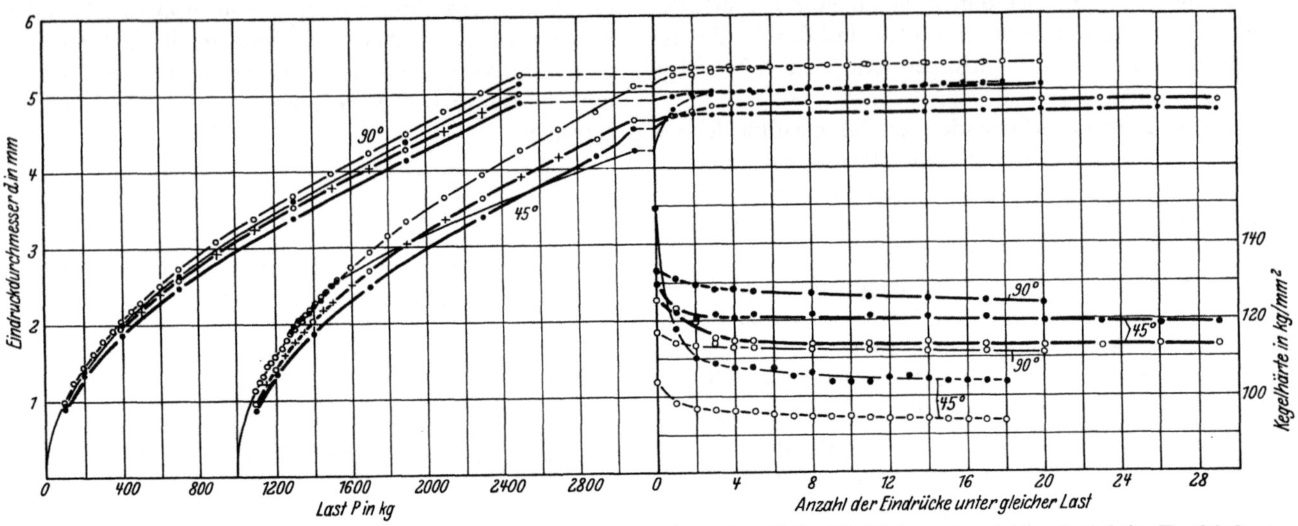

Abb. 3 und 4. Eindruckdurchmesser in Abhängigkeit von der Belastung und der Anzahl der Eindrücke unter gleicher Last beim Kegeleindruck. Kegelhärte in Abhängigkeit von der Anzahl der Eindrücke unter gleicher Last. Werkstoff: Duralumin.
——— = Kegel poliert. ▬▬▬ = Kegel rauh. + ○ = kleine Laststufen. ● = große Laststufen.

gegeneinander die Veränderlichkeit der Härtezahl bedingt, wurde nun eine im folgenden als „stufenähnlich" bezeichnete Reihe durchgeführt, bei welcher die folgende Laststufe stets um das gleiche Maß, und zwar zunächst, doppelt so groß war als die vorhergehende (62,5 — 125 — 250 — 500 — 1000 — 2000 kg). Bei jeder dieser Laststufen wurde der Körper 5mal hintereinander mit gleichbleibender Last eingedrückt, ehe zur nächstfolgenden Laststufe übergegangen wurde.

Der Zeiteinfluß, d. h. die Einwirkung der Zeitdauer der Belastung auf die Härtezahl, ist wie später noch gezeigt werden soll, meist unerheblich, falls man selbsterweichende Stoffe, wie Zinn, ausschließt. Dieser Einfluß erschien zunächst dadurch genügend ausgeschaltet, daß jede Belastung in der gleichen Zeitdauer von 30 Sek. zur Wirkung kam.

Es mußte nunmehr, um die Hauptaufgabe — nämlich die Einwirkung der Gestalt des Eindruckkörpers auf die Härtezahl — lösen zu können, auch die Belastungsfolge vereinheitlicht werden. Man stand also vor der Aufgabe zu unterscheiden, ob die absoluten Belastungszunahmen, mit denen ja die Eindrucktiefe zunimmt, oder die Abwägungen der Laststufen gegeneinander, also ohne Berücksichtigung der absoluten Tiefe, die Veränderlichkeit der Härtezahl bedingen.

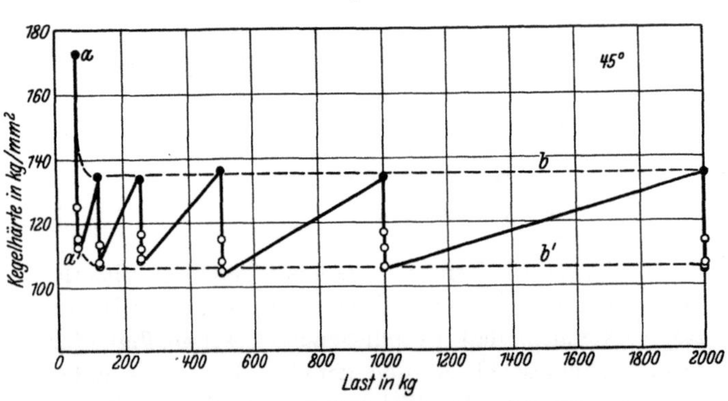

Abb. 5. Verlauf der Kegelhärte bei einer stufenähnlichen Belastungsreihe (Verdoppelung der Stufen) mit eingeschobenen konstanten Belastungen. Werkstoff: Duralumin.
● = jeweilig erster Eindruck jeder Laststufe.
○ = folgende Eindrücke unter konstanter Last.

Beim Kegel wenigstens muß mit Ludwik[9] als Folge des Kickschen[12] Ähnlichkeitsgesetzes davon ausgegangen

Die so ermittelte Härtekurve ist in Abb. 5 wiedergegeben. Es ergibt sich daraus, daß die Härte mit zunehmender Belastung konstant bleibt — den allerersten Eindruck *a* ausgenommen —, sobald das Verhältnis Lastintervall zu Gesamtlast jeweilig das gleiche bleibt (*b*). Da diese Bedingung für den ersten Eindruck *a* bei endlicher Last nicht durchführbar ist, so muß die Härte für den ersten Eindruck abweichen: sie fällt in Übereinstimmung mit Abb. 2 immer am größten aus. Ferner zeigt die Abb. 5, daß bei gleicher Anzahl von Wiederholungen derselben Laststufe die Härtezahl auf einen sehr niedrigen, ebenfalls konstanten Wert *b'* herabfällt, der aber ebenfalls, wenn auch in geringem Betrage, vom vorangehenden Zustand (Einzellast *a'* oder Laststufen *b'*) abhängt.

Nunmehr wird auch der Verlauf der Härtekurven in Abb. 2 erklärlich, wo noch bei verhältnismäßig tiefen Eindrücken Streuungen vorhanden waren. Diese Streuungen beruhen nicht etwa nur auf Materialungleichheiten oder Versuchsfehlern. Sie rühren vielmehr hauptsächlich davon her, daß die Belastungsreihe eine willkürliche und keine stufenähnliche war. Die Veränderlichkeit des Verhältnisses Lastintervall zu Gesamtlast kommt naturgemäß bei kleinen Lasten zahlenmäßig stärker zum Ausdruck als bei großen, zumal, wenn man, wie in Abb. 2, das Intervall nicht im gleichen Maße steigen läßt wie die Gesamtlast.

Diese Erkenntnisse lassen sich nunmehr in das Schema der Abb. 6 übersichtlich einfügen, indem man aus Abb. 5

[12] F. Kick: Das Gesetz der proportionalen Widerstände und seine Anwendungen. Leipzig 1885.

die Härtewerte a, a', b, b' sinngemäß einzeichnet. Als Abszisse werden die Kennwerte von stufenähnlichen Reihen, also das Verhältnis Intervall zu Last aufgetragen. Für die Reihe in Abb. 5 mit der Härte b beträgt der Reihenindex 0,5, für den einmaligen Eindruck a ist der Index 1. In die Abb. 6 wurden ferner noch einige Härtewerte mit verschiedenem Reihenindex eingetragen; hier-

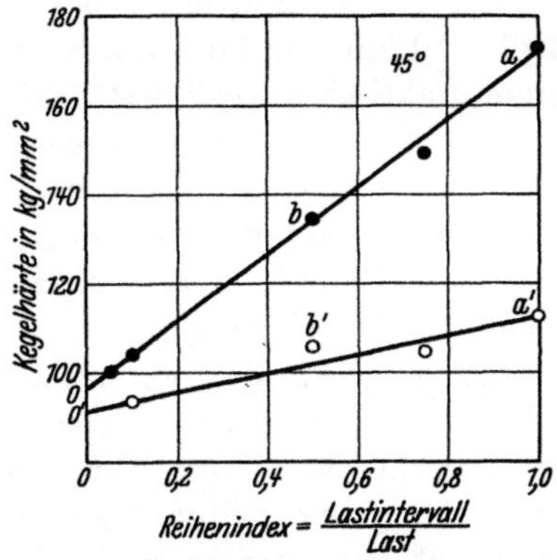

Abb. 6. Endwerte der Kegelhärten bei verschiedenen stufenähnlichen Reihen mit anschließenden 20maligen konstanten Belastungen. Werkstoff: Duralumin.
● = Reihenhärtewert.
○ = Härte nach 20maliger Belastung (b' nur 5mal belastet).

bei ist für die a' und b' der Abb. 5 entsprechenden Werte eine 20malige Lastwiederholung zugrunde gelegt worden, die einerseits noch praktisch durchführbar ist und anderseits schon dem Grenzwert geringster Härte nahe kommt.

b) Einfluß von Belastungshöhe und Belastungsstufe: Versuche an Kupfer, Messing, Weicheisen und Zinn.

Zunächst soll nun der Nachweis geführt werden, daß das Kicksche Ähnlichkeitsgesetz trotz des Einflusses der Stufenfolge für den Kegeleindruck tatsächlich gilt, daß also die absolute Lasthöhe beim Kegel keinen Einfluß auf die Härte besitzt. Es seien daher Reihen gleicher Kennzahl aber verschiedener Lasthöhe in ihrer Einwirkung auf die Härte miteinander verglichen. Die Reihen erhalten nun entsprechend Abb. 6 die Bezeichnung 0,1 — 0,5 — 1, je nachdem, ob das Lastintervall jeweilig $^1/_{10}$ — $^1/_2$ — $^1/_1$ der zugehörigen Stufenlast beträgt*. Ein einmaliger Eindruck erhält also wieder die Bezeichnung 1. Solche Reihen sind für einen Kegelwinkel von 45° in verschiedener Lasthöhe beginnend in Abb. 7 und 8 wiedergegeben; und zwar in Abb. 7 Reihen mit dem Lastintervall 0,1; in Abb. 8 Reihen mit 0,5. Der erste Eindruck fällt wiederum stets hoch aus, dann sammeln sich die Kurven verschiedener Lasthöhen auf einem annähernd waagerechten Ast konstanter Härte. Diese Endhärte ist, wie schon an Duralumin beschrieben, bei Reihen mit höherer Kennzahl größer als bei solchen mit kleiner Kennzahl (vgl. Reihe 0,1 mit 0,5 in Abb. 7 und 8). Der Übergang zur Endhärte erfolgt hier nicht so schnell wie in Abb. 5 (Duralumin), weil dort wiederholte Belastungen bei konstanter Last eingeschoben wurden. Aber beim dritten und vierten Eindruck ist auch hier die Endhärte ebenfalls praktisch erreicht, d. h. wenigstens so weit, daß nach einer größeren Zahl weiterer wiederholter Belastungen nur eine Abnahme innerhalb der Fehlergrenzen feststellbar war. Trägt man nun die Reihen der Abb. 7 so auf, daß jede Laststufe als ein Vielfaches der ersten Laststufe gekennzeichnet ist, so fallen, unbeeinflußt durch die absolute Belastung, sämtliche Kurven praktisch zusammen (Abb. 10). Hierdurch ist die Nichtigkeit der absoluten Lasthöhe sehr verdeutlicht. Was an Abweichungen von der Übereinstimmung vorkommt, sind nicht zu umgehende stoffliche und versuchsmäßige Streuungen.

In Abb. 9 sind nochmals die einmaligen Eindrücke (Reihe 1) verschiedener Lasthöhe aufgetragen. Nach dem vorher Gesagten müssen auch hier sämtliche Eindrücke auf einer Linie gleicher Härte liegen. Dies ist auch durchaus der Fall; wir sehen nur bei kleinen Belastungen eine Störung, indem die Werte zu gering ausfallen. Die Ursache hierfür dürfte darin liegen, daß der Kegel nicht vollkommen spitz hergestellt werden kann und bei kleinen Lasten mehr als Kugel wirkt. Die Härtekurve der Kugel beginnt aber mit sehr kleinen Härtewerten (vgl. Abb. 24).

Aus diesen Versuchen ergeben sich nun für die Anwendbarkeit des Ähnlichkeitsgesetzes neuartige Gesichtspunkte. Bei der Aufstellung seines Ähnlichkeitsgesetzes hatte Kick lediglich die Formänderungsarbeit des Werkstoffes ins Auge gefaßt. Er sagt wörtlich: „Die Arbeitsgrößen, welche zu übereinstimmender Formänderung

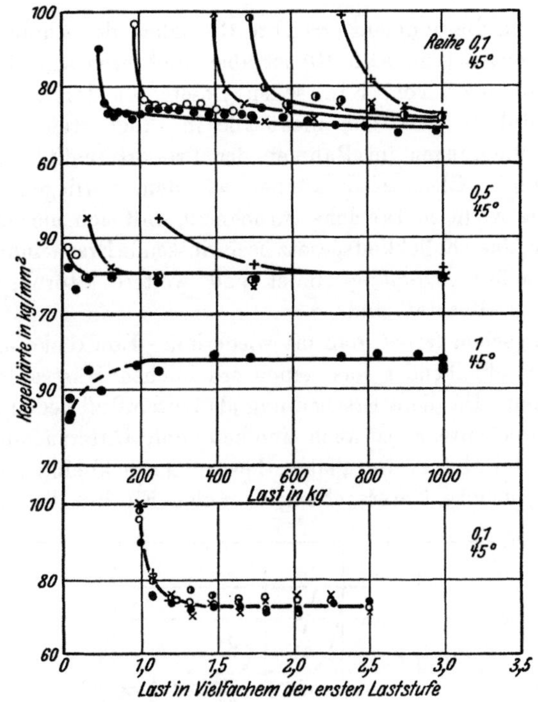

Abb. 7 bis 10. Verlauf der Kegelhärte unter verschiedenen stufenähnlichen Reihen (0,1; 0,5; 1). Werkstoff: Kupfer B.

geometrisch ähnlicher und materiell gleicher Körper erfordert werden, verhalten sich wie die Volumen oder Gewichte der Körper.“

In unserem Falle können wir danach ohne weiteres die Belastung in Beziehung zur Eindruckfläche setzen, da ja beim Kegel der Arbeitsweg stets eine Abmessung des verdrängten Volumens darstellt.

Nun könnte man annehmen, daß in jedem Falle, ganz gleich, welche Stufenfolge man nimmt, die Summe

* Z. B. für Index 0,1: ...... 729, 810, 900, 1000.

der Arbeitsgrößen proportional dem verdrängten Gesamtvolumen, also die Härte, konstant ist. Das ist aber hier nicht der Fall, sobald zwischendurch der Eindruckstempel vom Probekörper losgelöst wurde.

Da also das Loslösen Einfluß auf den Widerstand nimmt — erst später werden wir sehen, daß entsprechend der Anzahl der Loslösungen die Reibung vermindert wird —, so ist auch, um sich ganz streng an das Gesetz zu halten, diese Begleiterscheinung gewissermaßen ähnlich zu gestalten. Dies haben wir dadurch erreicht, daß, vom ersten Eindruck abgesehen, die Beziehung $\Delta P/P = k$ eingehalten wurde, worin P die jeweils erreichte Last, ΔP das Lastintervall und k unser Reihenindex ist. Damit wird der dem Härtewert anhaftende Reibungsanteil stets proportional der Last gestaltet.

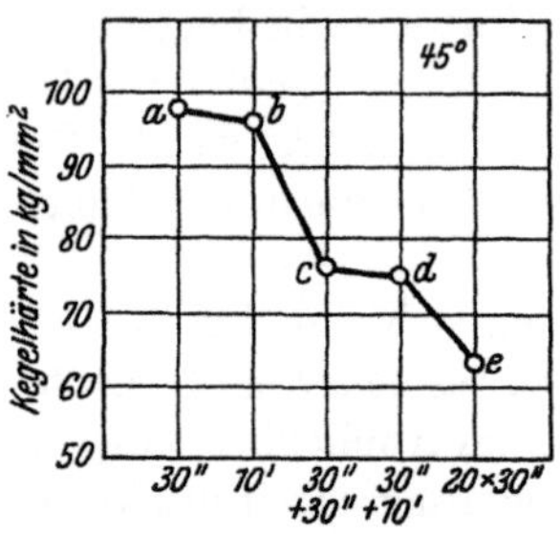

Abb. 11. Kegelhärten bei verschiedener Belastungszeit und -häufigkeit. Werkstoff: Kupfer B.

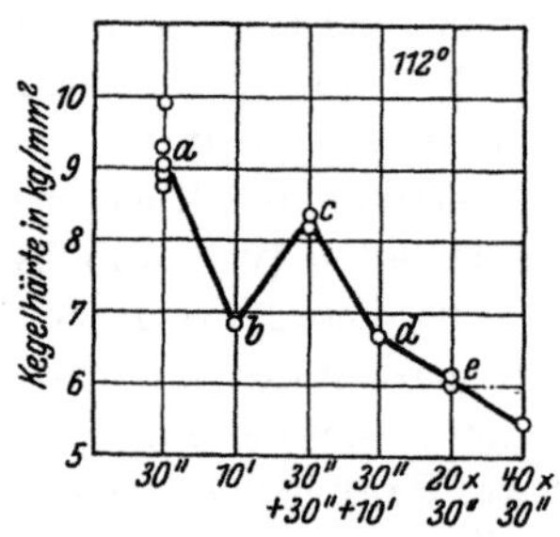

Abb. 12. Kegelhärten bei verschiedener Belastungszeit und -häufigkeit. Werkstoff: Zinn.

Durch die nunmehr erreichte Gültigkeit des Ähnlichkeitsgesetzes (vgl. Abb. 10) ist aber auch erwiesen, daß Abweichungen vom Kickschen Gesetz oft darauf zurückzuführen sind, daß nicht alle in Frage stehenden Teilerscheinungen im Rahmen der Proportionalität erfaßt sind. Gleichzeitig können wir dem vorliegenden Fall die wichtige Tatsache entnehmen, daß sich hier die einzige, das Ähnlichkeitsgesetz beeinflussende Erscheinung im Loslösungsvorgang findet und weitere Störungen nicht zu erwarten sind.

Wir sehen ferner, daß oft wiederholte Eindrücke unter gleichbleibender Last einen erheblichen Härteabfall erzeugen. Da diese Erscheinung als Zeiteinfluß gedeutet werden könnte, so ist auch eine besondere Untersuchung des Zeiteinflusses am Platze, bevor man schließlich an die eigentliche Untersuchung über den Einfluß der Gestalt des Eindruckkörpers auf die Härte herangeht. In Abb. 11 sind daher einige sinngemäße Untersuchungen an Kupfer B gegenübergestellt. Ein Eindruck, der 10 Min. dauerte (b), zeigte praktisch keinen Härteunterschied gegenüber einem nur 30 Sek. währenden Eindruck (a). Dagegen ergab ein zweimaliger Eindruck von je 30 Sek. Dauer mit zwischenliegender Loslösung einen erheblichen Abfall (c). War die Belastungsdauer des zweiten Eindrucks im Fall d 10 Min., so blieb die Härte gegenüber Fall c wiederum praktisch unverändert. Bei 20 weiteren Eindrücken von je 30 Sek. Dauer war dagegen ein weiterer beträchtlicher Abfall zu verzeichnen (e). Verringernd auf die Härtezahl wirken also unterbrochene Belastungen gleicher Höhe in weit stärkerem Maße als längere Zeit anhaltende Belastungen.

Abb. 12 zeigt hingegen das unterschiedliche Verhalten von Zinn bei genau gleicher Behandlung. Wir haben uns ja vorgenommen, zum Vergleich das Zinn wegen seiner Neigung zur Selbsterweichung als Ausnahmewerkstoff mit zu untersuchen in dem Bewußtsein, daß reines Zinn in Fällen, in denen Festigkeit verlangt wird, nicht zur Verwendung gelangt. Hier sehen wir, daß bei genügender Zeit die Erweichung einen erheblich größeren Härteabfall erzeugt als die Loslösung des Eindruckkegels. Dieses Verhalten ist aber entgegengesetzt dem aller anderen untersuchten Stoffe, die bei Raumtemperatur ihre Verfestigung vollständig behalten.

Mit diesen weiteren Erfahrungen ausgerüstet, konnte nunmehr das Schema der Abb. 6 (Duralumin) ohne weitere Versuchsschwierigkeiten bei verschiedenen Kegelwinkeln verwirklicht werden. Sobald man mit Hilfe stufenähnlicher Reihen belastet, ist die absolute Größe der Last ohne Bedeutung und der Zeiteinfluß kann übergangen werden, zumal wenn man sich an eine gleichbleibende Belastungszeit von je 30 Sek. hält. Die Untersuchung konnte sich jetzt darauf beschränken, eine verhältnismäßig kurze Reihe 0,1 von acht Eindrücken durchzuführen, weil nach dem vierten Eindruck die Härtezahl sich nicht mehr wesentlich ändert. Der erste Eindruck konnte, wenn er nicht zu gering war, als Einzeleindruck (Reihe 1) gewertet werden. An die Reihe schlossen sich 20 Eindrücke bei gleichbleibender Last. Die hierbei erreichte endgültige Härtezahl bekam den Index 0,1′.

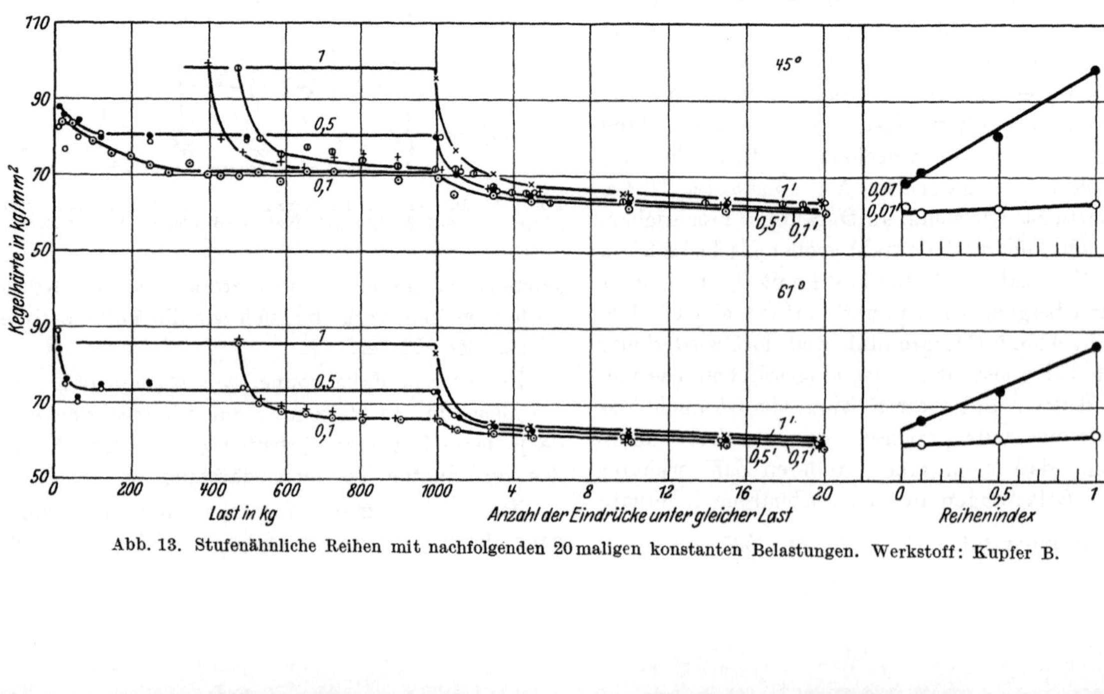

Abb. 13. Stufenähnliche Reihen mit nachfolgenden 20 maligen konstanten Belastungen. Werkstoff: Kupfer B.

Außerdem wurde noch ein Einzeleindruck mit nachfolgenden 20 Belastungen durchgeführt. Diese Härte erhielt den Index 1′. Die entsprechenden Reihen sind für das Kupfer B bei den Kegelwinkeln 45 und 60° in Abb. 13 links dargestellt, während rechts sich die Auswertungen nach dem Reihenindex befinden. Für das härteste Kupfer A sind die Reihen für sämtliche Kegelwinkel in Abb. 14 wiedergegeben, während die Auswertungen in Abb. 16 zusammengefaßt sind.

Läßt man den Reihenindex, also auch das Lastintervall, gleich 0 werden, so sollte man annehmen, daß dies gleichbedeutend mit wiederholten Eindrücken bei konstanter Last ist. Bemerkenswerterweise zeigt sich jedoch, daß in den Abb. 6, 13, 16 usw. eine Extrapolation auf die nicht zu verwirklichenden Reihen 0 bzw. 0′ nicht denselben Härtewert ergibt, d. h. 0 und 0′ fallen um einen bestimmten Härtebetrag auseinander. Einige Reihen 0,01, also mit sehr kleinen Intervallen, ergaben noch Unterschiede zwischen 0,01 und 0,01′ von 5% bzw. 8,5% für die Kegelwinkel von 90° bzw. 45° (Abb. 15 und 13). Es ist also grundsätzlich auseinanderzuhalten, ob die Belastung um einen wenn auch noch so kleinen Betrag gesteigert wird oder ob sie mehrfach in gleicher Höhe aufgebracht wird.

Da nunmehr das Versuchsverfahren festliegt, erübrigt es sich, für die weiteren Werkstoffe die gesamten Versuchsreihen darzustellen. Es seien zunächst nur die ausgezeichneten Werte 1 — 1′ — 0,1 — 0,1′ in dem beschriebenen Schema (nach Abb. 6) für die einzelnen Kegelwinkel wiedergegeben (Abb. 16 bis 19).

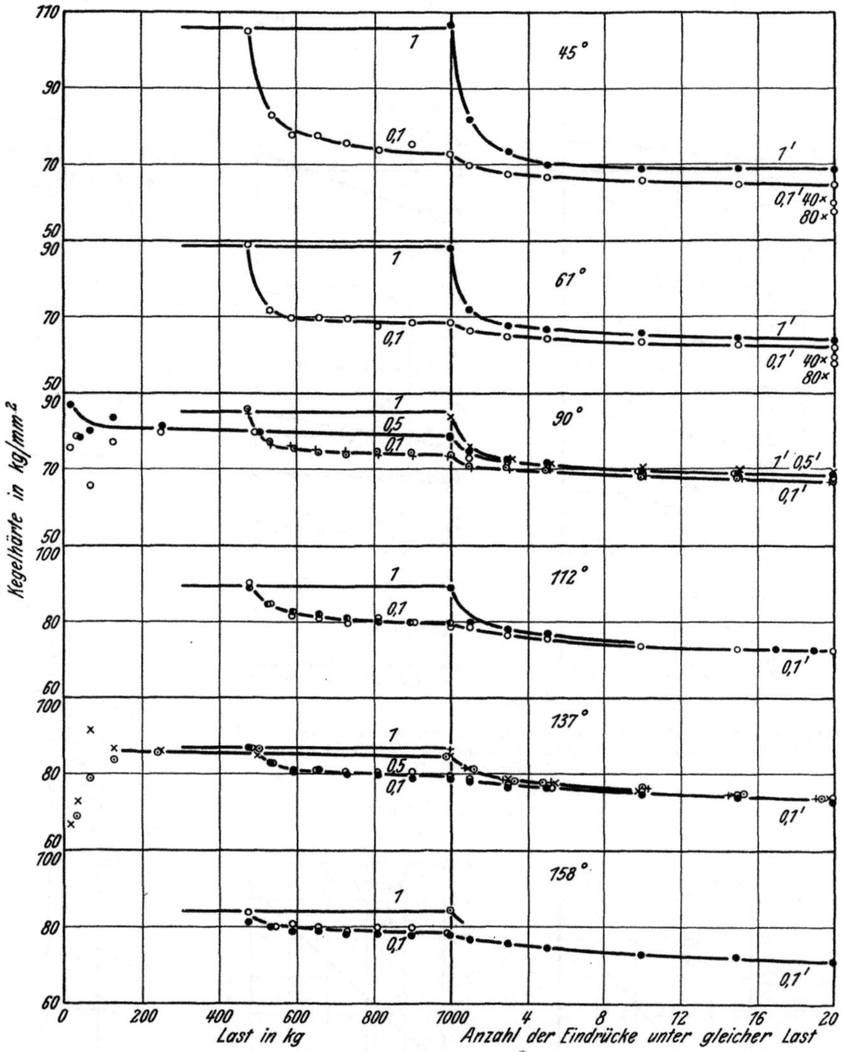

Abb. 14. Stufenähnliche Reihen mit nachfolgenden 20maligen konstanten Belastungen. Werkstoff: Kupfer A.

3. Zylinder- und Kugeleindruck.

Beim Eindrücken des Zylinders bleibt der Eindruckdurchmesser unverändert. Es wurde daher der Eindruckwiderstand (Härte) in Beziehung zur allein veränderlichen Tiefe aufgetragen. Diese ist in % des Durchmessers ausgedrückt, um die Kurven von der absoluten Größe des Druckkörpers unabhängig zu gestalten. Die Kurven verschiedener Werkstoffe finden sich in Abb. 20 bis 23. Es zeigt sich nun abweichend von den Kegelversuchen für alle Werkstoffe, daß einmalige Eindrücke in die Reihenkurve fallen (1 = 0,1). Der Reihenaufbau ist also beim Zylinder praktisch ohne Einfluß. Das übersichtliche Reihenschema, welches beim Kegel angewandt wurde, erübrigt sich also beim Zylinder. Dagegen bewirkt auch hier Wiederholung von Eindrücken unter gleicher Last ein weiteres Zunehmen der Eindrucktiefe, so daß derart gewonnene Härtewerte nach unten aus der Reihenkurve herausfallen. Der Einfluß der Laststufen erscheint also gegenüber dem Kegel vereinfacht. Während aber anderseits beim Kegel die absolute Last keine Rolle spielte, ist sie hier von ausschlaggebender Bedeutung, denn die Härtezahl nimmt mit der Höhe der Last beständig zu.

Es gibt also zur Kennzeichnung des Zylinders im Rahmen unserer Versuchsdurchführung nur zwei Kur-

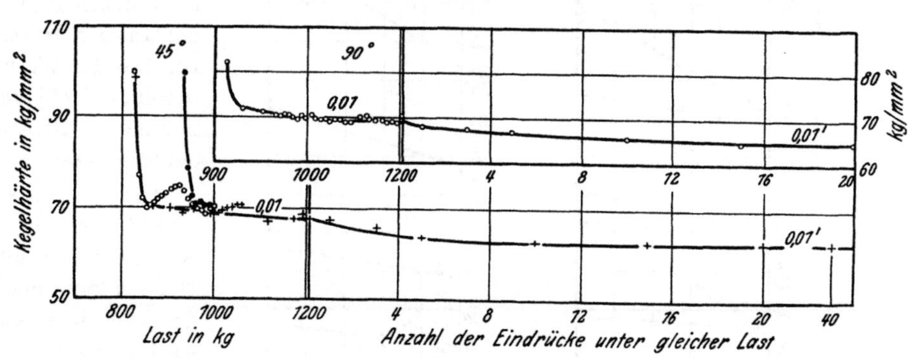

Abb. 15. Stufenähnliche Reihen 0,01 mit nachfolgenden 20maligen Belastungen. Werkstoff: Kupfer B.

ven, eine solche höherer Härte, welche sich aus einmaligen oder reihenmäßigen Eindrücken zusammensetzt (1 = 0,1), und eine Grenzkurve niederer Härte, welche nach oftmaligen Eindrücken unter gleicher Last entsteht (1′ = 0,1′). Für die Ermittlung der letzteren wurden der Einheitlichkeit halber wie beim Kegel immer 20 Eindrücke für eine Last gewählt. Die Meßpunkte der oberen Härtekurve lassen sich durch aufeinanderfolgende Eindrücke an nur einer Probe einwandfrei ermitteln, für die untere sind jedoch soviel Proben erforderlich als Meßpunkte erwünscht sind. Wegen der unvermeidlichen Unterschiede in der Materialbeschaffenheit kann der untere Kurvenzug dadurch gegenüber dem oberen unregelmäßig ausfallen. Um nun eine zu große Probenzahl, die für eine ausgeglichene Kurve notwendig wäre, zu umgehen, wurde folgender Weg gewählt: Die Tiefenzunahme bei 20 Eindrücken unter konstanter Belastung wurde in verschiedener Lasthöhe kurzerhand an die obere Härtekurve angesetzt und ihre absoluten Tiefen

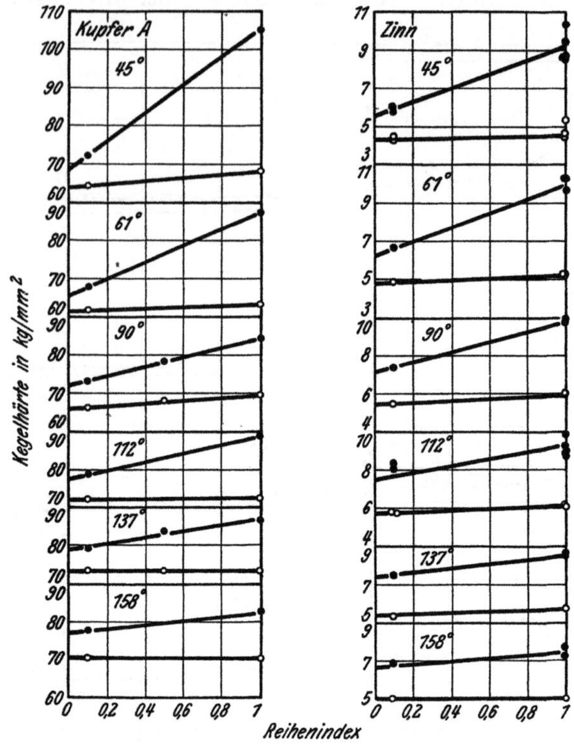

Abb. 16 und 17. Endwerte der Kegelhärten bei verschiedenen Reihenindices und nach anschließenden 20maligen konstanten Belastungen. Werkstoffe: Kupfer A und Zinn.
● = Reihenhärtewert.
○ = Härte nach 20maliger Belastung.

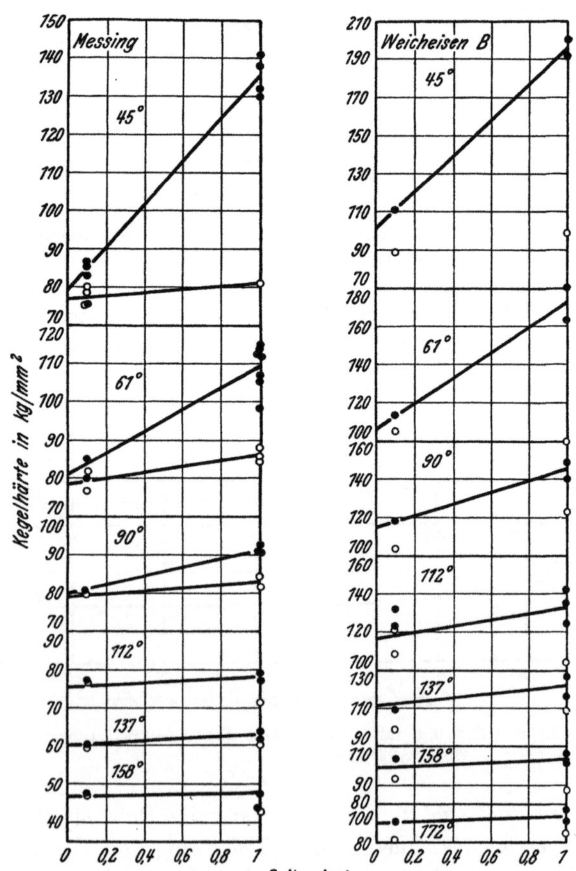

Abb. 18 und 19. Endwerte der Kegelhärten bei verschiedenen Reihenindices und nach anschließenden 20maligen konstanten Belastungen. Werkstoffe: Messing und Weicheisen B.

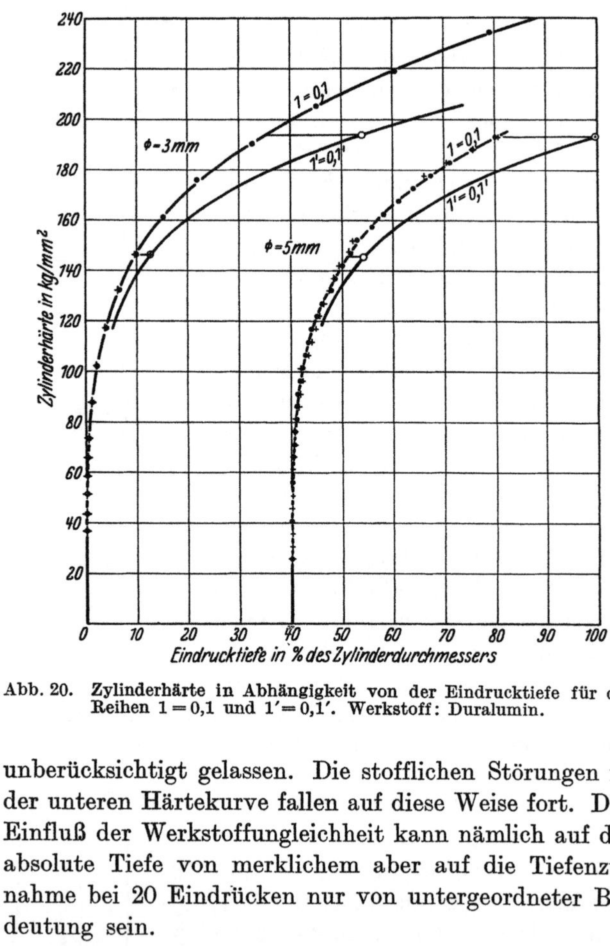

Abb. 20. Zylinderhärte in Abhängigkeit von der Eindrucktiefe für die Reihen 1 = 0,1 und 1′ = 0,1′. Werkstoff: Duralumin.

unberücksichtigt gelassen. Die stofflichen Störungen in der unteren Härtekurve fallen auf diese Weise fort. Der Einfluß der Werkstoffungleichheit kann nämlich auf die absolute Tiefe von merklichem aber auf die Tiefenzunahme bei 20 Eindrücken nur von untergeordneter Bedeutung sein.

Die Kugel kann man sich vorstellen als eine Aneinanderreihung von unendlich vielen und schmalen Kegelscheiben mit ständig zunehmender Mantelneigung. Danach kann man qualitativ voraussagen, was beim Eindrücken einer Kugel geschieht. Die Kugelhärteprüfung wird keine konstante Härtezahl aufweisen können, da die Neigung der Oberfläche ständig wechselt. Sie wird anderseits auch nicht der Einflußlosigkeit der Reihenanordnung wie beim Zylinder unterliegen, da ja die Kugel in ihrer Wirkung kegelähnlich ist. Diese Überlegung findet sich auch bestätigt.

Für den Kugeleindruck findet zwar das Ähnlichkeitsgesetz keine unmittelbare Anwendung, da sich ja die

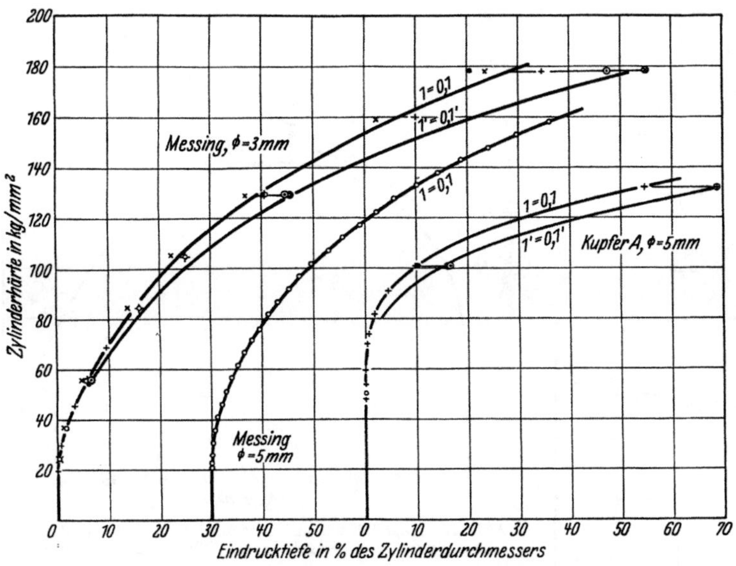

Abb. 21. Zylinderhärte in Abhängigkeit von der Eindrucktiefe für die Reihen 1 = 0,1 und 1′ = 0,1′. Werkstoffe: Messing und Kupfer A.

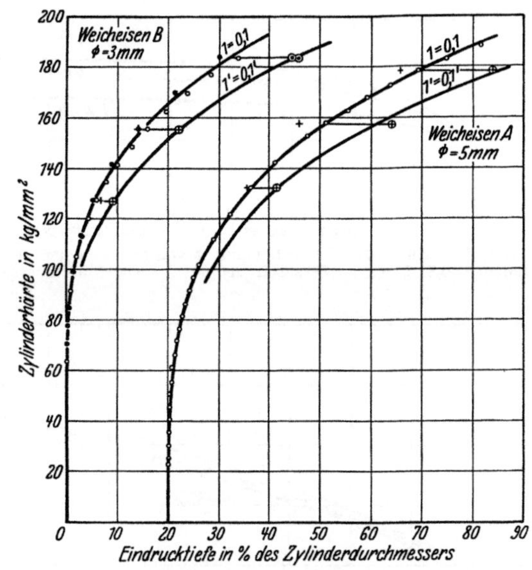

Abb. 22. Zylinderhärte in Abhängigkeit von der Eindrucktiefe für die Reihen 1 = 0,1 und 1′ = 0,1′. Werkstoffe: Weicheisen B und A.

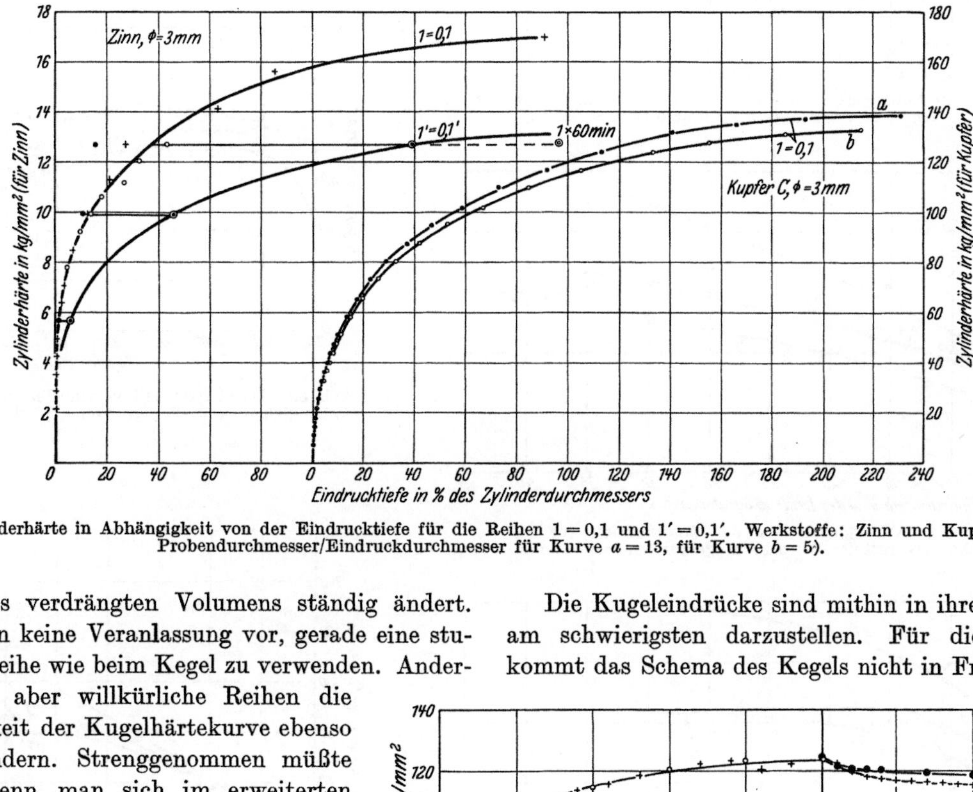

Abb. 23. Zylinderhärte in Abhängigkeit von der Eindrucktiefe für die Reihen 1 = 0,1 und 1′ = 0,1′. Werkstoffe: Zinn und Kupfer C (Quotient Probendurchmesser/Eindruckdurchmesser für Kurve $a = 13$, für Kurve $b = 5$).

Geometrie des verdrängten Volumens ständig ändert. Es läge mithin keine Veranlassung vor, gerade eine stufenähnliche Reihe wie beim Kegel zu verwenden. Anderseits müssen aber willkürliche Reihen die Gesetzmäßigkeit der Kugelhärtekurve ebenso willkürlich ändern. Strenggenommen müßte man also, wenn man sich im erweiterten Sinn an das Kicksche Gesetz halten wollte, eine Reihe wählen, die mit dem Gesetz der Zunahme des Kalotteninhalts im Einklang steht. Diese Handhabung wäre zu schwierig. Wir haben uns daher mit der Anwendung der stufenähnlichen Reihe für die Kugel begnügt, um wenigstens die Willkürlichkeit zu beseitigen und um für alle Werkstoffe mit gleicher Gesetzmäßigkeit vorzugehen, wobei die geringfügig einzuschätzende allmähliche Abänderung der Bedingungen für die Reibungsabnahme bei zunehmender Eindrucktiefe vernachlässigt ist. Nur beim zuerst untersuchten Werkstoff Duralumin (Abb. 24) war noch eine willkürliche Reihe verwendet worden.

Die Kugeleindrücke sind mithin in ihrer Auswirkung am schwierigsten darzustellen. Für die Darstellung kommt das Schema des Kegels nicht in Frage, da dieses

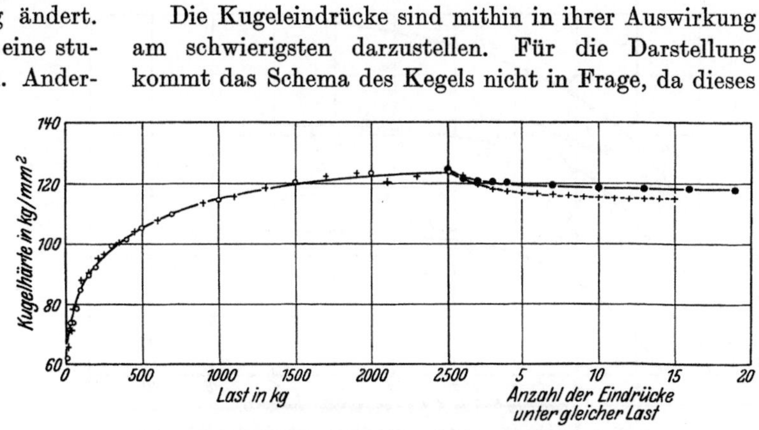

Abb. 24. Kugelhärte in Abhängigkeit von der Last und anschließende 20malige konstante Belastungen. Werkstoff: Duralumin.
+ = unähnliche Reihe, Stempel geölt.
○ = „ „ „ trocken.
● = einmaliger Eindruck (= Reihe 1).

immer nur für einen bestimmten Kegelwinkel gilt, hingegen läßt sich dasjenige des Zylinders anwenden. Dies sei an Abb. 25 erläutert. Durchgeführt sind einige Reihen 1 und 0,1. Die einmaligen Eindrücke verschiedener

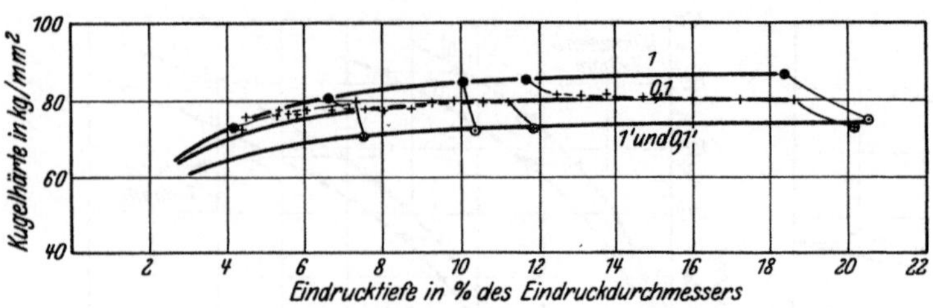

Abb. 25. Kugelhärte in Abhängigkeit von der Eindrucktiefe für die Reihen 1; 0,1; 1'; 0,1'. Werkstoff: Kupfer A. Kugeldurchmesser = 5 mm.

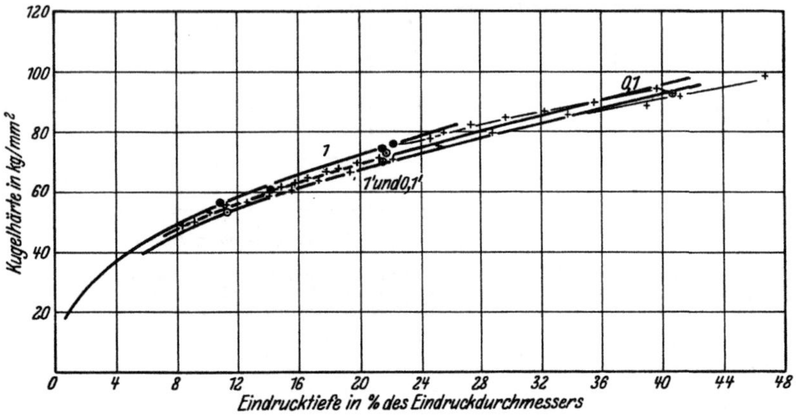

Abb. 26. Kugelhärte in Abhängigkeit von der Eindrucktiefe für die Reihen 1: 0,1; 1'; 0,1'. Werkstoff: Messing. Kugeldurchmesser = 5 mm.

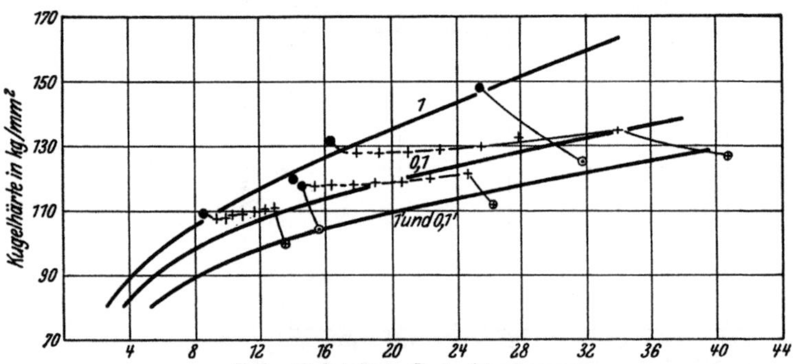

Abb. 27. Kugelhärte in Abhängigkeit von der Eindrucktiefe für die Reihen 1; 0,1; 1'; 0,1'. Werkstoff: Eisen B. Kugeldurchmesser = 5 mm.

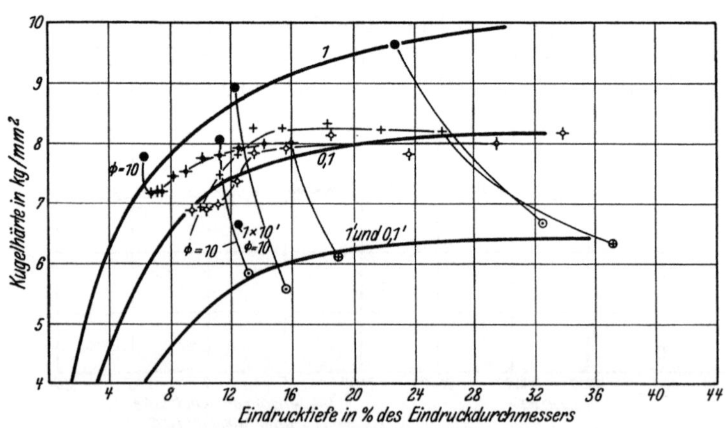

Abb. 28. Kugelhärte in Abhängigkeit von der Eindrucktiefe für die Reihen 1; 0,1; 1'; 0,1'. Werkstoff: Zinn. Kugeldurchmesser 5 und 10 mm.

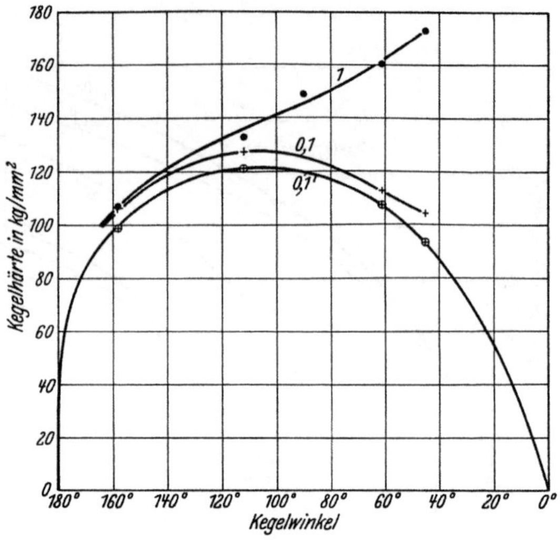

Abb. 29. Kegelhärten mit verschiedenem Reihenindex in Abhängigkeit vom Kegelwinkel. Werkstoff: Duralumin.

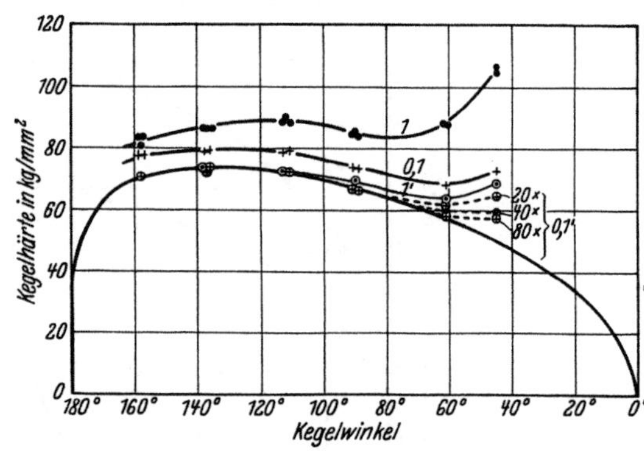

Abb. 30. Kegelhärten mit verschiedenem Reihenindex in Abhängigkeit vom Kegelwinkel. Werkstoff: Kupfer A.

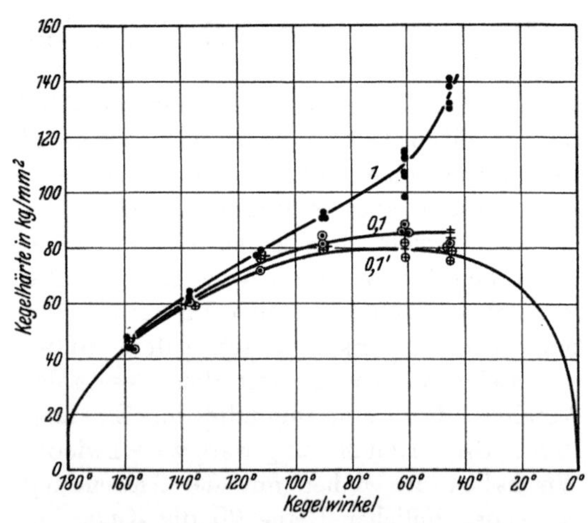

Abb. 31. Kegelhärten mit verschiedenem Reihenindex in Abhängigkeit vom Kegelwinkel. Werkstoff: Messing.
● = 1; + = 0,1; ⊙ = 1'; ⊕ = 0,1'.

Tiefe (1) und die ersten Eindrücke jeder Reihe 0,1 miteinander verbunden ergeben wie beim Kegel die Kurve 1. Die Endwerte der Reihen 0,1 ergeben die Kurve 0,1, die nun abweichend vom Zylinder nicht mit der Kurve 1 zusammenfällt, sondern unter ihr verläuft. Jeweils 20 Eindrücke unter konstanter Last im Anschluß an einen einmaligen Eindruck ergaben wie beim Zylinder die Kurve 1', welche bei der Kugel praktisch mit der Kurve 0,1' nach 20 Eindrücken im Anschluß an eine Reihe 0,1 zusammenfällt. (Beim Kegel war, wie früher beschrieben, die Härtezahl 1' etwas größer als 0,1'.) In Abb. 26 bis 28 findet sich die Darstellung für Messing,

Weicheisen und Zinn. Für Zinn ist wieder in Erinnerung zu bringen, daß bei wiederholten Eindrücken nicht nur eine Reibungsverminderung, sondern auch eine Selbsterweichung Platz greift. Beispielsweise hatte, wie aus Abb. 28 hervorgeht, ein 10 Min. dauernder einmaliger Eindruck eine größere Härteabnahme zur Folge als die Reihe 0,1.

4. Kegelwinkel und Reibungseinflüsse.

Wir waren bisher mit den Erkenntnissen so weit vorgeschritten, daß bei gleichbleibender Herabminderung der Mantelreibung auf ein Mindestmaß durch Einölen der polierten Eindruckstempel und bei Ausschaltung des Zeiteinflusses durch stets gleichdauernde Laststufen die erheblichen Einflüsse der Belastungsfolge in bestimmte Formen gekleidet werden konnten. Als Ausdruck hierfür wurden die Belastungsordnungen 1 — 0,1 — 1′ — 0,1′ herausgehoben, die für die weitere Gegenüberstellung der Ergebnisse verschieden geformter Eindruckstempel genügen sollen.

Die Ergebnisse der Kegelprüfung werden nunmehr in Abb. 29 bis 33 und Tafel 2 so zusammengefaßt, daß die Abhängigkeit der oben definierten Härtezahlen vom Kegelwinkel ersichtlich wird.

Aus diesen Kurven geht hervor, daß alle geprüften Werkstoffe bei der Kegelprüfung sich im Grunde zwar wesensähnlich verhalten, anderseits aber doch sehr erhebliche, den Werkstoff kennzeichnende Abweichungen voneinander aufweisen. Allen Stoffen gemeinsam ist der bei kleinen Kegelwinkeln sehr große und mit zunehmendem Kegelwinkel sich verringernde Abstand zwischen den Kurven 1 und 0,1. Auf den Kegelwinkel 180° extrapoliert, verschwindet der Unterschied dieser Härtewerte, der beim Zylinder gänzlich fehlte. Der Zylinder entspricht ja insofern einem ganz stumpfen Kegel, als auch bei ihm die Belastung nur senkrecht zur Oberfläche der Probekörper wirkt.

Der Unterschied zwischen 1 und 0,1 dürfte bei Zinn allerdings wieder erheblich vom Zeiteinfluß beeinträchtigt sein. Wir müssen die Ergebnisse des Zinns stets unter dem Gesichtspunkt betrachten, daß mit der Zeit wieder eine Erweichung des anfänglich unter dem Eindruck verfestigten Materials vor sich geht.

Die von der mehr oder weniger wirksamen Reibung herrührenden Unterschiede zwischen den Härten 1 und 0,1 sind in Abb. 34 in % der Werte von 0,1 und abhängig vom Winkel aufgetragen worden. Die Werkstoffe verhalten sich sehr ähnlich. Inwieweit die Unterschiede

Tafel 2. Ergebnisse der Kegelprüfung.

Werkstoff	Kegelwinkel Grad	Härte bei Reihe 1	1′	0,1	0,1′
Duralumin	45	173,0	—	—	—
	45	—	—	104,1	93,1
	61	160,6	—	112,4	107,2
Kupfer A	45	106,5	68,5	—	—
	45	104,6	—	72,6	64,2
	61	87,7	63,7	—	—
	61	88,3	—	68,0	61,6
	90	85,6	—	73,4	66,6
	90	84,4	—	73,8	66,3
	90	83,7	69,1	—	—
	112	88,8	72,6	—	—
	112	90,0	—	78,5	72,1
	112	88,5	—	79,3	—
	137	86,6	—	78,7	72,1
	137	86,5	—	79,6	73,8
	137	86,2	73,8	—	—
	158	83,4	—	—	—
	158	80,9	—	77,2	70,3
	158	83,5	—	79,9	—
Messing	45	141,0	—	83,1	75,4
	45	132,0	81,5	—	—
	45	130,0	—	85,6	80,4
	45	138,0	—	86,3	78,9
	61	98,1	—	79,4	76,6
	61	112,0	86,0	—	—
	61	107,0	88,1	—	—
	61	114,0	—	85,0	81,7
	61	115,0	85,4	—	—
	90	90,6	81,8	—	—
	90	90,4	—	80,4	79,4
	90	90,6	84,5	—	—
	112	77,0	71,8	—	—
	112	79,0	—	77,0	76,5
	137	64,1	60,3	—	—
	137	62,0	—	59,7	59,3
	158	43,7	43,2	—	—
	158	47,4	—	47,2	46,2
Duralumin	90	149,0	—	—	—
	112	132,5	—	127,2	121,0
	158	106,4	—	106,6	98,6
Eisen B	45	201,0	99,9	—	—
	45	191,5	—	111,1	88,5
	61	180,9	100,0	—	—
	61	163,5	—	113,0	97,5
	90	140,3	123,0	—	—
	90	149,4	—	118,0	103,2
	112	124,5	104,1	—	—
	112	135,9	—	122,9	108,3
	112	143,2	—	132,1	120,8
	137	127,1	108,9	—	—
	137	115,8	—	109,2	98,9
	158	101,3	87,5	—	—
	158	106,9	—	103,8	92,8
	172	96,3	85,0	—	—
	172	90,7	—	90,7	81,2
Zinn	45	9,44	—	5,88	4,32
	45	8,67	—	6,06	4,49
	45	8,55	4,50	—	—
	45	10,40	5,35	—	—
	45	8,59	4,60	—	—
	61	10,30	—	6,61	4,88
	61	9,71	5,27	—	—
	61	10,30	5,10	—	—
	90	9,96	6,05	—	—
	90	9,78	—	7,38	5,50
	112	8,98	—	8,04	5,78
	112	9,05	6,15	—	—
	112	9,32	6,02	—	—
	112	9,91	—	8,37	5,88
	112	8,75	—	—	—
	137	8,64	5,75	—	—
	137	8,34	—	7,48	5,39
	158	7,21	4,94	—	—
	158	7,66	—	6,84	5,00

der verschiedenen Reibungskurven auf den Reibungsbeiwert zurückzuführen sind, wird im theoretischen Teil noch ausführlicher behandelt.

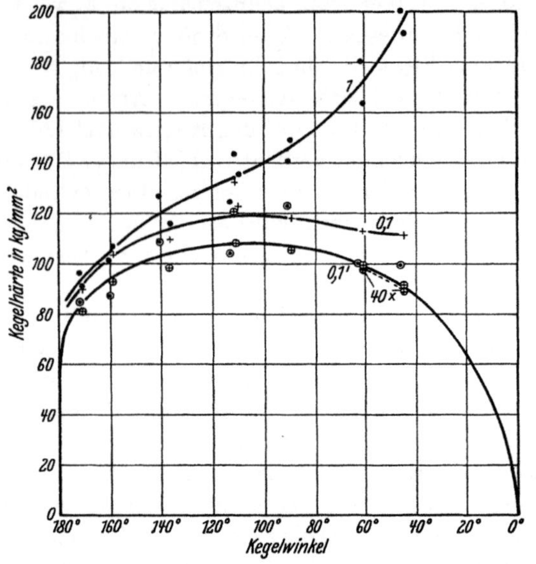

Abb. 32. Kegelhärten mit verschiedenem Reihenindex in Abhängigkeit vom Kegelwinkel. Werkstoff: Eisen B.
● = 1; + = 0,1; ⊙ = 1′; ⊕ = 0,1′.

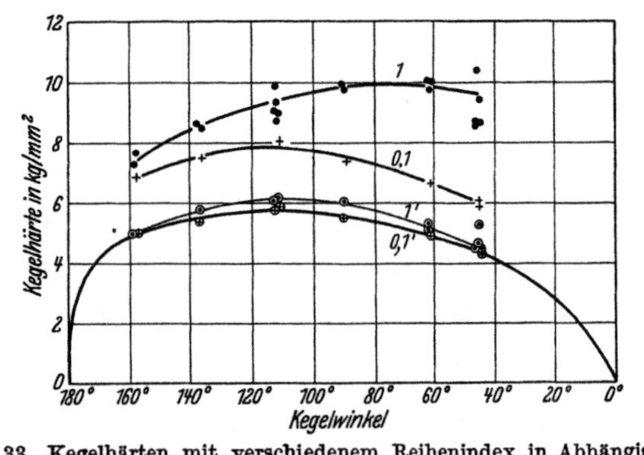

Abb. 33. Kegelhärten mit verschiedenem Reihenindex in Abhängigkeit vom Kegelwinkel. Werkstoff: Zinn.

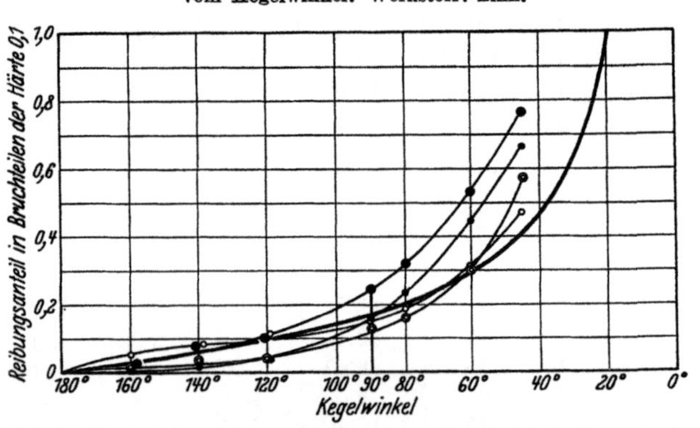

Abb. 34. Verlauf des Reibungsanteils mit dem Kegelwinkel. Theoretischer Reibungsanteil stark ausgezogen.
● = Duralumin; ◎ = Messing.
○ = Kupfer B; ⬤ = Eisen B.

Der Abstand zwischen den Kurven 0,1 und 0,1′ (bzw. 1′) ist anderseits nicht vom Kegelwinkel abhängig. Bei einem bestimmten Stoffe scheint er im großen ganzen wie beim Zylinder mit der Höhe der Härte zuzunehmen. Sieht man von der zufälligen Höhe der Beanspruchung ab, so ist der Unterschied beider Kurven jedenfalls in starkem Maße vom Werkstoff abhängig. Bei Stoffen, deren Widerstand bekanntermaßen wenig von der Versuchsdauer bzw. Versuchsgeschwindigkeit abhängt, ist er sehr gering, z. B. bei Messing in Abb. 31. Stoffe, deren Widerstand stark geschwindigkeitsabhängig ist, ergeben dagegen wie Zinn nach Abb. 33 einen großen Unterschied.

Diese beiden verschiedenartigen Abhängigkeiten werden nun eigentümlicherweise lediglich durch denselben Versuchsumstand erfaßt; nämlich durch das Loslösen des Stempels, welcher die Reibung zwischen Stempel und Werkstoff vermindert und das Fließen begünstigt. Der Nachweis hierfür sei an Hand der Tafel 3 gebracht. Es wurden hier sowohl aufsteigende Reihen als auch 20malige konstante Belastungen durchgeführt, bei welchen der Stempel nicht gänzlich losgelöst wurde, sondern bis auf $^1/_5$ oder $^1/_2$ der vorangehenden Belastung entlastet wurde. Zum Vergleich sind Reihen angegeben, bei welchen wie üblich der Stempel gelöst wurde. Es gab so gut wie keine Herabsetzung der Härte, wenn ohne Loslösen entlastet wurde.

Tafel 3. Härtezahlen aus Versuchen mit und ohne Loslösen des Stempels (Kegel).

Reihenindex	Härtezahlen unter nachstehenden Bedingungen				
	a) Einmaliger Eindruck	b) Reihen ohne Loslösen *	c) Reihen mit Loslösen	a) bzw. c) und 20 konstante Belastungen ohne Loslösen *	a) bzw. c) und 20 konstante Belastungen mit Loslösen
	Kupfer C, ∢ = 45°				
1	95,4 98,2 99,5 101,8 96,7 98,9 95,2			107,5	63,4
0,5	—	92,8	80,7 79,8 80,1 82,4 80,0	75,4	61,3 63,6
0,1	—	101,8	70,6 66,7 71,7 69,8 71,2 68,3 72,2 72,9	70,5** 67,8	60,7 62,5 62,7
	Zinn, ∢ = 112°				
1	8,98 9,05 9,32 9,91 8,75	—	—	6,5	6,15 6,02

* Entlastet wurde bis auf die Hälfte der jeweiligen Laststufe.
** Entlastet wurde bis auf ein Fünftel der jeweiligen Laststufe.

Daß die nachgewiesene Reibungs- bzw. Härteverminderung bei einer Reihe mit aufsteigenden Lasten vom Kegelwinkel abhängig ist, bei einer konstanten Lastenfolge aber nicht, ist zunächst auffallend. Die Deutung hierfür dürfte etwa folgendermaßen lauten: Durch die Anwendung häufiger Laststufen wird zunächst die **äußere Reibung** weitgehend beseitigt. Im Härtewert muß die äußere Reibung um so stärker in Erscheinung treten, je näher ihre Angriffsrichtung der Lastrichtung entspricht. Daraus erklärt sich auch ohne eingehendere Überlegungen der mit abnehmendem Kegelwinkel wachsende Abstand der Kurven 1 von 0,1. Wenn nun die **gleiche** Last oftmals, ebenfalls nach jedesmaligem Loslösen aufgebracht wird, fließt der Werkstoff um einen ihm eigentümlichen geringen Betrag nach. Soll dagegen nach abgeklungener Verformung wieder eine Beschleunigung des Fließens durch eine, wenn auch nur äußerst geringe Lasterhöhung erzwungen werden, so gehört zur Überwindung der **inneren (statischen) Reibung** eine Lasterhöhung über einen bestimmten Mindestwert, etwa entsprechend dem Unterschied 0,1 — 0,1′ (streng genommen zwischen den nicht zu verwirklichenden Zuständen 0 und 0′). Dieser Unterschied stellt somit eine Werkstoffeigenschaft dar, und sein Betrag hängt dann naturgemäß von der Höhe der Belastung, der Härte, ab. Diese Eigenschaft tritt ja auch beim Zugversuch zutage, wenn nach einer Entlastung der Fließvorgang fortgesetzt wird. Es ist dann immer eine etwas größere Belastung als vorher erforderlich, die dann bei abklingender Fließbeschleunigung wieder herabfällt.

Beim Zylinder tritt, wie schon besprochen, allein die innere Reibung zutage, wohingegen die äußere Reibung fortfällt, da ihre Kraftrichtung senkrecht zur Grundfläche verläuft.

Die Kugel verhält sich wie der Kegel, verbunden aber mit der Kompliziertheit, daß die Mantelrichtung ständig wechselt.

Hiermit ist nun die relative Lage aller Härtekurven zwischen 1 und 0,1 zur Kurve 0,1′ in den Abb. 29 bis 33 geklärt.

Daß die Kurven 1 in Abb. 29 bis 33 trotz des gleichartigen Reibungsverlaufs (Abb. 34) für die verschiedenen Stoffe ganz andersartig verlaufen, beruht danach lediglich darauf, daß besonders die Kurven 0,1 und 0,1′ stark vom Material abhängen. Es wird dadurch schon der Gedanke nahegelegt, daß wir es in diesen Kurven mit reinen Werkstoffkurven zu tun haben. Die Gründe für ihren besonderen Verlauf, der durch einen je nach dem Werkstoff bei verschiedenem Kegelwinkel gelegenen Höchstwert gekennzeichnet ist, werden sich aus einem Vergleich der Härtekurven für Kegel, Kugel und Zylinder klären.

5. Kegel-, Kugel- und Zylinderhärte.

Zu diesem Zweck sollen nunmehr die Härtezahlen 0,1 und 0,1′ von sämtlichen Stempeln, also Kegeln, Zylinder und Kugel in einer einheitlichen Übersicht zusammengestellt werden. Dies konnte zunächst nur so geschehen, wie es bei Zylinder und Kugel schon angewendet wurde, nämlich dadurch, daß auf der Abszisse die Tiefe t in % des Durchmessers d aufgetragen wurde. In ein solches Bild lassen sich neben Zylinder und Kugel auch sämtliche Kegel einordnen, da jedem Kegelwinkel ein bestimmter Wert relativer Tiefe entspricht. Es steht dann der Zylinder- und Kugelhärtekurve nur eine Kegelkurve gegenüber, in der sämtliche Kegelwinkel enthalten sind. Solche Zusammenstellungen finden sich in Abb. 35 bis 39. In diesen ist der Einfachheit halber für Kugel und Zylinder die **gemessene** Tiefe, für den Kegel die aus dem gemessenen Durchmesser leicht zu ermittelnde **Solltiefe** in Rechnung gesetzt worden. Diese unterschiedliche Behandlung dürfte von keinem wesentlichen Einfluß auf den verfolgten Zweck sein.

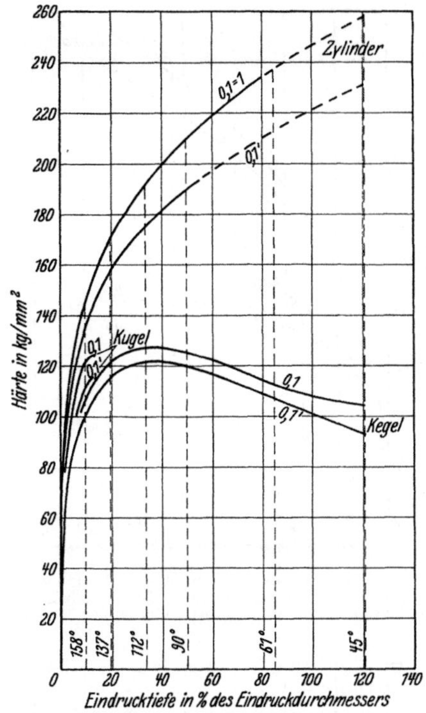

Abb. 35. Gegenüberstellung der (reibungslosen) Zylinder-, Kegel- und Kugelhärten 0,1 und 0,1′ bei zunehmender Eindrucktiefe. – – – = vervollständigt nach Potenzgesetz. Werkstoff: Duralumin.

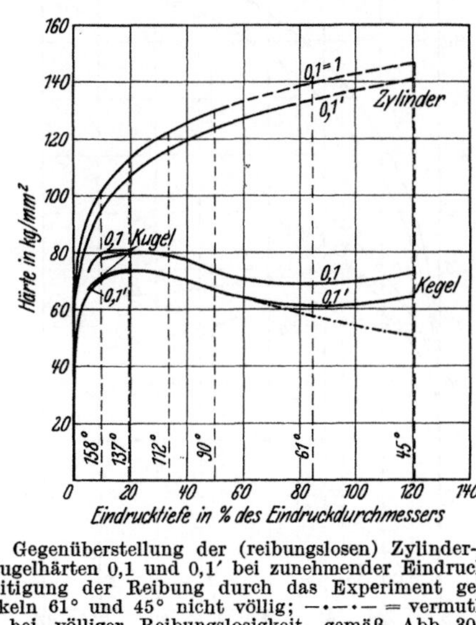

Abb. 36. Gegenüberstellung der (reibungslosen) Zylinder-, Kegel- und Kugelhärten 0,1 und 0,1′ bei zunehmender Eindrucktiefe. Die Beseitigung der Reibung durch das Experiment gelang bei den Kegelwinkeln 61° und 45° nicht völlig; —·—·— = vermutlicher Verlauf von 0,1′ bei völliger Reibungslosigkeit, gemäß Abb. 30 eingetragen. – – – = vervollständigt nach Potenzgesetz. Werkstoff: Kupfer A.

Wie wird sich nun die Kegelkurve 0,1 und 0,1′ zur Zylinderkurve 0,1 bzw. 0,1′ verhalten? Zur Beantwortung dieser Frage wurde in Abb. 40 die Kegelhärte 0,1 und 0,1′ in % der bei gleicher relativer Tiefe vorhandenen Zylinderhärte 0,1 bzw. 0,1′ für alle Stoffe aufgetragen. Als Abszisse ist diesmal der Anschaulichkeit willen nicht der Tiefenwert t/d in %, sondern der dazugehörige Kegelwinkel aufgetragen worden, weil bei dem Maßstab t/d die Kurven bei sehr kleinen Kegelwinkeln in die Unendlichkeit verlaufen würden. Aus Abb. 40 geht hervor, daß alle untersuchten Werkstoffe mehr oder weniger genau auf einer Kurve liegen. Es weisen also bei einem bestimmten Verhältnis Tiefe zu Durchmesser alle Werkstoffe etwa den gleichen prozentualen Unter-

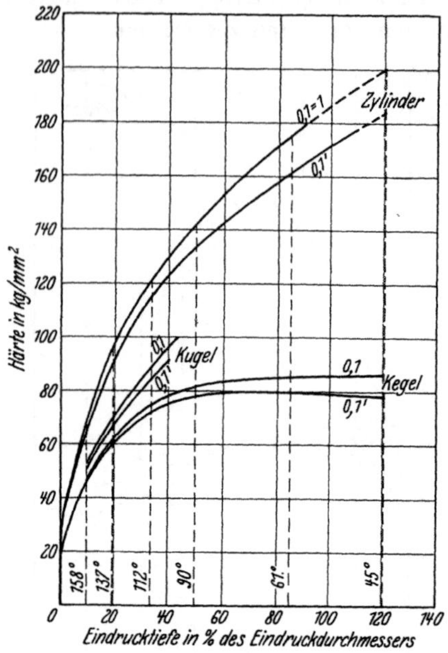

Abb. 37. Gegenüberstellung der (reibungslosen) Zylinder-, Kegel- und Kugelhärten 0,1 und 0,1′ bei zunehmender Eindrucktiefe. — — — = vervollständigt nach Potenzgesetz. Werkstoff: Messing.

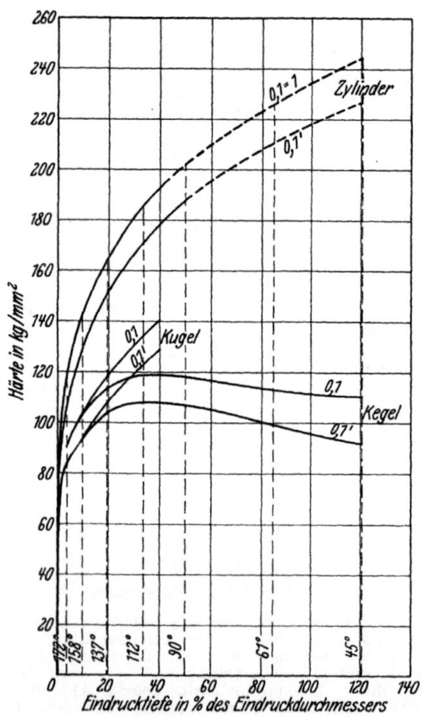

Abb. 38. Gegenüberstellung der (reibungslosen) Zylinder-, Kegel- und Kugelhärten 0,1 und 0,1′ bei zunehmender Eindrucktiefe. Werkstoff: Eisen B.

schied zwischen Kegelhärte und Zylinderhärte auf. Der Kurvenverlauf hängt somit hauptsächlich von den durch die Kegelwinkel gegebenen Kräfteverhältnissen ab. Für den unendlich stumpfen Kegel ergibt sich durch Extrapolation die Kegelhärte zu rund 75% der Zylinderhärte. Dies mag im grundsätzlichen Unterschied zwischen Kegel und Zylindereindruck begründet liegen, indem beim Kegel lediglich die Spitze bis zum entsprechenden Tiefenwert eindringt, beim Zylinder aber die gesamte Eindruckfläche. Mit abnehmendem Kegelwinkel tritt dann ein weiterer härtemindernder Einfluß in steigendem Maße hinzu. Ein unendlich spitzer Druckkegel würde nach Abb. 40 überhaupt keine Kraft zum Eindringen erfordern. Wir können uns etwa vorstellen, daß ein spitzer Kegel wie ein Keil wirkt, der unter geringem (senkrechtem) Kraftaufwand das Material nach der Seite hin auseinander treibt. Diese Wirkung eines spitzen Kegels auf

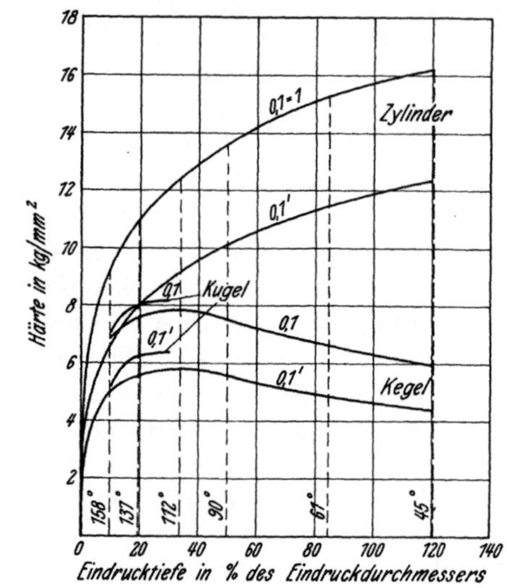

Abb. 39. Gegenüberstellung der (reibungslosen) Zylinder-, Kegel- und Kugelhärten 0,1 und 0,1′ bei zunehmender Eindrucktiefe. Werkstoff: Zinn.

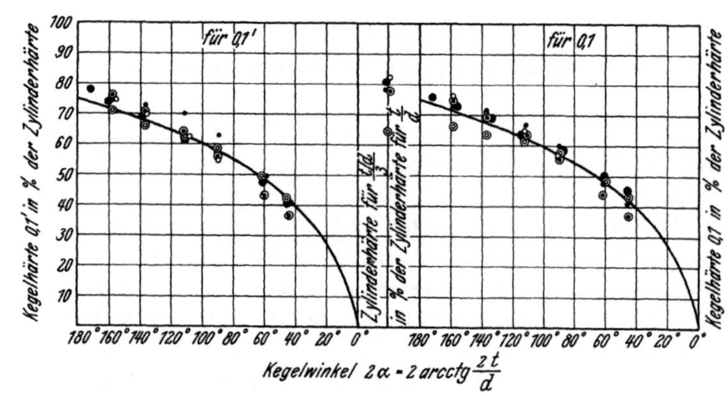

Abb. 40. Beziehung zwischen Kegelhärte 0,1′ bzw. 0,1 und Zylinderhärte 0,1′ bzw. 0,1 bei gleichem t/d.

• = Duralumin; ◎ = Messing; ⊙ = Zinn.
○ = Kupfer A: ● = Eisen B.

die Härte läuft also entgegengesetzt dem Reibungseinfluß. Im theoretischen Teil wird dies noch eingehender behandelt.

6. Kegelhärte und Kegelwinkel.

Nunmehr lassen sich die Härtekurven 0,1′ in den Abb. 29 bis 33 nach links und rechts sinngemäß vervollständigen. Nach rechts müssen sie nach den Ausführungen des letzten Abschnittes beim Winkel 0° auf die Härte 0 zulaufen*. Links beginnen sie bei etwa 0,75

* Bei Kupfer A (Abb. 30) zeigte ausnahmsweise die experimentelle Kurve 0,1′ zwischen 61° und 45° eine Aufbiegung. Diese dürfte sich daraus erklären, daß mit dem angewandten Versuchsverfahren die Reibung bei diesem Werkstoff noch nicht vollständig beseitigt war. 40malige und 80malige Belastungen mit konstanter Last ergaben dann

der entsprechenden Zylinderhärte, also des Wertes, bei dem der Werkstoff unter dem Zylinder gerade zu fließen beginnt; da t/d für den unendlich stumpfen Kegel $= 0$ ist. Die so vervollständigten Kurven erhalten etwa den Charakter der Zugkurven gleichen Materials. Links kennzeichnen sie den Fließbeginn, dann überschreiten sie einen Höchstpunkt infolge der Überlagerung von Verfestigung und Keilwirkung und schließlich wird bei spitzen Winkeln durch die überragende Keilwirkung der Kraftbedarf immer geringer. Beim Zugversuch wirkt sich die zunehmende Einschnürung ähnlich aus wie hier die Keilwirkung. Zu betonen ist nochmals, daß bei verschiedenen Werkstoffen der Höchstpunkt auch bei verschiedenen Winkeln erscheint, und zwar ähnlich dem Zugversuch bei um so spitzerem Kegel, d. h. bei um so größerer Verformung, je größer die Verfestigungsfähigkeit des Werkstoffes ist.

Das hiermit gewonnene Ergebnis widerspricht den Folgerungen von Hankins[11], der von der Vorstellung einer konstanten Härtezahl für alle Kegelwinkel ausgeht. Er nimmt dann an, daß der Unterschied der bei einmaligen Eindrücken gefundenen Härten mit verschiedenen Kegelwinkeln nur von der Mantelreibung herrührt. Wenn Hankins daher eine Gleichung aufstellt, in der nur die beiden Unbekannten Reibungskoeffizient und von der Reibung eliminierte Härte vorkommen, die beide für alle Winkel gleich sein sollen, so konnten ihm seine Versuche nur deshalb scheinbar recht geben, weil er sich lediglich in dem Bereich von Kegelwinkeln zwischen 45 und 120° bewegte, wo die Veränderlichkeit der Härte 0,1′ gering ist. Versuche mit stumpferen oder spitzeren Winkeln hätten die Unhaltbarkeit seiner Auffassung gezeigt.

7. Abfließen und Eindrucktiefe.

Beim Eindrücken des Stempels sucht sich bekanntlich das verdrängte Material einen Ausweg zur Oberfläche, die hierbei Gestalt und Lage in unmittelbarer Nachbarschaft des Eindruckstempels ändert. Durch diesen Vorgang wird zugleich die Frage aufgeworfen, wie groß der Unterschied ist zwischen der gemessenen Eindrucktiefe, welche auf die ursprüngliche Lage der Oberfläche bezogen wird, und derjenigen, welche durch die neue Begrenzung der Eindruckfläche bedingt ist, und welche als eigentliche (Soll-) Eindrucktiefe bewertet werden sollte. Ein Vergleich der Solltiefe mit der gemessenen Tiefe gibt daher zugleich einen Einblick in die Wirkung des Abfließens. Die Solltiefe läßt sich bei Kugel und Kegel ohne weiteres aus dem gemessenen Durchmesser errechnen. Beim Zylinder ist das nicht möglich, und es war daher eine Nachmessung notwendig, wie weit die Eindruckkante von der ursprünglichen Oberfläche nach oben oder unten abgewandert war.

In Abb. 41 sind für den Zylinder die gemessenen Werte neben den Sollwerten für die untersuchten Werkstoffe eingetragen. Man sieht, daß der Unterschied beider Werte zunächst mit der Tiefe ansteigt und dann annähernd konstant bleibt. Die Eindrucktiefe hat also, abgesehen vom Beginn des Eindruckvorgangs, keinen Einfluß auf die Abweichungen der gemessenen von der Solltiefe. Da bei Zylindern verschiedenen Durchmessers

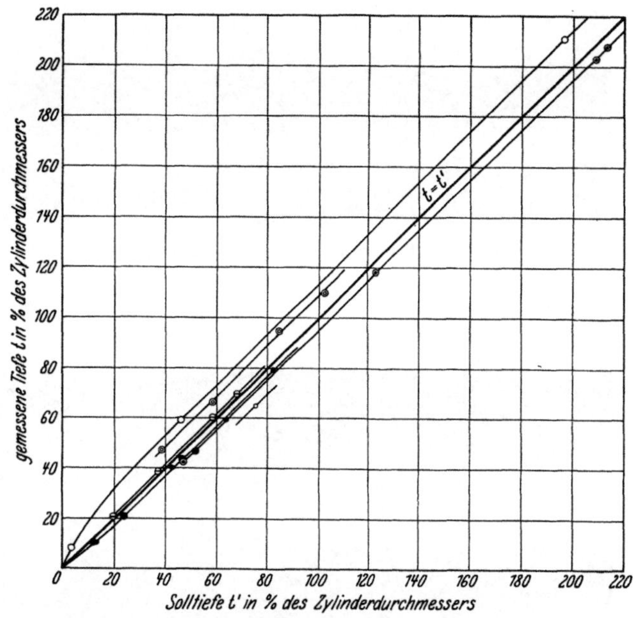

Abb. 41. Abweichungen der gemessenen Eindrucktiefe von der Solltiefe beim Zylindereindruck.
Werkstoffe: ● = Duralumin; ○ = Kupfer A; ◯ = „ C; ◎ = Messing; ⬤ = Eisen B. ◉ = Zinn. ⊖ = Eisen A.

($d = 2{,}95$ und 5 mm) die gemessenen Werte t/d auf derselben Geraden liegen, so geht daraus hervor, daß die genannten Abweichungen, wie zu erwarten ist, proportional dem Durchmesser sind.

Nun sind die gemessenen Tiefen bei einigen Werkstoffen größer, bei anderen kleiner als die Solltiefe. Diese Tatsache ergibt sich aus der schematischen Darstellung in Abb. 42 a, b, c. Ist die gemessene Tiefe zu klein, so ist die Oberfläche der Probe mit dem abgeflossenen Material in die Höhe gehoben worden (*a*). Die Fälle *b* und *c* mit einer zu großen gemessenen Tiefe entsprechen dann einer Herabsenkung der Oberfläche am Eindruckkreis. In diesem Falle, der bei sehr verfestigungsfähigen Werkstoffen auftritt, muß sich das verdrängte Material in weiterer Entfernung vom Eindruckkreis einen Ausweg

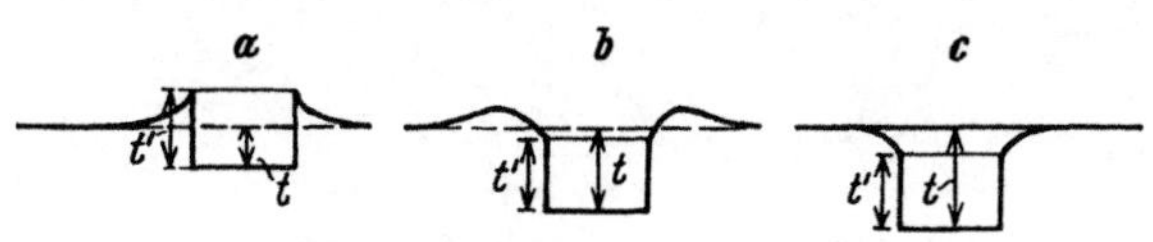

Abb. 42. Schematische Darstellung der Oberflächengestaltung bei Zylindereindrücken.

verschaffen. Abb. 43 bringt Schnitte durch einige in Abb. 41 behandelte Proben, an denen der Mechanismus des Abfließens kontrolliert werden kann.

Selbstverständlich kann der konstante Betrag der Abweichungen beider Tiefenwerte voneinander nicht sofort bei kleinsten Tiefen erreicht sein, sondern er bedarf eines gewissen Spielraumes zu seiner Ausbildung. Dies zeigt sich in Abb. 41 bei dem Meßwert von $t/d = 3{,}4\%$ für Kupfer C. Hierbei wurde durch Messungen fest-

auch eine erhebliche Angleichung an den abfallenden Verlauf der Härtekurve 0,1′, wie ihn die sämtlichen übrigen Werkstoffe zeigten. Dieser Abfall nach 40maliger Belastung gegenüber 20maliger betrug bei 61° = 2,5%, bei 45° = 8,5%, wohingegen derselbe beispielsweise bei Eisen B nur 1,7 bzw. 3% betrug (Abb. 32).

Abb. 43a. Kupfer A, $^1/_2$ st bei 850° geglüht. $v = 2$.

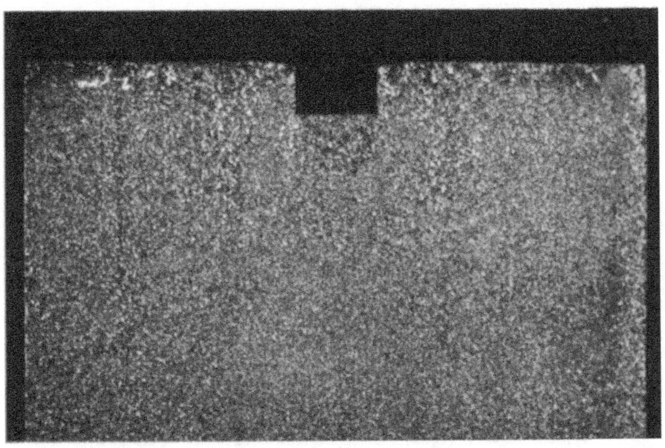

Abb. 43b. α-Messing, $^1/_2$ st bei 800° geglüht. $v = 2$.

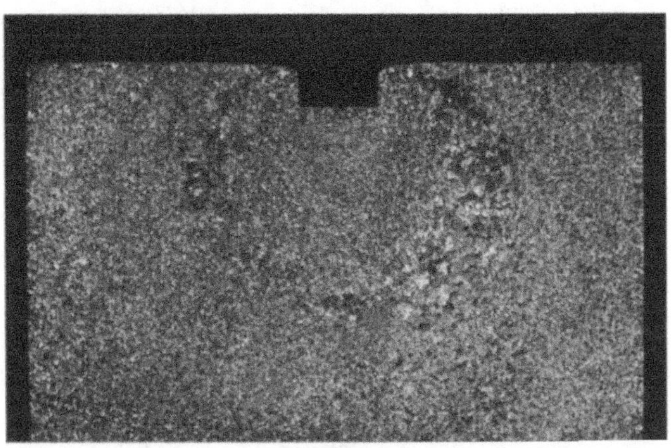

Abb. 43c. Kupfer C, $^1/_2$ st bei 850° geglüht. $v = 2$.

Abb. 43d. Eisen A, $^1/_2$ st bei 850° geglüht. $v = 2$.

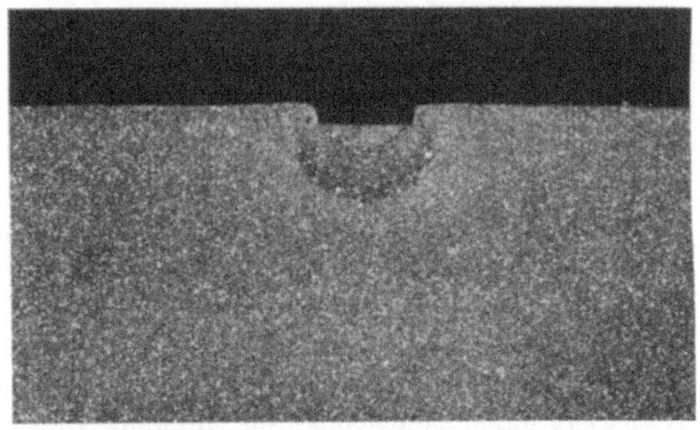

Abb. 43e Eisen A, $^1/_2$ st bei 850° geglüht. $v = 2$.

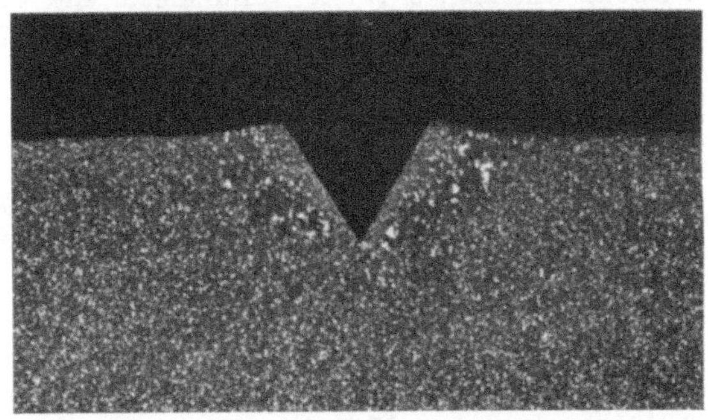

Abb. 43f. Eisen B, $^1/_2$ st bei 850° geglüht. Eindruckwinkel = 61°. $v = 4$.

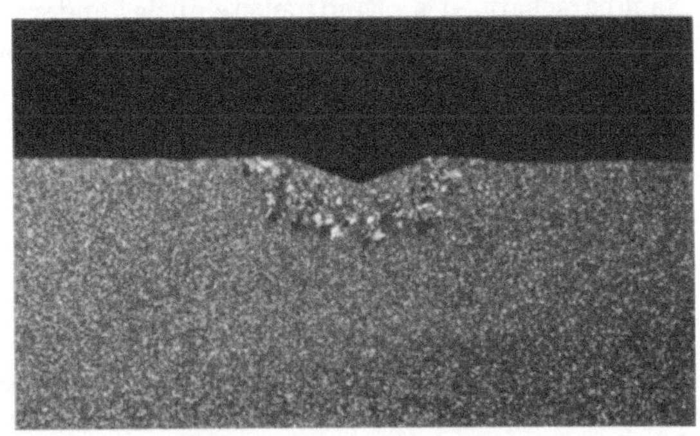

Abb. 43g. Eisen B, $^1/_2$ st bei 850° geglüht. Eindruckwinkel = 137°. $v = 4$.

Abb. 43. Schnitte durch Probekörper, rekristallisiert und angeätzt.

gestellt, daß das Abfließen zunächst in der Form *b* (Abb. 42) vor sich ging, während bei größerer Tiefe die Form *c* erreicht wurde. Das Abfließen vollzieht sich also zu Beginn in unmittelbarer Nähe des Stempels.

In Abb. 44 sind die entsprechenden Vorgänge für verschiedene Kegel dargestellt. Da jedem Kegelwinkel ein konstanter Sollwert t'/d entspricht, bleibt dieser Wert mit der Zunahme des Eindruckdurchmessers unveränderlich. Die Sollwerte sind daher in der Abbildung gerade Linien. Die gemessenen Werte liegen bei den verschiedenen Stoffen mehr oder weniger darunter. Betrachtet man nur einen bestimmten Kegelwinkel und Werkstoff, so ist wieder zu erwarten, daß die Abweichungen der gemessenen von den Sollwerten bei Fortschreiten des Eindrucks konstant bleiben. Das ist auch fast durchweg der Fall; nur in wenigen Ausnahmen (z. B. Duralumin) zeigt sich besonders bei noch kleinen Eindrücken eine Zunahme des gemessenen Wertes t/d. Diese Veränderlichkeit von t/d bei Duralumin ist auf die Anwendung willkürlicher Belastungsreihen zurückzuführen. Hierbei entsprechen verhältnismäßig engen Stufen mit geringerer Härte größere Abweichungen. Im selben Sinne ergab auch der rauhe Kegel (Duralumin 45°) mit größerer Härte geringere Abweichungen. Beim Kegel tritt also nur der Fall *a* (Abb. 42) in Erscheinung, was wegen der günstigen Abfließbedingungen verständlich erscheint. Daher ist auch der aufgeworfene Wulst um so größer, je spitzer der Kegelwinkel ist. Das sieht man in Abb. 45, unten, wo die Differenz zwischen dem Sollwert t'/d und dem gemessenen t/d, also $(t' - t)/d$ entnommen aus Abb. 44 bei $d = 3$ mm) über dem Kegelwinkel aufgetragen sind.

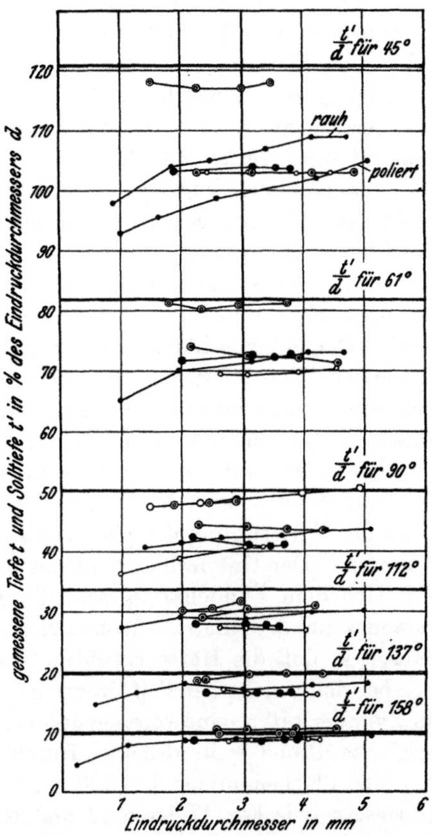

Abb. 44. Abweichungen der gemessenen Eindrucktiefe von der Solltiefe für verschiedene Kegelwinkel und Eindruckdurchmesser.
● = Duralumin; ◯ = Kupfer C; ⬤ = Eisen B.
○ = Kupfer A; ◎ = Messing; ◉ = Zinn.

Die Kugel hat eine wechselnd geneigte Oberfläche und müßte daher mit den Kegelvorgängen im Zusammenhang stehen. Aus Abb. 46, unten, können die berechneten Sollwerte t'/d für alle Eindruckdurchmesser einer Kugel vom Durchmesser 1 abgelesen werden. Ihnen sind die gemessenen Werte t/d verschiedener Werkstoffe gegenübergestellt. Hier nehmen nun die Abweichungen mit dem Eindruckdurchmesser zu. Und zwar werden in unmittelbare Übereinstimmung mit dem Kegel die Abweichungen um so größer, je steiler die Wandungen werden. Dieses Größerwerden betrifft nicht nur die unter der Sollkurve liegenden, sondern auch die über derselben verlaufenden Werte, also sowohl den Vorgang *a* als auch *c* in Abb. 42. Es können sich aber auch beide angedeuteten Vorgänge (*a* und *c*) überdecken, wobei dann gewöhnlich einer überwiegt, so daß sich eine eindeutige Einwirkung in der einen oder anderen Richtung einstellt.

Dies sei in den Abb. 45 und 46 oben noch besonders dargestellt. Um hier den Einfluß der Oberflächenneigung auszuschalten, sind die Abweichungen auf die Einheit

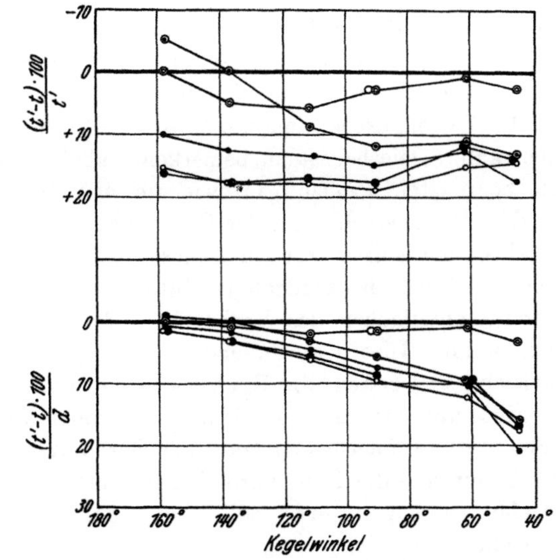

Abb. 45. Abweichungen der gemessenen Eindrucktiefe t von der Solltiefe t' beim Eindruckdurchmesser $d = 3$ mm für verschiedene Kegelwinkel.
● = Duralumin; ◯ = Kupfer C; ⬤ = Eisen B.
○ = Kupfer A; ◎ = Messing; ◉ = Zinn.

der Neigung bezogen, indem durch den Sollwert t'/d dividiert wurde. Aufgetragen sind also auf der Ordinate die Werte $\frac{t'-t}{d} : \frac{t'}{d} = \frac{t'-t}{t'}$. Aus den Abbildungen sind also die Tiefenabweichungen in Prozent der Solltiefe unmittelbar zu entnehmen. Diese verlaufen sowohl bei

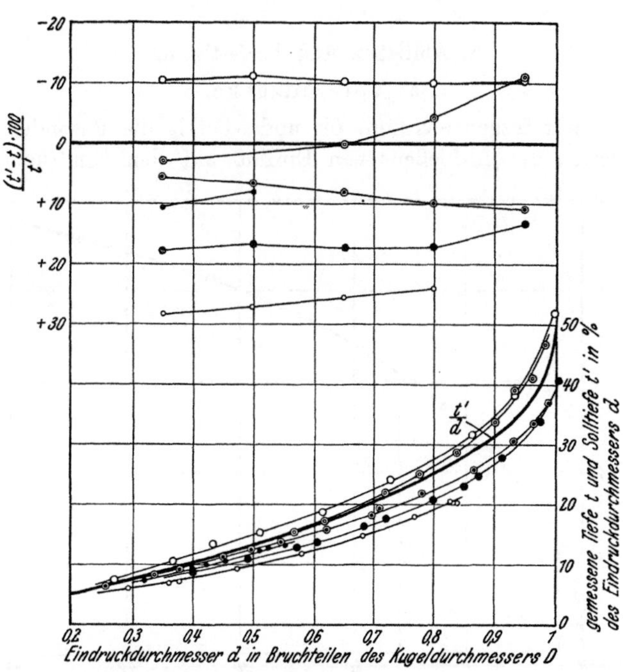

Abb. 46. Abweichungen der gemessenen Eindrucktiefe von der Solltiefe beim Kugeleindruck.
● = Duralumin; ◯ = Kupfer C; ⬤ = Eisen B.
○ = Kupfer A; ◎ = Messing; ◉ = Zinn.

den Kegeln als auch bei der Kugel mit dem Kegelwinkel bzw. der Eindrucktiefe meist etwa konstant. Nur wenn die beiden sich überdeckenden Vorgänge zu verschiedenen Zeiten wirksam werden, ist das wie bei Zinn in Abb. 45 und Messing in Abb. 46 nicht der Fall.

Beim Zylinder nehmen mit zunehmender Eindrucktiefe die in Prozent der Solltiefe ausgedrückten Tiefenabweichungen ab, was ja aus Abb. 41 unmittelbar hervorgeht.

Wichtig ist, daß die Tiefenabweichungen sehr vom Werkstoff abhängen und in ungünstigen Fällen bei Kugel und Kegel durch das Herausquellen des Materials an der Oberfläche die gemessene Tiefe um 30 bzw. 20% zu klein ausfallen kann. Hierbei ist zu bemerken, daß bei einer seitlich begrenzten Probenform, wie sie hier benutzt wurde, dies Herausquellen an der Oberfläche gegenüber dem praktischen Fall eher noch eingeschränkt gewesen sein mag, weil sich das verdrängte Material auch etwas nach den Seitenflächen der Probe einen Ausweg verschaffen kann. Dies trat besonders beim Zylindereindruck ein, weil erstens die Eindruckfläche verhältnismäßig groß und zweitens der Druck nur nach unten ausgeübt wird. Infolgedessen trat eine Einsenkung der Oberfläche ein und die Tiefe wurde bei sehr kleinen Eindrucktiefen diesmal um etwa 50% größer gemessen als die Solltiefe.

Wir haben uns damit begnügt, diese Versuche der Vollständigkeit halber durchzuführen und haben sie, wie schon bemerkt, bei der Entwicklung der Kugel und Zylinderkurven der Einfachheit halber nicht berücksichtigt. Es kam uns bei der Härteanalyse mehr auf die qualitativen Erscheinungen als auf quantitative Genauigkeit an. Die Bereiche der Untersuchungen waren viel zu groß, als daß eine mehr oder weniger starke Verschiebung des Verlaufs einiger Kurven das Gesamtbild hätte grundsätzlich stören können.

8. Abfließen und Verfestigung.

a) Voreindrücke.

Wir fragen uns nun, ob und wieweit die Besonderheiten des Abfließens von Einfluß auf den Eindruckwiderstand sind. Um hierauf eine Antwort zu erhalten, wurden zunächst einige Proben mit Zylindereindrücken verschiedener Tiefe versehen und danach ausgeglüht.

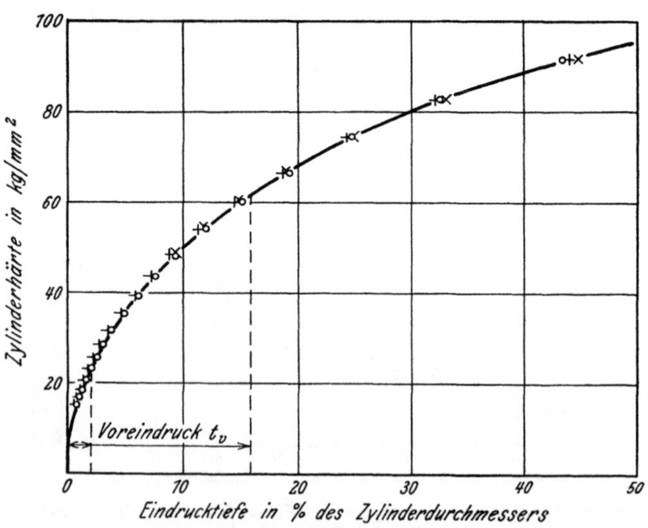

Abb. 47. Verlauf der Härte mit und ohne Voreindruck beim Zylinder. Geprüft im ausgeglühten Zustand. Werkstoff: Kupfer C. Zylinderdurchmesser = 5 mm.
o nicht vorgedrückt,
× = 0,105 mm voreingedrückt = 2% von d,
+ = 0,810 „ „ = 16% „ „

Beim Weiterdrücken solcher Proben sind die Abfließbedingungen erheblich geändert, da der Stempel jetzt ein unverfestigtes Material unter anderen Gestaltsbedingungen trifft. Als Beispiel finden sich in Abb. 47 drei Kurven von Zylindereindrücken in Kupfer, nachdem bei zwei Proben ein Voreindruck von $t/d = 2\%$ bzw. $= 16\%$ vorangegangen war, während die dritte Probe nicht vorgedrückt wurde. Alle drei ursprünglich harten Proben wurden bei 470° geglüht, bevor die endgültigen Härtekurven aufgenommen wurden.

Es stellt sich nun heraus, daß alle drei Kurven zusammenfallen. Hieraus können wichtige Schlüsse gezogen werden. Das Abfließen, welches bei den schon vorgedrückten Proben größere Wege zurückzulegen hat, ist danach gänzlich ohne Einfluß. Offenbar wirkt als Widerstand nur die Verfestigung. Für das Abfließen ist es indessen gleichgültig, in welcher Entfernung von der Oberfläche dasselbe einsetzen muß. Es bildet sich ein plastiziertes und daher verfestigtes Kissen, welches nach Sachs[6] eine annähernd kugelige Gestalt annimmt (Abb. 43). Dieses verfestigte Kissen dehnt sich mit fortschreitender Eindrucktiefe sowohl hinsichtlich seines Umfanges als auch des Verfestigungsgrades weiter aus und erhöht den spezifischen Widerstand gegenüber dem Eindruckstempel. Die Zylinderhärtekurven steigen daher mit zunehmender Eindrucktiefe mehr und mehr an. Der Anstieg wird jedoch immer langsamer und schließlich verlaufen die Kurven nahezu horizontal.

Wie beim Zylinder wird man bei zunehmender Eindrucktiefe natürlich auch beim Kegel eine Zunahme des Umfangs und der Verfestigung des plastizierten Kissens annehmen müssen. Der Unterschied liegt nur darin, daß beim Kegel nach dem Ähnlichkeitsgesetz die Zunahme des Widerstandes und der Eindruckfläche sich das Gleichgewicht halten, so daß die Härte konstant bleibt.

Dies ist aber dann nicht der Fall, wenn man, wie wir es mit dem Zylinder taten, eine voreingedrückte und danach ausgeglühte Probe weiterdrückt. Durch die von vornherein große Flächenauflage des Kegels ist jetzt das Ähnlichkeitsgesetz zwischen Widerstand und Größe der Eindruckfläche gestört, und es muß erst die Verfestigung nachgeholt werden, ehe die Härte wieder konstant wird. Die Härtekurven steigen also zunächst an, um nachher in die Kurve der nicht vorgedrückten (in gleicher Weise geglühten) Probe einzumünden. Dies geschah etwa bei einer Tiefe, die gleich der Tiefe t_v des Voreindrucks ist (Abb. 48). Wir entnehmen daraus, daß das Verfestigungsmaß, welches dem vorgedrückten und geglühten Probekörper fehlt, durch die Tiefe t_v gekennzeichnet ist derart, daß es in diesem Falle trotz anderer Abfließbedingungen bei gleicher Tiefe $t_1 = t_v$ eingeholt werden kann.

Auch beim Kugelhärteversuch ergab sich nach Abb. 49, daß bei einem Voreindruck von der Tiefe t_v die Kugel nach dem Ausglühen der Probe um etwa die gleiche Tiefe weitergedrückt werden mußte, damit die Härtekurve in die normale Kurve (ohne Voreindruck) einmündet.

b) Kombinationseindrücke.

Um unsere Erkenntnis noch etwas weiter zu vertiefen, haben wir dann einige Versuche mit besonders gestalteten Stempelformen durchgeführt, welche als Kombinationen von Kegel und Zylinder angesehen werden können.

Nach den Versuchen mit zwischengeglühten Körpern könnte man annehmen, daß auch ein abgestumpfter

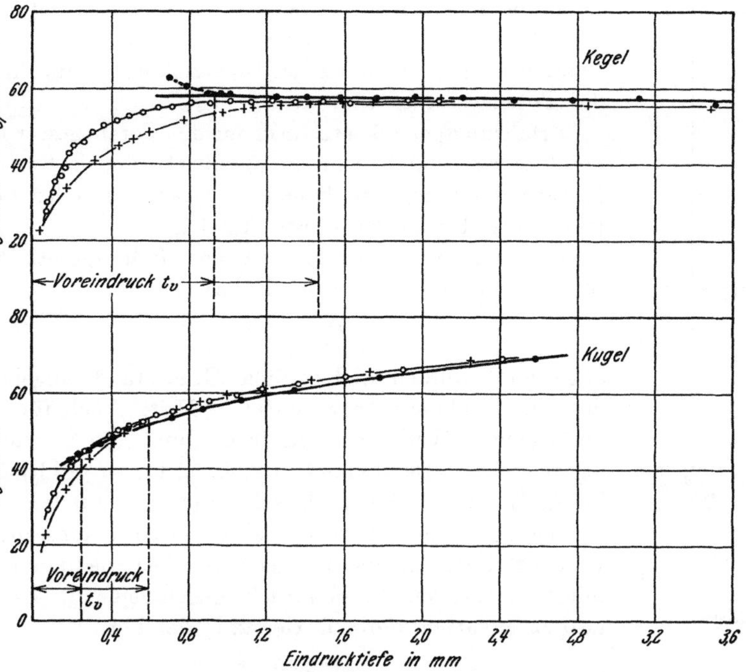

Abb. 48 und 49. Verlauf der Härte mit und ohne Voreindruck bei Kegel und Kugel. Geprüft im ausgeglühten Zustand. Werkstoff: Kupfer C.
• nicht vorgedrückt,
o 0,93 (Kegel) bzw. 0,24 (Kugel) mm voreingedrückt,
+ 1,46 „ „ 0,59 „ „ „

Kegel die regelrechte Kegelhärte erreicht und beibehält, sobald das verfestigte Kissen etwa denselben Widerstand ergibt, als ihn die fehlende Spitze erzeugt haben würde. Das ist nach Abb. 50 auch tatsächlich der Fall, in welcher die Kurve des abgestumpften Kegels die Härte des Vollkegels erreicht und beibehält.

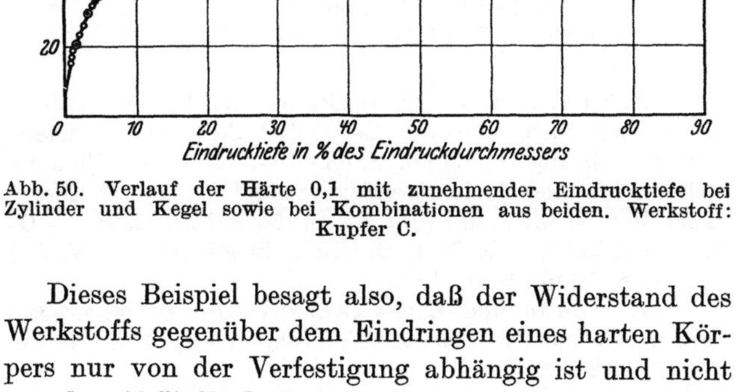

Abb. 50. Verlauf der Härte 0,1 mit zunehmender Eindrucktiefe bei Zylinder und Kegel sowie bei Kombinationen aus beiden. Werkstoff: Kupfer C.

Dieses Beispiel besagt also, daß der Widerstand des Werkstoffs gegenüber dem Eindringen eines harten Körpers nur von der Verfestigung abhängig ist und nicht von den Abfließbedingungen, die ja beim abgestumpften und beim Vollkegel verschieden sind. Selbstverständlich kann im Widerstand stets ein Reibungsanteil mitenthalten sein, der bei einem bestimmten Eindruckkörper zum Widerstand in linearer Beziehung steht und die entwickelten Gesetzmäßigkeiten daher nicht stört.

Bestätigt wird die Regel auch dadurch, daß ein abgestumpfter Kegel, der an seinem verjüngten Ende in einem Zylinder endigt, nach Abb. 50 eine Härtekurve erzeugt, die von der Zylinder- in die Kegelkurve herabsinkt. Und umgekehrt verläuft die Kurve eines Zylinders, der in eine Kegelspitze ausmündet, von der Kegelhärte nach der Zylinderhärte zu. Das Zusammentreffen dieser beiden Kurven ist bei den hier erreichten Tiefen zwar noch nicht eingetreten und müßte nach den bisherigen Erfahrungen mit dem Zylinder erst bei unendlicher Tiefe erfolgen.

Von den kombinierten Eindruckkörpern spielt der abgestumpfte Kegel eine bevorzugte praktische Rolle, weil bei den modernen Härteprüfapparaten (Rockwell) mit einem stumpfen Diamantkegel gearbeitet wird. Es wurden daher nach Abb. 51 auch noch andere Werkstoffe mit dem abgestumpften Kegel eingedrückt, und zwar nicht nur nach Reihe 0,1, sondern auch mit wiederholten einmaligen Eindrücken in verschiedene Probekörper. Die Eindrucktiefen wurden diesmal in Vielfachem der Höhe der fehlenden Kegelspitze aufgetragen, um die Wirkung der Abstumpfung anschaulich zu gestalten. Nebenbei wurde zum Vergleich die Linie konstanter Härte des normalen Kegels aufgetragen. Es zeigt sich übereinstimmend für alle untersuchten Stoffe folgendes: Die Härtekurve erreicht nach einiger Zeit die normale Kegelhärte, steigt aber in keinem Falle über dieselbe hinaus. Bei einmaligem Eindrücken ist eine größere Eindrucktiefe (bis zur 2,4fachen Höhe der fehlenden Spitze) erforderlich als bei der Reihe 0,1. Nach Erreichen der normalen Härte fallen die Härtewerte meist wieder ab. Dies ist aber wohl als Störung zu werten, weil der Eindruckstempel im Vergleich zum Probekörper verhältnismäßig groß war. Beispielsweise betrug bei den tiefsten Eindrücken der Eindruckdurchmesser $^1/_4$ des Probendurchmessers. Man darf also annehmen, daß bei verhältnismäßig großen, der Prüfpraxis angepaßten Probekörpern die Härte konstant verlaufen wird. Da diese Frage uns zu weit von unserem Ziel entfernt, haben wir sie nicht weiter verfolgt, sondern uns mit dem erhaltenen Hinweis zufrieden gegeben.

Zusammenfassend können wir sowohl den Versuchen mit Voreindrücken als auch mit kombinierten Eindrücken entnehmen, daß der Eindruckwiderstand von der Verfestigung abhängt, dagegen das Fließen und die Wege, die das Fließen zurücklegen muß, von sekundärer Bedeutung sind. Die Abmessungen spielen aber insofern eine Rolle, als der Widerstand naturgemäß dann abnimmt, wenn das verfestigte Kissen keine genügende Ausbreitungsmöglichkeit hat. Ein Beispiel hierfür gibt die Kupferprobe in Abb. 23, in welcher bei wechselndem Verhältnis Probendurchmesser/Eindruckdurchmesser = 13 und 5, die Zylinderhärten sich wie 138 zu 132 kg/mm² verhielten.

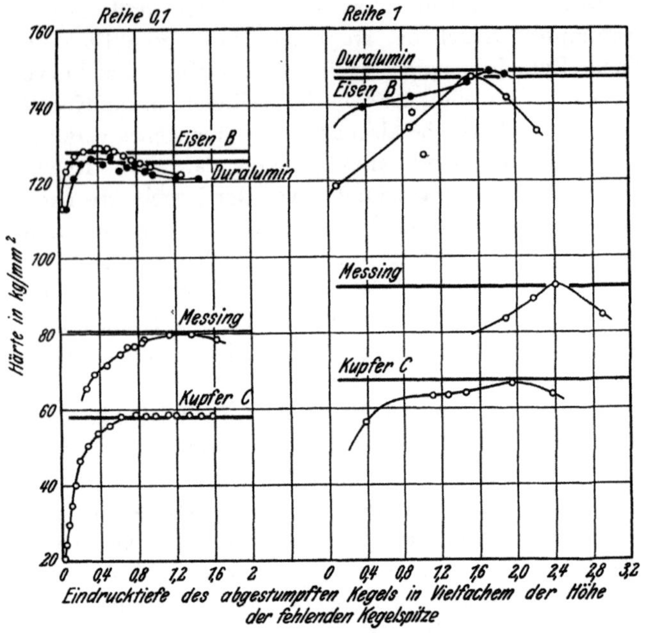

Abb. 51. Verlauf der Härte 0,1 und 1 des abgestumpften Kegels mit zunehmender Eindrucktiefe im Vergleich zu derjenigen des normalen Kegels.

•—— o—— } = abgestumpfter Kegel, ——— = normaler Kegel.

Bis zu welchem Grade — abgesehen von der Ausdehnung des verfestigten Kissens — sich die Verfestigung zu steigern vermag, dafür fehlt vom experimentellen Standpunkt aus vorläufig noch jeder Anhalt, und erst die theoretischen Betrachtungen im zweiten Teil der Untersuchung geben einigermaßen einen Einblick in die Verhältnisse.

9. Potenzgesetz.

Es ist vielfach versucht worden, die Verfestigungskurven bei den verschiedenen Verformungsvorgängen in einfache mathematische Formen zu kleiden. Ein solches Verfahren wird zwar, solange es uns noch nicht gelungen ist, das innere Wesen der Verfestigungserscheinungen aufzudecken, keine weiteren Aufschlüsse geben können. Aber der Ersatz eines empirischen Versuchsmaterials durch eine einfache Formel hat einmal den Vorteil, daß es dadurch in eine viel handlichere Form gebracht wird und weitere Operationen zuläßt. Anderseits ergeben sich oft aus der Möglichkeit, rechnerische und graphische Zusammenhänge zu finden, wertvolle Hinweise, welche irgendwie in dem noch unerschlossenen Wesen der Vorgänge begründet sein müssen.

Eine häufig mit befriedigendem praktischem Erfolg angewandte Formel ist das Potenzgesetz, vorausgesetzt natürlich, daß dasselbe durch eine während des Versuchs veränderte Geometrie der äußeren Bedingungen nicht gestört und sich die Verformung in eindeutiger Art, also entweder nur elastisch oder nur plastisch vollzieht. So gilt beispielsweise das Potenzgesetz beim Zugversuch nur in einem beschränkten Gebiete jenseits der Streckgrenze bis kurz vor Erreichen der Höchstlast, während es im Gebiet der Streckgrenze von elastischen Einflüssen und im Gebiet der Höchstlast von der beginnenden Einschnürung erheblich gestört wird. Solche Einflüsse fallen beim Eindruckversuch fast gänzlich fort. Selbst der mit fortschreitender Eindrucktiefe veränderliche Eindruckkreis der Kugel bedeutet insofern keine Störung, da diese Veränderung in geometrischer Gesetzmäßigkeit im Sinne des Potenzgesetzes verläuft.

Erfahrungsgemäß setzt man für das Potenzgesetz die absolute Kraft und nicht die spezifische an, da letztere ja nach der bezogenen Fläche — Oberfläche oder Projektion des Eindrucks — willkürlich ist.

Für den Kugeleindruck ist das Potenzgesetz besonders von Meyer[10] in der Form:

$$P = c \cdot d^n$$

angewandt worden und seitdem Gegenstand eingehender Untersuchungen gewesen[3, 13, 14, 15, 16]. Auch für die vorliegenden Werkstoffe wurde es durch die bekannte logarithmische Darstellung in Abb. 52 bis zu größtmöglichen Eindrucktiefen praktisch bestätigt gefunden.

Beim Zylindereindruck sind wegen des konstanten Eindruckdurchmessers die geometrischen Bedingungen mit Fortschreiten des Eindrucks gleichbleibend. Es ist also zu erwarten, daß das Gesetz in der Form:

$$P = c \cdot t^n$$

Gültigkeit hat. Das bestätigt Abb. 53.

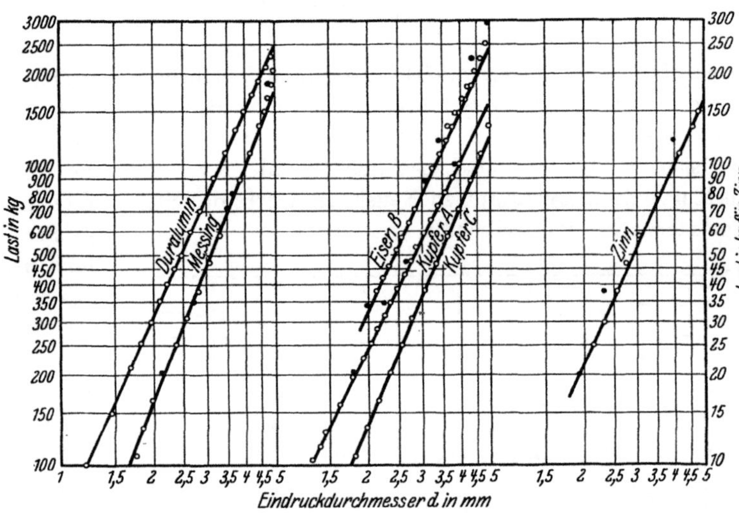

Abb. 52. Logarithmische Darstellung des Potenzgesetzes für den Kugeleindruck an verschiedenen Werkstoffen.

• = einmalige Eindrücke, o = Reihe 0,1.

[13] A. Kürth: Über die Beziehung der Kugeldruckhärte zur Streckgrenze und zur Zerreißfestigkeit zäher Metalle. Forsch.-Arb. Ing. H. 65/66, S. 63—104. 1909. — Eine Beziehung zwischen Härte, Streckgrenze und der inneren Energie zäher Metalle. Z. V. d. I. Bd. 52, S. 1560—1566. 1908. — Die Kugeldruckhärte als Maß der Zerreißfestigkeit. Z. V. d. I. Bd. 52, S. 1608—1611. 1908.

[14] K. Honda und K. Takahashi: On the indentation hardness of metals. Science Rep. Tohoku Imp. Univ. Bd. 16, S. 357—382. 1927.

[15] K. Takahashi: On the relation between the pressure and the diameter of impression in hardness test. Science Rep. Tohoku Imp. Univ. Bd. 17, S. 843—856. 1928.

[16] S. Kokado: Hardness and hardness measurements. Techn. Rep. Tohoku Imp. Univ. Bd. 6, S. 201—260. 1927.

Störungen treten hin und wieder sowohl bei der Kugel als beim Zylinder auf. Solche haben ihren Grund in anfänglichen elastischen Einflüssen[16] (vgl. Eisen B Abb. 53) oder auch bei tieferen Eindrücken in zu geringen Abmessungen der Probe (Kupfer C, Abb. 53). Auch der Reiheneinfluß ist von Einwirkung, indem der Übergang vom ersten zu den folgenden Eindrücken sich in Abb. 52 sichtbar auswirkt.

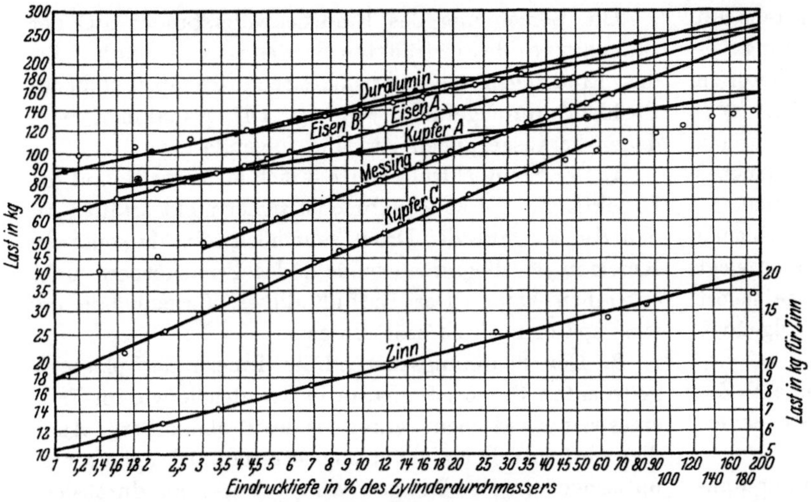

Abb. 53. Logarithmische Darstellung des Potenzgesetzes für den Zylindereindruck an verschiedenen Werkstoffen.

Kugel- und Zylinderformel unterscheiden sich dadurch, daß für die Kugel $n \gtreqless 2$, für den Zylinder $n < 1$ ist. Für den Zylinder kann dabei wegen des konstanten Eindruckdurchmessers für die Kraft P auch die Härte H eingesetzt werden.

Ist ganz allgemein:

$$P = c \cdot t^n,$$

so folgt:

$$\ln P = n \ln t + c_1,$$

$$\int \frac{dP}{P} = n \int \frac{dt}{t} + c_2,$$

$$\frac{dP}{P} = n \frac{dt}{t}.$$

Die allgemeine stoffliche Bedingung für die Gültigkeit des Potenzgesetzes ist also, daß die jeweilige spezifische Kraftzunahme proportional der jeweiligen spezifischen Zunahme an linearer Verformung ist.

Für die Gültigkeit des Potenzgesetzes beim Kegel ist der experimentelle Nachweis schon geführt worden. Als Ausdruck des Ähnlichkeitsgesetzes gilt ohne weiteres:

$$P = H \operatorname{tg}(2\alpha)\,\pi t^2.$$

Und da H konstant ist, folgt $n = 2$.

Im umgekehrten Sinne hat Meyer[10] an der Kugel dieselbe Betrachtung durchgeführt und bekommt eine konstante Härte, wenn $n = 2$ ist. Kürth[13] fand, daß dieser Fall dann eintrat, wenn er einen weitgehend verfestigten Werkstoff einem Härteeindruck unterwarf. Da aber beim Kegel der Wert $n = 2$ stets, also auch für unverfestigte Werkstoffe gilt, bleibt nur die Schlußfolgerung übrig, daß die größtmögliche Verfestigung schon beim kleinsten Kegeleindruck erreicht wird. Das kommt ja in der unveränderlichen Härtezahl des Kegels zum Ausdruck.

Aus dieser Betrachtung folgt, daß der Exponent n beim Kegel keinen stofflichen Aufschluß über die Verfestigungsfähigkeit gibt, wohingegen er beim Zylinder rein stofflicher Natur ist. Die Kugel fügt sich in dieser Hinsicht wieder zwischen Zylinder und Kegel ein. Wir erhalten, wie nachgewiesen wurde, auch beim Kegel dann eine charakteristische Stoffkurve, wenn wir die Härtewerte bei wechselnden Kegelwinkeln über den entsprechenden Werten t/d auftragen. Diese Kurve verläuft aber nicht nach dem Potenzgesetz, da die im entgegengesetzten Sinne zur Verfestigung wirkende Keilwirkung hinzutritt.

Wir ziehen hieraus nun die Folgerung, daß bei fortschreitenden Eindrücken lediglich die Zylinderhärtekurve ein klares charakteristisches Bild für den Verformungsvorgang abgibt, weshalb wir in der folgenden theoretischen Behandlung den Zylindereindruck als Grundlage betrachten und die anderen Eindruckformen auf ihn zurückzuführen versuchen werden.

B. Theoretischer (synthetischer) Teil.

Im experimentellen Teil dieser Untersuchung ist es uns gelungen, die Beziehungen zwischen der in gewöhnlicher Weise durch einen einmaligen Eindruck zu bestimmenden Kegelhärte (bzw. Kugelhärte) und dem Eindruckwiderstand eines stehenden Zylinders aufzudecken. Es ergaben sich folgende grundlegenden Zusammenhänge:

Bei einem einmaligen Kegeleindruck ist der Widerstand durch Reibungskräfte erhöht, und zwar in um so stärkerem Maße, je stärker geneigt die Oberfläche des Eindruckkörpers zur Oberfläche des Probekörpers ist. Durch wiederholte Eindrücke mit langsam steigenden Lasten an der gleichen Stelle wird die Reibung jedoch größtenteils eliminiert.

Die so von der Reibung befreite „wahre" Eindruckhärte eines Kegels steht in einer einfachen Beziehung zum Eindruckwiderstand eines verhältnisgleich tief (gleich tief im Verhältnis zur Eindruckbreite) eingedrungenen Zylinders. Für sehr flache Kegel ist die Härte für alle Stoffe rund 0,75 dieser Zylinderhärte. Daß die Kegelhärte kleiner ist als die Zylinderhärte, hängt offenbar damit zusammen, daß ein Kegel bei verhältnisgleicher Eindrucktiefe diese im Gegensatz zum Zylinder nur in der Mitte erreicht. Mit Abnahme des Kegelwinkels wird die wahre Kegelhärte immer kleiner im Verhältnis zur Zylinderhärte. Für den unendlich spitzen Kegel strebt die wahre Kegelhärte dem Wert 0 zu. Die Ursache hierfür ist eine Keilwirkung des Kegels, die bekanntlich um so stärker ausfällt, je spitzer ein Keil ist.

Da die Kurve des Eindruckwiderstandes für den Zylinder eine Verfestigungskurve für den betreffenden Werkstoff darstellt, gilt dies somit auch für die Kurve der wahren Kegelhärten in Abhängigkeit vom Kegelwinkel, wobei jedoch die veränderliche Keilwirkung die besondere Form dieser Kurve mit bedingt.

Es soll nunmehr daran gegangen werden, die experimentell durchgeführte Zergliederung des Härtebegriffs und die empirisch gefundenen Beziehungen der Einzelbestandteile zueinander theoretisch zu beleuchten und rückläufig eine Synthese der Härte aus der Fließkurve durchzuführen.

Eine solche theoretische Behandlung eines Plastizitätsproblems läuft letzten Endes stets darauf hinaus, die Spannungsverhältnisse bei einem verwickelten Vorgang auf eine einfache Materialkennziffer oder wenigstens auf die einfachste und durchsichtigste Beanspruchung zurückzuführen. Bei verfestigungsfähigen Werkstoffen kommt man mit einer einzigen Kennziffer nicht aus; man versucht daher, von der Grundlage eines geläufigen Versuchs, beispielsweise des Zug- oder Stauchversuches aus das in Angriff genommene Problem aufzubauen.

Für den vorliegenden Fall ist der Gang eines solchen Aufbaus durch die experimentelle Analyse klargelegt worden. Falls die Aufgabe in vollem Umfange gelöst werden soll, wäre der Zusammenhang etwa in folgenden Stufen zu entwickeln:

1. Der Eindruckwiderstand gegenüber einem Zylinderstempel ist aus der Fließkurve eines Stauchversuches abzuleiten.
2. Der grundsätzliche Unterschied zwischen der wahren Härte des unendlich stumpfen Kegels und der Zylinderhärte ist aufzudecken.
3. Der Anteil der Keilwirkung bei spitzen Kegeln gegenüber den unendlich stumpfen ist aus der horizontalen Komponente der Eindruckkraft zu berechnen.
4. Der Unterschied zwischen den Widerständen bei einmaligen und bei oftmals wiederholten Eindrücken ist als Reibungseinfluß unter der Annahme einer passenden Reibungszahl nachzuweisen.

Die Durchführung dieser Rechnungen in voller Übereinstimmung mit dem Experiment bedeutet die Synthese des Härteproblems überhaupt. Sie kann jedoch bei dem heutigen, noch unvollkommenen Stand der mathematischen Erkenntnis von Fließvorgängen nicht restlos verlangt werden. Wir müssen uns vielmehr vorläufig mit einigen überschläglichen und teilweise rechnerisch verfolgten Ansätzen begnügen, um wenigstens eine Vorstellung darüber zu gewinnen, ob es überhaupt aussichtsreich ist, dem Problem auf diesem Wege beizukommen.

1. Zylinderhärte und Stauchversuch.

Der erste Versuch zur Berechnung eines Eindruckwiderstandes aus den plastischen Kennziffern eines Stoffes (Streckgrenze), der die neuzeitliche Auffassung der Plastizitätsprobleme weitgehend befruchtet hat, stammt von Prandtl[4]. Er nimmt für den ebenen Fall (Schneide) eine bestimmte Aufteilung des gedrückten Körpers in plastische und elastische Gebiete vor, und berechnet für dieses „plastische Gleichgewicht" den Widerstand eines in einem Körper eindringenden starren prismatischen Stempels. Von Hencky[6] und Prandtl ist dann auch die Rechnung für den rotationssymmetrischen Fall (stehender Zylinder, Kugel, Kegel) erweitert worden. Von Nadai[5] sind Versuche zur Prüfung der ebenen Theorie von Prandtl an Flußeisenkörpern durchgeführt worden. Die Form von Fließfiguren und die ihr Erscheinen hervorrufenden Kräfte wurden als Bestätigung der Theorie von Prandtl gedeutet. Sachs[7] gelangt dagegen in seinen Versuchen nicht zur Einstellung eines plastischen Gleichgewichts und lehnt die Fließfiguren als Kriterium ab. Er entwickelt vielmehr einen plastischen Mechanismus auf elastizitätstheoretischer Grundlage. Die Gültigkeit dieser Anschauung wird durch eine auf Veranlassung von Nadai zur Klärung des Widerspruchs durchgeführte Untersuchung von Mesmer[8] erwiesen.

Die Berechnung des Eindruckwiderstandes aus der Stauchkurve des gedrückten Stoffes ist von Sachs[7] für das Eindringen eines prismatischen Stempels (ebenes Problem) durchgeführt worden. Die Annahmen, von denen er ausgegangen ist, sind folgende:

1. Der Stempeldruck verteilt sich gleichmäßig auf die Druckfläche. Diese Annahme ist sicher nicht erfüllt. An den Kanten muß der Druck sehr hoch sein, da sonst ein Knick in der Begrenzungsfläche des Probekörpers nicht entstehen kann. Der Einfluß dieser Vernachlässigung wird später noch zu erörtern sein.

2. Der Spannungszustand im Innern der plastisch gedrückten Probe ist qualitativ der gleiche wie im Falle eines rein elastischen Verhaltens des Probekörpers. Auch dies wird natürlich nicht streng zutreffen. Die spannungsoptischen Untersuchungen von Mesmer an durchsichtigen Stoffen (Zelluloid) lassen jedoch auch nach erheblichen bleibenden Eindrücken diese Annahme durchaus als zulässig erscheinen. Der Spannungszustand wandert danach mit fortschreitendem Eindruck fast unverändert mit dem Stempel in den Probekörper hinein.

3. Die aus der mittleren Druckbelastung errechneten Schubspannungen in der Achse des Systems rufen bleibende Verformungen von der gleichen Größe hervor wie dieselben Schubspannungen (bzw. nach neueren Anschauungen die gleiche Gestaltänderungsenergie) beim Stauchversuch. Diese Annahme ist insofern unvollkommen, als lediglich die axiale Faser ins Auge gefaßt wird. Die Wechselwirkung mit der Umgebung infolge der notwendigen Anpassung der Verformungen an die Grenzfläche des Eindruckkörpers läßt sich jedoch zunächst nicht erfassen.

Wir wollen nun auch versuchen, auf dem gleichen Wege den Eindruckwiderstand eines stehenden Zylinders (rotationssymetrisches Problem) aus der Stauchkurve des gedrückten Körpers zu berechnen.

a) Spannungszustand im eingedrückten Körper.

Wir nehmen dazu in erster Näherung an, daß die wirkliche Druckverteilung ersetzt werden kann durch eine gleichmäßige Belastung auf der kreisförmigen Druckfläche. Die Berechnung des Spannungszustandes in der Achse gestaltet sich dann wie folgt:

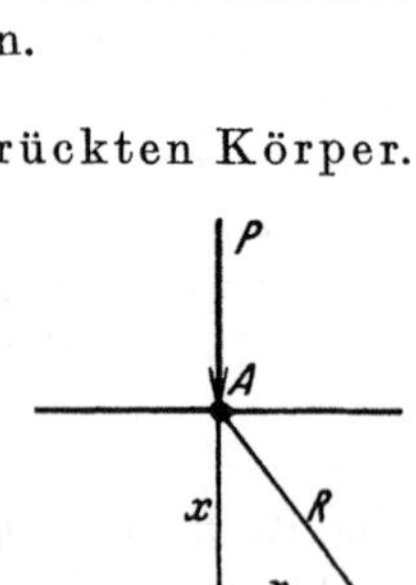

Abb. 54.

Eine senkrecht zur Oberfläche eines unendlich ausgedehnten, eben begrenzten Körpers im Punkte A wirkende Einzellast P ruft in einem in größerer Entfernung gelegenen Punkt B mit den aus Abb. 54 ersichtlichen Koordinaten die Spannungen hervor*:

* Vgl. A. und L. Föppl: Drang und Zwang Bd. 2, S. 226ff. Berlin 1920.

axial: $\sigma_x = -\frac{3Px^3}{2\pi R^5}$, (1)

radial: $\sigma_r = \frac{P}{2\pi}\left(\frac{m-2}{m}\cdot\frac{1}{R(R+x)} - \frac{3xr^2}{R^5}\right)$, (2)

tangential: $\sigma_t = \frac{P}{2\pi}\cdot\frac{m-2}{m}\left(\frac{x}{R^3} - \frac{1}{R(R+x)}\right)$. (3)

Bei einer nach Abb. 55 über einer Kreisfläche vom Durchmesser $2a$ gleichmäßig verteilten Last beschränken wir uns nun nach unserer Annahme auf die in der Achse 0—0 liegenden Punkte. Und zwar läuft die Aufgabe nunmehr darauf hinaus, das Gesetz zu ermitteln, nach dem sich die für das Fließen maßgebende größte Schubspannung τ mit dem Abstande x von der Oberfläche ändert. Dazu berechnen wir zunächst die Normalspannungen in den Richtungen der polaren Koordinaten, die für ein Teilchen in der Achse gleichzeitig die Hauptspannungen sind.

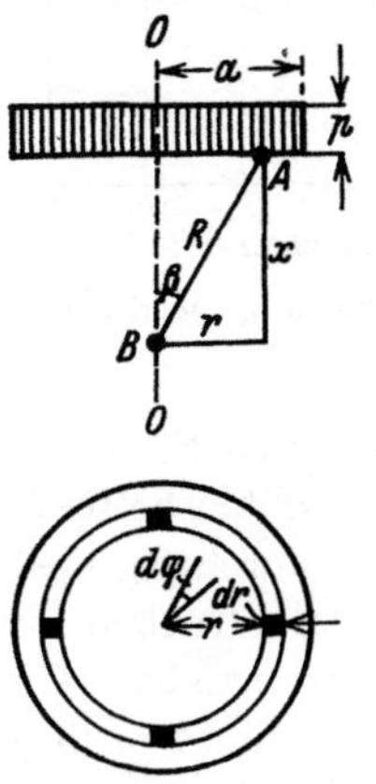

Abb. 55.

Die bei A in Abb. 55 in einem Flächenelement der Druckfläche $r\cdot d\varphi\cdot dr$ übertragene Druckkraft $p\cdot r\cdot d\varphi\cdot dr$ kann als Einzellast aufgefaßt werden. In bezug auf die Axialrichtung sind alle auf einem Kreis liegenden Punkte gleichberechtigt. Die Belastung über einem Kreisring:

$$dP = p\cdot 2r\pi\cdot dr$$

liefert daher nach Gleichung (1) mit:

$$R = (r^2 + x^2)^{1/2}$$

zur Axialspannung den Beitrag:

$$d\sigma_x = -3px^3\frac{r\cdot dr}{(r^2+x^2)^{5/2}}.$$

Über die ganze Kreisfläche integriert, ergibt sich mit $R_a = (x^2 + a^2)^{1/2}$:

$$\sigma_x = -3px^3\int_{r=0}^{r=a}\frac{r\cdot dr}{(r^2+x^2)^{5/2}},$$

$$\sigma_x = p\left[\frac{x^3}{R_a^3} - 1\right]. \qquad (4)$$

Zur Ermittlung der Querspannungen können wir aus demselben Grunde wie zur Berechnung der Vertikalspannungen eine Ringfläche von der Breite dr betrachten. Jedes belastete Flächenelement $r\cdot d\varphi\cdot dr$ dieses Ringstreifens erzeugt im Punkt B Radial- und Tangentialspannungen, die sich nach Gleichung (2) und (3) für $ddP = p\cdot r\cdot d\varphi\cdot dr$ errechnen lassen. Nun werden aber für je vier belastete Flächenelemente, die an den Enden zweier senkrecht zueinander stehender Durchmesser liegen (Abb. 55), die Summen der Tangential- und Radialspannungen einander gleich. Sie können daher gemeinsam mit $dd\sigma_q$ bezeichnet und durch die doppelte Summe von Gleichung (2) und (3) ermittelt werden:

$$dd\sigma_q = \frac{2p\cdot d\varphi\cdot r\cdot dr}{2\pi}\left(\frac{m-2}{m}\cdot\frac{x}{R^3} - \frac{3xr^2}{R^5}\right).$$

Und für die gesamte Last über der Kreisringfläche ergibt sich einfach (durch Integration über φ von $\varphi = 0$ bis $\varphi = \frac{\pi}{2}$) mit $n = \frac{m-2}{m}$:

$$d\sigma_q = \frac{p}{2}dr\left[\frac{n\cdot r\cdot x}{(r^2+x^2)^{3/2}} - \frac{3xr^3}{(r^2+x^2)^{5/2}}\right].$$

Und die allseitig gleiche Querspannung σ_q im Punkte B infolge der belasteten Kreisfläche ist dann:

$$\sigma_q = \frac{p}{2}xn\int_{r=0}^{r=a}\frac{r\cdot dr}{(r^2+x^2)^{3/2}} - \frac{p}{2}x\int_{r=0}^{r=a}\frac{3r^3\,dr}{(r^2+x^2)^{5/2}},$$

$$\sigma_q = \frac{p}{2}\left[\frac{m+2}{m}\left(\frac{x}{R} - 1\right) + \frac{xa^2}{R_a^3}\right]. \qquad (5)$$

Die gesuchte größte Schubspannung $\tau_{\max}$ ergibt sich weiterhin, da σ_x und σ_q in unserem Falle die Hauptspannungen sind, zu:

$$\tau_{\max} = \frac{\sigma_x - \sigma_q}{2}.$$

Durch Einsetzen von Gleichung (4) und (5) erhält man schließlich mit:

$$\frac{a}{R} = \sin\beta, \qquad \frac{x}{R} = \cos\beta$$

für $\tau_{\max}$, wenn das Vorzeichen unberücksichtigt bleibt:

$$\frac{\tau_{\max}}{p/2} = \left[1 - \cos^3\beta + \frac{\cos\beta\cdot\sin^2\beta}{2} - \frac{m+2}{2m}(1-\cos\beta)\right]. \qquad (6)$$

Nunmehr ist die größte Schubspannung an jeder Stelle der Achse 0 — 0, Abb. 55, errechenbar. In Gleichung (6) kommt jedoch noch die vom Stoffe abhängige Querdehnungszahl m vor. Da wir uns nun mit dem Übergang vom elastischen zum plastischen Zustande beschäftigen, errechnen wir Gleichung (6) einmal für den elastischen Grenzfall, wo wir der Einfachheit halber für alle Stoffe $m = 3$ setzen, und das andere Mal für den plastischen Grenzfall, wo $m = 2$ wird. Die errechneten Werte sind in Abb. 56 in Abhängigkeit einer neuen Unabhängigen:

$$\xi = \frac{x}{a}$$

aufgetragen.

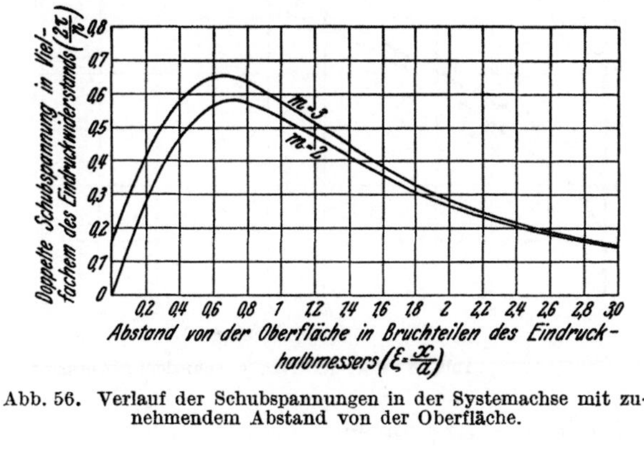

Abb. 56. Verlauf der Schubspannungen in der Systemachse mit zunehmendem Abstand von der Oberfläche.

b) Berechnung der Eindruckkurven.

Wir nehmen nunmehr an, daß die durch Gleichung (6) bei einer bestimmten Belastung p gegebene Schubspannung $\tau_{\max}$ an einer Stelle x das Körperelement von der Höhe dx (Abb. 57) um den gleichen Betrag ε staucht, wie die gleiche Schubspannung bei einem Stauchversuch.

Hierzu werden also noch die Stauchkurven der untersuchten Stoffe benötigt. Diese wurden aus je zwei Körpern von 2 bis $2^1/_2$facher Höhe des Durchmessers bestimmt. Um die Auflagerreibung möglichst zu verringern, wurden die Auflagerflächen auch nach jeder klein gehaltenen Belastungsstufe eingeölt. Daß die Reibung dann sehr gering war, geht daraus hervor, daß die Druckkörper über einen großen Bereich ihrer Höhe nahezu zylindrisch blieben.

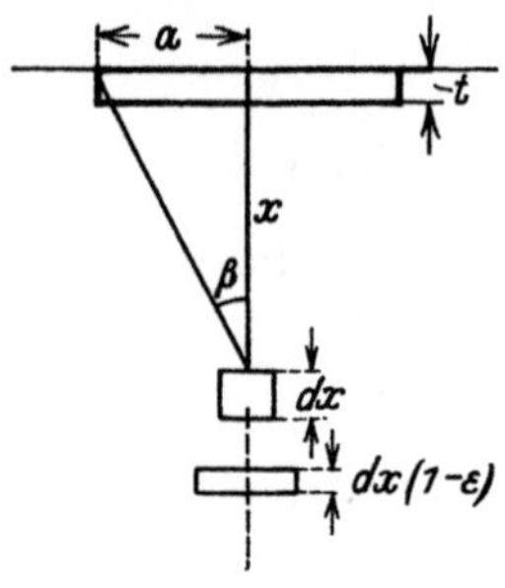

Abb. 57.

In der Abb. 58 sind die Stauchkurven für die verschiedenen Stoffe eingetragen. Aus der Druckspannung σ_d errechnet sich die größte Schubspannung bekanntlich einfach zu:

$$\tau_{\max} = \frac{\sigma_d}{2}.$$

Wir gehen nun so vor, daß wir für eine bestimmte Belastung p die Schubspannungen aus Abb. 56 abgreifen und dazu aus der Stauchkurve den Stauchbetrag ε entnehmen. Die Tiefe beim Eindruckversuch wird dann einfach als Summe aller dieser Stauchungen in der Achse angesetzt:

$$t = \int\limits_{x=0}^{x=\infty} \varepsilon\, dx.$$

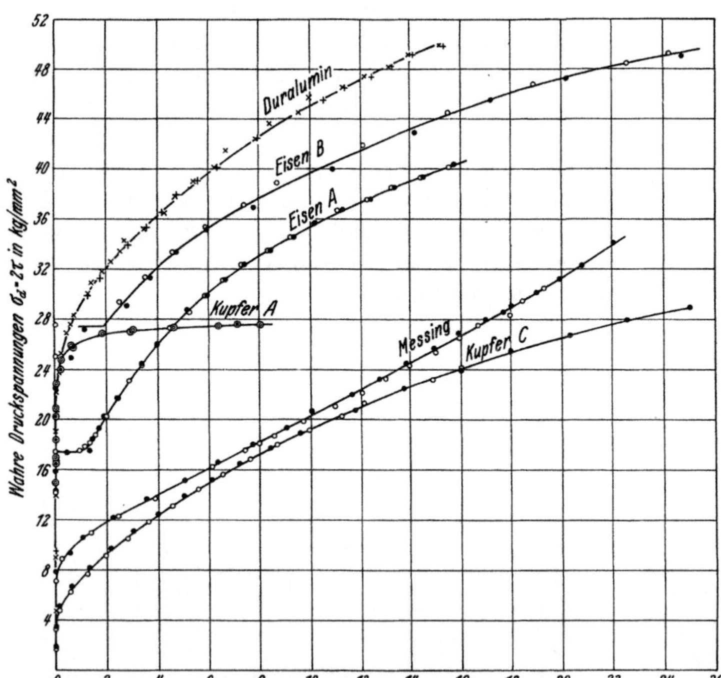

Abb. 58. Stauchkurven verschiedener Werkstoffe.

Und mit $x = \operatorname{ctg}\beta \cdot a$ wird:

$$\frac{t}{2a} = \frac{1}{2}\int\limits_{\beta=\frac{\pi}{2}}^{\beta=0} \varepsilon \frac{d\beta}{\sin^2\beta}. \tag{7}$$

Diese Integration wird nun numerisch durchgeführt und ergibt einen Punkt der Eindruckkurve. Sie wird dann so oft für verschiedene Belastungen p wiederholt, bis der Verlauf der rechnerischen Eindruckkurve ausreichend gesichert ist.

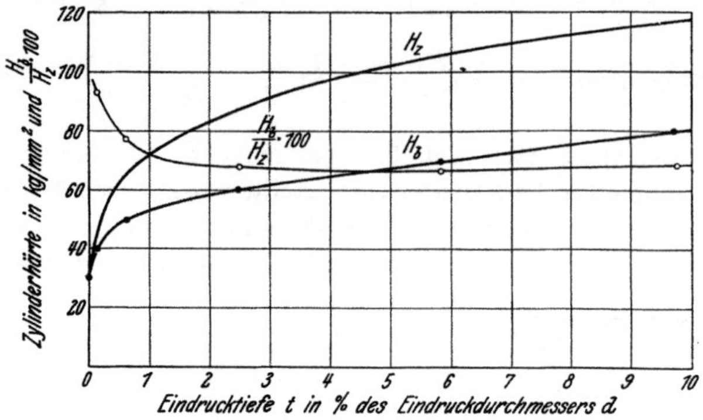

Abb. 59. Errechnete Zylinderhärte H_b und experimentelle Zylinderhärte H_z. Werkstoff: Duralumin.

In Abb. 59 bis 64 sind die so berechneten Eindruckkurven den experimentellen gegenübergestellt. Die Rechnung ergibt bei größeren Eindrucktiefen durchweg niedrigere Werte der Härte. Nach kleinsten Eindrücken hin nähern sich jedoch beide Kurven stark einander. Um dies zu veranschaulichen, sind in Abb. 59 bis 64 noch je in einer dritten Kurve die Verhältniszahlen der rechnerischen zu den wirklichen Härtewerten in Prozent eingetragen.

Daß diese Verhältniszahl bei allen untersuchten Werkstoffen im Fließbeginn auf den Wert 100% zustrebt, sollte eine Gewähr dafür bieten, daß der elastizitätstheoretische Ansatz zweckentsprechend ist und die Vernachlässigung einiger Nebenumstände, z. B. die Spannungsüberhöhung unter der Zylinderkante und auch die Betrachtung lediglich der Mittelfaser praktisch belanglos ist.

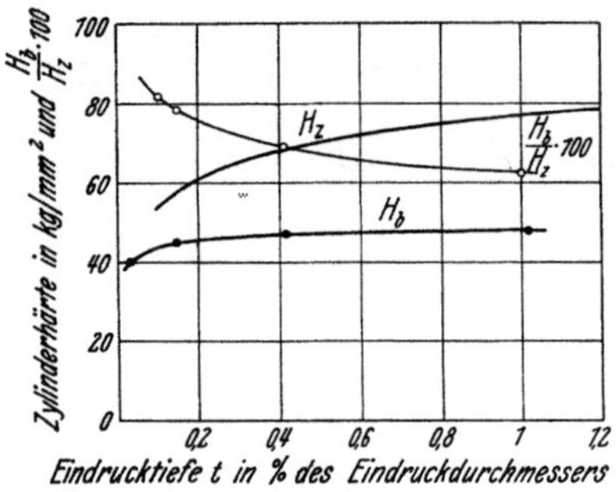

Abb. 60. Errechnete Zylinderhärte H_b und experimentelle Zylinderhärte H_z. Werkstoff: Kupfer A.

Im plastischen Gebiet muß aber mit einem geometrisch abweichenden Mechanismus gerechnet werden, der darin liegt, daß sich mit zunehmender Eindrucktiefe ein immer größeres kugelähnliches verfestigtes Kissen bildet, welches als Erweiterung des Druckstempels angesehen werden kann, sobald infolge des Eindringens des Stempels neue, bisher gering beanspruchte Materialzonen zum Fließen kommen. Es beteiligt sich alsdann ein größeres Gebiet am Fließen, als theoretisch angesetzt ist. Dadurch werden aber die wirklichen Fließspannungen gegenüber dem auf den Stempeldurchmesser bezogenen spezifischen Eindruckwiderstand noch mehr verringert. So dürfte es sich erklären, daß die experimentelle Kurve höher als die errechnete liegt. Verständlich erscheint es unter diesem Gesichtspunkt, daß der Unterschied der experimentellen und der rechnerischen Kurven in Abb. 59 bis 64 um so größer ausfällt, je verhältnis-

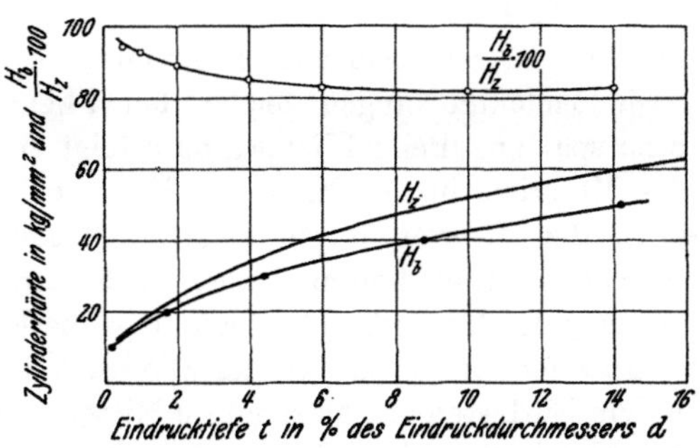

Abb. 61. Errechnete Zylinderhärte H_b und experimentelle Zylinderhärte H_z. Werkstoff: Kupfer C.

mäßig höher in Abb. 58 die Fließgrenze des Stauchversuchs liegt und je ausgeprägter sie auftritt. Die gegensätzlichsten Unterschiede finden sich zwischen Eisen B mit verhältnismäßig sehr hoher und Kupfer C mit sehr tiefliegender Streckgrenze, bei denen sich die Unterschiede wie 41 zu 18% verhalten. Die Verhältniszahlen sind hier also 59 bzw. 82%. Für Duralumin und Messing betragen sie 67, für Eisen A 65, für Kupfer A 62%.

Die Durchführung der Rechnung und die Abweichung der errechneten Kurven von den experimentellen widersprechen nicht der Richtigkeit der Auffassung, daß den errechneten Schubspannungen die bei steigender Belastung veränderten Fließgrenzen (also die gesamte Verfestigungskurve) zuzuordnen sind. Der Charakter der Kurven bleibt trotz quantitativer Abweichungen gewahrt. Daß die Übereinstimmung mit dem Experiment

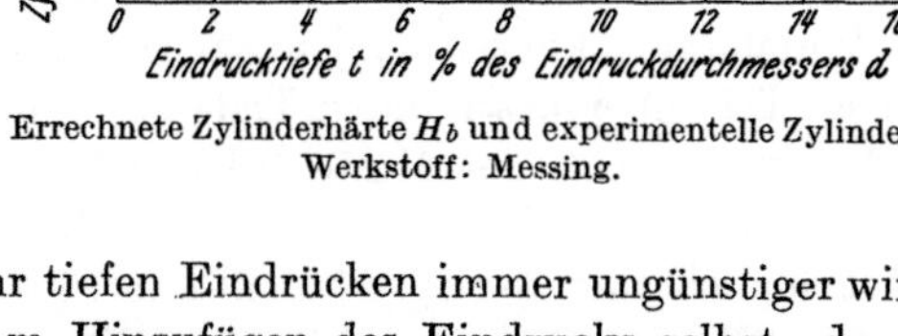

Abb. 62. Errechnete Zylinderhärte H_b und experimentelle Zylinderhärte H_z. Werkstoff: Messing.

bei sehr tiefen Eindrücken immer ungünstiger wird, liegt eben am Hinzufügen des Eindrucks selbst, der die ursprüngliche Geometrie stört. Auch Prandtl[4] macht bei seinem die Verfestigung absichtlich außer acht lassenden Ansatz zur Bedingung, daß „die plastischen Formänderungen noch als so klein angesehen werden mögen, daß die geometrische Gestalt des Körpers noch nicht wesentlich durch sie geändert sein soll.“ Eine Übereinstimmung von Rechnung und Experiment ist also gar nicht zu verlangen, wenn man die veränderte Geometrie nicht irgendwie mitberücksichtigt.

Es würde zu weit führen, wenn wir den sich daraus ergebenden Hinweisen hier zu folgen versuchten. Faßt man aber den bei tiefen Eindrücken auftretenden Unterschied zwischen Rechnung und Experiment in

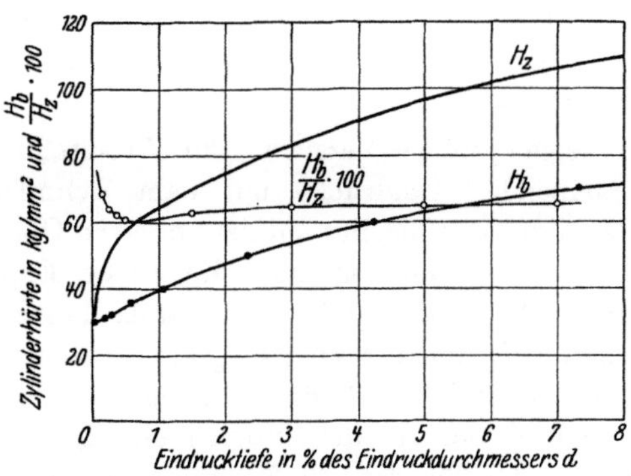

Abb. 63. Errechnete Zylinderhärte H_b und experimentelle Zylinderhärte H_z. Werkstoff: Eisen A.

der Hauptsache als geometrischen und erst in zweiter Linie als Materialeinfluß auf, so wäre eine mittlere konstante Verhältniszahl von etwa 0,65 zwischen errechneter und experimenteller Zylinderhärte für alle Werkstoffe als Annäherung berechtigt.

c) Berechnung des Fließbeginns.

Die Abweichungen des Kraft- und Verformungszustandes von dem der Rechnung zugrunde gelegten Bild müssen jedenfalls bei Beginn des Fließvorganges von geringstem Einfluß sein. In der Tat zeigen ja Abb. 59 bis 64, daß, wie schon erwähnt, bei kleinsten Eindrücken,

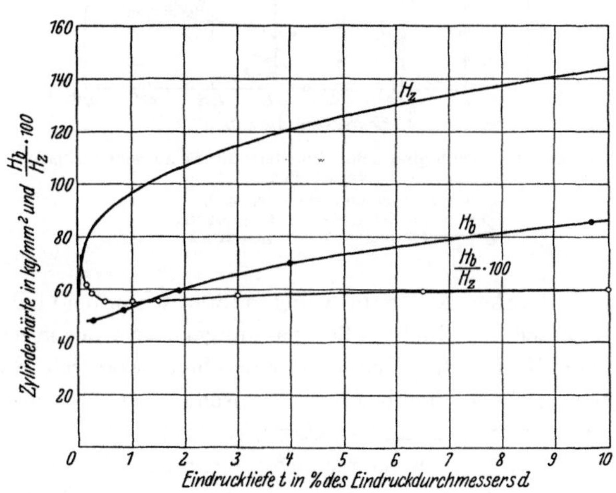

Abb. 64. Errechnete Zylinderhärte H_b und experimentelle Zylinderhärte H_z. Werkstoff: Eisen B.

die gerade noch zuverlässig meßbar sind, die Verhältniszahl dem Wert 100% zustrebt.

Der Fließbeginn kann daher mit einigermaßen guter Annäherung auf rechnerischem Wege aus der Stauchkurve bestimmt werden. Hat ein Stoff eine wohldefinierbare Fließgrenze beim Stauchversuch σ_s, so ergibt die Rechnung auch beim Eindruckversuch die Fließgrenze p_s nach Abb. 56 (mit $m = 3$) einfach zu:

$$\left.\begin{aligned} 0{,}66\,p_s &= 2\,\tau_{\max} = \sigma_s\,, \\ p_s &= 1{,}52\,\sigma_s\,. \end{aligned}\right\} \qquad (8)$$

Diese Größe p_s könnte man unter Berücksichtigung der neueren Vorstellungen sinngemäß als die Hertzsche Härte eines Stoffes ansprechen. Es ist also danach möglich, die Hertzsche Härte aus der Elastizitäts- bzw. Fließgrenze beim Stauchversuch anzugeben. Praktisch ist dies insofern von Bedeutung, als beim Eindruckversuch eine Elastizitäts- und Fließgrenze sehr schwierig zu ermitteln ist.

Dies zeigen einige Versuche zur Feststellung der ersten bleibenden Eindrücke mit dem Zylinder. Es wurde dabei der Fließbeginn auf der polierten Oberfläche in Augenschein genommen und die ersten Eindrücke außerdem im Mittelpunkte der Eindruckfläche mit einem Zeissschen Dickenmesser auf $^1/_{10000}$ mm genau gemessen. Die Ergebnisse sind in Abb. 65 aufgetragen. In die Kurven ist zugleich der aus dem Stauchversuch errechnete Wert $p_z = 1{,}52\ \sigma_s$ für den Fließbeginn eingetragen (×), wobei σ_s für 0,01% Stauchung angesetzt wurde. Infolge

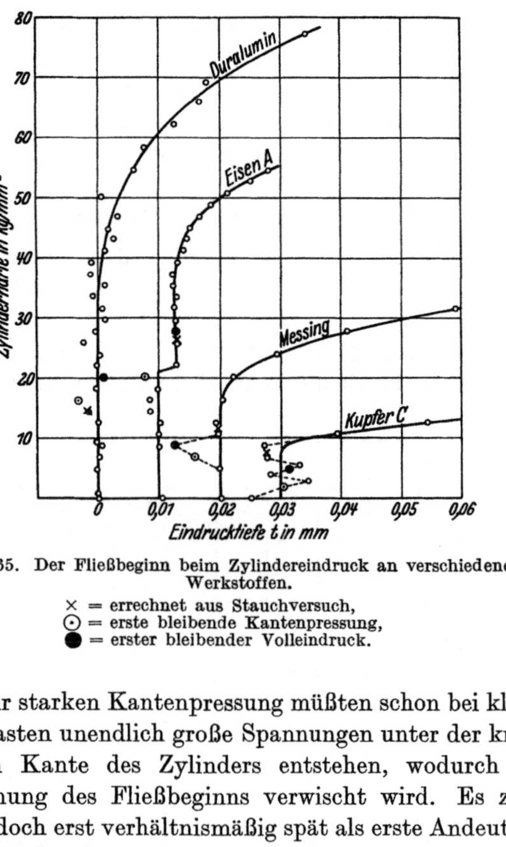

Abb. 65. Der Fließbeginn beim Zylindereindruck an verschiedenen Werkstoffen.
× = errechnet aus Stauchversuch,
⊙ = erste bleibende Kantenpressung,
● = erster bleibender Volleindruck.

der sehr starken Kantenpressung müßten schon bei kleinsten Lasten unendlich große Spannungen unter der kreisrunden Kante des Zylinders entstehen, wodurch die Erkennung des Fließbeginns verwischt wird. Es zeigt sich jedoch erst verhältnismäßig spät als erste Andeutung eines Eindrucks ein haarscharfer Kreisring, dessen Erscheinen in den Kurven verzeichnet ist (⊙). Außerdem wurde der beginnende Eindruck, sobald er vollständig bis zur Mitte reichend erschien, eingezeichnet (●). Es ergibt sich nun folgendes: Der errechnete Wert stimmt bei Eisen gut mit dem zuerst sichtbar gewordenen vollen Eindruck überein. Der Fließbeginn ist hier scharf ausgeprägt und daher bei beiden Versuchsarten einigermaßen genau feststellbar (vgl. Abb. 58). Bei Duralumin ist dagegen beim Stauchversuch das erste Fließen — zumal die Prüfungen ohne Feinmessung ausgeführt wurden — nicht genau feststellbar, so daß die Übereinstimmung nicht so gut ausgefallen ist. Bei Messing und Kupfer drückte sich außerdem, wie beim Versuch festgestellt wurde, der Stempel anfangs einseitig ein, so daß die Eindrücke als Sicheln verfrüht sichtbar wurden. Der aus dem Stauchversuch errechnete Wert liegt deshalb hier über dem Erscheinen der ersten vollen Eindrücke.

Die Untersuchungen lassen also erkennen, daß eine genaue Beobachtung des Fließbeginns durch das Experiment beim Zylindereindruck nicht möglich ist.

Aus der Abb. 65 geht aber noch eine weitere Tatsache hervor. Die Tiefenmessungen zeigen den Fließbeginn erheblich zu spät an. Beim Fließbeginn erfolgt ein Aufwerfen des Materials in der Mitte des Eindruckkreises, was sich in den Kurven durch negative Tiefenwerte kenntlich macht. Dies kommt daher, daß durch die elastizitätstheoretisch begründete Spannungsüberhöhung unter der scharfen Stempelkante der Eindruck beginnt und nach dem Entlasten das Material im Mittelpunkt des Eindruckes elastisch hochgetrieben wird. Um so mehr dürfte die errechnete Beziehung zwischen Eindruck und Stauchversuch an praktischem Wert gewinnen, zumal beim Stauchversuch der Fließbeginn unter der Voraussetzung einer praktisch festgelegten Fließtoleranz verhältnismäßig genau bestimmbar ist.

2. Zylinder- und Kegelhärte.

Beim Übergang vom Zylinder zum Kegel ist zunächst der grundsätzliche Unterschied in der Form des Eindrucks zu beachten. Vergleichen wir einen stumpfen Kegel mit einem verhältnisgleich tief eingedrungenen Zylinder, so ist im letzteren Falle jede senkrechte Materialfaser unter der Eindruckfläche um den gleichen Betrag gedrückt, im Falle des Kegels dagegen in einem von der Mitte nach dem Rande der Eindruckfläche geradlinig abnehmenden Maße. Infolgedessen ist anzunehmen, daß der mittlere Verfestigungswiderstand beim Zylinder weiter vorgeschritten ist als beim verhältnisgleich tief eingedrückten Kegel und daher der Zylinder den größeren Härtewert abgibt. Wir wissen ja, daß auch beim Kegel die Tiefe den Verfestigungswiderstand bedingt, sobald wir sie als Vielfaches des Eindruckdurchmessers betrachten.

Verfolgt man die vermutete Ursache für den Unterschied zwischen Kegelhärte und Zylinderhärte weiter, so kommt man zu dem Ergebnis, daß die mittlere Eindrucktiefe des Kegels nur ein Drittel der verhältnisgleichen Zylindertiefe beträgt. Entnimmt man daher kurzerhand aus den Zylinderhärtekurven denjenigen Härtewert, der dem dritten Teil einer bestimmten Tiefe entspricht und drückt ihn in Prozent der Härte bei der bestimmten Eindrucktiefe aus, so stimmt dieser Wert mit 75% im Mittel tatsächlich mit der in Abb. 40 auf 180° extrapolierten Kegelhärte (0,1′ oder 0,1) befriedigend überein. Wie man aus den in Abb. 40 auf einer besonderen Ordinate in der Mitte aufgetragenen Werten ersieht, stimmt nicht nur die Größenordnung der Härte mit guter Annäherung überein, sondern die Werkstoffe gruppieren sich auch fast ganz in derselben Reihenfolge ein, wie die Kegelhärten 0,1 oder 0,1′. Dabei ist es von geringem Belang, bei welcher Eindrucktiefe man die Drittelung vornimmt. Die auf diese Weise abgegriffene Verhältniszahl, die mit G bezeichnet sei, bleibt über den ganzen Verlauf der Zylinderkurve annähernd konstant.

Diese konstante Zahl ist übrigens auch Bedingung für die Gültigkeit des Potenzgesetzes, was sich leicht nachweisen läßt. Bezeichnet man wie beim Potenzgesetz die Härte für die Tiefe $t/d = 1$ mit c und die eben entwickelte konstante Zahl mit $G = 1/u$, so muß für die Tiefe $t/d = 3^1$ die Härte $H = c/G^1 = c \cdot u^1$ und für eine beliebige Tiefe $t/d = 3^Z$, die Härte $H = c \cdot u^Z$ sein, damit unsere Vorbedingung für die Ermittlung von G erfüllt ist. Durch Logarithmieren und Eliminieren von Z ergibt sich:

$$H = c\left(\frac{t}{d}\right)^{\frac{\log u}{\log 3}},$$

d. h. das Potenzgesetz mit:

$$n = \frac{\log u}{\log 3}, \qquad (9)$$

dann ist:

$$\log\frac{1}{G} = \log u = 0{,}477\, n\,. \qquad (10)$$

Nach den Ausführungen des Abschn. A 9 ist nun aber n nur im rein plastischen Gebiet konstant, während es im elastischen Gebiet einen kleineren Wert annimmt[16]. Dies besagt, daß, solange die Eindrücke noch vorwiegend elastischer Natur sind, die Härte eines stumpfen Kegels der Zylinderhärte näher liegen muß als im vorwiegend plastischen Gebiet; und die Kurve in Abb. 40 muß kurz vor ihrem Einmünden in die Ordinate nach oben steil umbiegen. Die Kurven in Abb. 40 versinnbildlichen also nur den rein plastischen Vorgang. Sobald nämlich der geringste bleibende Eindruck entsteht, ist die Kegelhärte entsprechend dem Faktor G kleiner als die Zylinderhärte.

Da nun G für alle plastischen Eindrucktiefen des Zylinders gilt, müßte auch für spitze Kegel die Kegelhärte dem konstanten Bruchteil der Zylinderhärte entsprechen. Das würde heißen, daß die Kurven in Abb. 40 horizontal verlaufen müßten, da ja die Zylinderhärten für alle Tiefen gleich 1 bzw. 100% gesetzt sind. Es kommt aber mit spitzer werdendem Kegel eine Keilwirkung im Sinne abnehmenden Eindruckwiderstandes hinzu, so daß die Kurven abfallen. Die Gesetzmäßigkeit dieser Keilwirkung soll im folgenden Abschnitt besprochen werden.

4. Kegelhärte in Abhängigkeit vom Winkel.

Weiterhin haben wir uns also mit der Frage zu beschäftigen, wieso die Verhältniszahl zwischen Kegel- und Zylinderhärte mit abnehmendem Kegelwinkel in Wirklichkeit abnimmt. Dies ist zweifellos darauf zurückzuführen, daß die Kraftübertragung vom Kegel auf den Werkstoff (bei reibungsfreier Berührung) senkrecht zur Berührungsfläche erfolgt. Der Kegel wirkt also sinngemäß ganz wie ein Keil. Die horizontalen Komponenten der resultierenden Eindruckkräfte befördern das Fließen in einem mit ihrer Größe zunehmenden Maße; und die horizontalen Kräfte sind bekanntlich bei einem Keil um so größer, je spitzer der Keilwinkel ist.

Eine genaue Errechnung dieser Keilwirkung dürfte sehr umständlich sein. Wir können sie jedoch in einfachster Weise folgendermaßen roh überschlagen. Der von einem keilförmigen Kegelsegment mit der Eindruckfläche $a^2 \Delta\varphi/2$ nach Abb. 66 übertragene Anteil der Eindruckkraft $P = p\pi \cdot a^2$ sei:

$$\Delta P = p\,\frac{a^2}{2}\,\Delta\varphi\,.$$

Dadurch entsteht bei einem solchen Keil bekanntlich eine Horizontalkraft:

$$\Delta W = \frac{\Delta P}{\operatorname{tg}\alpha} = p\,\frac{a^2}{2}\operatorname{ctg}\alpha\,\Delta\varphi\,.$$

Denken wir uns nun gemäß Abb. 67 diese Kräfte alle in die durch den Schwerpunkt des verdrängten Volumens gelegte Eindruckkreisfläche verlegt, so ist die auf die Einheit des Kreisumfanges $2r\pi$ wirkende spezifische Kraft:

$$= \frac{\Delta W \cdot 2\pi}{\Delta\varphi \cdot 2r\pi}\,.$$

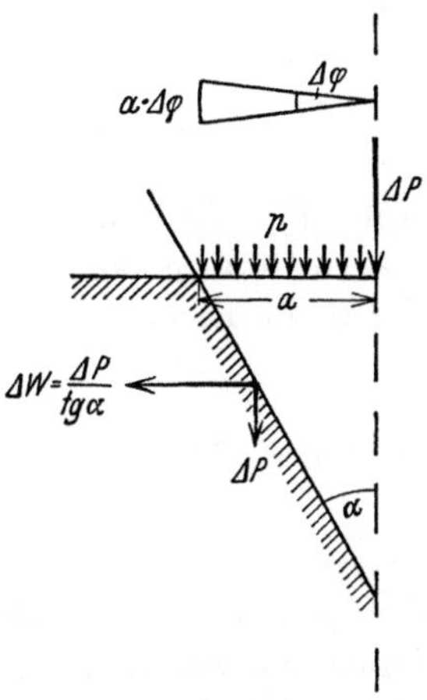

Abb. 66.

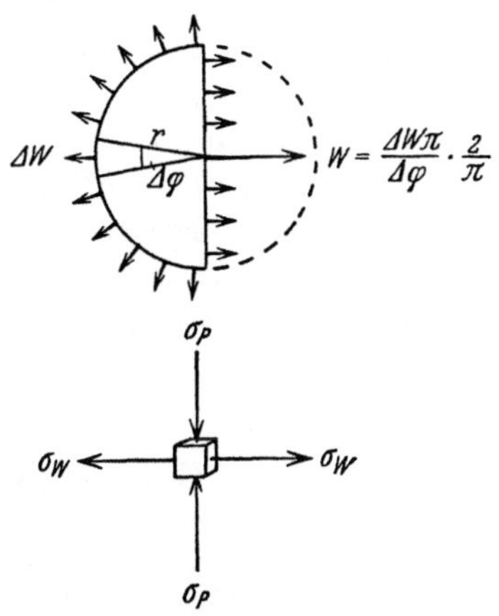

Abb. 67.

Nun können wir, wie beim Flüssigkeitsdruck, uns vorstellen, daß dieselbe spezifische Kraft auf die Projektion des Halbkreises wirkt, und ihre Summe:

$$W = \frac{\Delta W \cdot 2\pi \cdot 2r}{\Delta\varphi \cdot 2r\pi} = p \cdot a^2 \operatorname{ctg}\alpha \qquad (11)$$

als Horizontalkraft im Mittelpunkt angreift. Auf diese einfache Weise haben wir gewissermaßen das räumliche Problem in das ebene verwandelt, und es interessieren uns nur noch die in der Richtung W und P angreifenden Kräfte, aus denen allein die Fließbedingungen bei Änderung des Kegelwinkels abzuleiten sind.

Betrachten wir nun die gemeinsame Wirkung der senkrechten Eindruckkraft P und der horizontalen Keilkraft W auf ein beliebiges Stoffteilchen in einigem Abstand von der Oberfläche, welches mit entsprechenden Kraftanteilen σ_p und σ_w nach Abb. 67 belastet sei, so ist es nach den Fließgesetzen klar, daß die Keilkraft das Fließen erleichtert. Wir können uns sogar denken, daß sie in vollem Maße beim Fließen mitwirkt, derart, daß die Summe von P und W das Fließen bedingt. Diese muß alsdann für alle Kegelwinkel konstant sein. Für den unendlich stumpfen Kegel mit einem Kegelwinkel von $2\alpha = 180°$ und $\alpha = 90°$ ist $W = 0$, so daß:

$$P + W = \text{const} = P_{180}\,.$$

Und es ergibt sich mit Gleichung (11) folgender Gang mit dem Winkel α:

$$P + W = p\,a^2(\pi + \operatorname{ctg}\alpha) = p_{180}\,\pi \cdot a^2,$$

$$\frac{p}{p_{180}} = \frac{\pi}{\pi + \operatorname{ctg}\alpha}. \qquad (12)$$

Abb. 40 gibt in der ausgezogenen Kurve den Verlauf dieser Gleichung graphisch wieder, wobei p_{180} im Anschluß an das experimentelle Ergebnis $= 75\%$ der Zylinderhärte gesetzt ist. Eingetragen sind ferner in Abb. 40 die Versuchswerte für das Verhältnis der Kegelhärte zu der des Zylinders (für den Fall 0,1 bzw. 0,1'):

$$\frac{H_{K\,0,1}}{H_Z} \quad \text{bzw.} \quad \frac{H_{K\,0,1'}}{H_Z}.$$

Diese schmiegen sich der Kurve gut an, so daß die Berechtigung des eingeschlagenen Näherungsweges erwiesen ist.

4. Reibungsbeiwert.

Nehmen wir nun schließlich an, daß der Kegel außer dem Werkstoffwiderstand eine Reibung zu überwinden hat. Die Eindruckkreisfläche ist $f = \pi \cdot a^2$, die Eindruckoberfläche $f' = \pi a^2/\sin\alpha$ (Abb. 68). Mit dem Reibungsbeiwert μ errechnet sich unsere Härte p_1 aus der Gleichgewichtsbedingung der Kräfte in Richtung der angreifenden Last[10, 11]:

$$0 = p_1 f - p'' \frac{f}{\sin\alpha}(\sin\alpha + \mu\cos\alpha),$$

$$p_1 = p''(1 + \mu\operatorname{ctg}\alpha). \qquad (13)$$

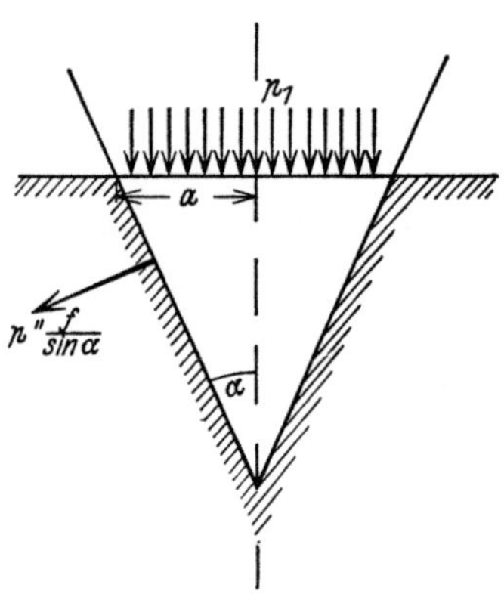

Abb. 68.

Für $\mu = 0$ ergibt sich daraus die wahre Kegelhärte (ohne Reibung) p_0 einfach zu:

$$p_0 = p''.$$

Nehmen wir an, daß die Größe p'' in beiden Fällen (mit und ohne Reibung) gleich groß ist, so ergibt sich die Beziehung:

$$\frac{p_1 - p_0}{p_0} = \mu\operatorname{ctg}\alpha, \qquad (14)$$

die wir leicht prüfen können.

Zu diesem Zwecke war schon in Abb. 34 der Unterschied der Härtewerte aufgetragen:

$$\frac{H_1 - H_{0,1}}{H_{0,1}},$$

der ungefähr dem Wert $(p_1 - p_0)/p_0$ der Gleichung (14) entspricht. In die Abbildung ist ferner eine der Gleichung (14) entsprechende Kurve mit $\mu = 0{,}17$ als Mittelwert der in der Abb. 34 vertretenen Werkstoffe eingezeichnet. Es ergibt sich in der Tat, daß der experimentelle Härteunterschied mit abnehmendem Kegelwinkel stark zunimmt, wie es die Vorstellung verlangt, daß es sich dabei um einen Reibungsanteil handelt.

Anderseits ist diese Zunahme jedoch bei den meisten Stoffen erheblich stärker, als unserer Gleichung (14) entspricht. Eine Ursache hierfür ist jedoch leicht zu erkennen. Eine bisher nicht beachtete Wirkung der zusätzlichen Reibung besteht nämlich darin, daß die Richtung der vom Kegel auf den Werkstoff übertragenen resultierenden Druckkräfte geändert wird. Der Sinn dieser Änderung ist so, daß die Kraftangriffsrichtung einem stumpferen Kegel entspricht; und sie ist um so stärker, je größer die Reibungszahl ist. Nach dem vorangegangenen Abschnitt ist aber bei einem stumpfen Kegel, die, die Härte herabsetzende, Keilwirkung kleiner, während anderseits die Verfestigung infolge der geringeren Eindrucktiefe schwächer ist. Bei Mitwirkung von Reibung wird jedoch die Verfestigung nicht verändert, weil die Tiefenverhältnisse nicht veränderlich sind, wohl aber die Keilwirkung herabgesetzt. Und die Härte H_1 muß dementsprechend außer einem Reibungsanteil auch noch um einen Keilwirkungsanteil größer ausfallen als die Härte $H_{0,1}$. Da schließlich bei einer bestimmten Winkeländerung des Kraftangriffs nach Abb. 40 die Keilwirkung besonders stark bei kleinen Kegelwinkeln geändert wird, erklärt sich hieraus die mit abnehmendem Kegelwinkel steigende Abweichung der experimentellen Kurven in Abb. 34 von dem rechnerischen Reibungsanteil.

Schließlich ist der Reibungsbeiwert μ noch von der jeweiligen Normalspannung abhängig. Seine weitere Abhängigkeit von der Geschwindigkeit könnte man wegen der Gleichmäßigkeit der Versuchsdurchführung vernachlässigen. Die genaue Erfassung des Reibungsanteiles am Eindruckwiderstand ist durch die Vielseitigkeit der begleitenden Umstände erschwert und müßte in einer gesonderten Aufgabe behandelt werden. Für die folgende überschlägliche Synthese wollen wir uns aber mit der gefundenen Formulierung begnügen.

5. Synthese und Schlußbemerkungen.

Wir fanden, daß die Kurve des Eindruckwiderstandes beim Zylinder als reine, der Stauchkurve wesensgleiche Verfestigungskurve aufzufassen ist. Die Kurve des Kegels hingegen, falls sie die Verbindung der Eindruckwiderstände für alle Kegelwinkel zwischen 0° und 180° darstellt, enthält mehrere zusätzliche Einwirkungen auf den endgültigen Härtewert. Diese sind Keilwirkung und Reibung, wozu noch der Einfluß der veränderten Gestalt gegenüber dem Zylinder hinzukommt. Ebenso ist es bei der Kugel. Während aber die drei zusätzlichen Wirkungen beim Kegel verhältnismäßig klar zu bestimmen sind, weil sie vom Kegelwinkel abhängen, sind sie bei der Kugel stets eine Summe von Einzelwirkungen, weil ja die Oberflächenneigung sich beim Eindringen ständig ändert. Es wurde hier nicht die Aufgabe verfolgt, den Kugeleindruck besonders zu erforschen, sondern die allgemein gültigen Grunderscheinungen zu studieren. Deshalb spielen der Zylinder und Kegel als elementare Grundformen die Hauptrolle.

Es sei nun als Endergebnis der Versuch gemacht, alle experimentell und theoretisch gefundenen Ergebnisse zusammenzufügen. Da in der Praxis die plastischen Eindrücke meist sehr tief sind, können wir nicht von der Stauchkurve ausgehen, weil unter dieser Voraussetzung die theoretischen Ergebnisse in quantitativer Hinsicht noch unbefriedigend blieben. Die Zylindereindruckkurve soll daher als Grundlage für die Kennzeichnung des Werkstoffes dienen. Der Ausgangspunkt aller gemeinsamen Betrachtungen über Zylinder und Kegel ist die Tiefenähnlichkeit des Eindrucks, die durch die Gleichung $t/d = \operatorname{ctg} \alpha/2$ ausgedrückt ist.

1. Die Verfestigungskurve des Zylinders wird mit ausreichender Genauigkeit durch das Potenzgesetz ausgedrückt:

$$H_Z = c\left(\frac{t}{d}\right)^n = c\left(\frac{\operatorname{ctg} \alpha}{2}\right)^n. \tag{15}$$

2. Der Gestaltsfaktor gibt das Verhältnis zwischen Verfestigung des Kegels und Zylinders an:

$$G = 10^{-0{,}477 n}. \tag{16}$$

3. Die Keilwirkung drückt sich als Verhältniszahl aus zwischen dem reibungsfreien Eindruckwiderstand eines beliebigen Kegels zum reibungsfreien Widerstand eines unendlich stumpfen Kegels. Die Verhältniszahl beträgt:

$$K = \frac{\pi}{\pi + \operatorname{ctg} \alpha}. \tag{17}$$

4. Der Reibungsfaktor, welcher die Vervielfachung des reibungsfreien Widerstandes durch die Reibung angibt, beträgt:

$$R = (1 + \mu \operatorname{ctg} \alpha). \tag{18}$$

Er stimmt nicht gut für spitze Winkel, weil große Reibungswerte auf die resultierenden Druckkräfte des Kegels zurückwirken.

Hieraus ergibt sich nun die Formel für einen einmaligen Kegeleindruck beliebiger Tiefe:

$$H_{K1} = H_Z \cdot G \cdot K \cdot R,$$

$$H_{K1} = c\left(\frac{\operatorname{ctg} \alpha}{2}\right)^n \cdot 10^{-0{,}477 n} \frac{\pi}{\pi + \operatorname{ctg} \alpha} (1 + \mu \operatorname{ctg} \alpha). \tag{19}$$

In dieser Formel sind c und n geläufige, aus dem Potenzgesetz bekannte Werte. Der Reibungskoeffizient ermittelt sich praktisch bei einem Kegel von $2\alpha = 90°$ zu:

$$\mu = \frac{H_{K1} - H_{K0{,}1}}{H_{K0{,}1}}. \tag{20}$$

Für stumpfe Kegel ist der Reibungseinfluß nicht groß und dürften Unstimmigkeiten in dieser Hinsicht nicht sehr ins Gewicht fallen.

Als Grundlage, auf die wir die Kegelhärte zurückführten, haben wir die Zylinderhärte angesehen. Praktisch wichtiger wäre die Beziehung zum gewöhnlichen Zug- oder Stauchversuch. Die Ansätze zwischen Zylindereindruck und Stauchversuch Abschnitt B 1 haben gezeigt, daß diese Beziehungen im plastischen Gebiet sehr verwickelt sind. Wenn sich auch eine annähernd konstante Verhältniszahl zwischen der aus dem Stauchversuch errechneten Zylinderhärte und der wirklichen ergab, so erlaubt dieses Ergebnis doch vorläufig noch keinen genügend einfachen Rückschluß von der Stauchung ε auf die Eindrucktiefe t. Die übliche praktische Umrechnungszahl zwischen Brinellhärte und Zugfestigkeit für Stahl und Aluminiumlegierungen hat rein empirischen Charakter und ist nach Schwarz[3] auch für diese Stoffe nur bedingt gültig.

Eine weitere Entwicklung der Bestrebungen, den Härteversuch als Ersatz für den Zugversuch zu verwerten, konnte mit vorliegender Aufgabe also nicht verbunden werden. Doch dürfte in der Beurteilung und Abwägung einzelner Prüfverfahren ein Fortschritt erzielt sein. Der Zylindereindruck, der die Werkstoffeigenschaft am reinsten wiedergibt, kommt für die Härteprüfpraxis nicht in Frage, weil er sich für sehr harte Werkstoffe nicht verwenden läßt. An solchen scheitert ja schon häufig die Kugel. Ferner kann beim Zylinder ein Einzeleindruck nicht gleichwertig für alle Werkstoffe festgelegt werden. Das ist der praktische

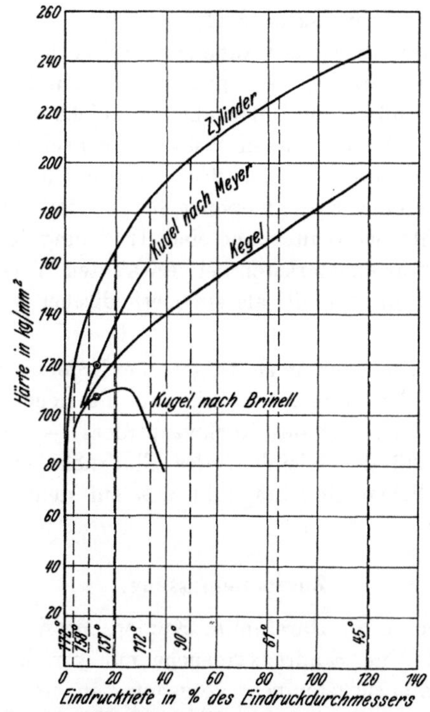

Abb. 69. Einmalige Eindrücke bei verschiedener Tiefe und mit verschieden geformten Druckstempeln. Werkstoff: Eisen B. Kugeldurchmesser 5 mm.
◎ 750 kg Belastung nach Brinell,
⊙ „ „ „ „ Meyer.

Vorteil der Brinellhärte, daß sie nach Abb. 69 einen Höchstwert überschreitet und im Umkehrgebiet wenig veränderlich ist, während die Meyerhärte bei wechselnder Eindrucktiefe sich erheblich ändert. Waizenegger[17] vermutet im Höchstwert der Brinellhärte selbst die beste Härtezahl.

Diese Schwierigkeiten behebt der Kegel, dessen Eindruck bei einem bestimmten Kegelwinkel, selbst bei wechselnder Tiefe und Last immer tiefenähnlich bleibt. Der Anschauung, daß die Kegeldruckhärte keine Stoffeigenschaft darstellt[3], ist nicht beizupflichten. Das beweist die eben entwickelte Gleichung. Ein einzelner Kegeleindruck hat dieselbe stoffliche Bedeutung, wie ein einzelner Kugeleindruck oder Zylindereindruck,

[17] F. Waizenegger: Beitrag zur Härteprüfung. Forsch.-Arb. Ing. H. 238. 1921; Z. V. d. I. Bd. 65, S. 824—827. 1921.

wobei die praktischen Vorteile nicht zu übersehen sind. Man könnte einwenden, daß für verschiedene Werkstoffe verschiedene Kegelwinkel anzuwenden seien, um etwa immer den Höchstwert der Härte 0,1 oder 0,1′ (Abb. 29 bis 33) zu treffen. Dieser Höchstwert wandert hier aber bei stark verfestigten Werkstoffen in Richtung der stumpfen Winkel und umgekehrt bei verfestigungsfähigen in Richtung der spitzen Kegelwinkel. Es würde also bei einem festliegenden, verhältnismäßig stumpfen Winkel, ein verfestigter Werkstoff eine verhältnismäßig höhere Härte anzeigen, als ein unverfestigter. Das ist durchaus wünschenswert, da auf diese Weise der augenblickliche Zustand des zu prüfenden Werkstoffs mit zur Geltung kommt und nicht nur die größtmögliche Verfestigung.

Ein besonderer Vorteil des Kegels ist, daß er auch aus Diamant hergestellt werden kann und daher für die Prüfung sehr harter Stoffe geeignet ist. Die notwendige Abplattung der äußersten Spitze hat, wie aus Abb. 51 hervorgeht, bei praktischen Eindrucktiefen keinen Einfluß auf die Härtezahl. Geschieht die Messung der Härte bei den neueren Prüfgeräten nach der Tiefe, so ist nach Abb. 45 wegen des Herausquellens auf der Oberfläche eine Falschmessung bis zu 20% möglich. Dieser Fehler wirkt im Sinne einer Erhöhung der Härtezahl und zwar am stärksten bei verfestigten Werkstoffen. Das wäre also ebenfalls als ein methodischer Vorteil zu werten.

Im ganzen genommen tragen die Ergebnisse dieser Arbeit zu der Erkenntnis bei, daß die neueren Prüfverfahren nach Art des Rockwellprüfers — wenn man vom Einfluß der Kleinheit des Eindrucks absieht — vom stofflichen Gesichtspunkt aus auf dem richtigen Wege sind.

Zusammenfassung.

Es werden an Duralumin, Kupfer, Messing, Weicheisen und Zinn Eindruckversuche mit verschieden geformten Eindruckstempeln vorgenommen, um den Einfluß der Gestalt auf den Eindruckwiderstand festzustellen. Die verwendeten Formen sind: Zylinder, Kugel und Kegel.

Die Einwirkungen der bei wechselnder Gestaltung des Stempels verschiedenen Kräfteanordnung auf den Werkstoff und dessen Verfestigung wird erheblich durch die Reibung zwischen Eindruckstempel und Werkstoff beeinträchtigt. Zur Feststellung dieses Einflusses wird — unter beiläufiger Untersuchung des Einflusses der Oberflächenbeschaffenheit mit und ohne Anwendung von Schmiermitteln, sowie des Zeiteinflusses — ein besonderes Reihenprüfverfahren entwickelt, welches bei wiederholtem Loslösen des Stempels zwischen den Eindrücken die Reibung beseitigt. Es ergab sich:

1. Der Eindruckwiderstand ist beim Kegeleindruck um so kleiner, in je mehr Laststufen eine bestimmte Gesamtbelastung unterteilt ist. Die Gültigkeit des Kickschen Ähnlichkeitsgesetzes beim Kegeleindruck (konstante Härtezahl) trifft nur dann zu, wenn mit Zunahme der Eindrucktiefe die Belastung „stufenähnlich" erfolgt, d. h. wenn das Verhältnis Lastintervall zur Last unverändert bleibt. Dies Verhältnis ist beim einmaligen Eindruck = 1. Der Eindruckwiderstand enthält alsdann die volle Reibung und ergibt die höchste Härtezahl. Wird dies Verhältnis sehr klein, etwa 0,1, so ist die Reibung fast vollständig beseitigt und der hieraus folgende Härtewert $H_{K0,1}$ gibt mit genügender Annäherung den wahren stofflichen Eindruckwiderstand an. Die Verbindungskurve der Härtezahlen $H_{K0,1}$ aller Kegelwinkel zwischen 180° und 0° ähnelt in ihrem Verlauf der Zugkurve.

2. Für den Zylindereindruck ergibt sich kein Reibungseinfluß, es ist also der Eindruckswiderstand:

$$H_{Z1} = H_{Z0,1} = H_Z .$$

Dieser ist mit der zunehmenden Eindrucktiefe t bzw. Verfestigung veränderlich und verläuft nach einem Potenzgesetz (Verfestigungskurve):

$$H_Z = c\left(\frac{t}{d}\right)^n .$$

3. Die (reibungslosen) Härtewerte $H_{K0,1}$ für verschiedene Kegelwinkel ergeben sich, falls für den Kegelwinkel $2\alpha = 180°$ die Härte $H_{K0,1} = 1$ gesetzt wird zu:

$$H_{K0,1} = 1 \cdot \frac{\pi}{\pi + \operatorname{ctg}\alpha} .$$

Diese Formel drückt die Keilwirkung aus. Sie verläuft entgegengesetzt der Verfestigung und Reibung.

4. Der Gestaltsunterschied zwischen Kegeleindruck und Zylindereindruck und sein Einfluß auf die Härtezahlen drückt sich in folgender Beziehung aus:

$$H_{K0,1} = 10^{-0,477n} H_Z \frac{\pi}{\pi + \operatorname{ctg}\alpha} .$$

5. Der Reibungsanteil bestimmt sich beim Kegeleindruck unter Voraussetzung stumpfer Kegelwinkel angenähert aus der Formel:

$$H_{K1} = H_{K0,1}(1 + \mu \operatorname{ctg}\alpha) .$$

Der Reibungsbeiwert ist angenähert mit Hilfe eines Kegels von 90° bestimmbar und beträgt:

$$\mu = \frac{H_{K1} - H_{K0,1}}{H_{K0,1}} .$$

6. Die zusammengefaßte Formel der Beziehung zwischen Kegeleindruckwiderstand und Zylindereindruckwiderstand lautet:

$$H_{K1} = c\left(\frac{\operatorname{ctg}\alpha}{2}\right)^n \cdot 10^{-0,477n} \frac{\pi}{\pi + \operatorname{ctg}\alpha} (1 + \mu \operatorname{ctg}\alpha) .$$

7. Der Kugeleindruck unterliegt allen Einwirkungen, die auch den Kegeleindruck beeinflussen. Seine Härtezahlen liegen der Größe nach zwischen Zylinder und Kegel, wenn diese nach der Tiefe t in Bruchteilen des Eindruckdurchmessers d aufgetragen werden.

Auf Grund der elementaren Erforschung von Kegel- und Zylindereindruck sind die Wege für die etwas schwierigere Erfassung des Eindruckwiderstands bei der Kugel gezeichnet. Dies stellt eine gesonderte, noch zu lösende Aufgabe dar.

8. Abgesehen von den verschiedenen Reibungs- und Gestaltseinflüssen, wird der Eindruckswiderstand be-

dingt durch einen Verfestigungsmechanismus (Ausbildung eines plastizierten Kissens), der einmal bestimmt ist, dadurch, daß der Spannungszustand bei plastischer Beanspruchung ähnlich ist dem von der Elastizitätstheorie geforderten und das andere Mal dadurch, daß den größten Schubspannungen gemäß der Vorstellung von Ludwik gleiche Verformungen zugeschrieben werden, wie bei einem Stauchversuch.

Das Verhältnis der Fließgrenzen beim Zylindereindruck und beim Stauchversuch ermittelt sich unter diesem Ansatz in Übereinstimmung mit dem Experiment. Unter gleicher Voraussetzung ergibt die Berechnung der Veränderung des Eindruckwiderstandes bei zunehmender Eindrucktiefe aus dem Stauchversuch für verschiedene Werkstoffe einen zwischen 0,59 (Eisen) und 0,82 (weiches Kupfer) liegenden Betrag des gemessenen Wertes. Der Unterschied wird hauptsächlich darauf zurückgeführt, daß infolge des Durchstoßens schon verfestigter Zonen mit dem Stempel sich ein größeres Gebiet am Fließen beteiligt, als theoretisch angesetzt ist.

Der Abfließmechanismus und die Ausdehnung der Abschiebflächen spielen keine maßgebende Rolle für die Größe des Eindruckwiderstandes.

Druck der Spamerschen Buchdruckerei in Leipzig.

GPSR Compliance

The European Union's (EU) General Product Safety Regulation (GPSR) is a set of rules that requires consumer products to be safe and our obligations to ensure this.

If you have any concerns about our products, you can contact us on ProductSafety@springernature.com

In case Publisher is established outside the EU, the EU authorized representative is:

Springer Nature Customer Service Center GmbH
Europaplatz 3
69115 Heidelberg, Germany

Batch number: 10684218

Printed by Printforce, the Netherlands